湛庐 CHEERS

与最聪明的人共同进化

HERE COMES EVERYBODY

芯片简史

A Brief History of Chips

汪 波 著

浙江教育出版社 · 杭州

献给我的父母、妻子和女儿

怀念我的姥姥

芯片发展树

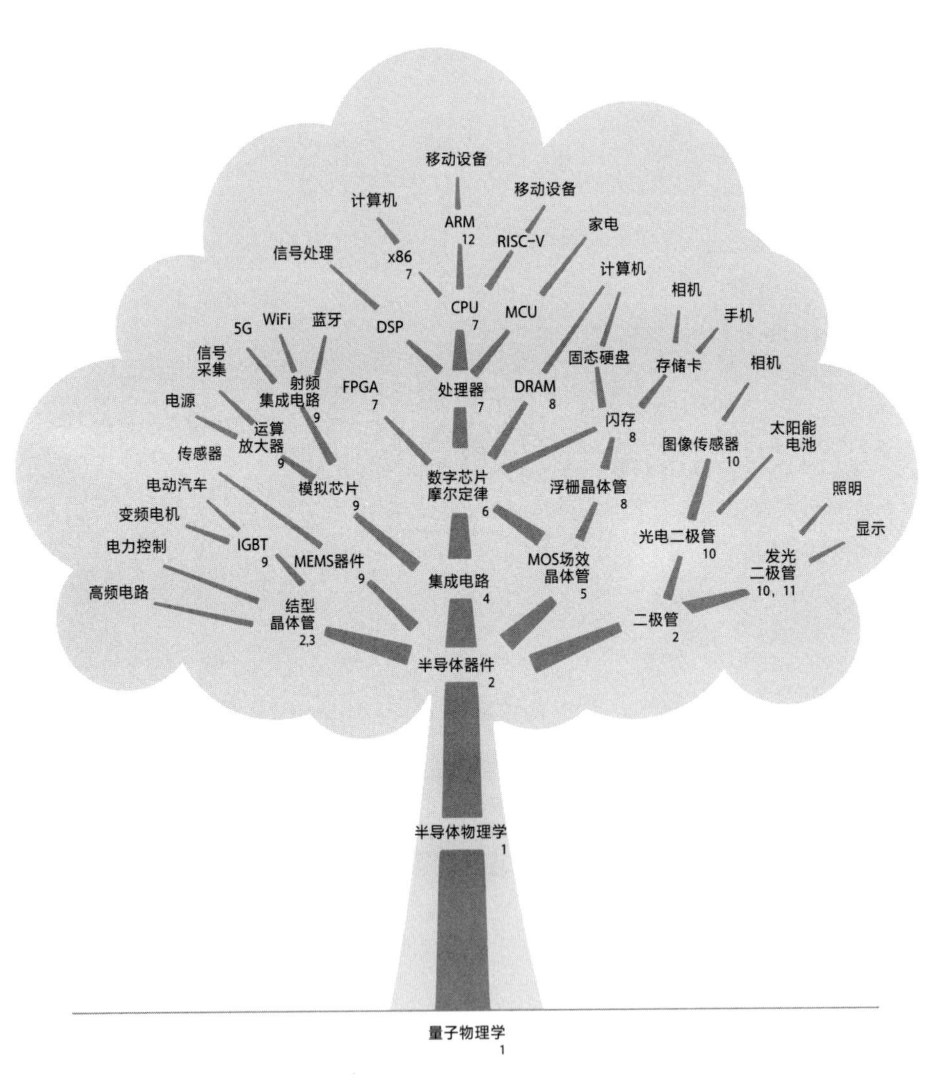

从基础学科到半导体晶体管、再到各种芯片和应用

注：文字旁边的数字代表相关内容在本书中出现的章序号。

赞誉

芯片是电子信息技术和产业的核心与基石，芯片技术已经成为现代科学技术发展的制高点。如果你想了解芯片的前世今生，汪波博士的全新力作《芯片简史》是一本难得的好书。该书不仅梳理了芯片发展的脉络，还深入浅出地阐释了芯片发展历程中那些带有哲理且具有启发性的精彩瞬间。

张 兴

北京大学软件与微电子学院前院长

芯片是人类历史上最伟大的发明之一，推动人类社会进入了信息时代。汪波老师凭借 20 多年在芯片领域的科研和教学经历以及深厚的文学功底，写成了这部《芯片简史》。该书对芯片发明和发展过程中的重要历史事件描写得非常精彩，读起来让人爱不释手。该书内容具有很强的知识性、启发性和故事性，是一部非常优秀的科普著作。相信无论是专业人士还是非专业读者，都能从中获益匪浅。

张盛东

北京大学信息工程学院前执行院长

这是一本每个数字时代的原住民都应该看的书。技术改变世界，芯片毫无疑问是极少数改变了每个人的桂冠级产品。从物理学家研究晶体内部的电子运动，到芯片成为全球最重要的生产力工具，只用了70多年的时间。这当中技术、商业和战略领域发生了哪些决定性的事件，芯片还将如何参与构建正在到来的元宇宙时代，相信你在这本书里都可以找到答案。

葛 颀

中赫集团副总裁，工体元宇宙 GTVerse 首席架构师

这本书回顾了60多年来芯片壮阔恢宏的发展历史，从某种意义说，也是一部人类信息文明的发展史。如果说机械的发展拓展了人类的体力劳动，那么芯片的发展则扩展了人类的脑力劳动。芯片技术是属于整个人类文明的，也必将为人类社会的发展和文明的进步做出新的贡献，这种发展势头绝不会因为各种人为和政治的原因所停歇，必将在人类文明的智能时代继续大放异彩。对每个人来讲，我们也许会与芯片结成更紧密的关系，成为碳硅合体的新人类——这是未来的世界图景，问题是它值得我们期待吗？

檀 林

前海再保科技董事长，海创汇首席生态官

芯片（半导体、微电子、集成电路）真是一种神奇的技术产物，它如此尖端和精密，凝聚了人类不懈的发明创新精神，又让全世界如此广泛的大众可以消费最新、最酷的电子产品。芯片在全球市场中取得成功，是21世纪最重要的商品。

周健工

未尽研究创办人

《第一财经》、《福布斯》中文版前总编辑

《芯片简史》是一部非典型的技术发展史。它回答了一个重要的问题：科学发现和商业应用的推动力是什么？首先是质疑的精神，物理学领域过去 100 年间的持续颠覆是最好的例子；其次是偶然的突破，运气是留给有准备的人的；再次是军事投资的推动，大名鼎鼎的美国国防部高级研究计划局就是创新领域内的连环推手；最后是创业的动物精神，硅谷和芯片相互成就。

吴 晨

《经济学人·商论》执行总编辑

推荐序

如何理解芯片

宋继强
英特尔中国研究院院长

随着数字化转型的加速和信息科技竞争的加剧，半导体芯片作为数字化世界的基石日益被大众关注。但是对于这样一个技术门槛很高的领域，人们通常难以理解为什么在半导体技术方面保持领先那么困难，为什么摩尔定律屡次被断言将要“终结”却仍然有效。关于半导体技术发展的书籍很多，但是能够让非微电子学专业的读者理解个中缘由的却不多。

《芯片简史》一书以半导体技术发展的时间线为主轴，以多种门类的半导体器件演进过程为脉络，覆盖了材料、器件、工艺、架构和应用等多方面内容，展现了半导体行业从理论形成到产业爆发的全貌。本书兼具故事性和知识性，同时刻画了很多半导体行业先驱的性格特质，也揭示了创新组织的不同文化所带来的成功和遗憾，读来让人感慨。

半导体行业的发展，既取决于基础理论研究发现的偶然性，也源自创新者的不懈坚持和应用需求的驱动。芯片产业创新要求紧密结合科学研究和制程技术，既难以弯道超车，也不靠实用主义。从大的时间尺度来看，一项新发明的半导体技术实现产业化需要经历四个阶段：科学研究发现新的材料特性，探究原理从而可以稳定控制材料特性，利用具有新特性的材料设计器件进行实验，针对应用领域进行优化并规模化生产。书中很多诺贝尔奖得主的故事告诉我们，研究的每一个阶段都会遇到未知的困难，这决定了成功的不可预期性。然而正是这种不确定性吸引着半导体领域的顶尖人才不断前行，用摩尔定律作为激励自我的预言来推动芯片技术的指数级发展。正如英特尔现任首席执行官帕特·基辛格所说，在穷尽元素周期表之前，摩尔定律不会失效。

再谈谈屡次被断言将要“终结”却仍然有效的摩尔定律。业内有一种有趣的说法：“Moore’s Law is dead? Long Live Moore’s Law!”这句话改编自“旧王已死，新王万岁”的西方俗语，其含义是我们总会找到支撑摩尔定律继续生效的突破性技术。只要应用需求迫切而空间巨大，就可以驱动从科技发明到创新应用的飞轮不停转动。

历史上，大规模集成电路和 CPU 的科技变革让廉价的个人计算机成为现实，而个人电脑和互联网的普及又给了先进计算芯片技术应用巨大的市场。无线通信、云计算和人工智能的发展也是如此。近年来，随着半导体先进制程技术在纳米工艺节点逼近个位数，晶体管微缩将面临越来越大的挑战。同时，全球数字化转型的加速给芯片行业的发展带来了巨大的机遇，各种新兴应用，如人工智能、元宇宙、算网融合对算力的需求暴增。目前多种技术创新正在同步推进，例如，采用全新的 GAA-FET 结构并引入超薄 2D 通道材料来继续推进晶体管微缩；采用多种架构的处理器（CPU、GPU、DPU、NPU、IPU 等）来以更高的能效比处理数据；采用 3D 先进封装技术来集成异构的小芯片（chiplet）形成准单芯片设计；等等。道阻且长，行则将至。在绿色计算规模化应用的大前提下，未来芯片产业的发展一定是由多维技术组合推动的，我们可以预见，在单个计算设备内集成的晶体管数量将从现在的千亿级别稳步迈进万亿级别。

由于芯片发展历史的时间跨度很大，本书的内容中对芯片技术近年的发展涉及较少，殷切期望作者未来能有续篇问世，带领读者继续体验数字化转型时代芯片创新的艰辛与喜悦。

2023 年 3 月于北京

前言

和开拓者的灵魂一起踏上芯片之旅

“MOS 场效晶体管是谁发明的？”一次，我和微电子学的研究生聚餐，在酒酣耳热之际，我随口问了一句。

在我看来，这个问题对于微电子学专业的学生是基本常识，因为如今芯片中 99% 的晶体管都是 MOS 场效晶体管。普通人不了解没关系，但在座的是微电子学专业的，应该张口即来。

然而，这个问题一提出，餐桌上热闹的场面一下子安静了下来，没有人接话。安静了几秒钟后，我把话题引向了 MOS 场效晶体管的历史背景，然后又讲起了它的发明过程。最后，当我讲到它的发明人遭受公司打压、不被准许发表论文、项目组被撤、最后被迫出走的不幸遭遇时，学生们面露惊讶，这跟他们想象中的情景很不一样。

我看学生们意犹未尽，就趁机讲了几个其他芯片发明的案例，包括中央处理器（简称 CPU）、蓝色发光二极管（简称蓝光 LED）、动态随机存取存储器（简称 DRAM）等。

最后我总结道，这些发明都有一个共同点，虽然它们属于重大原始创新，但在刚面世时都遭到了业界的质疑和抵制，差点夭折。

而且这些并不是个例，浮栅晶体管、异质结、绝缘栅双极型晶体管（简称 IGBT）、微机电系统（简称 MEMS）、浸没式光刻等重大发明都遭到过抵制。而如今，这些差点被抛弃的技术正在帮人们上网冲浪、存储数码照片、播放视频、驱动电动汽车、撞车时得到安全气囊的保护、检测核酸序列、照亮黑夜……

＊＊＊

为什么这些发明在一开始都不受待见呢？芯片的发展离不开持续的创新和超越，然而创新越大，对传统的叛逆和颠覆也越大，因而遭到传统势力的抵制也越大。

试举两个例子。仙童半导体公司是集成电路的发明公司之一，然而在 1960 年，公司副总裁却对芯片项目的负责人杰・拉斯特（Jay Last）大喊：“你为什么要去搞集成电路？这个玩意儿浪费了公司整整 100 万美元，却没有什么收益，必须裁撤掉！”贝尔实验室是半导体技术的研究重镇，但 1963 年贝尔实验室的半导体研究部主任扬・罗斯（Ian Ross）撰文称：集成电路没有解决半导体产业面临的基本问题，它“只能治标，无法治本”。

这些芯片的首创之举遭到冷遇乃至遗弃，它们的发明人发不了文章、资金支持被中断、项目遭裁撤、被迫出走……他们绝不是一群诗意的科学家，而是一群失意的科学家，他们为此付出了十年甚至一生的代价。

芯片的发展史是一部创新史和叛逆史。这也是本书想要表达的主题。创新是对主流的偏离、对现有规则的破坏，它刚开始可能非常蹩脚、很难融入主流。几乎没有一项重大创新一出现就广受欢迎。虽然人们口口声声地说要创新，但其实人们更喜欢的是改良，它的效果立竿见影，因而大受欢迎。

如今，芯片的重要性已经无须赘言，每个人都从近几年发生的一系列芯片危机事件中有了切身的体会。应对芯片危机，我们需要原始创新，而唯一的方法是诚挚，实事求是地面对现实和历史。

* * *

这本书为您完整地讲述了芯片的发明和发展历程，尤其是一群叛逆的人如何突破传统、不断创新的故事。

芯片的历史只有 60 多年，但要完整地理解芯片的来龙去脉，我们需要将时间向前回推到 100 多年前。在这一个多世纪里，半导体技术的创新故事不计其数，但本质只是一种创新模式的不断展开和复现，其主题仍是叛逆。

本书从半导体的起步之处量子力学开始讲起，它演化出了半导体物理学，进而催生了半导体器件，这些器件又由简到繁，像一颗发芽的种子，演化出了双极型晶体管、MOS 场效晶体管、光电二极管等，并由此集成构造出了模拟芯片（通信和传感器芯片等）、数字芯片（CPU、存储器、现场可编程门阵列[①]芯片等）和光电芯片等。本书最后还展示了芯片设计和制造方法由手工到自动化的发展过程，并指出了芯片未来面对的挑战和可能的解决路径。

为了创新，人们需要不断打破过往累积起来的知识和见解，并用新的知识和

① 简称 FPGA。——编者注

见解不断地推陈出新。因此，本书不打算系统讲解固有的知识，而是讲述芯片如何被创造出来的鲜活过程。

本书的读者可以是对芯片感兴趣的任何人。如果您是研发人员，您会认清半导体技术发展的脉络，看出技术创新的模式和规律；如果您对行业发展感兴趣，您会在本书中发现那些隐藏在背后的行业发展规律；如果您单纯对历史感兴趣，您可以了解到芯片在社会历史发展中所起到的作用。

芯片的创新可以是在各个层次上的。例如，在微观结构上，新器件颠覆了旧器件；在芯片层面上，新的芯片架构突破了原有设计的瓶颈；在商业模式上，知识产权授权模式让芯片设计更灵活，使得自研芯片成为可能；在半导体行业的组织形式上，芯片代工厂的出现打破了垂直整合制造模式，催生出了苹果、高通和华为海思等无厂芯片公司。本书展现出了这种多层次的创新态势。

本书各章大体上按照芯片发展的时间进程展开，同时也按照芯片的不同功能来独立排布。你既可以从头读起，也可以直接翻到感兴趣的任意一部分。

本文开头所说的那次聚餐聊天，我并没有责怪我的学生不记得这些发明人。实际上，这些发明人的名字被历史有意无意地忽略了，而现今的历史需要对他们做出相应的补偿。如果我们能从历史尘埃中重新体会到他们的精神核心：不盲从、不畏惧，从否定中汲取力量，那么我们就始终和这些开拓者的灵魂在一起。

聚餐结束后，有个学生说聊得很开心。但那天讲的其实只是一小部分，而现在你正在阅读的则是完整的故事。

接下来，让我们一起踏上这段芯片之旅吧。

目录

第三部分 多样

第四部分 建构

第一部分　诞生

我们曾经如此笨拙，这令人印象深刻。但是我们必须学着与自身的愚笨相处，并且从中发现事物的关联。

威廉·肖克利
（贝尔实验室）1956

我感到无比幸运，能够在合适的时机参与到这一进程中，并朝着人类的福祉又迈进了一小步。

约翰·巴丁
（贝尔实验室）1956

我没有任何“上帝，我发现了”这样的时刻。

罗伯特·诺伊斯
（仙童半导体公司）1959

如果我知道这个电路将来会帮我赢得诺贝尔奖的话，我会多花些时间好好装点一下。

杰克·基尔比
（德州仪器公司）2000

你为什么要去搞集成电路？这个玩意儿浪费了公司整整 100 万美元，却没有什么收益，必须裁撤掉！

汤姆·贝
（仙童半导体公司）1960

01

不确定的世界，从电灯泡到半导体

1879 年 12 月底，一场大雪降临在美国纽约。厚厚的雪花覆盖了中央火车站的穹顶，中央公园的草坪变成了洁白的世界，四周的摩天大楼矗立在雪花之中，构成了这座新兴大都会独特的风景。

市中心曼哈顿纵横交错的街道上，匆匆走过的男士戴着高高的礼帽，女士围着厚厚的围巾，嬉戏的孩童扔着雪球互相追逐，大声尖叫，乐不知返。

就在几天前，发明家爱迪生向纽约市政官员和新闻记者发出了一封邀请函，请他们到位于新泽西州的实验室，以一种特殊的方式迎接新年。

新年前夜，当衣冠楚楚的嘉宾们乘坐专列抵达后，夜幕已经降临，晶莹的白雪映照着柔和的月光。来宾们全都期待着爱迪生会带来什么样的新年惊喜。这时，爱迪生出现了，只见他走到一个开关前并轻轻按下它，290 盏白炽灯同时亮了起来，四周瞬间变得灯火通明。尖叫声和掌声顿时此起彼伏。人们第一次见到如同白昼的夜晚，纷纷为这种新发明欢呼雀跃、激动不已。

在过去的几年里，爱迪生为了寻找最合适的灯丝，试验了几千种材料，最后在亚洲找到了一种竹子，将其碳化后制成碳纤维并作为灯丝。灯丝在通上电流后开始发热，温度升到数千摄氏度时，炽热的灯丝就能发出明亮而持久的光芒。从此，浓稠的黑暗之夜被光明刺破了一个小点。

不过，爱迪生还有两个烦恼……

变黑的灯泡，真空管的发明

让我们先回到灯泡诞生的 19 世纪。

回首 19 世纪，我们理应为当时人们取得的成就感到自豪。冒着蒸汽的邮轮从伦敦港出发，在世界各大洋劈波斩浪；银光闪闪的铁轨连接了莫斯科和西伯利亚，从美国东海岸延伸到西海岸；跨越大西洋海底的有线电报将“嘀嗒”作响的消息送至世界各地；高高架起的电话线传递着远方的声音……

当时世界上拥有殖民地最多的国家是大英帝国，全球到处飘扬着米字旗。俄国也在迅速壮大，疆域从波罗的海延伸到了太平洋。法国在全球范围内占领了广泛分布的岛屿和非洲大陆部分地区。统一后的德国成了后起之秀。日本历经革新，成了东亚的新兴势力。与此同时，土耳其帝国则面临土崩瓦解的危机。

美国这块新大陆正迅速崛起，其高等学府声名鹊起，工业产品门类齐全，钢铁产量领跑世界。19 世纪后半期，留声机、电话机、交流电、石油精炼技术和轻巧的金属铝都诞生在这块新大陆。在这里，还诞生了一项不同寻常的发明——电灯泡，它彻底改变了这颗星球夜晚的面貌。

爱迪生发明了电灯泡不久，就碰到了他的第一个烦恼：灯泡使用过一段时间后，内表面会变黑，导致灯光暗淡。

灯泡之所以会变黑，是因为在高温下的碳纤维灯丝会释放出一些碳微粒，附着在灯泡玻璃内表面，时间久了灯泡会被熏黑。[1]

爱迪生和助手想到了一个方法，将一枚铜片放置在灯丝和玻璃泡之间，以阻挡碳微粒飞向玻璃（见图 1-1），但这个方法并没有奏效。接下来，他们又在铜片上施加了一定的电压，期望能改变碳微粒的分布，可问题依然没有解决。

最后，他们改变了铜片上的电压，这时匪夷所思的事情发生了，竟然有电流从铜片流向了灯丝，而且，只在一个方向上有电流。可是，灯丝和铜片并没有任何接触，两者之间是真空的！

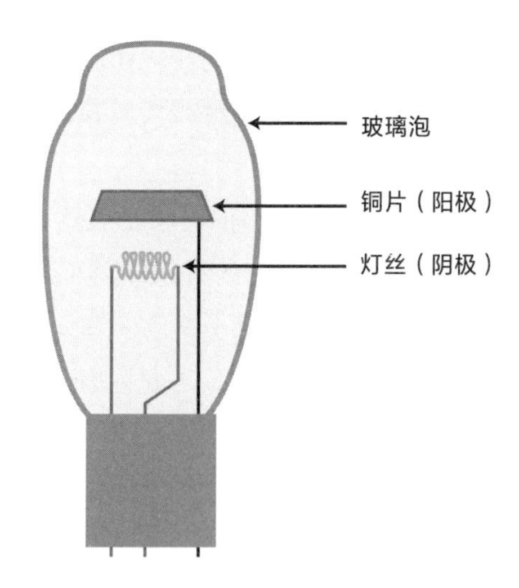

图 1-1　灯丝和玻璃泡之间放置了铜片的灯泡

注：在灯泡中加入铜片后，有电流从铜片经过真空区域流向灯丝。

爱迪生邀请科学家们来到他的实验室参观这一奇特的单向电流现象。爱迪生站在旁边，微笑地看着他们一次又一次地观察到同样的现象并表露出费解的神情。人们把这种现象叫作“爱迪生效应”。在写给友人的信中，爱迪生将它称作一种“美学”现象。

爱迪生总是发明不断，忙碌不停。就在这段时间，他还发明了留声机和电话机里的碳粒式麦克风（也称纽扣式麦克风或碳粒式传声器）。专注于新发明和实际应用的爱迪生无暇顾及电灯泡里的这个“美学”现象，他习惯性地申请了一个专利，就将其忘在脑后了。[2]

* * *

19 世纪 80 年代，爱迪生在英国伦敦分公司聘请了大学教授约翰 · 弗莱明（John Fleming）作为技术顾问。弗莱明也用这种特制灯泡做了这个有趣的实验，他在铜片和灯丝之间施加了可改变正负方向的交流电，同样观察到了在灯丝和铜片之间的单向电流。不过，弗莱明也无法解释，为什么在真空中有单向流动的电流。

距离伦敦不远的剑桥大学，剑河缓缓地穿流而过，河床上青绿的水草随着流动的柔波轻轻地摇摆。距离剑河一箭之地的实验室里，物理学家约瑟夫·约翰·汤姆逊（Joseph John Thomson）正为实验桌上的一支真空玻璃管忙碌着。1897 年，他在玻璃管的两端分别安装了金属电极，通电后一些带电微粒从一端的阴极电极飞向了另一端的阳极。就这样，汤姆逊第一次劈开了阴极金属中的原子，剥离出带负电荷的电子，使它们飞出阴极，形成了一条真空中的“电子之河”（见图 1-2）。[3]

汤姆逊的这一发现，使弗莱明恍然大悟：原来灯丝通电受热后，灯丝原子中的电子逃逸出去，飞向了铜片，从而产生了单向电流！正如河水总是从高处流向低处，电子也是从能量高的地方沿着“能量斜坡”流向能量低的地方。只是电子的流动或飞行不需要河床或者导体，它在真空中就能完成这一过程。

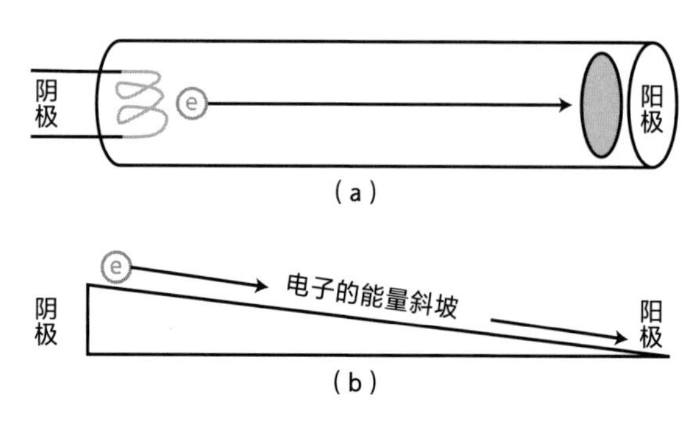

图 1-2　阴极射线管发射电子的实验

注：电子从阴极飞向阳极，相当于沿着能量斜坡“流动”。

汤姆逊这一“劈”，劈开了人们曾经认为“不能再分”的原子，劈出了一片新天地：人类不仅首次发现了电子①，还为之后真空管的发明打开了大门。

1900 年，弗莱明在“无线电先驱”伽利尔摩·马可尼（Guglielmo Marconi）的公司找到了一个新的顾问职位。

1899 年，在一艘英国军舰上，25 岁的马可尼向另外一艘船只发送了一封无线电报，展示了无线电通信在海上通信领域的优点。1905 年对马海战期间，俄国调集太平洋第二舰队，抄近道穿越日本西南方的对马海峡。日本巡洋舰“信浓丸”号在 5 月 26 日夜晚侦察到了俄国舰队，舰上装备了从马可尼公司（Marconi）进口的无线电设备，相关人员立刻发送了一封无线电报给附近的日方指挥船。随后，89 艘日本军舰及时赶到，击沉了 21 艘俄方军舰。[4]

马可尼的下一步计划是研发跨越大西洋的无线电通信。当时的科学家并不看好这一计划，他们认为地球弯曲的球面会阻碍无线电波跨越大洋。但马可尼坚持

① 汤姆逊发现电子的剑桥大学实验室外墙上钉着一块铭牌：“汤姆逊于 1897 年在卡文迪许实验室发现了电子，它是物理学上的首个基本粒子，也是化学键、电子学和计算机科学的基石。”

在大西洋两岸设置了数十米高的接收和发射天线。发射端通过放电打出声震如雷的火花，当电波传送到大洋彼岸时已经变得十分微弱，这就要求接收端的电路对无线电波非常灵敏，而这正是整个装置中最薄弱的环节，也是弗莱明致力于解决的难题。

在中国，梁启超主办的《时务报》上也对无线电做了介绍："凭空发递，激而成浪，颤动甚疾，每秒跳二万五千次（即频率 25 000Hz）。"[5] 在接收到这种上下快速舞动的无线电波后，要先去掉负半部分，只保留正半部分，这叫作整流，之后才能将信号中的信息提取出来（见图 1-3）。而整流需要一种单向导电的器件，它就像站在单行道上的交警，只允许车辆在一个方向上通行。早期整流使用的是金属屑检波器，它的开合速度很慢。

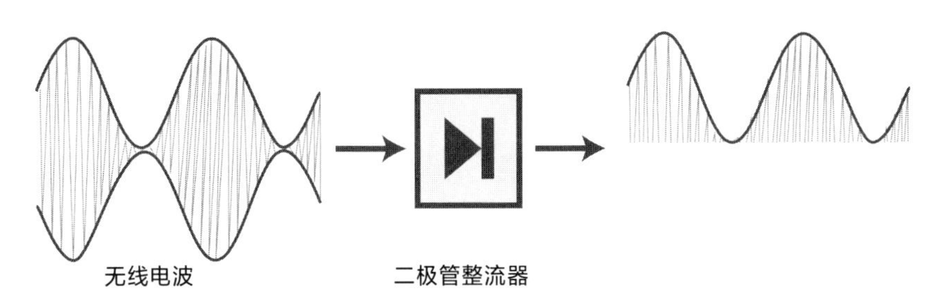

图 1-3　整流示意图

注：有正有负的信号通过单向导电的整流电路后，只有正向信号保留下来。

那么，如何找到一个快速的单向导电器件呢？ 1904 年的一天，弗莱明从 20 多年前的"爱迪生效应"以及它那奇特的单向电流中获得灵感，他立刻从柜子里翻出了当年的灯泡，给它加上有正有负的交流电。不出所料，铜片和灯丝之间出现了单向电流，这正好能用于无线电接收器中的整流！由于真空二极管没有机械部分，电流纯粹靠电子的流动，因此开合速度比金属屑检波器更快。

弗莱明很快仿照这种灯泡设计了一种带有圆柱形玻璃罩的真空器件，它以灯丝为阴极，以铜为阳极，所以叫作真空二极管（见图 1-4）。开机后，灯丝发热，带负电荷的电子从阴极逃逸出来，随即被阳极吸引过去。同样，这里也有一个能量斜坡——从阴极到阳极，造成了电子的单向流动。

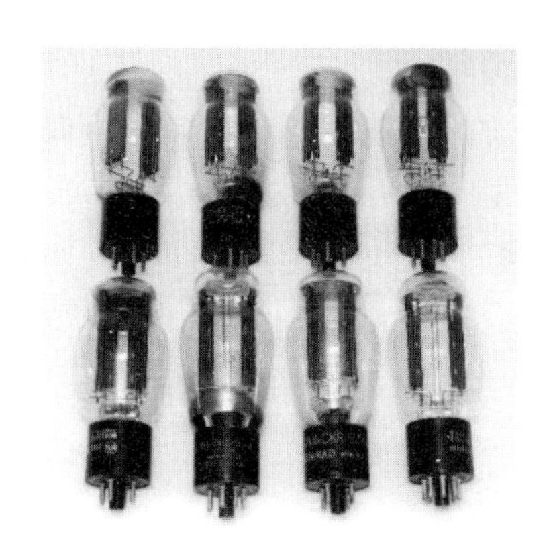

图 1-4　带有玻璃罩的真空二极管

1912 年 4 月，泰坦尼克号游轮从英国出发，驶向大西洋彼岸的美国，却不料在夜晚撞上了冰山。幸好船上安装了无线电发报装置，电报员立刻不停地发出求救信号，直到最后一刻。附近的一艘船只收到信号后及时赶来，挽救了 700 多人的生命。大西洋上的无线电波甚至被传到了美国东海岸，那时马可尼公司在纽约市沃纳梅克百货大楼顶上设置了一座电报站，一位名叫大卫·沙诺夫（David Sarnoff）的电报员坚守了三天三夜，不停地收发电报，统计遇难者的人数①。[6]

* * *

马可尼的无线电技术来自海因里希·赫兹（Heinrich Hertz）发现的无线电波，而后者又得益于詹姆斯·克拉克·麦克斯韦（James Clerk Maxwell）优雅的

① 多年后，那位电报员变成了广播巨头美国无线电公司（简称 RCA）的总裁。之后，又有两家公司从美国无线电公司分离出来，成了今天的美国广播公司（简称 ABC）和美国全国广播公司（简称 NBC）。

电磁方程组。基础科学与应用研究频繁互动，促成了一个发明和发现频出的时代：卡尔·费迪南德·布劳恩（Karl Ferdinand Braun）发明了阴极射线管，费森登（Fessenden）发明了无线电广播……而真空管的发明又为长途电话、收音机、电视机和计算机的发明奠定了基础。

当时美国最大的电话公司是美国电话电报公司（AT&T Inc.），前身是电话发明人之一的亚历山大·贝尔（Alexander Bell）的电话公司，总部位于纽约。进入20世纪，电话业务在美国迅速发展。1900年，美国只有60万户电话用户，到1910年却骤增到580万户。在此浪潮下，美国电话电报公司不断壮大，垄断了美国绝大部分的电话业务。

20世纪以来，美国电话电报公司开始面临美国国内反垄断调查。道格拉斯·费尔（Douglas Fair）于1907年执掌美国电话电报公司后，极力说服美国政府接受全美统一电话业务，由此维持了美国电话电报公司此后70多年的垄断地位，这也让美国电话电报公司能从丰厚的利润回报中拿出大笔资金用于长远技术的研究。[7]

1914年，世博会①计划将于旧金山举办，美国电话电报公司定下了一个目标，届时要让从东海岸的纽约到西海岸的旧金山的长途电话能够打通。当时，美国电话电报公司的长途电话线从纽约一直延伸至美国中部的丹佛，无法继续向西延伸，因为随着距离的延长，电话信号会逐渐衰减。

美国电话电报公司打算在中途设立一些中继站，从而将信号放大后继续向前传输。这需要一种能放大信号的器件，但真空二极管只能分拣信号，而无法将其放大。这时，一种能放大信号的电子器件引起了美国电话电报公司的注意，它就是李·德福雷斯特（Lee de Forest）发明的真空三极管。

---

① 为了纪念巴拿马运河开通而举办的一次盛大的庆典活动，这届博览会又叫巴拿马太平洋万国博览会，但后来延期了一年举办。

德福雷斯特不擅长动手，他在学生时代做实验经常烧掉保险丝。尽管他一再被老师告诫要小心，但在一次重要的讲座上，他仍然将一只灯泡浸泡到水中，搞砸了实验。为此他被逐出了耶鲁大学谢菲尔德学院，但这并没有影响他对发明创造的痴迷，后来，他来到了纽约。

1906 年，德福雷斯特对真空二极管的结构做了适当的改造。他在灯丝和金属片之间插入了一根形如木栅栏的铜丝（称为栅极），想看看会发生什么（见图 1-5）。当他给铜丝栅极施加负电压时，阴极和阳极之间的电流减少了；反之，当他在铜丝栅极上施加一个正电压时，电流就增加了。接着，他在铜丝栅极上施加了一个微小的交替变化的电压，结果竟在阴极和阳极之间得到了一个变化幅度更大的交变电流：信号放大了！

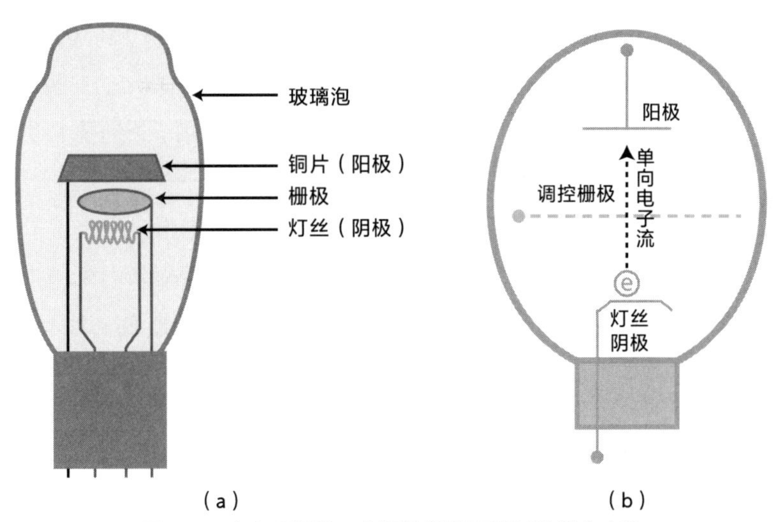

图 1-5　真空三极管：中间的栅极可以调控单向电流

靠着误打误撞插入一根铜丝做的栅极，德福雷斯特使真空管放大了信号，于是真空二极管变成了真空三极管，这个发明带来的荣誉伴随了他一生。不过德福雷斯特不擅长理论知识，他无法解释为什么信号会放大。[8]

离德福雷斯特的实验室不远的纽约州尼亚加拉瀑布上兴建了一座 62 米高的巨型水电站大坝。如果德福雷斯特去那里参观过，也许能得到一些启发。从北向南流动的尼亚加拉河水遇到了水坝，被拦住了去路，水流大小受到闸门的调控。只需轻按控制水闸的电钮，涓涓细流就会变成声震天地的滚滚洪流，这种调控是一种力量的放大。同样，在真空管单向电流通路中插入一个栅极，它也能像闸门一样调控电流的大小，这种调控则是一种信号的放大①。

1912 年，美国电话电报公司出价 5 万美元买下了真空三极管的专利，应用于长途电话系统。德福雷斯特不知道，他的这一小小改动即将引发一场巨大的变革。

1915 年，世博会延期了一年举行，而这一年美国电话电报公司的长途线路终于从东海岸延伸到了西海岸。举行开通仪式那天，公司邀请了亚历山大·贝尔和托马斯·华生（Thomas Watson）两位元老，他们一位在纽约，一位在旧金山，两人在通话时致敬了电话刚被发明时的经典对话。贝尔拿起话机说："华生先生，请到我这儿来，我需要你！"远在大陆另一头的华生回答道："可是贝尔先生，坐火车到你那儿要花费整整 5 天时间！"[9]

第一次世界大战爆发后，无线电的研究大大加速。美国发明家埃德温·霍华德·阿姆斯特朗（Edwin Howard Armstrong）在第一次世界大战期间于军中服役，他用真空三极管做出了超外差式接收机，后来还发明了调频广播（FM）。② 1940 年，时任英国首相丘吉尔在广播里大声鼓舞轰炸中的民众"无论代价和痛楚有多大，我们都要作战并赢得胜利"时，人们记住了英国的这位坚强领袖；同年，法国戴高乐将军在英国广播公司（简称 BBC）的广播上向法国官兵发出抵抗德国军队的号召时，人们记住了这位勇敢的将军，但他们并不知道是谁让声音在无线电波里传递出去的。

---

① 这种调控单向电流实现信号的放大和开关的方式，将来还被反复地用到。

② 此外，只要将无线频率再提高，就能发送电视信号。

1946年，美国宾夕法尼亚大学用真空管研制出第一台电子数字积分式计算机（简称ENIAC），它使用了17 468多个真空管，占地170多平方米，每秒能做5 000次计算。[10] 这里的真空管不是用来放大信号，而是作为一个开关。如果在铜丝栅极上施加一个很大的负电压，就能使电流中断。只需把开通和中断当作0和1两种状态，那么它就能表示二进制，从而帮助一台电子计算机进行计算。

这时真空管的应用可谓如日中天，从收音机、电视机、无线电报、音响再到电子计算机，都离不开真空管的身影，一代又一代的工程师仍在不断地提升其性能。

在美国电话电报公司下属的贝尔实验室，一位名叫默文·凯利（Mervin Kelly）的工程师负责十几种真空管的开发与生产，并积累了丰富的经验。但随着时间的推移，他越来越觉得真空管技术逼近了极限。

首先，真空管发热严重，导致故障频发。[11] ENIAC一旦启动运行，每小时将消耗150千瓦的电，必须使用专门的电力供应。每过15分钟就会有一个真空管因过热而爆掉，维修人员往往要花很长时间才能找到它并替换掉。只有美国国防部和大公司才用得起这个庞然大物。其次，真空管个头不小，无法继续“缩身”。如果将我们手机芯片里的晶体管都替换为真空管，会是什么情况呢？如果一部手机按2 000亿个晶体管来计算，而一个真空管有两块方糖那么大，那么这2 000亿个真空管能装满14万个集装箱，需要10艘长度为400米的超大货轮才能装得下。

人们急需一种新的电子开关：可靠、小巧和快速，而这需要科学家在基础物理上取得进一步的突破。

绝望的行动，量子之变

1900年，为了展望新世纪的物理学，76岁的英国物理学家开尔文勋爵（Lord Kelvin）做了一次演讲。他认为古典力学、热力学、电磁学的理论都已完备，于是自豪地宣称：“从今以后，物理学将不再有任何新进展，剩下的工作只不过是不断地改良测量的精准度，仅此而已。”

不过，开尔文勋爵话锋一转，提到了物理学界仅有的一点担忧，“但是天边还有两朵令人不安的乌云”，分别是以太漂移实验和黑体辐射问题。

“第一朵乌云”以太漂移实验关系到光速是否绝对不变、时间是否绝对公正的问题，在5年后被26岁的爱因斯坦用相对论干净利落地解决了，从此推翻了经典物理学中时间绝对标准的观念。

“第二朵乌云”黑体辐射问题笼罩在可怜的德国物理学家马克斯·普朗克（Max Planck）头顶上长达6年之久。

“这朵乌云”与爱迪生的第二个烦恼有关：白炽灯的发光效率低下，致使大量电能变成热量白白地消耗掉了。

热量来自白炽灯发出的看不见的红外光，它占据了电灯泡发出的光的大部分[①]，只有很小一部分能量转化为用于照明的可见光（见图1-6）。

爱迪生电灯公司在想方设法提高电灯的发光效率，德国最大的灯泡公司西门子也迫切希望解决这一问题。

---

① 这也是浴室中红外浴霸发热的原理，只不过它是故意让光能转化为热能。

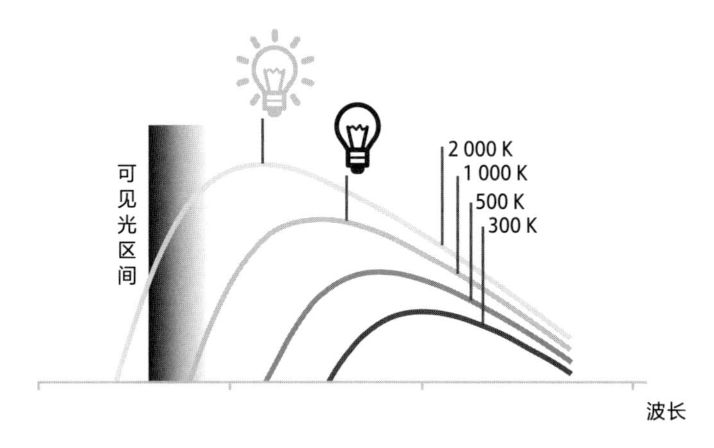

图 1-6 辐射强度与温度和波长的关系

注：白炽灯的光只有一小部分位于可见光的波长区间。

工业界的急迫需求传到了学术界，引起了科学家的关注。事实上，普朗克十分了解西门子公司的需求。他知道，电灯发出的光是一种电磁波辐射，当白炽灯丝升高到 2 000 K 以上时就开始向外辐射电磁波，到 3 000 K 时发出黄光，到 6 000 K 时发出明亮的白光。温度越高，可见光的比例越大，效率越高。为了彻底解决这一问题，普朗克开始研究背后的辐射机制。

但是，这位柏林大学的教授在计算从黑体小孔中发射出的电磁波的能量时，碰到了一个棘手的难题，他得出紫外频谱附近的能量值等于无穷大，这个结论显然很荒谬。

普朗克尝试用当时经典物理学中的共识来解释“紫外灾变”，其中重要的一条是经典物理学认为能量是连续的，就像小提琴的声音或宫廷舞的舞步，其变化也是连续的。

但经过 6 年的探索之后，普朗克仍然一无所获。他像一头笼中困兽，写下了这样的断言：“我非常清楚，经典物理学是不能为这一难题提供答案的。”这一年普朗克已经 42 岁了，而他一生中最重要的发现尚未眷顾他。

不得已，普朗克于 1900 年的秋天采取了一次“绝望的行动”。在推导数学公式时，他不再将辐射当作连续的，而是分成一份一份的“量子”。这样一来，理论公式奇迹般地与实验相符了。普朗克虽然没有解决电灯泡的发光效率的问题，但无意中带来了量子物理学的萌芽[①]。

这一年，德国末代君主威廉二世仍住在坚如磐石的皇宫里，但经典物理学的大厦已经出现了一道裂纹。普朗克内心是多么希望经典物理学能延续下去，而他却在无意中为埋葬经典物理学铲起了第一锹土。为此，他陷入了深深的痛苦之中。

* * *

普朗克这次小心翼翼的尝试打开了潘多拉魔盒的一条缝，掀开了一系列“量子化”运动的序幕，而他的研究鼓励了一位更大胆的叛逆者——26 岁的爱因斯坦。1905 年，爱因斯坦还只是瑞士伯尔尼专利局的一名普通职员，每天下班后跟好友米歇尔·贝索（Michele Besso）一起步行回家，边走边讨论自己的新点子。

伯尔尼小城被远处高山上白雪的反光持续映照着，而在爱因斯坦的眼里，这些光线并不是连续的，而是一个一个独立的光子，它的能量包裹在一个个单独的小包里。这一次，量子化的观念很好地解释了光电效应实验。

此前，麦克斯韦和赫兹证明了光是一种电磁波，这已得到了科学界的广泛承认，而现在这个年轻人却把光当成了一种离散的粒子。这就好像悠扬的小提琴声

---

① 如今，白炽灯已经被高能效的 LED 灯淘汰，而 LED 灯是用半导体实现的，这背后的基础仍然是量子物理学。

变成了暴躁的打击乐，而华贵流畅的宫廷舞变成了令人眼花缭乱的太空霹雳舞！

接过爱因斯坦的接力棒的是年轻的丹麦物理学家尼尔斯·玻尔（Niels Bohr）。他在1911年获得博士学位后就来到了英国剑桥大学追随汤姆逊，随后又去了曼彻斯特大学深造。就在这一年，曼联足球队赢得了英格兰足球甲级联赛冠军。不过玻尔更感兴趣的是原子内部世界的秘密，他在曼彻斯特大学跟随欧内斯特·卢瑟福（Ernest Rutherford）研究原子模型。

那时，卢瑟福通过实验发现，原子的绝大部分质量都集中在其中一个非常小的点上，而不是像他的导师汤姆逊认为的有如“葡萄干布丁”模型那样均匀分布。由此，卢瑟福的研究重新定义了原子的内部图景：电子环绕着中心的原子核公转，就像行星稳定地绕着太阳旋转。尽管这个模型看起来美妙而优雅，但人们很快发现它存在一个致命缺陷：旋转的电子会不断地损失能量，坠落到原子核上。这就像把一粒豆子放到碗边，一旦你松手，它就会顺着碗内壁的弧线滚落到碗底。

1912年，27岁的玻尔开始思考：为什么真实的电子不会轻易地被吸进原子核？他猜想，也许是因为电子的轨道就像一级一级的台阶，不能连续变化。这就像是环形马戏团剧场的观众席，坐在台阶上的观众不会像豆子那样顺着滑落下来。玻尔心里很清楚，这一猜想和经典物理学水火不容。他在给兄弟的信中写道：“也许我已经发现了一些有关原子结构的真相，但请不要向任何人说起这件事。”

几个月后，玻尔偶然注意到，氢原子的光谱总共有4根亮线，只出现在特定频率位置。[12] 这让玻尔豁然开朗：这是量子化的迹象，电子的轨道不是连续变化的①（见图1-7）！

① 氢原子里的电子从“环形马戏团剧场”高处的台阶跌落到较低的台阶，释放出电磁波，其能量与4根光谱对应。如果电子跌落到最低的一级台阶，就没法继续跌了，因此不会掉到原子核里，这就克服了卢瑟福模型的缺陷。开尔文勋爵读了玻尔的文章后，特意写信表达自己对他的赞许。

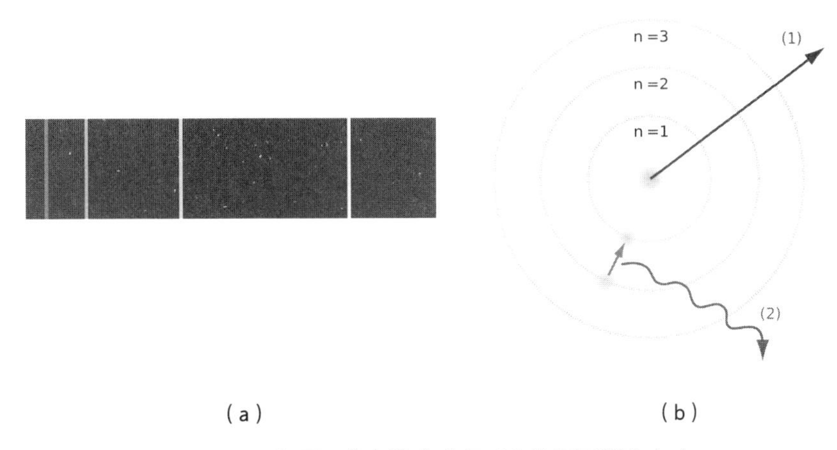

图 1-7 氢原子的光谱（a）及玻尔的原子模型（b）

注：在玻尔的原子模型中，电子只在特定轨道上出现。

这样一来，经典物理学大厦的裂缝变得更长了，而这还只是开始。

＊＊＊

后来，有人提出了这样的猜想：粒子也是一种波。做出这个惊人论断的是29岁的路易·德布罗意（Louis de Broglie）。1924年，他在浪漫之都法国巴黎攻读物理学博士学位。幽幽的塞纳河水从巴黎大学旁边绕过，就在河水下游不远处的吉维尼花园里，莫奈用画笔描绘了夏日波光粼粼的池塘。德布罗意猜想，既然光波能表现出粒子属性，那么根据美的对称法则，电子这样的粒子为什么不能表现出波的特性呢？他甚至用普朗克常量推导出了电子的波长公式。

电子是一种波？德布罗意的博士论文导师保罗·朗之万（Paul Langevin）①有点拿不准，他把德布罗意的论文寄给了爱因斯坦征求意见，爱因斯坦回信说："我深信这一猜想是物理学游戏处于最糟糕的时候投下的第一缕微光。"[13]

① 郎之万在众星云集的第五次索尔维会议上就坐在爱因斯坦旁边。

然而，要验证德布罗意的猜想非常困难，因为电子的波长远小于原子的尺度。巧的是，位于大西洋彼岸纽约市繁华的西大街上的贝尔实验室里，物理学家C. J. 戴维森（C. J. Davisson）在1925年做了一个关键实验，他发现电子散射后形成了干涉条纹：电子的确是一种波！

这表明，构成世界大厦的粒子不仅是不连续的，还成了“如梦幻泡影”的波。经典物理学的大厦开始倾斜。

物质是一种波？这需要一个解释。

那时玻尔已经回到了丹麦，在哥本哈根筹建了理论物理研究所，盖起了一座三层砖楼，并担任研究所主任。玻尔学术一流，在1922年获得了诺贝尔物理学奖，他心胸开阔、待人温和，这让他的理论物理研究所吸引了全世界最优秀的人才。

以玻尔为首的哥本哈根学派提出一个说法：物质波是粒子在空间中出现可能的概率波。换句话说，粒子什么也不是，只是一个概率[13]。这一说法是对经典物理学彻底的背叛，就连提出物质波的德布罗意也无法认同！

这就是量子物理学的诡异之处：后来者永远会颠覆前人，即使这位前人在几年前还是一位“叛逆先锋”。而接下来被颠覆的将是量子力学的先锋——爱因斯坦。

科学家使电子一个一个地通过狭缝，每一次的落点都不同，随机地分布在狭缝后面的屏幕上，看起来就像在玩掷骰子游戏。

爱因斯坦在1926年写给德国物理学家马克斯·玻恩（Max Born）的信中说：“我无论如何都确信，上帝不会掷骰子。”他坚定地认为，这些不确定背后一定有个确定的东西在起作用。可是，电子才不在乎爱因斯坦怎么想呢，它们只管狂热地随机舞蹈。

哥本哈根学派的人对爱因斯坦的言论颇感错愕，他们不明白为什么爱因斯坦这位量子物理学的拥护者反而对它抱有怀疑，玻尔针锋相对地回应爱因斯坦："不要告诉上帝怎么做。"

* * *

接下来，就连玻尔本人也未能幸免，他提出的原子模型也成了被颠覆的对象。

1927 年 2 月，26 岁的德国物理学家沃纳·海森堡（Werner Heisenberg）来到了海边坐落着"小美人鱼"铜像的哥本哈根，他此行无意欣赏五颜六色的童话房子和蜿蜒的运河，而是直接来到了玻尔的理论物理研究所，与时年 42 岁的玻尔讨论问题。但两人争论了起来，谁也无法说服对方。玻尔转身去了滑雪场，海森堡则独自在研究所后面的公园里散步。

突然间，一个想法"袭击"了海森堡，他立刻返回研究所，并给好朋友沃尔夫冈·泡利（Wolfgang Pauli）写了一封信："我们总能发现所有的思想实验都有这么一个性质：当我们能确定粒子的位置时，却不能确定它的速度；反之，当我们能确定粒子的速度时，却不能确定其位置。"这就是"不确定性原理"。[14] 多年后，人们为此编了一个故事：海森堡因为开车超速被交警拦了下来，交警问："你知道你的速度有多快吗？"海森堡回答："不知道，但我确切地知道我在什么地方！"

可海森堡提出的"不确定性原理"又与玻尔的原子模型发生了冲突。如果电子像玻尔认为的那样在圆周轨道上匀速运行，根据"不确定性原理"，电子的位置将变得缥缈不定，不会老老实实地待在规定好的轨道上运行，而是像一只躁动的蜜蜂在玻璃罐里疯狂地乱撞，留下一团模糊的轨迹。[15]

这下，经典物理学最重要的根基之一——确定性，也被推翻了。如果说经典物理学就像一幅古典派画作，每一根睫毛、每一片树叶都画得精细而逼真，那么，现代物理学则像一幅印象派画作，日出、帆船和睡莲都蒙上了一层模糊的“滤镜”。

经典物理学的连续性、确定性相继被颠覆，只剩下一团不确定的波动。电子这种小小的粒子让科学家们大伤脑筋。它们乖戾而不可捉摸，在不同的原子间相互争斗、对抗又产生交集，形成了不同的化学活性或者不同的导电性。

尽管这些奇想都与实验的结论相符，但为什么会如此呢？迷茫的科学家们需要一个清晰合理的解释。

为此，奥地利物理学家埃尔温·薛定谔（Erwin Schrödinger）在 1926 年提出了一组波动方程。他那时正受结核病折磨，在瑞士东部的一座小城阿罗萨疗养。在此期间，薛定谔大胆地将粒子当作一个波的包络，而不是一个实体。有了薛定谔方程，人们就能计算出诸如粒子的能量态、电子在各层轨道出现的概率等。

薛定谔方程像一面魔镜，照出了迷雾背后的真相。有了薛定谔方程，科学家们恍然大悟，原来每种元素出现在元素周期表上的特定位置都是由这个方程决定的。薛定谔方程能将一切物理和化学属性都解释得清清楚楚，包括物质的导电性。

1929 年，在全球经济大萧条开始之前，量子物理学的“大厦”基本竣工。而在全球经济大萧条开始之后，量子物理学将揭开半导体内部导电的秘密。

惊险的一跃，半导体的奇迹

1931 年初，位于德国东部的莱比锡城的雪还没有融化，莱比锡大学的理论物理研究所来了一位 25 岁的英国小伙艾伦·赫里斯·威尔逊（Alan Herries Wilson），他跟随海森堡学习固体物理学，研究半导体的性质。

半导体最大的特性就是它的导电能力，远远小于导体（如铜线），又远远大于绝缘体（如橡胶）。这种特殊的性质引起了科学家的好奇。此外，很多半导体都是晶体，内部有着规则的原子点阵。但麻烦的是，原子的间距很小，无法直接用显微镜观察到晶体内部的原子点阵结构。

在威尔逊到来之前，这里的一位博士生布洛赫（Bloch）正在对晶体展开研究。得益于德国物理学家马克斯·劳厄（Max Laue）和英国物理学家布拉格父子[①]发明的用 X 射线衍射研究晶体的方法，布洛赫间接窥视到晶体里漂亮规整的结构，并将其带入薛定谔方程，从而初步揭开了半导体晶体的性质（见图 1-8）。

那么，半导体内部是如何导电的呢？以前人们尝试用经典物理学来解释，但都失败了[②]。进入 20 世纪 30 年代初，威尔逊等人以量子物理学为工具，对半导体的导电机制展开了一番新的研究。

① 指威廉·亨利·布拉格（Sir William Henry Bragg）和威廉·劳伦斯·布拉格（William Lawrence Bragg）父子，由于在使用 X 射线衍射研究晶体原子和分子结构方面的开创性贡献，两人共同获得了 1915 年的诺贝尔物理学奖。——编者注

② 1833 年，英国物理学家 M. 法拉第（M. Faraday）发现了一种硫化银的半导体。不过随后的研究却让人们困惑。例如，半导体的电阻器会随着温度升高而减小，跟金属相反。半导体内部的导电粒子在磁场中的偏折方向跟金属中的电子也相反，而这似乎只有一种可能，即半导体里有一种正电子（Positron），而这显然超出了当时人们的认知。

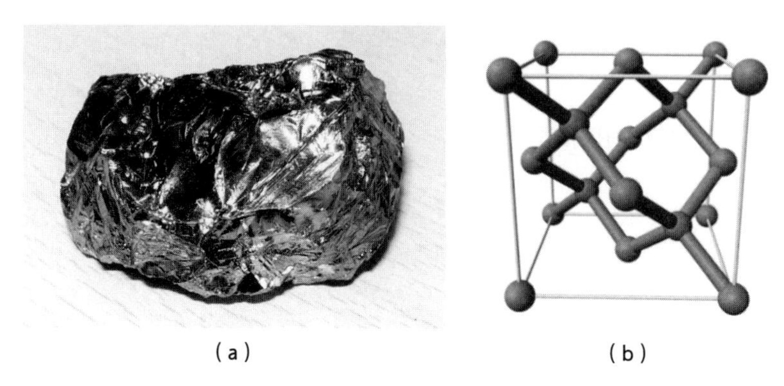

图 1-8　半导体硅晶体（a）和晶体内部的晶格结构（b）

一般人可能会认为，电子越多，越容易导电，电流也越大。但真的如此吗？威尔逊心里打了个问号。

如果把半导体中的电流比作公路上的车流，车少时车流量很小，那么车越多，车流量就越大吗？恰恰相反，车流量会因为车多拥堵而下降到零。

威尔逊发现，半导体里的电子都堵在了一条叫作“价带”的路上，无法自由移动并形成电流。他领悟到了关键的结论：并不是电子越多就越容易导电，而是要有足够多的空位，才便于电子移动和导电。

只有一种情况能让半导体导电，那就是让堵在价带中的电子跃迁上叫作“导带”的高架桥，因为那里畅通无阻。可是，这比让平底锅里的爆米花蹦到 10 层楼高还要困难。

不过，在量子物理学起作用的微观世界里，这却是可能的。电子的不确定性又一次发挥了作用。尽管电子跃迁上导带的概率非常低，但仍有可能性，而且电子的总体数目非常庞大，总是有一些电子可以成功跃迁上“导带”这座高架桥，从而使半导体内产生电流①！

于是，人们就利用量子力学的这点小伎俩，充当起“交警”和“建筑师”：在适当的位置截断车流，使其堵塞；在适当的位置将高架桥放低，让电子轻松跃迁，保持车流畅通。海森堡听了威尔逊的理论后兴奋不已，马上叫来布洛赫一起讨论。但布洛赫却连连摇头，说“大错特错”。但经过一个多星期的思考，布洛赫还是理解并接受了威尔逊的理论。[16]

有了威尔逊提出的“能带理论”，人们就能理解为什么半导体最适合做开关。因为绝缘体的“高架桥”太高了，使得电子跃上去的概率大大减小，所以无法导电；而金属里的“高架桥”又太低，电子很容易就能跃迁上去，轻松导电，但无法让电子停下来，所以很难阻断；只有半导体的“高架桥”不高不低，当外部电压发生变化，半导体内部轻盈的电荷就会跟着发生变化，电荷瞬间重新分布，半导体就能迅速地切换到关断状态（变成绝缘体）或者开通状态（变成导体），如图 1-9 所示。

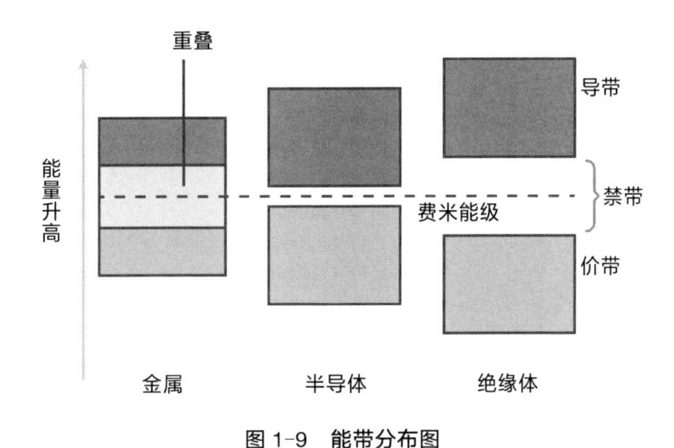

图 1-9 能带分布图

① 另一方面，“价带”上一部分电子跃迁走后，也有了空位，所以“价带”的电子（确切说是空位）也因此可以移动起来，从而形成电流。

跟其他开关比起来，半导体的开关速度极快。如果用手按下墙上的开关，每秒最多按 3 ～ 4 次。而继电器每秒可以切换 100 次，真空管可以达到每秒数百万次，半导体器件更是可以达到每秒数千亿次。因此，半导体适合做高速开关，实现芯片中的 0 和 1 的逻辑运算。

威尔逊提出“能带理论”之时，欧洲正受到经济大萧条的影响，物价飞涨。柏林和汉堡之间的公路两旁挤满了无家可归的人。经济大萧条对德国的冲击尤其大，也为第二次世界大战埋下了隐患。

1933 年，德国纳粹上台。在德国国会纵火案之后，爱因斯坦等一众科学家不得不“跃迁”到大西洋彼岸。这种单向的人才流动给美国这个新兴国家带来了宝贵的智力资源，也使欧洲的半导体研究此后长时间停滞不前。

在 20 世纪 20 年代，美国物理学家约翰·斯莱特（John Slater）访问欧洲的剑桥大学和哥本哈根，跟玻尔、海森堡和泡利等人一起工作。之后，斯莱特回到美国的麻省理工学院，这也意味着他将量子物理学的研究火种带到了美国。斯莱特于 1932 年在麻省理工学院招到了一位年轻的博士生威廉·肖克利（William Shockley）。

接下来，半导体研究会朝哪个方向发展？肖克利又会将半导体的研究带往何方？

本章核心要点

要想发明芯片和晶体管，先要有半导体技术；要想有半导体技术，先要有量子物理学。基础学科是技术突破的深厚土壤。

要想了解量子物理学，先要从一只电灯泡开始讲起。

1882 年，爱迪生观察到灯泡内壁被熏黑，从而偶然发现了真空灯泡中存在着单向电流。直到 1897 年，汤姆逊发现了原子中的粒子“电子”后，人们才理解了这种真空中的单向电流。在此基础上，1904 年，弗莱明利用真空灯泡中的单向电流效应发明了真空二极管。1906 年，德福雷斯特在二极管的阴极和阳极之间插入了栅极，发明了真空三极管，它既能放大信号，又能做开关，在收音机、长途电话乃至电子计算机上得到了广泛应用。

但是真空管具有速度慢、发热严重、故障率高、体积大等弊端，无法适应信息时代的要求，而解决这些难题需要一种全新的物质——半导体。

对半导体导电特性的理解离不开对微观粒子基本规律的认识，尤其是对原子中电子的特性的认识，而经典物理学无法解释一些现象，其中包括困扰爱迪生的灯泡发光效率低下的问题。由此，普朗克研究了背后的黑体辐射问题，并于 1900 年提出将辐射能量当作一份一份的“量子”，从而催生了量子物理学。

此后，爱因斯坦、玻尔等进一步丰富了量子概念，直到海森堡提出了“不确定性原理”和薛定谔提出了“波动方程”，人们才对原子和电子有了深入的认识。在此基础上，威尔逊于 1931 年提出了“能带理论”，解释了半导体中电子的不确定性，以及由此产生的电流，从而为半导体二极管和晶体管的发明奠定了基础。

02

创造性失败，晶体管诞生

1940 年 9 月的一个夜晚，伦敦上空突然警报声四起，1 500 架德国飞机像一张巨网包围了伦敦，并投下了将近 2 000 吨炸弹。顿时，圣玛莉里波教堂的彩绘玻璃窗四散飞溅，白金汉宫四周被 5 枚炸弹夷为平地，上议院也未能幸免。

德国人使用了一种全新的“闪电战”战术，将盟军的坚固防线打得七零八落。此前，丹麦和挪威在 4 月沦陷，荷兰与比利时于 5 月被占领。近 40 万英法联军被德国机械化部队逼到了大西洋海岸一个叫作敦刻尔克的狭长地带，经过了 9 个昼夜的苦战，大部队人马在 6 月初侥幸乘船撤离。但紧接着巴黎沦陷，法国被一分为二。此时，拯救欧洲的希望落在了英国身上。然而，德国轰炸机像乌云般出现在英国上空，组成狼群阵列的 U 型潜艇也封锁了周边海域，这让失去补给线的英国正迅速地沦为一座饥饿的孤岛。

危急之中，任何有可能扭转战局的科学和技术都会为黑暗中的人们带来一线希望。谁先取得技术突破，谁就能加重砝码，从而使胜利的天平朝着自己的方向倾斜一点。相较于第二次世界大战结束前才投入使用的德国 V2 火箭和美国原子弹，雷达在战争一开始就发挥了作用。

在地面雷达的警戒之下，英国皇家空军在黑暗中起飞，迎击敌机。在茫茫夜色中锁定目标，光靠眼睛和探照灯是非常困难的。唯一的办法就是抓紧时间来完善雷达和相关技术：提高分辨率，将雷达做小，放到战斗机狭小的机舱里。这不仅能帮助锁定敌机，还能侦测到露出水面的德国 U 型潜艇，打破其在海洋上的封锁。而这一切单凭工作频率较低的真空管是无法做到的，还要靠性能更好、频率更高的半导体器件才能保障。

在战争的刺激下，此前进展缓慢的半导体研究突然加速。

雷达在警戒，半导体研究加速

第二次世界大战一打响，英国东部的海岸线就装配了雷达站，形成了一条防御链，侦测来犯的德国轰炸机。

雷达是战争中的“眼睛”，但早期的雷达却是“近视眼”。跟马可尼的无线电报接收器一样，雷达接收器上也需要有一个单向整流器件。但是雷达波的频率比无线电报的频率高很多，而真空二极管受到电子从阴极到阳极所耗费的时间的限制，频率无法继续提高，分辨率低下。那时，从法国西海岸起飞的德军飞机不到半个小时就能飞到英国上空，留给英国人的时间已经所剩无几。于是，英国研究者迅速将目光转到了高频性能更好的半导体上，并尝试攻破半导体整流器的难点。

说到半导体整流，早在 1874 年，德国物理学家布劳恩就发现了一种方铅矿石半导体能整流。如果用细金属丝触碰矿石表面，偶尔还会在某个点上得到单向电流，这被称为“猫须”整流器。但这样成功的概率很低，稳定性很差，要反复尝试。至于方铅矿石为什么会有整流效果，布劳恩还无法做出解释。

1939 年，英国布里斯托尔大学的物理学家内维尔·弗朗西斯·莫特（Nevill Francis Mott）想通了“猫须”整流中产生单向电流的原理（见图 2-1）。埃文河在布里斯托尔市流入大海，只要把细长的金属丝比作埃文河，把方铅矿石半导体比作大海，就能解释单向电流产生的原理了。正如弗莱明的真空管中的能量斜坡使得电子只能单向流动，在金属和半导体界面上也存在着一个能量斜坡。

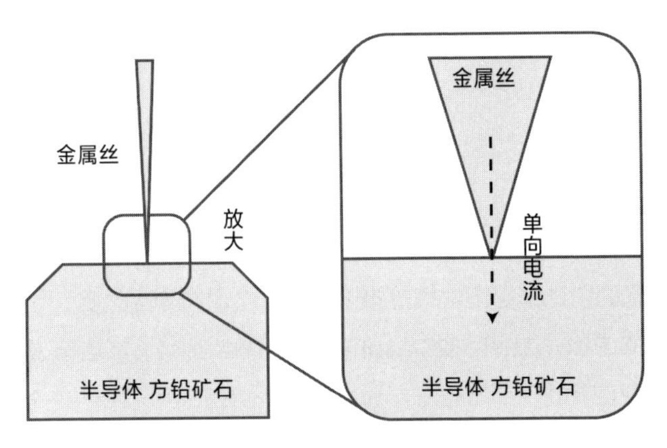

图 2-1 “猫须”整流原理

注：莫特解释了“猫须”整流原理，即金属 – 半导体界面上存在的能量斜坡造成了单向电流。

莫特用量子物理学完整地解释了半导体和金属界面上的单向整流效应①。这样一来，人们就不用盲目地用金属丝在矿石表面上碰运气了，而是能在理论指导下做出金属 – 半导体点接触整流器，不仅工作频率高，而且更稳定。

之后，英国人又尝试了用硅做整流器，发现稳定性很好，便马上将其运用到了雷达上。美中不足的是，当时硅的提纯技术较差，导致硅晶体中有较多杂质，整流效果差强人意。

① 同一年，德国的沃尔特·肖特基（Walter Schottky）以及苏联的鲍里斯·达维多夫（Boris Davydov）也各自得出了类似的结论，这种金属 – 半导体二极管被称作肖特基二极管。后来莫特招收了一位中国留学生黄昆，后者于 1956 年在北京大学建立了中国第一个半导体物理专业。

为了尽快取得军事技术的突破，英国首相丘吉尔批准了一支科学家代表团于1940年9月秘密访问美国，并向美国寻求技术支持。形势紧急，美国军方和民间立刻行动起来，组织了一支庞大的科研队伍，开展了雷达、自动火炮、两栖装甲车等军事技术研究。在第二次世界大战期间，美国政府在雷达项目上的投入高达30亿美元，这比原子弹项目的20亿美元还多。

贝尔实验室也积极地参与了进来，研究部主管凯利加强了实验室在雷达中的磁控管和硅半导体整流器方面的研究。

＊＊＊

贝尔实验室的前身是美国电话电报公司的一个研究中心，起初坐落于纽约市繁华的西大街，1925年成为一个独立的研究开发机构。它成立的初衷是为美国电话电报公司提供所需的通信技术。靠着占据垄断地位的母公司雄厚的资金支持，贝尔实验室得以将目标放得更长远。在随后的几十年中，这里诞生了晶体管、太阳能光伏电池、激光、CCD图像传感器、香农信息论、UNIX操作系统和C语言等发明。

凯利1917年就加入了贝尔实验室，在真空管研究方面有着丰富的经验。但凯利已预感到，真空管技术即将走到尽头，未来将属于半导体固态器件。

1936年，经历了大萧条之后的经济重新复苏，贝尔实验室开始重新招纳应届毕业生，凯利也在这一年被任命为研究部主管。同年3月，他来到了位于波士顿的麻省理工学院，看中了一位脸型方正的年轻博士威廉·肖克利，肖克利曾跟随从欧洲访学回来的斯莱特研究固体物理学。

凯利十分看重肖克利的固体物理学背景，因为这是贝尔实验室无法培养的。于是，他代表贝尔实验室向肖克利抛出了橄榄枝，并强调还有机会跟物理学大师戴维森一起工作。果然，这一点让肖克利心动了。

肖克利于1910年出生于英国，3岁时跟随父母回到美国，一家人定居在加州的帕洛阿托。就在他们从英国登船启程回美国的那一天，玻尔发表了电子轨道量子化的论文。肖克利有着高高的鼻梁和一双深邃、锐利的眼睛，最大的爱好是攀岩。他不仅聪明，而且爱出风头：他曾经一边走在高高的房檐上，一边向人炫耀，有时还会在宴会上出人意料地变出一束花。

在肖克利见习期间的一天，凯利来找他，并跟他聊了起来。在凯利看来，贝尔实验室里的能人一箩筐，好主意到处都是，而好问题却很稀少——它们需要人们努力寻找才能发现，并与现实的需求息息相关。那个时候，电话交换机普遍使用继电器来自动切换线路。继电器是一种机电开关，控制电流产生磁场，吸引金属弹片开合，实现线路切换。[1]但是继电器开关速度很慢，而且反复碰撞的金属弹片容易磨损，甚至打出火星。当时，贝尔系统每天要处理7 300万次通话，随着交换机中的继电器越来越多，维修和替换的成本也大大增加。此外，作为放大器的真空三极管也存在着耗电高、发热大和易碎等问题。

而凯利盼望着将来有一天这种机械开关能被一种安静、快速、可靠和不会打火星的电子开关所取代。他特意强调，未来的电话交换机应该是全电子化的，这是贝尔实验室追求的一个重要目标。[2]

这次谈话立刻引起了肖克利的共鸣，并给他留下了深刻的印象，他意识到自己的研究应该与中长期的应用目标结合起来，这样才能发挥出最大的效用。从此，他将半导体放大器和开关作为自己最重要的研究目标。

不久，肖克利在实验室内部成立了一个学习小组，并邀请了沃尔特·布拉顿（Walter Brattain）、詹姆斯·费斯克（James Fisk）、查尔斯·汤斯（Charles Townes）等人参加①。每周四下班后，学习小组的活动便开始了。他们一边享用

① 詹姆斯·费斯克后来成了贝尔实验室的总裁，而查尔斯·汤斯后来因发明激光而获得诺贝尔物理学奖。

餐厅提供的茶水和点心，一边轮流讲解自己的学习心得，大家对固体物理，尤其是晶体内部的电子运动很感兴趣。活动结束后，一行人就会去布拉顿的公寓里喝点小酒。

布拉顿是个精干的高个子，头发总是整齐地梳在脑后，眼睛里闪烁着亮光。他出生于中国厦门，幼年跟随父母回到美国，1929 年获得明尼苏达州立大学的物理学博士学位。在参加贝尔实验室的面试时，主管说自己需要一位不怕与其辩论的伙伴。布拉顿回答说："请放心，必要时我一定会顶嘴的。"

1939 年的一天，肖克利来找布拉顿，想请这位实验物理学家设计一个实验来验证自己的一个想法。[3] 原来，肖克利读到了莫特和肖特基等人当年发表的关于金属和半导体界面上的单向电流的文章，他立刻想到了德福雷斯特在 30 年前的一个实验——仅仅在真空管中的单向电流通道中间插入了一个栅极，就实现了信号的放大和控制。

肖克利觉得可以如法炮制，在氧化铜半导体和铜金属界面上增加一个栅极（见图 2-2），就像调节水库闸门一样去调节电流，这样就能达到放大信号的效果。那时，他就可以大呼一声"尤里卡"①！[4]

1939 年 12 月 29 日，肖克利在一张纸上写下了一句话："我今天忽然想到，使用半导体材料而不是真空管来制造放大器，原则上是可行的。"[5] 然后，他把这张纸贴在了实验室记录本上。后来肖克利将这一天视为通向晶体管之路的第一个里程碑。

听完肖克利的打算后，布拉顿笑了，他说自己也读过莫特的文章，但他认为肖克利的想法不会成功。因为氧化铜和铜的交界面只有一微米宽，没有多余的空

① 希腊语，意为"我发现了"。

间去放置第三个电极。

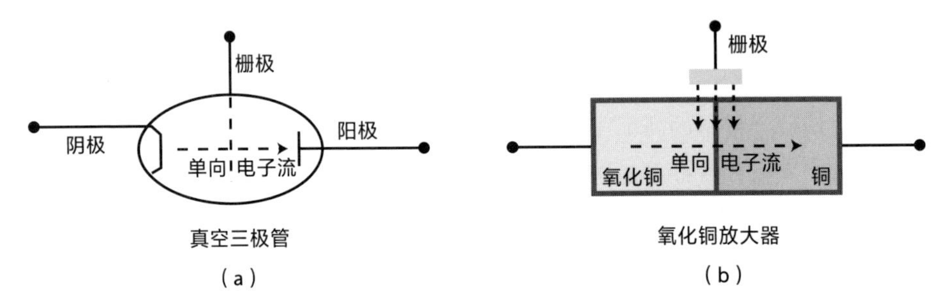

图 2-2　肖克利尝试放大信号的想法

注：在真空三极管的阴极和阳极之间增加一个栅极，用栅极调控真空三极管的单向电流（a）；在氧化铜半导体和铜金属界面上增加一个栅极，用栅极调控氧化铜的单向电流（b）①。

不过，布拉顿还是答应尝试一下，他想了各种方法做实验，但“尤里卡”时刻一直没有到来。[6]

这时，英国人用硅做出了效果不错的整流器，于是贝尔实验室也马不停蹄地转向硅的研究。

* * *

1940 年 3 月 6 日，布拉顿正在做实验，突然接到凯利的电话，让他立刻赶到另一间实验室。一位名叫拉塞尔·奥尔（Russel Ohl）的研究人员在做实验时有了惊人的发现，他是一名冶金专家。

奥尔用手电筒对准桌上的一根黑色的硅棒并按动了开关，手电筒照亮硅棒的一瞬间，电压计的指针突然发生了偏转！[7] 布拉顿瞬时惊呆了，简直不敢相信自

① 由于电子带负电荷，电子流的方向与电流方向相反。

己的眼睛。不管奥尔如何改变光照角度，硅棒都只在一个方向上有电流。

单向电流又现身了！曾经，它出现在爱迪生的灯泡里、弗莱明的真空管中，还出现在布劳恩的“猫须”整流器里，以及布拉顿和肖克利研究的氧化铜上。后者属于金属和半导体界面，但在奥尔的硅棒里并没有金属，只有半导体。这是一个新发现：人们首次在半导体的内部，而不是界面上发现了单向整流现象。

不过，布拉顿觉得这很反常，因为纯净的硅是电中性的，并不存在能量斜坡。这就像是平整的大地，即使有水也不会流动，因此纯净的硅也无法产生电流。而这根硅棒内部，就像是大地的一侧凸起成了高山，而另一侧凹陷成了谷底，从而形成了斜坡，使得地表的水也能顺着斜坡流动。

可是，半导体里的单向电流来自哪里呢？

在凯利和奥尔的注视下，布拉顿陷入了沉思。接着，他问奥尔，这些硅原料是从哪里来的？奥尔说是从一家冶金公司订购的，纯度为99.8%。看来是因为这批硅的纯度不够，布拉顿猜测，这根硅棒里的反常现象一定与杂质有关。

布拉顿又问奥尔，这些硅棒是怎么做出来的？奥尔说是将其放入炉中融化，冷却后切下一小段，也就是现在手头的这根硅棒。

布拉顿推断，一定是杂质中混有一些正电荷，使得一侧的能量升高；另外一些杂质混有负电荷，使得另一侧能量降低，从而形成了能量斜坡。

果然，这个想法后来得到了两位冶金专家的证实①。由于硅加热融化，两种杂质

---

① 带正电荷的杂质是III族的硼，跟硅结合时它最外层缺少一个电子，可以认为有一个带正电荷的“空位”，又叫空穴。带负电荷的杂质是V族的磷，它跟硅结合时会多出一个电子，所以带负电荷。

因为密度不同而自然地分开了，重的下沉，轻的上浮，各自占据了硅棒的两端。带正电荷的这一端叫作 P（Positive）型硅，带负电荷的另一端叫作 N（Negative）型硅。

而奥尔手头的这根硅棒恰好位于 P 型硅和 N 型硅的分界线上，由此形成了所谓的 PN 结（PN junction），产生了一个天然的从正电荷到负电荷的能量斜坡，迫使电流单向流动（见图 2-3）。

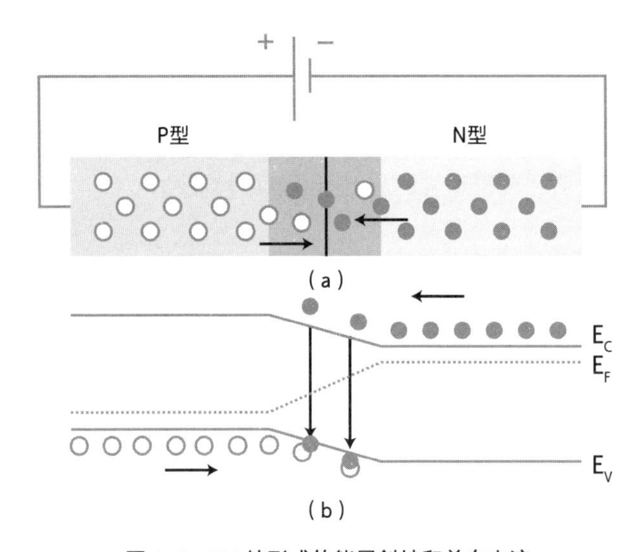

图 2-3　PN 结形成的能量斜坡和单向电流

注：PN 结（a）的一侧为 P 型半导体，另一侧为 N 型半导体，从而形成了能量斜坡和单向电流（b）。

这真是需要非常好的运气，才能得到这样一根天然的带有两种杂质的硅，而且恰好一种杂质带正电荷，另一种杂质带负电荷，才有可能形成 PN 结。[8] 就是这样一次机缘巧合，贝尔实验室发现了通往半导体放大器之路上最关键的 PN 结。

那么，为什么只有光照时才产生电流呢？布拉顿猜测，可能是能量斜坡被一个闸门阻挡住了，而光照的能量足以触发并打开闸门，从而让电子越过斜坡，形成单向电流。实际上除了光照之外，用电压也能控制闸门。

接下来，一切就顺理成章了。就像德福雷斯特那样，在硅棒的 PN 结处插入一个电极，用电压控制单向电流的闸门，这样就可能实现信号的放大或闸门的开关。

然而，一个突发事件打断了他们的计划。

1941 年 12 月 7 日，布拉顿正在家中写论文，听到了广播里播报的突发新闻：日本偷袭美国珍珠港，大量舰船和上百架飞机被炸毁，美国太平洋舰队覆灭。此前，美国的长波雷达已经监测到了日本第一波攻击机，但值守的军官并没有在意雷达发出的警报声。

一时之间，美国正式对日、德宣战，整个国家都陷入了战争状态，贝尔实验室每个人的研究计划也随之被打乱了。紧急的军事研究课题纷至沓来，基础研究被迫暂停，包括半导体放大器的研究。肖克利被派去了美国海军部的一个研究所。

由于战争需求急迫，美国政府拨款数亿美元资助电子设备研发，贝尔实验室承接了上千个军方研发项目，员工人数从 4 600 人猛增到了 9 000 人。用实验室总裁的话说，“实验室拥挤得连转身的地方都没有了”。

美国的各个大学和研究机构也放下了既定的基础研究课题，加入了许多军事研究项目。但这也带来了一个好处，各个研究机构之间得以充分地交流和共享信息。正是这种合作，让他们更深入地了解了另外一种半导体——锗。

当时，英国雷达中的整流二极管接收高反向电压时经常损坏。贝尔实验室与普渡大学的卡尔・拉克－霍罗威茨（Karl Lark-Horowitz）教授研究小组建立了合作关系。教授的博士生西摩・本泽（Seymour Benzer）发现，只要在锗中掺杂适量的锡，就能经受 100 伏特以上电压，从而做出耐高压的锗整流器。

虽然第二次世界大战将肖克利的半导体放大器的研究打断了，但研究小组转向了硅和锗的研究，发现了 PN 结和耐高压的锗。等到战争停火，这些关键技术就可用于新的发明。

协作的产物，巴丁和布拉顿发明点接触晶体管

1943 年，第二次世界大战的战局开始朝着有利于盟军的方向扭转。得益于小型机载雷达，盟军飞机能监测到水面下的潜艇。仅仅两个月，盟军就击沉了 100 艘德国潜艇，数量是此前两年的总和。这也意味着更多的美军士兵和援助物资可以安全地运抵英国前线，为诺曼底登陆和最后的反攻做好准备。

1945 年，第二次世界大战终于落下帷幕。欧洲盟国惨胜，元气大伤；德国和日本战败，面临追责。此时，世界上只剩下美国和苏联这两大强国。两者之间的全方位竞争随即拉开了序幕。

这年秋天，贝尔实验室的科学家结束了在军事研究所的工作，回到了各自的研究岗位。

当其他国家的研究机构被炸成废墟时，贝尔实验室却在战争结束前兴建了新的实验大楼。原本位于纽约市西大街的办公楼已经无法容下激增的研究人员，贝尔实验室于是另择新址，将实验大楼建于哈德逊河西岸新泽西的默里山上。在缓缓起伏的山丘和葱郁的树木之间，一组四层高的建筑群坐落其中。

在这组建筑群里，所有的楼宇都连接在一起，这更便于部门之间的往来，也为物理学家、化学家、数学家以及工程技术人员之间的密切接触和交流提供了便利。研究人员既有实验室，又有办公室，但两者位于不同区域，这样也大大增加了他们在其间来回走动时与其他部门同事交流的机会。此外，通往大楼侧翼的走廊特意设计得很长，一眼望不到头，这样大家走过长廊时难免会遇到同事，或者冒出新的想法。

被战争中断的半导体固态放大器的研究也重新被凯利提上日程。经历了第二次世界大战，凯利更加深刻地认识到了半导体的重要作用。于是，他重新组建了固体物理研究小组，并任命肖克利为组长。

半导体研究者必须充分地了解基础物理，但他们常常受制于材料和工艺，因此只能不停地试验，用失败来引导下一步行动。成功的秘诀在于反复的迭代和紧密的合作。一个人势必无法完成理论分析、器件设计、电路搭建、测试、材料分析等所有工作，他们需要融入一个团队，彼此紧密合作，才能最大限度地加快迭代、去伪存真。

凯利计划打造一支跨学科的团队来攻关半导体研究，其中既有物理学家、化学家，又有材料学家、电子工程师，从而将理论研究与工程实践紧密地结合起来。凯利在贝尔实验室工作了 28 年，他清楚地知道，贝尔实验室做的既不是大学里的基础研究，也不是公司里的产品开发，而是两者的结合。

小组还缺少一位理论物理学家，肖克利便向凯利推荐了约翰·巴丁（John Barteen）。肖克利在读博期间去普林斯顿大学交流时，认识了当时在攻读量子物理学博士学位的巴丁。巴丁额头宽大，脸庞稍圆，戴着金属边框眼镜，浓眉下的眼睛中透射出友善、智慧的光，他喜欢在周末打高尔夫球。巴丁出身于一个学者家庭，从小就在数学上表现突出，曾制作了“猫须”矿石收音机。

但在巴丁来了之后，贝尔实验室已没有多余的办公室，于是他就跟布拉顿共用一间办公室。巴丁在读博时，曾跟朋友一起去纽约玩，并在那里结识了当时已经在贝尔实验室的布拉顿。因此，巴丁的加入让布拉顿很高兴，因为两位老朋友又能跟十几年前一样一起共事了。两人的优势正好互补：布拉顿擅长实验，而巴丁则胜在理论分析。

为了做出半导体放大器，小组成员经常在实验室里讨论。讨论会一般由肖克利主持，他每次都会站在黑板旁边，在上面写了又擦。在堪萨斯农场长大的布拉顿性格豪放，他的评论很辛辣，并经常和肖克利叫板。当人们听到他把裤兜里的硬币弄得叮当响时，就知道他准备用一美元来打赌了。而巴丁则相当安静、有礼貌，他说出的话像是精心组织过一样，很有条理。如果有人寻求帮助，他总是耐心地解答，大家都很尊敬他。布拉顿很了解巴丁，他常对人说："巴丁平时金口难开，但他一旦开口，你就会情不自禁地听下去！"

肖克利指引着小组的研究方向，他又想起了第二次世界大战前用氧化铜实现放大器的主意，现在他想把这个思路运用到硅上，看看能否让它"起死回生"。简单来说，就是在一片硅内部创造一个能量斜坡和单向电流，然后在硅上方施加一个电压，用它产生的电场来调控硅中的单向电流，从而实现放大，这叫作"场效放大"（见图 2-4）。

原理虽然不复杂，但是肖克利试验了许多次，结果却还不到预想数值的 1/1 000。无法实现放大，电场的调控作用似乎被硅表面的一种看不见的东西给屏蔽了。[9]

肖克利一时还弄不清硅的表面发生了什么。1945 年 10 月 22 日，他把这个难题交给了刚刚入职一个星期的"理论大脑"巴丁。

巴丁思考后认为，可能是硅表面的自由电子被固定在原处而动弹不得，从而屏蔽了从上方流动来的电场，这有点像电梯金属外壳上的电荷屏蔽了手机信号。[10] 接下来的一年多时间里，布拉顿用光照实验证明了巴丁的猜想。[11]

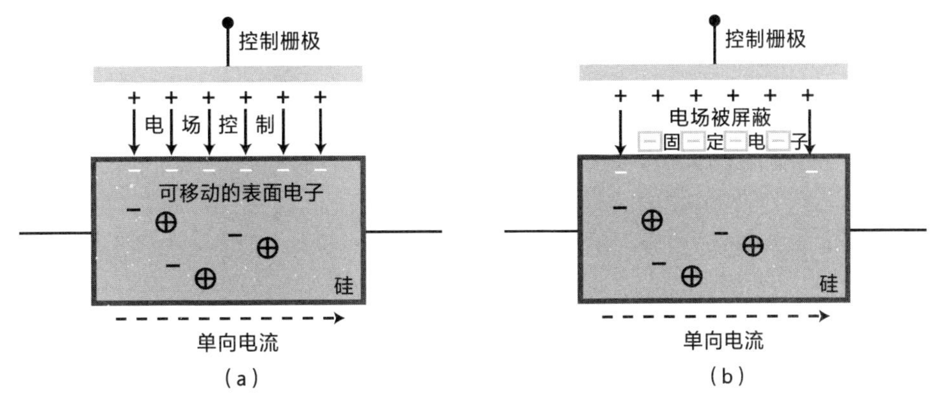

图 2-4 “场效放大”设想

注：肖克利设想用电场调制硅里的单向电流实现放大（a）；巴丁认为固定电子屏蔽了电场（b）。

看来，只有搬走硅表面这恼人的固定电子，才能实现放大。不过，巴丁和布拉顿尝试了一年，一无所获。

* * *

肖克利的场效的思路行不通，巴丁和布拉顿在两年后又回到了思考的起点。

时间来到了 1947 年秋天。巴丁想起了小时候喜欢玩的自制收音机，别的孩子都用真空管，而他偏偏用“猫须”半导体整流器。只需用一根铜丝反复触碰炭黑色的方铅矿石，如果刚好在金属和半导体矿石的界面上产生单向电流，耳机里就能传来电台的声音。用这种方法，他甚至捕捉到了芝加哥的电台。

用一根铜丝触碰方铅矿石，这个方法一定给少年巴丁留下了深刻的印象，以至于 39 岁的巴丁在贝尔实验室想到了一个类似的点子：用一根钨丝触碰硅片。

不过，钨丝和硅片上只有两个电极，而为了放大信号，还需要一个额外的电极来调控从钨丝到硅片的单向电流。此时，巴丁突然冒出了一个想法：用水滴作为第三个电极（见图 2-5）。

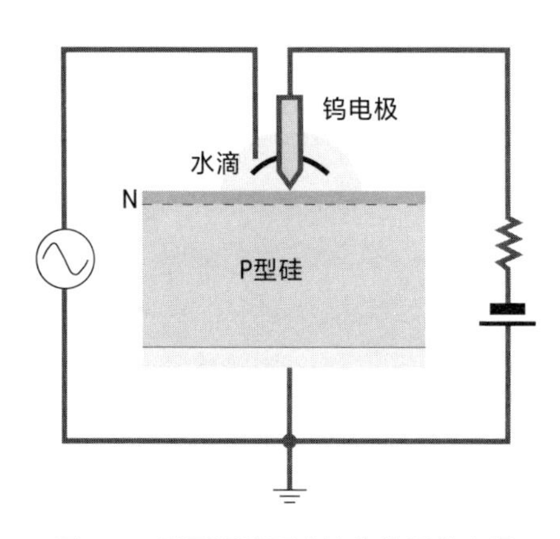

图 2-5　巴丁提出用水滴作为调控电极

将水滴当作电极？巴丁的脑子该不会是“进水”了吧？谁都知道水会造成短路。不过，巴丁自有道理。他想起几天前布拉顿的硅片不小心被低温箱里的水汽给沾湿了，却意外地得到了放大效果。小组里的化学家 R. 吉布尼（R. Gibney）提出了一个解释：水分子激活并释放了硅表面被束缚的电子，从而带走了放大信号的障碍——固定电子。这个说法令大家信服。[12]

布拉顿立刻用钨丝尖端包裹着蜡刺在硅片上，并在接触点处滴上一滴水，电流信号果然放大了！布拉顿真心佩服巴丁的艺高人胆大，他逢人就说：“今天（11 月 21 日）我参与了自己一生中最重要的实验。”晚上，他俩打电话把这个好消息告诉了肖克利。

只是，放大倍数还有点小，只有 10%。12 月 8 日午餐时，肖克利建议再反向施加一个高电压来提高放大倍数。巴丁则想起了普渡大学的本泽早先发现掺了锡的锗晶更耐高压，他提议用锗片来代替硅片。[13] 当天下午，布拉顿搜寻到了一片耐高压锗片，他将电压放大了 2 倍，而功率竟然放大了 330 倍。这一从硅到锗的转变非常及时，否则晶体管不会这么快问世①。

现在，他们只剩下最后一道难关——锗晶表面的水滴。毕竟，真正的器件是不能有水滴的。如果他们能用一个金电极替代水滴，就能真正地实现凯利十余年前提出的固态放大器。

布拉顿在制作好的电极上施加高电压后，锗晶体表面竟然长出了一层绿色的薄膜。他傻眼了，不知道自己做错了什么。化学家吉布尼再一次救场，他指出这层膜是锗的氧化物，并建议就在这层绝缘膜上做出一个金电极以替代水滴（见图 2-6）。

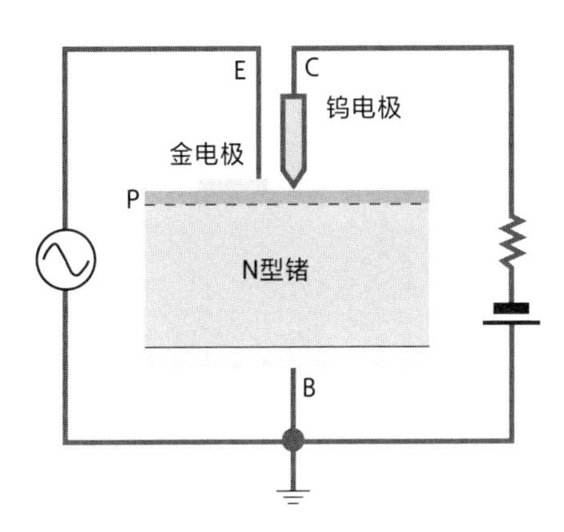

图 2-6 用锗替换硅、金电极替换水滴

① 9 年后，当贝尔实验室庆祝晶体管发明获得诺贝尔物理学奖时，本泽也被邀请参加。在宴会上，有人使劲地摇晃着本泽的胳膊并对他大声说：“要是你继续研究锗晶体，说不定也会得诺贝尔奖。”本泽接受采访时说：“它（晶体管的发明）就这么从我的鼻子底下溜走了。”

12 月 12 日，布拉顿满心期待地准备测试，却发现薄膜不翼而飞了。原来他习惯在试验前清洗锗晶，但没想到锗的氧化物居然是溶于水的。

布拉顿痛恨自己的失误，本想丢弃这片锗晶，但转念一想，还是测试一下吧。可让人意想不到的是，输出的电压竟得到了放大。这下，不用水滴也能放大电压了，这让大家重新振奋了起来。[14]

现在，只剩下临门一脚——只要将功率也同时放大，就大功告成了。布拉顿觉得，应该让锗晶表面上的钨丝电极和新做出来的金电极尽量靠近①。但是要靠得多近呢？

巴丁拿起笔算起来：两个电极之间至多间隔 0.05 毫米，多一点都不行，这一点对于放大功率至关重要。可这仅有一根头发丝的宽度！

布拉顿急中生智想到了一个临时对策。他让一位技师削出一块塑胶三角劈，并用一片金箔仔细地包裹住三角劈的两侧边缘。接着，他摸出一片剃须刀片，像外科手术医生一样捏着它，并小心翼翼地将三角劈顶端的金箔划开了一条窄缝，作为两个微微分开的电极。

最后，他就做出了一个奇形怪状的电子器件：三角劈割开的窄缝朝下，压在一块 N 型锗晶上，而一根弹簧又把三角劈固定在塑料框架上（见图 2-7）。

在巴丁的注视下，布拉顿将一个小信号送入了金箔一侧的电极，在另一侧的输出电极上，布拉顿测量到电压放大了 4 倍、功率放大了 4.5 倍，同时实现了两者的放大。

---

① 这两个电极分别是发射极和集电极，而锗晶底部可作为调节放大的基极。

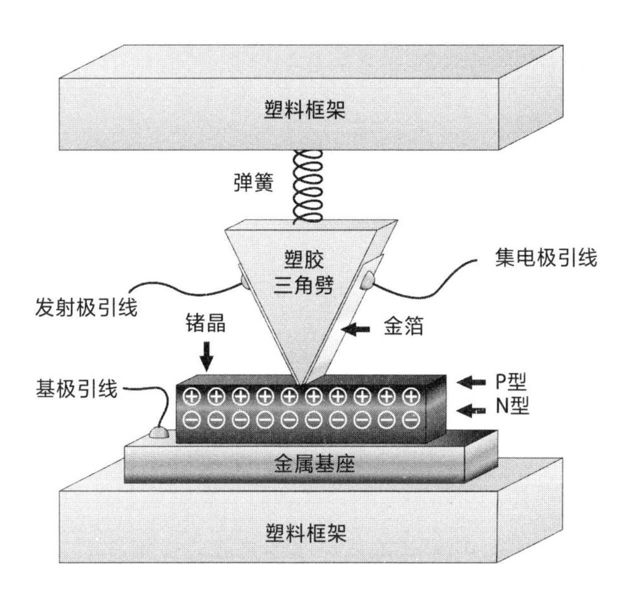

图 2-7 布拉顿手工做出的第一个点接触晶体管示意图

这天是 1947 年的 12 月 16 日，星期二。布拉顿欣慰地一遍一遍地重复着这个实验，直到下班时还在不停地摆弄它。这个下午是布拉顿一生中最接近他敬仰的戴维森的时刻。早在十年前，戴维森因为验证了电子的波动性而获得诺贝尔物理学奖时，大批记者拥进实验室，布拉顿惊讶得张大了嘴巴，他身边的戴维森点燃了一支雪茄，转过头轻声对他说：“不用担心，布拉顿，有一天你也会迎来这一时刻的。”

巴丁表现得相当平静，晚上他回到家推开门，只是对妻子说了一句：“今天我们有了一些重要的发现。”这个三角劈两侧的金箔相当于用两根金属丝刺到锗晶体上，比巴丁少年时玩过的“猫须”矿石收音机多了一个电极，而这多出来的一个电极创造了历史。这看似简单的一步却走了 20 多年。如果没有扎实的物理基础、高超的实验技巧和明确的目标指引，是不可能跨出这一步的。

肖克利得知消息后，安排了一周的时间来搭建一个可用于演示的电路系统，然后正式向实验室高层主管演示这种点接触晶体管。

* * *

12 月 23 日，又是一个星期二。当天下午，天空中飘起了雪花，为窗外起伏的丘陵涂抹上了一层蜿蜒的白色线条。

贝尔实验室一号楼四层的一间会议室里人头攒动，实验室研究主管 R. 鲍恩（R. Bown）和 H. 弗莱彻（H. Fletcher）都来了。保险起见，大家没有通知已是实验室副总裁的凯利。他们担心万一演示失败，凯利那爱尔兰式的暴脾气会让所有人都吃不了兜着走。

巴丁向大家解释了这个新器件的原理。然后，布拉顿带领大家来到了实验室，并亲自为大家演示。

布拉顿走到了一张摆满仪器的实验台前，接通电源，拿起桌上的麦克风。如果麦克风的声音转换为电流，并经过半导体器件放大后，能驱动耳机发出声音，就能证明电流得到了放大。

尽管事先已经做了充分准备，但是布拉顿仍不免暗暗祈祷实验不要搞砸。此时的实验室里挤满了人，后面的人只好踮起脚尖向里观望。

布拉顿开始对着麦克风讲话，主管鲍恩则在实验台的另一侧戴上耳机。大家都目不转睛地盯着鲍恩，只见他的表情突然变了，仿佛在说："这太不可思议了！"显然，他从耳机里听到了清晰的放大后的声音。人们顿时欢声雷动。

成功了！人类发明了第一个晶体管（见图 2-8），它将一个声音信号成功地放大，证实了这种新发明的固态元件具有非同寻常的放大作用。

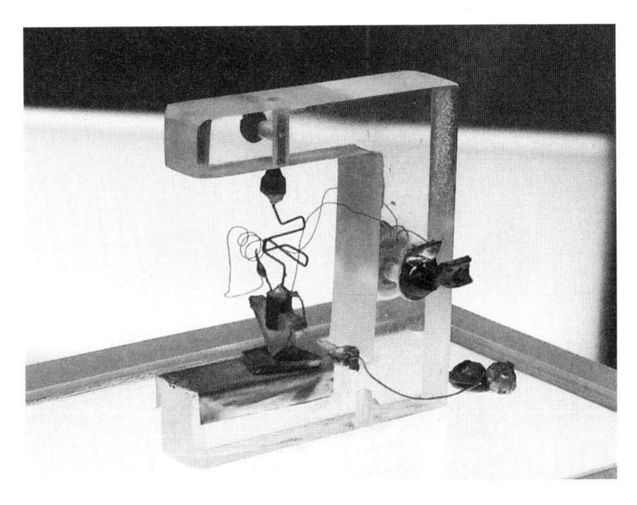

图 2-8 第一个晶体管

许多人跃跃欲试，纷纷接过了耳机，急不可耐地想要听到这种新型半导体器件放大后的声音。接着，大家热烈地讨论着这个还没有被正式命名的固态半导体器件，它不像以前的真空管器件有一个脆弱的玻璃罩，现在人们不用再担心它会被摔碎了，而且它的个头比真空管更小。

在一片赞美声中，弗莱彻仍怀疑这个器件是不是真的放大了信号，他提出了一个极具挑战性的问题：能否用这个器件制作一个振荡电路？[15] 肖克利很不解，明明电压和功率都放大了，为什么还要这样为难大家呢？

此时，鲍恩注意到窗外的雪越下越大，甚至有转成暴风雪的迹象。再这样下去，路上的积雪将导致他们无法开车回家，搞不好他们都得留下来过夜。于是，鲍恩不得不打断了大家热烈的讨论，并让所有人赶紧回家。

当他们推开外面的大门时，亿万片晶莹的雪花在他们的面前飘落，每一片雪花都是一枚六角形的晶体，它们紧密地包围并覆盖了这座四四方方的建筑，其中一个实验室里有一支孤零零的内部为正四面体晶胞的晶体管。站在门口的几个人一定想象不到，若干年后，这个比例将反转——人类一年之内生产出来的晶体管，将远远地超过飘落在这片土地上的雪花的数量。

反戈一击，肖克利发明结型晶体管

12 月 24 日一早，布拉顿、巴丁以及肖克利迫不及待地返回实验室，与同事一起搭建了振荡器电路，他们从示波器上看到了期待的周期振荡信号。[16]

可怜的凯利，在实验室第一个提出了发展半导体放大器，却错过了晶体管的第一次演示，直到新年过后，大家才会听到他得知这个好消息时的击掌声。

在圣诞节前成功发明晶体管是送给大家最好的节日礼物。实验室的小组成员个个欢欣鼓舞、喜上眉梢，毕竟，花费了十余年时间的研究工作终于取得了突破，谁不会为此感到欣欣然呢？

但有一个人除外。他脸色凝重，显得心事重重。这个人不是别人，正是固体物理研究小组的组长——肖克利。

那时，肖克利那双锐利的眼睛正变得黯淡。他非但高兴不起来，甚至感到有些苦涩正暗暗涌上心头。因为提出这个新发明的不是他本人，而是他的下属巴丁和布拉顿。肖克利隐约觉得自己在其中所做的工作被忽略了，这让他感到难言的不快。

过完圣诞节，距离新年还有三天时，肖克利登上了开往芝加哥的火车，参加美国物理学会年会。车窗外，白茫茫的大雪遮盖了所有景物，他的心里空荡荡的，一种挥之不去的挫败感从心底生发出来，他觉得自己十多年来的努力没有直接带来第一个晶体管的诞生，至少没有贡献最关键的部分。今后站在台上接受掌声和鲜花的将是巴丁和布拉顿，这让他和两人的关系发生了一点微妙的变化。

一想到布拉顿制作的那只简陋的“点接触晶体管”，肖克利心中的妒意就越来越强。肖克利清楚，这样的玩意儿称得上是发明，但是这种器件很不可靠，更没法大批量生产，离凯利跟他提出的实用可靠的固态晶体管还差着十万八千里呢！不过，有一点是肯定的，这个点接触晶体管绝不是他一开始提出的“场效晶体管”……

车窗外的景物飞快地向后倒去，肖克利在车厢中回顾过去两年的研究，他将其称为“创造性失败”（creative failure）。是他首先提出了用“场效”原理实现固态放大器，但这个创意失败了。研究小组的其他成员并没有就此停步，而是在失败中不停尝试，最终先于他发明了晶体管。

肖克利觉得，“个人的失败并不是对自己能力的贬低，而应当将失败看作通往进步的垫脚石，才能激发出更好的创意。对否定的否定，也是一种创新”。

在芝加哥，新年前夜开完当天的会议后，肖克利回到下榻的俾斯麦酒店。他坐在桌前整理思路。几个月以来，他的脑中有个朦朦胧胧但很简洁的晶体管的设想。肖克利觉得自己仍有机会，或许他可以搞清楚这背后的原理，说不定还能想出一种紧凑而优雅的晶体管，完美地超越那个点接触晶体管。他不仅要探求“真”，还要追求“美”。

肖克利明白，简单的情况容易取得进展，进而得到鼓励，并且进一步激发“思考的决心”。这一晚，那个热爱攀岩、勇于挑战的肖克利又回来了。

肖克利回顾着过去几个月的思考，之前的想法突然有了升华。他迅速拿起笔在纸上画下一种有三层结构的晶体管，一层是 N 型半导体，中间一层是 P 型半导体，再一层是 N 型半导体，就像三明治——两片面包中间夹一层火腿（见图 2-9）。①

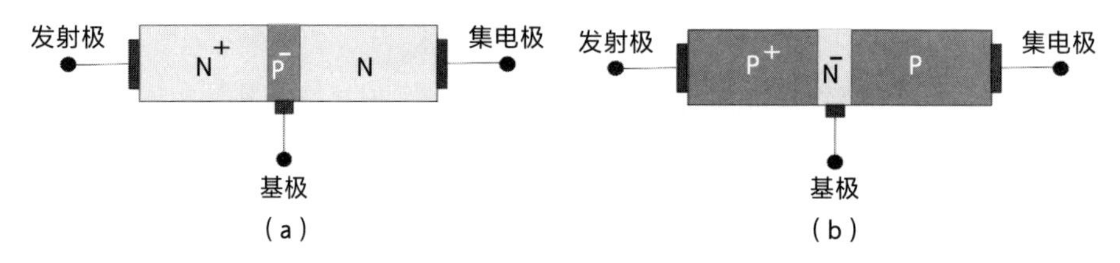

图 2-9　肖克利提出的结型晶体管

注：图 2-9（a）为 NPN 结型晶体管，图 2-9（b）为 PNP 结型晶体管。

这个结型晶体管背后的原理依然是通过调控单向电流来实现放大，跟水库闸门调节水流是一个道理。肖克利设想电流从左到右单向通过三层半导体。第一层 N 型半导体负责提供大量电子，就像水库中蓄了大量水，能扩散、蔓延到器件中部。第二层 P 型半导体就像水闸，可以控制和引导这些电子。而第三层 N 型半导体负责把这些电子全部收集起来，就像水闸下方的水潭与河道。

肖克利认为，只需向中间这一层注入微小的电流，就能在输出层得到较大的电流，从而实现放大，这有点像股市庄家注入一部分资金来搅动大盘。

这种晶体管从左到右共有三层半导体、两个 PN 结，所以肖克利将其命名为结型晶体管。这三层紧密贴合，而不是只通过一个点来接触，也无需固定框架，比点接触晶体管更稳定、更可靠。

肖克利在纸上不停地写着、算着，一直忙碌到深夜。第二天是 1948 年元旦，

① 也可以反过来，两层 P 型半导体夹着一层 N 型半导体。

天还没亮，肖克利就起床了，他坐在桌前奋笔疾书，写满了 13 页稿纸。[17]

这一次，肖克利彻底抛弃了以前的“执念”——用外部电场来控制单向电流，而改为用晶体管内部中间的那一层来控制电流，这样就避开了半导体表面容易惹出麻烦的固定电子，这一点比巴丁的点接触晶体管更高明。

几天后，肖克利信心十足地回到了贝尔实验室上班，他将稿纸归档到自己的文件夹中，没有对任何人提起。一股胜利者的骄傲之情重新占据了他的心头。

然而，肖克利却注意到一位专利申请代理员正围着巴丁和布拉顿忙碌，原来他俩正在申请点接触晶体管的专利。[18]

这让肖克利吃了一惊，尽管自己有了结型晶体管的想法，但还没有深入验证过，肯定来不及立刻申请专利，他的骄傲之情顿时消失了。

肖克利变得焦躁不安，决心摊牌。他将巴丁和布拉顿叫到自己的办公室，摆出一副研究小组负责人的姿态对两人说，他自己本来是可以写一份从他提出的电场效出发直到发明晶体管的专利申请文件的！文质彬彬的巴丁简直不敢相信自己的耳朵，嘟哝了一句就转身离开了。牛仔出身的布拉顿则被肖克利的霸道惹恼了，这分明是他和巴丁的发明！他对着肖克利大喊道：“可是比尔，这个发明对每个人都算得上是无比的荣耀啊！①”

肖克利不打算让步，转而直接去找专利申请代理员交涉，要求将自己提出的场效想法加入专利申请中来。恐慌的专利申请代理员经过一番调研发现，这个想法早在 20 年前就已经被一位名叫尤利乌斯·利林菲尔德（Julius Lilienfeld）的物理学家申请过专利了。

① 比尔是肖克利的昵称。

这下，肖克利无话可说，他想挤进这个重要发明的发明人名单的最后一丝希望也被无情浇灭了。巴丁和布拉顿松了一口气，但三人之间原本紧密的关系就像钉进了一个木头三角劈，很难再弥合。肖克利不再跟巴丁和布拉顿交流自己的新想法，决心独自探索。

1948年1月23日，肖克利很早醒来，躺在床上继续思考结型晶体管。突然，他意识到了少数载流子的作用。这一天，肖克利终于抓住了实现放大的关键，那就是要在左侧的发射极重度掺杂，基极必须很窄，让它们尽快通过，以使少数载流子能够依靠数量优势迅速扩散到基极。

想到这里，肖克利从床上一跃而起，赶紧将他的想法记录在笔记本上。[19] 肖克利认为，这一天是他发明结型晶体管的里程碑。

如果说巴丁和布莱顿的点接触晶体管撞开了晶体管世界大门的一道缝，那么肖克利的“三明治”结构晶体管则彻底打开了这扇大门，因为“三明治”这种稳定结构的晶体管才适合大规模制造。

不过，肖克利守口如瓶，没有向任何人透露。他还是有一丝担心，拿不准电荷能否从半导体内部连续穿越三层，顺利抵达输出端，这还需要得到实验验证。

戏剧性的一幕不期而至。1948年2月18日下午，研究小组召开会议，J. N. 夏夫（J. N. Shive）报告了一种奇异的现象，他把锗晶体薄片削成楔形，两边分别引出电极，两个接触点之间的距离为0.05毫米，结果出现了明显的三极管放大效应。他没有读过肖克利1月23日的笔记，无法解释这背后的原因。敏锐的巴丁立刻指出，电荷是从半导体内部穿过去的。

肖克利对夏夫意外报告的实验结果感到惊愕，这一下子消除了他心中的疑虑，电荷能够从发射极一直扩散到晶体内部的基极并穿过去，再从集电极中穿出来，这证明了他在 1948 年新年前夜想到的结型晶体管设想是完全可行的！

肖克利突然意识到，此时如果不立即公布他憋在心中的结型晶体管的想法，马上就会被巴丁和布拉顿抓住先机，先于他提出来。他立刻站起来走到黑板前，对众人说自己已经有了一个想法。接着，他将一个多月以来的想法一股脑地倾泻而出："三明治"结构、少数载流子注入、电荷在晶体内部扩散然后被收集，实现放大…… 巴丁和布拉顿被这番突如其来的发言震惊，同时也为肖克利将这个想法压抑了这么久而不分享给他们深感失望。

随后，肖克利将自己提出的结型晶体管想法梳理总结，并于当年 6 月正式申请专利，上面只署了他一个人的名字！[20]

"我们也发明了晶体管"，发明之争

到了 1948 年夏天，贝尔实验室准备发布点接触晶体管。此时，冷战的气氛已经笼罩在美苏之间。两国正围绕着俘虏的德国火箭专家展开新一轮竞赛。美国批准了马歇尔计划。在德国柏林，美苏在物资空投上较劲。在东亚、南亚和中东，独立战争和内战仍在继续。

过去的几个月里，贝尔实验室的威廉·普凡（William Pfann）开发出了实用的点接触晶体管，它的外观像一个小型的子弹壳，包裹着里面的晶体，并引出导线。工程师们用它制作了长途电话通信的中继器电路和无线电接收器。

发布会前，实验室需要为这个新器件命名，于是发起了征集，备选的名字有"半导体三极管"（semiconductor triode）、"表面态三极管"、"晶体三极管"、"固态三极管"以及"晶体管"（transistor）。

最后一个名字是电子工程师J.皮尔斯（J. Pierce）想到的，他喜欢在业余时间创作科幻小说，虽然总是被拒稿，但他仍乐此不疲。新发明的固态放大器将一个小输入电流转变为一个大输出电流，相当于改变（trans）了端口的电阻（resistor）大小，合起来就是“transistor”。经过投票，这个名字赢得了多数人的赞同。

巴丁和布拉顿起草了一篇只有一页半的论文《晶体管—— 一种半导体三极管》，投给了《物理学评论》（*Physics Review*）。距离发布会还有5天时，这篇文章发表了。[21] 在文章结尾，他们俩感谢肖克利“发起并指导了这项研究任务”。

实验室还为肖克利、巴丁和布拉顿拍摄了官方照片。肖克利端坐在布拉顿一手操办建立的实验台旁，像模像样地操作显微镜观察着巴丁构想出来的点接触晶体管，而巴丁和布拉顿则像学生一样恭恭敬敬地站在旁边，观摩正在“做实验”的肖克利（见图2-10）。

图2-10　肖克利（中）、巴丁（左）和布拉顿（右）在贝尔实验室

“好家伙，”巴丁后来回忆道，“沃尔特（布拉顿）肯定恨死这张照片了。”在另外一幅照片里，巴丁站在肖克利旁边，在一个本子上记着什么，仿佛一个听命于肖克利的记录员。在所有官方照片里，肖克利都居中而坐。

万事俱备，晶体管的发布会已经箭在弦上。6 月 23 日，贝尔实验室先期向美国海军、空军和陆军的代表报告了新发明的晶体管。在报告前，实验室要求这些参会者举起右手宣誓，不得在正式发布前泄露消息。

25 日，贝尔实验室总裁巴克利突然接到美国海军的一位上将 P. 李（P. Lee）打来的电话，他要求跟贝尔实验室举行晶体管的联合发布会，理由是他们那里的科学家同样发明了晶体管。

巴克利对此深感意外，如果消息属实，贝尔实验室作为晶体管唯一发明者的光环将大打折扣。他赶紧把这个坏消息告知了研究主管鲍恩，要他放下所有工作处理此事。鲍恩又立刻通知肖克利，让他赶紧准备一下，两人动身赶往机场，当天就飞往了华盛顿。

忐忑不安地过了一夜后，第二天上午肖克利跟海军部的科学家会面。B. 索尔兹伯里（B. Salisbury）介绍了他们的“发明”的原理。他用一个氧化铜半导体，并在上面蒸镀了一层薄的金膜，两边作为电极，背后的铜作为第三个电极，他还展示了电压和电流曲线，看起来像是放大了信号。

肖克利直接质问对方，有没有测试器件的放大性能和振荡功能？对方承认说并没有真正测试过。肖克利继续要求核实一些关键数据，对方也无法提供。

这下局面有些尴尬，海军部主管请贝尔实验室的代表先到隔壁房间休息一下，他们先跟上将商量一下。15 分钟后，美国海军部撤回了共同发布晶体管的要求。

1948 年 6 月 30 日，贝尔实验室在纽约西街的礼堂举行了晶体管的新闻发布会。主管鲍恩手里拿着一支小小的晶体管，吸引了全场目光。他后面放着一个 2 米高的瘦高圆筒状的晶体管模型，两根细长的探针像击剑运动中的佩剑一样刺入下方。鲍恩演示了用晶体管将一个声音放大，然后用晶体管做的收音机播放出了当地电台的节目。

7 月 20 日，贝尔实验室邀请专业人士举办了另一场更加复杂的演示，普渡大学的本泽等人也收到了邀请。就在鲍恩刚刚上台时，本泽转身对旁边的布拉顿喊道："这是干什么？我们也有一些关于晶体管的想法！"

实际上，本泽在半年前就近乎发明了晶体管。1 月 28 日，在纽约召开的美国物理学会年会上，本泽偶遇了布拉顿，他透露说，如果在晶体表面再多增加一个接触点，并且尽量让两个接触点靠近，说不定会发生什么。听到这句话，布拉顿的心都快从嗓子眼里跳出来了，这正是他和巴丁发明的点接触晶体管的最关键之处！布拉顿故作镇静地简单说了一句就离开了。随后，布拉顿和巴丁加快了专利申请。

在贝尔实验室的发布会场，布拉顿让本泽先冷静一下，等看完鲍恩的演示再说。本泽耐着性子等到演示结束，结果只是怔怔地站着说不出话来，显然普渡大学还没法做到贝尔实验室这样的程度①。[22]

对于信息时代而言，晶体管（见图 2-11）的出现就像地球上出现了第一个细胞。它的发明人无论如何也想象不出，晶体管将如何深刻改变我们的生活。其中的一位发明者布拉顿，若干年后被年轻人收音机里的摇滚乐吵醒，还为发明晶体管感到后悔不已！

不过，在 1948 年那个酷热的夏天，公众似乎更在意街边的冰激凌甜筒，而不是鲍恩手里的金属小圆筒。《纽约时报》只在第 46 版的无线电新闻一栏用几行文字做了报道：晶体管只不过是一种真空管的固态替代品而已。

---

① 后来，本泽读了德国物理学家薛定谔的著作《生命是什么》，第一次听说遗传物质只能是非晶体，并迷上了生物学。于是，本泽放下对半导体"晶体"的研究，转行到生物学，去了加州理工学院，在分子生物学和行为基因学方面开辟了许多新领域。这些领域也产生了多位诺贝尔奖得主。

图 2-11 不同型号的晶体管

1956 年 11 月 1 日早上，巴丁正在厨房煎蛋做早餐，突然从收音机里听到一则爆炸性消息，手中的煎锅失手掉在地上。原来，他跟肖克利、布拉顿因为“对半导体的研究和对晶体管效应的发现”获得了诺贝尔物理学奖。

随后，三人前往瑞典，受到了众星捧月般的欢迎，他们坐在一起痛饮美酒，试图将过去的不快忘记。然而，一切都是徒劳。早在发明点接触晶体管时，肖克利与其他两人的关系就有了微妙的变化，一道裂痕已经刻在三人心里，他们的分歧不断扩大，直到有一天再也无法逆转。

本章核心要点

需求是发明之母，这一点在战时表现得更为突出。

第二次世界大战时期，为了改进雷达的接收性能，半导体整流器的研究开始加速，同时带动了硅和锗等半导体的研究。

半导体整流器的研究可以追溯到 1874 年布劳恩发现了金属半导体界面上的单向整流。直到 1939 年，莫特等人在理论上取得突破，才用量子物理学解释了背后的机制。

进一步，贝尔实验室的奥尔在 1940 年偶然间发现了硅中的 PN 结，能够作为单向整流器，为发明半导体放大器打下基础。

第二次世界大战后，贝尔实验室成立了由肖克利、巴丁和布拉顿组成的半导体晶体管攻关小组。肖克利提出了场效晶体管的概念，但因遇到技术困难没能实现。巴丁和布拉顿转而用两根金属尖触碰半导体，于 1947 年发明了第一个点接触晶体管。肖克利不甘认输，于第二年发明了“三明治”结构的结型晶体管，使之成为广泛应用的晶体管。

晶体管的成功发明靠的并不是几个人的单打独斗，这其中既有许多偶然的因素（奥尔发现 PN 结、布拉顿不小心清洗掉锗晶表面的氧化物），也有科学家的智慧引导（巴丁的表面态理论、布拉顿的巧手和肖克利的半导体少数载流子理论）。当然也与贝尔实验室将不同学科的科学家和工程师凝聚在一起密切相关，正是他们彼此激发互助，才共同攻关完成了这一壮举。

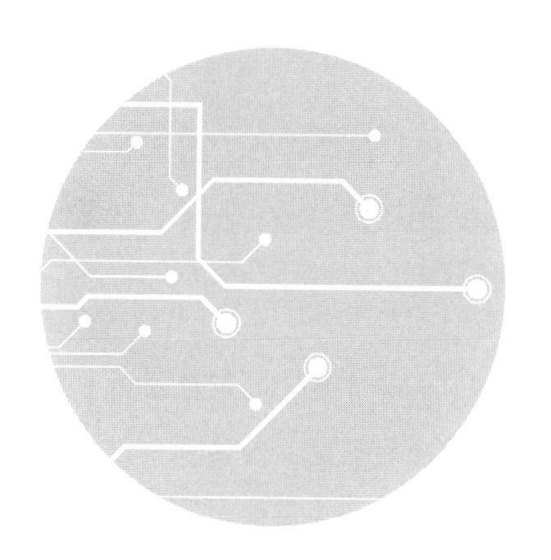

03

接连不断的出走，硅在扩散①

① 这里的扩散有双重含义，一是硅晶体管技术向外扩散，二是用扩散工艺制造硅晶体管。

1951年暮春时节，新泽西州默里山周围郁郁葱葱，春意盎然。阳光洒进了贝尔实验室顶层一间宽大而考究的办公室里，凯利正坐在办公桌前阅读、处理信件。三年前，他升任实验室副总裁，搬进了这个铺着橡木地板的办公室。

晶体管的成功发明，使凯利12年前的愿望得以实现，这个小小晶体的火种正从贝尔实验室向外扩散，它将替换掉电信交换机里的继电器，以及数百万的电视机、收音机和电子计算机里的真空管。凯利觉得正逢其时，可以大干一场。

每天，凯利要处理大量的行政事务，他的办公桌上常常堆满了刚毕业的名校博士的简历，甚至还有国外的优秀人才的自荐信。

5月24日这天，凯利收到了一封信，上面没有邮戳，来自实验室内部。凯利打开信封，抽出三页纸，逐字逐句地读着。这封信措辞严谨，一如写信人平时的风格，不过凯利还是从这些字斟句酌的措辞中读出了一种难以压抑的苦涩。

“我的困难来自晶体管的发明。在此之前，这里一直有着浓厚的基础研究氛围。晶体管的发明导致了半导体研究计划的重新安排……要不是对这里的境遇感到不满，我是不会离开的……”[1]

“肖克利真是愚蠢之至”，蹒跚学步的晶体管

1948 年秋天，在贝尔实验室发布了点接触晶体管之后，贝尔实验室的科学家肖克利、巴丁和布拉顿等人开始到美国各大学、研究机构以及科学俱乐部展开巡回演讲。

“晶体管的概念就像原子弹一样击中了我。我只有惊讶！这意味着我们不用真空管，就能实现信号放大。晶体管的概念可以把你从思维定式中驱赶出来，迫使你用不同的方式重新思考。”这是罗伯特·诺伊斯（Robert Noyce）第一次听到晶体管时发出的感慨，那时他在美国格林内尔学院读本科。[2]之后他考到了麻省理工学院读硕士研究生，得以听到巴丁来校做的晶体管主题讲座。

肖克利则在华盛顿的宇宙俱乐部做了演讲，结束时他从口袋里掏出一把晶体管，像撒花生一样抛向台下的观众，引起一阵骚动。观众席中一位戴着黑框眼镜的年轻小伙戈登·摩尔（Gordon Moore）对这个讲座最后的“保留节目”留下了深刻印象。[3]

肖克利、巴丁等人可能还没有意识到，他们的演讲正在点燃年轻人头脑中的微小火种，这将在未来引发一场新的革命。

第二次世界大战结束后，美苏双方布置了大量导弹，时刻准备向对方发射，这需要系统能迅速反应、稳定运行。而真空管却反应缓慢，无法稳定工作。

同期，广播和电视发展迅猛。与此形成鲜明对比的是，5 000 多家电影院的座椅开始蒙灰。美国的收音机销量最高达到每月 16.5 万台，1948 年电视机平均每个月能卖出 20 多万台。[4]但这些收音机和电视机里用的都是真空管，经常发生故障。

在这种情况下，贝尔实验室开始着手大规模、经济地制造晶体管，以便能尽快替代当时广泛使用的真空管。1949—1958年，贝尔实验室的半导体研究得到了美国军方的支持，有1/4的经费来自军方。

1948年晶体管发布会前，贝尔实验室给真空三极管的发明人德福雷斯特发去了一封邀请函。在回信中，德福雷斯特俏皮地说："我是不可能带着我那个42岁的'婴儿'去参加它的遗体告别仪式的。"转而他又写道，"这场真空管的告别仪式将是漫长的，可能会持续几十年之久。"[5] 考虑到当时一个晶体管的价格要几十美元，而真空管只需一美元，这意味着德福雷斯特的警告不无道理，这的确是个漫长的更迭过程。直到1953年，美国的晶体管年产量才60万支，而1955年真空管的产量达到了5亿支。

那时，贝尔实验室制作出的晶体管仍很不稳定，关门发出的"砰砰"声都会让桌上的晶体管失灵。固体物理研究小组发明晶体管的任务已经完成，下一步是解决晶体管的可靠性、规模性生产的问题。

1948年下半年，凯利将固体物理研究小组改组为半导体研究小组，并任命了一位行事果断、富有制造经验的工程师杰克·莫顿（Jack Morton）为组长。一些从事晶体管开发工作的工程师也被他招至麾下。

12月的一天，工程师戈登·蒂尔（Gordon Teal）来找莫顿，他需要一笔资金用于制作纯净锗晶体的拉晶机，以便使锗的原材料中生长出均匀一致的大块单晶体。

蒂尔是物理化学博士，他对散发着光泽的锗晶体很感兴趣。他认为大块单晶对于晶体管性能至关重要。"猫须"整流器之所以需要不停地尝试，就是因为方铅矿石表面只有极个别区域才有很小块单晶。如果使其变成一整块单晶体，晶体管的性能将大大提高。

三个月前，蒂尔在走廊里碰到了机械工程师 J. 里特尔（J. Little），他们凑巧都准备去参加一个研讨会，两人便交谈了起来。里特尔说他需要一根细长的锗晶条，用于制作一种拉丝状的晶体管。蒂尔说没问题，他可以用拉晶机拉出这样一条很细的锗晶。

两人上了公交车后继续讨论，蒂尔介绍了这种拉晶法（即“柴可拉斯基法”），它是 1917 年波兰的一位科学家 J. 柴可拉斯基（J. Czochralski）提出来的，这有点像中学化学实验中将漂亮的蓝色硫酸铜晶体从溶液中析出。将一颗种子晶体放置在高温熔化的液体中，并将其缓慢地拉出，在此过程中，种子的尾部会逐渐积累生长更多的晶体，这样就能拉出一条非常完美的单晶。就这样，在下车时，两人已经讨论出一种新的拉晶机模型。拉出的晶体冷却后，将其切割成一片片的晶圆，就能在上面制作晶体管了（见图 3-1）。

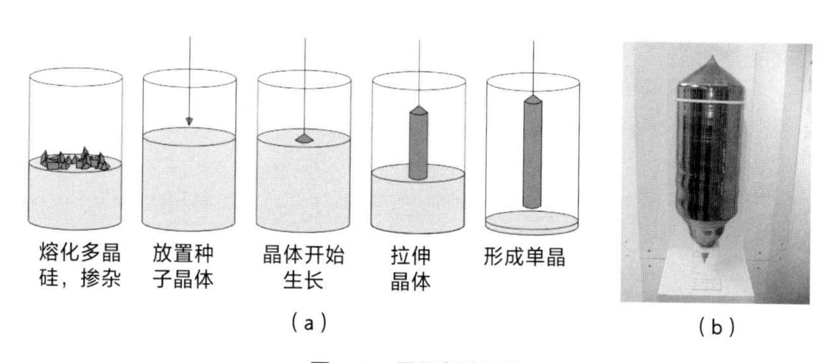

图 3-1 晶圆制作原理

注：用柴可拉斯基拉晶法制作晶圆（a）；成形的晶圆（b）。

蒂尔先找到肖克利，请求他给予资金支持，但被拒绝了。肖克利觉得只要随便从锗锭上切割下一块就能用，无须专门拉出高纯度的晶体。蒂尔对此抱怨道：“肖克利在这个问题上真是愚蠢之至！”[6]

但莫顿知道半导体晶体纯度对于制造晶体管的重要性，于是批准了蒂尔的请求。蒂尔和里特尔安装了一台 7 英尺[①] 高、2 英尺宽的拉晶机。白天他们要完成常规工作，到了夜里才有时间搞拉晶机。他们凌晨两三点起床工作，给拉晶机连接好冷却和加热设备后，随即开始拉伸晶体。

1949 年 3 月，蒂尔成功地拉出了第一根锗单晶棒，它的少数载流子寿命比以前直接从锗锭上切割下来的长 10 倍以上。肖克利承认自己之前判断失误，他给蒂尔分配了实验室，成立了生长单晶体的研究小组。蒂尔不用再熬夜了。

拉晶法奠定了今天半导体制造的基础。拉出的圆柱形晶体越粗，切割下来的晶圆片直径就越大，容纳的芯片和晶体管就越多，分摊到每个晶体管上的成本也就越低。晶圆直径从 1960 年的 1 英寸[②] 增加到 1976 年的 4 英寸、1992 年的 8 英寸（见图 3-2），最后到 2002 年的 12 英寸——这是目前最大的晶圆片，相当于一张大号比萨，上面能容纳下 640 颗长宽均为 1 厘米的芯片，而在 2 英寸的晶圆上只能装下 9 颗芯片。

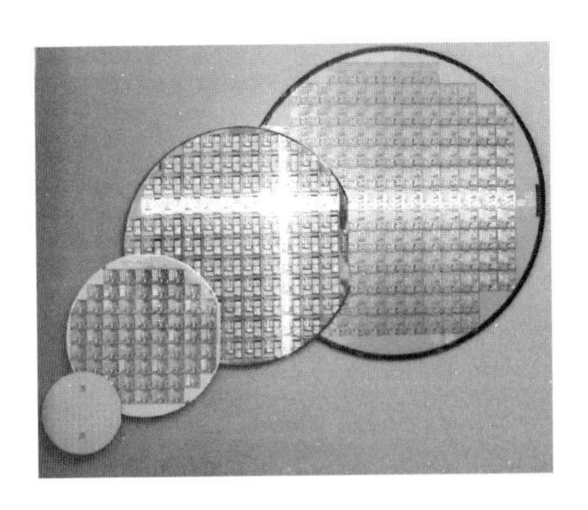

图 3-2　各种规格的晶圆片

注：图中晶圆片尺寸（从左至右）依次为 2 英寸、4 英寸、6 英寸和 8 英寸，晶圆片上每一个小方块对应一颗芯片。

① 英制长度单位，1 英尺约等于 30.4 厘米。——编者注

② 英制长度单位，1 英寸约等于 2.54 厘米。——编者注

就在蒂尔用拉晶法拉出锗单晶时，一位名叫威廉·普凡的技术人员在 1950 年到 1951 年间想到了一种分区提炼法，进一步提高了锗晶的纯度。普凡加入贝尔实验室时只是一名初级技师，没有大学学位。一天午休时，他将双脚架在桌上闭目打盹，就在半睡半醒之间，突然想到了分区提纯的方法。惊喜之余，他想马上站起来，椅子却重重地向后摔去，发出了巨大的响声，吓了他一跳。

普凡的方法可以使锗晶体的纯度达到 99.999 999 99%，即每 100 亿个锗原子里最多只有一个杂质原子。贝尔实验室内部的说法是："它相当于在装满 38 节火车厢的食用糖里加入一勺盐。"

1950 年 4 月，摩根·斯帕克斯（Morgan Sparks）和蒂尔用拉晶法制作出了肖克利期待已久的 NPN 结型锗晶体管。一边缓慢拉晶，一边添加杂质元素，使得锗晶的不同层转变为 N 型或 P 型，最终形成 NPN 晶体管。1951 年 1 月，他们做出的晶体管频率超过了 10MHz，达到了调幅（简称 AM）广播的频率。

整个晶体管的三部分就像肖克利当初设想的"三明治"结构一样连成一体，大小如一颗豌豆，可靠性远超巴丁和布拉顿发明的点接触晶体管，噪声是后者的千分之一，功耗只有一百万分之一瓦。

1951 年 7 月 4 日，时隔三年，贝尔实验室又一次召开新闻发布会，发布了结型晶体管，这一次发布会的主角是肖克利。结型晶体管的各项指标均超过了点接触晶体管。实际上，点接触晶体管由于成本和稳定性等原因并没有投入大规模生产。毫无疑问，未来属于肖克利发明的结型晶体管。

* * *

就在肖克利成为大赢家的时候，他的一位同事却陷入了巨大的痛苦之中。在发布会前的一个多月，贝尔实验室副总裁凯利收到了巴丁的辞职信。

巴丁在信中写道："晶体管的发明导致了半导体研究计划的重新安排，而在现在这个研究方向上，我发挥不了什么作用。"

原来，发明晶体管后，研究小组的工作重点从基础研究转向了应用研究，而巴丁仍钟爱基础理论探索，不愿去做具体开发。

肖克利对情况非常了解，却仍然安排巴丁去做他不喜欢的应用研究，巴丁很不情愿，数次抗争，但终究没能改变肖克利的决定，"这是他的既定方针……我对此事是不满的"。

"肖克利利用小组成员的工作来探索他自己的想法。由于我的研究也处在理论前沿，我不可能投身到实验当中，除非我在同上司直接构成竞争的条件下从事研究工作……"

巴丁数次抗争，试图改变肖克利的想法，但都遭到了拒绝。布拉顿一直支持他，有一次他们一起去找主管费斯克并告诉他，以后他们不准备向肖克利报告了。巴丁和布拉顿搬到二楼，远离了肖克利的团队。

这时，巴丁注意到了超导研究，并做了初步尝试，但是他跟费斯克讨论后发现，贝尔实验室缺少做这种基础研究所需的环境和条件，巴丁感到孤立无援。

"在做出离开的决定之前，我再次探寻了同肖克利一起合作从事半导体项目研究的可能性。但他的态度没有改变，他认为自己能够提供所需要的所有想法，而他要求自己手下的人按照他的思路工作……"

在信的末尾，巴丁得出了结论："我决定辞职。"

凯利想出了各种可能的方案来挽留巴丁：大幅提高薪水，允许他成立自己的研究小组、做任何他想做的研究……无论如何，他想把这位顶尖的物理学家留在贝尔实验室。

但巴丁去意已决，他已经联系好了伊利诺伊大学，决意不为任何改变而动。实验室上下都为失去一位顶尖的物理学家而感到惋惜，也纷纷抱怨肖克利对组员的横加干涉①。[7]

就这样，曾经共同发明了晶体管的“三剑客”解体了。但是，他们点燃的星星之火已经开始向四周蔓延扩散，并且势不可当地燃烧起来。

热油中的音乐播放器，硅晶体管登场

20 世纪 50 年代初，一些美国国会议员认为美国电话电报公司违反了反垄断法，提出将其拆分成几个小公司。为了显示自己并非垄断者和技术创新的阻碍者，美国电话电报公司要求贝尔实验室开放晶体管技术。

1951 年 9 月，贝尔实验室召开了第一次晶体管技术研讨会，参加者主要是美国军方以及美国国防部的研究人员。贝尔实验室意识到，无论是国家还是业界，都渴望分享晶体管这一重大技术突破，坚决反对将晶体管技术保密，但面向军事应用的那部分技术除外。

---

① 顺便说一句，巴丁在伊利诺伊大学的超导研究证明了他仍有东山再起的能力。1972 年，巴丁因为这项研究再一次获得诺贝尔物理学奖，成为迄今唯一两次获得诺贝尔物理学奖的人。除了物理，巴丁还有一个爱好是高尔夫球，曾创造了个人生涯的最佳成绩：一杆进洞。后来有人问他，“一杆进洞”和诺贝尔物理学奖相比，哪个更重要？巴丁若无其事地说：“也许，两个诺贝尔物理学奖加起来才比‘一杆进洞’重要。”

1952 年 4 月，贝尔实验室召开了第二次研讨会，26 家美国公司和 14 家外国公司的代表参加了为期 9 天的研讨、参观和制作演示。这些公司包括 IBM、通用电气、飞利浦、西门子、索尼、德州仪器以及一些小公司，如斯普拉格电气公司（Sprague Electric）和中心实验室（Central Lab）。每家公司都收到了一本 792 页的《晶体管：特性与应用参考资料》，大家戏称它为价值“25 000 美元的书”。[8]

在研讨会上，蒂尔演示了如何用拉晶机制作锗晶体，这引起了德州仪器公司的研发主管马克·谢泼德（Mark Shepherd）的强烈兴趣。一年后，蒂尔注意到德州仪器公司的招聘广告，他想回到家乡得克萨斯州，于是联系了谢泼德，并于 1952 年底加入了德州仪器公司。

德州仪器公司的前身叫地球物理服务有限公司，主要生产用于石油勘探的仪器。第二次世界大战结束后，公司开始进军美国国防电子系统，并从海军基地聘用了副总裁帕特里克·哈格蒂（Patrick Haggerty），到了 1951 年申请晶体管的生产许可时，公司改名为德州仪器公司。[9]

晶体管发布后，哈格蒂作出决定，将公司的研究重心转移到新兴的半导体上来。哈格蒂是一位求贤若渴的人，他打算在德州仪器公司成立一个由科学家和工程师共同组成的开发团队，攻关半导体技术。

蒂尔的加盟正逢其时，他是晶体生长领域数一数二的领军人物，德州仪器公司围绕着蒂尔建立了半导体研发部门。

有了小巧的晶体管，要如何显示它的优越性呢？哈格蒂有了一个大胆的想法，他认为可以用晶体管收音机创造全新的需求和市场。那时，很多人对收音机的印象仅仅停留于放在家中客厅里的电器，但哈格蒂决定用晶体管做出便携收音机，小到能放进衬衣口袋里，这样人们去野外度假就可以随身携带它。

1954 年 6 月，哈格蒂提议德州仪器公司生产一种袖珍收音机。它包括 4 支生长结锗晶体管，每支成本 2.5 美元，收音机总成本约 18 美元。在当年圣诞节前，德州仪器公司的袖珍收音机正式发售，售价 49 美元，瞬间被抢购一空。

1956 年 2 月 29 日，在美国众议院军事委员会的会议上，冗长的数据让议员们听得直打瞌睡。这时，只听见一声响亮的木槌声响起，所有人一惊，原来是主席赫伯特睁大眼睛注视着大家，并大声宣布："先生们，艾森豪威尔总统刚刚宣布再次参加竞选。"激动过后，众人好奇主席是怎么知道这一消息的，因为既没有电话铃响，也没有人进入会议室告诉他这一消息。赫伯特只得承认自己把新式的袖珍半导体收音机藏在口袋里，戴上耳机，假装自己是在用助听器。[10]

很难想象，要是没有袖珍收音机和录音机，迈克尔·杰克逊或者甲壳虫乐队的摇滚音乐能够流行开来。后来布拉顿到埃及旅游，甚至还看到了骑着骆驼的旅人拿着手提收音机。

* * *

贝尔实验室发布了结型晶体管后，下一步便是推进批量生产。结型晶体管虽然比点接触晶体管的结构更稳定，但仍有几个问题阻碍着它的大规模生产。

第一个问题是，用拉晶法制造结型晶体管效率很低，需要一边拉晶，一边添加杂质，使得半导体变成 P 型或 N 型，这种操作一次只能做出少量的几个晶体管，无法实现大批量生产。这就像是一边熬纸浆，一边在晾干的纸片上写字，效率十分低下。

第二个问题很诡异，本来已经做好的带负电荷的 N 型锗晶圆，不知何故在加热炉里就变成了带正电荷的 P 型锗晶圆。这就像在面团里添加了牛奶，本想要烤出奶香味面包，结果出炉时却变成了蒜香味面包。

对于第二个问题，没人能给出合理的解释。1952年，半导体研究小组的一位材料科学家卡尔文·富勒（Calvin Fuller）对这个问题产生了兴趣。

富勒像侦探一样展开了调查。N型锗晶圆之所以变成带正电荷的P型，一定是沾上了带正电荷的杂质，那么杂质从何而来呢？

富勒注意到，操作员在将锗晶圆放入扩散炉之前用手摸过晶圆表面，这有可能将杂质沾了上去。那么手上的杂质又从何而来呢？富勒注意到了一个被所有人忽略的细节：操作员进入实验室时握了门把手。但每个人开门进来都要握门把手，这有什么好奇怪的呢？

富勒盯着门把手陷入了沉思，它是铜做的，泛着褐黄的光泽。他立刻用铜做实验，故意把铜原子沾到锗晶表面，放到高温下加热到500℃，结果N型半导体变成了P型半导体。富勒恍然大悟，果然是门把手上的铜原子扩散到晶体内部，产生了带正电荷的空穴，从而使得N型锗晶圆变为P型。这就像是切过大蒜的手又去揉了面团，随后大蒜分子扩散到了面包内部，使其从奶香味变成了蒜香味。

问题的症结找到了，不过富勒并没有止步于此。

富勒反过来一想，既然原子这么容易就扩散到半导体内部，并使其从N型变成了P型，那么能否采用这个方法将普通的半导体轻松地制作成P型半导体或N型半导体呢？

富勒想到，如果把包含多余电子的元素“故意沾到”晶体表面，这些元素就能扩散到晶体中，使得电子数目过剩，从而形成N型半导体。反之，将包含多余空穴的元素扩散到晶体中，就可形成P型半导体。除了“沾到”晶体表面之外，还可以用高温气体将特定的元素喷到晶圆表面，这样效率更高。

由此，富勒发明了半导体扩散法（见图 3-3）。这有点像喷墨打印机把墨汁喷到纸面上一样简单，效率远高于拉晶法。这样一来，连同上面提到的第一个问题——晶体管制造效率的问题也一起解决了。

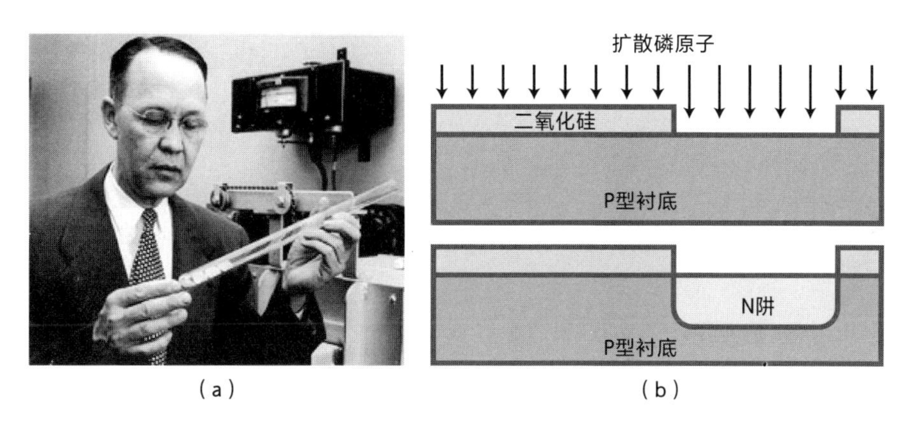

图 3-3 富勒发明的半导体扩散法

注：富勒（a）；扩散磷原子使表面的半导体从 P 型变成 N 型，用这种方法可以制作 PN 结（b）。

肖克利听到了这个消息后敏锐地意识到，只要在一片半导体上多次“喷墨打印”，依次扩散出 N 层和 P 层，就能做出 PNP 或 NPN 结型晶体管。

1954 年，肖克利建议同事查尔斯 · 李（Charles Lee）等人用富勒的半导体扩散法来制作结型晶体管。当年年底，第一个扩散锗晶体管诞生。[11]

* * *

有了大规模制造锗晶体管的技术，贝尔实验室下一步的目标就是制造硅晶体管。因为硅在地壳中的储量丰富，成本低廉。而且，硅晶体管的漏电流远小于锗晶体管，功耗很低。

与此同时，德州仪器公司也对研究硅晶体管很感兴趣。那时的晶体管基本上都是锗晶体管，但当温度超过75℃，锗晶体管就没法正常工作了。这对于军事、航天等领域的应用而言是一个极大的缺陷。

德州仪器公司看中了财大气粗的美国军方，军方对价格一点都不敏感，却非常在意器件在湿热等环境下的性能。由此，副总裁哈格蒂下定决心要大力研究硅晶体管。

蒂尔是一名拉晶专家，进入德州仪器公司后就一直致力于研究用拉晶法制造硅晶体管。然而，硅的熔点高达1 410℃，远高于锗，不易提纯和加工，这使得在将近一年的时间内，他们都没有取得什么重大进展。

1954年5月10日，蒂尔参加了美国无线电工程师协会的学术会议，他被安排在上午做最后一个发言。前面的发言者历数了制作硅晶体管的困难，并断言业界在近期内制造出硅晶体管的希望渺茫。

轮到蒂尔登台时，听众已经无精打采，但他镇定自若地说："与你们刚刚听到的对硅晶体管持悲观的态度刚好相反，我的口袋里恰好装了几只硅晶体管。"听众立马从昏睡的状态中兴奋起来，后排的一位听众不敢相信蒂尔的话，大声地质问道："你是说你们真的做出了硅晶体管？"

"是的。"蒂尔从口袋里掏出了几只硅晶体管，并将它们高高举起，然后为听众演示。

蒂尔首先拿出一个音乐播放器，它正在播放音乐。蒂尔将播放器的锗晶体管单独浸泡在装有热油的烧杯中，音乐戛然而止，因为锗晶体管无法在高温下工作。接着，他用一只硅晶体管替代了那只锗晶体管，并再一次浸泡到热油中，但这一次音乐声如常响起。现场的观众顿时睡意全消，兴奋地目睹了硅晶体管的神奇效果。

蒂尔最后说，大厅后面有他的论文的复印件，大家可以自取。听众立马抢着离开座位去取论文，在一片嘈杂声中，雷神公司（Raytheon）的一位代表在走廊里拿起电话大声叫道：“德州仪器公司做出了硅晶体管！”

* * *

其实早在几个月前，贝尔实验室的莫里斯·塔嫩鲍姆（Morris Tanenbaum）就用生长法制作出了硅晶体管。不过他们认为用这种方法效率低下，于是没有发布消息，没料想却被德州仪器公司抢了头功。塔嫩鲍姆转而计划用更高效的扩散法来制作硅晶体管，不过不太顺利。

1955 年 3 月 17 日晚上，塔嫩鲍姆下班回到家中，心里却始终放不下实验，于是又重新驾车回到了实验室。他盯着实验台上一支作废的硅晶体管，心情变得烦躁起来。

从 3 月初以来，塔嫩鲍姆虽然用扩散法做出了“三明治”形状的硅晶体管，但还剩最后一个问题没有解决：中间的基极（“火腿”）很薄，无法引出电极线。

塔嫩鲍姆自认为想出了一个绝妙的办法，斜着磨掉了晶体管的边缘，露出基极，就像用刀斜着切开三明治，露出斜截面上的“火腿”，由此引出了导线。可是一测试，晶体管的放大倍数太小，无法正常工作，这让他灰心丧气。

“要是我忽略那个漂亮的切角，而直接让导线穿过上层的硅进入晶体管内部会怎么样？”这天晚上，塔嫩鲍姆对自己说。

这就像用一根牙签直接从三明治的顶部刺进去，一直扎到中间的火腿。稍有电学常识的人都知道，这将在发射极（“上层面包”）和基极（“火腿”）之间引起短路。

但塔嫩鲍姆没管那么多，他决定先试一把再说。他把一根铝线接触到表面的发射极，并通上较大的电流，使得铝线熔化，粘到晶体管上并穿透进去。神奇的是，晶体管竟然没有短路。[12]

塔嫩鲍姆不敢相信，他把晶体管有序地接好，输入了一个小信号，结果在输出端得到了放大的信号。成功了，第一个扩散硅晶体管诞生了！

“我甚至觉得我不需要开车回去了，我会飞回去。”塔嫩鲍姆一路飙车回家。夜里，他兴奋地躺在床上，怎么也睡不着。一大清早，他突然觉得自己应该立刻赶回实验室确认昨晚他做了一个晶体管，而不是一个梦。当他再次驾车冲回实验室时，谢天谢地，它还在那儿。

他后来分析，焊接在硅晶圆表面的铝线在 N 型硅和铝合金之间形成了一个 PN 结，从而避免了短路。塔嫩鲍姆的同事测量了这个扩散硅晶体管，工作频率超过了 100 MHz，是锗晶体管的 10 倍。

塔嫩鲍姆请来了他的直属上司斯帕克斯，斯帕克斯又请来了实验室的高层领导来观看演示。研究小组的工程师评价说：“我们见证了历史。这次实验很可能是继点接触晶体管之后建立的晶体管研究的第二块里程碑。”[13]

只有莫顿没有来看演示，他正在欧洲出差。但莫顿一接到消息，立刻取消了在欧洲的剩余行程，迅速赶了回来。他决然砍掉了用拉晶法与合金法制作晶体管的研究，并集中全部精力研究这种扩散硅晶体管。

就在同一个月，贝尔实验室的亨利·特里尤尔（Henry Theuerer）在普凡的分区提纯技术基础上做了改进，发明了硅晶体的浮法分区提纯，它能像锗晶那样大幅度地提高硅晶体的纯度。这样一来，扩散法制作硅晶体管加上浮法分区提纯硅，为大规模地制造硅晶体管迈出了关键的一步。

至此，一种在地壳上储量极其丰富的元素硅，与一种能够大规模地生产晶体管的扩散技术完美地结合了起来。这意味着业界将能以非常经济的手段、极高的效率和极大的规模来制造晶体管。

这种硅晶体管能够应用于 100℃以上的高温环境和 100 MHz 以上的高频领域。它还有机会被应用在高温的沙漠、热带雨林，或者调频收音机、甚高频（简称 VHF）电视机、导弹制导、移动通信、高速计算机等领域。一个充满了无限可能的未来即将被硅晶体管这把“钥匙”打开。

正是这种扩散硅晶体管，促使肖克利下定了决心——离开贝尔实验室。

感觉“在跟上帝通话”，落地硅谷

1955 年，肖克利 45 岁了，他在 4 年前就已经成为美国科学院院士，可谓功成名就。

不过，他在贝尔实验室也感到越来越压抑。最近几年，肖克利的头衔一直是半导体物理组的负责人，而跟他同时入职的费斯克在 1951 年便成了他的上司，三年后又升任实验室副总裁。而肖克利像是被钉在了中层，晋升通道被堵死了。实际上，贝尔实验室的高层意识到肖克利只擅长科学研究，而不擅长管理团队，这也从巴丁的离去和基层员工的抱怨中得到了印证。

尽管肖克利发明了晶体管，但靠专利致富的可能几乎为零。贝尔实验室的员工入职第一天就要签订一份协议：如果将来申请了专利，所有权归公司，发明人只享有署名权。肖克利那划时代的结型晶体管专利，只为他换来了一张簇新的一美元绿钞。他渴望得到与自己名望相匹配的财富，于是开始寻找新的突破口。

1955 年 3 月，用扩散法制造硅晶体管的消息传来，肖克利马上意识到大规模制造硅晶体管的时机到来了。肖克利想，凭借他在业界积累的人脉以及掌握的贝尔实验室的内部消息，他可以立刻把这些尚处于研发阶段的技术变成实用的技术，从而使自己成为百万富翁。

肖克利头脑中的“拼图”渐渐地完善起来，有了浮法分区提纯硅晶、扩散法制造硅晶体管，以及用光阻剂（相当于今天的光刻胶）在硅晶上形成图案的方法，就能大规模地制造扩散硅晶体管。肖克利准备大干一场，他决定立刻离开贝尔实验室，自己出去创业。

肖克利向凯利寻求 100 万美元的资助，凯利却泼了他一头冷水：“创业可不是儿戏。”鲍恩则提醒肖克利：“用扩散法制作晶体管仍是实验室的机密，此时将它商业化大批量生产尚不可行。”

1955 年 8 月，肖克利想起来，年初他曾参加了洛杉矶商会组织的一次聚会，认识了副会长阿诺德·贝克曼（Arnold Beckman）。为什么不给他打个电话，讲讲自己要成立一家公司来生产扩散硅晶体管的计划呢？

贝克曼邀请肖克利前往加州面谈详细计划，顺道考察当地的环境。肖克利觉得，去加州创业是个不错的主意，他从小在加州长大，而且母亲至今仍住在那里。郊外到处是种满了杏树、李子树、樱桃树的果园，被称为“心悦之谷”。

肖克利起劲地向贝克曼介绍了扩散硅晶体管在美国国防军事领域具有的广阔前景和可能带来的丰厚利润，贝克曼动心了，决定与肖克利一起合作。肖克利负责组建研发团队，并在贝克曼仪器公司（Beckman Instruments）工作两年，批量生产扩散硅晶体管，而贝克曼负责提供开办公司所需的资金，第一年为 30 万美元。

由于旧金山海湾离斯坦福大学不远，为了吸引人才，肖克利将公司设在了山景城南圣安东尼奥路391号（见图3-4）。这是一座半圆形的活动房屋，从外面看像是一间不起眼的商店[①]。

图3-4 肖克利晶体管实验室旧址对面

注：图为旧址对面的人行道上的半导体器件雕塑，最近的是2N696晶体管，后面是PNPN二极管以及一个普通的二极管。

接下来，肖克利要招聘员工，他一个接一个地打电话给贝尔实验室那些富有经验的工程师——斯帕克斯、约翰·皮尔斯（John Pierce）、塔嫩鲍姆等人，劝说他们加入。但这些接到邀请的人深知肖克利的为人和管理方式，都找各种理由谢绝了。于是，肖克利只好退而求其次，从刚毕业的博士生或者刚刚进入半导体行业的年轻人中物色合适的人选。

1956年1月19日，一位年轻博士罗伯特·诺伊斯接到了一通电话，问他是否有兴趣加入一家半导体公司。诺伊斯得知打来电话的是肖克利后，感觉自己

① 想去硅谷朝圣的人恐怕要失望了，这座房子已经被拆掉了，并于原地盖起了一栋大楼。不过原址外的街道上竖起了几个巨大的半导体器件模型。

“在跟上帝通话”。[14] 当时，肖克利可谓半导体行业最亮的一颗星，他于 1952 年出版的《半导体中的电子与空穴》是业界人士学习半导体的必读之书。

1927 年出生的诺伊斯脸庞棱角分明，目光如炬，看起来聪颖干练，还因身手敏捷获得了“快手罗伯特”的称号（见图 3-5）。1948 年，他的大学老师给了他一本贝尔实验室编写的《晶体管技术手册》，让他大开眼界，他认定晶体管代表着未来。1949 年，他考到了麻省理工学院，攻读半导体专业。博士毕业后，诺伊斯本来可以进入通用电气和 IBM 等大公司，但来自小镇的他更喜欢做“小池塘里的大鱼”，于是选择了一家在费城的小公司——飞歌半导体（Philco Semiconductor）。1955 年 10 月，诺伊斯在匹兹堡的研讨会上报告了关于晶体管的一个发现，这引起了肖克利的注意。

（a）

（b）

图 3-5　罗伯特·诺伊斯（a）与戈登·摩尔（b）

肖克利邀请诺伊斯到位于加州的新公司面试并顺便考察一下，诺伊斯爽快地答应了。面试进行得很顺利，结束后肖克利叮嘱他参加一个智商和心理测试。肖克利对诺伊斯的智商测试结果很满意，同时对诺伊斯在管理能力上的不佳表现暗自开心，他可不希望年轻人有很强的管理能力，以免将来跟自己争权①。

---

① 讽刺的是，诺伊斯后来创立了英特尔公司，并成功地带领这家有数万名员工的企业问鼎行业第一的宝座，他自己也当选为全美半导体产业协会的会长。

一天傍晚，摩尔在家中接到了那通重要的电话。一个似曾相识的声音从听筒里传来，“我是肖克利”。摩尔顿时想起了他在华盛顿的宇宙俱乐部听讲座时，那位向观众抛洒晶体管的物理学家。

对于摩尔来说，能够去加州是求之不得的事①。他于1929年出生在加州的一个小镇佩斯卡德罗（Pescadero），对那里非常熟悉。1954年，他从加州理工学院获得化学博士学位后，去了东部马里兰州的应用物理实验室。他曾思考自己这份工作对于社会乃至国家的价值何在，于是拿出纸笔计算了一番：自己一年的工资是多少，一年中自己能够发表文章的总字数是多少，能被多少人阅读，每个字的价值又是多少。这样一算，他陷入了焦虑，这似乎并不是他想要追求的生活。

当肖克利打来电话时，摩尔一开始觉得有点奇怪，为什么肖克利需要他这位化学家？肖克利告诉他，制作晶体管中不少工艺过程都需要化学家参与。这样一来，摩尔觉得从事晶体管研究对未来社会的价值更大，自己应当加入这个新兴的产业。[15]

在通过了肖克利一连串专业问题的面试后，摩尔也按照肖克利的要求参加了智商和心理测试，凭借较高的智商和“平庸”的管理才能，他也顺利地进入了肖克利的初创公司。

* * *

1956年2月，肖克利晶体管实验室在加州正式成立。肖克利着力于打造一支半导体的“梦之队”。新员工中有杰·拉斯特、尤金·克莱纳（Eugene Kleiner）、谢尔顿·罗伯茨（Sheldon Roberts）、让·霍尼（Jean Hoerni）等人，大多数人

① 摩尔那时还不知道他跟肖克利其实有一个共同的远祖，那就是乘坐“五月花号”来美国的第一批英国移民中的约翰·奥尔登（John Alden），他的第八代后裔中包括了肖克利本人和摩尔的外祖父。

都拥有博士学位，分别是半导体、材料、化学和机械等专业。他们中只有肖克利和罗伯茨有半导体方面的工作经验，其余的都是新手。

每天早上 6 点，摩尔、拉斯特和维克多・琼斯（Victor Jones）等人就来到公司，自学半导体物理。有时候肖克利会亲自指导，就一个细节讲上几个小时。此外，肖克利还派诺伊斯、摩尔等人去贝尔实验室学习第一手的经验。

诺伊斯后来回忆说："肖克利有一种神奇的化繁为简、直抵问题本质的能力。他的思维流动是如此之快，以至于你不得不快马加鞭地赶上他的节奏。而你的学习效率也变得出奇地高，因为你在非常努力地从他那里汲取知识。"

肖克利信心十足，想要用扩散法做出硅晶体管。但是他忽略了一点，这里不是贝尔实验室，缺少配套的技师和熟练工人，这些博士不得不亲自泡在生产线上，随时要面对不知从哪里冒出来的棘手问题。在贝尔实验室很容易解决的问题，到了这里就变得困难重重。

正在这个关键时刻，肖克利的兴趣却从硅晶体管转移了。他想起了曾在贝尔实验室研究的一种有四层结构的 PNPN 二极管。他认为这种器件能实现快速切换，在电话交换机系统中有很好的应用前景①。

肖克利格外重视 PNPN 二极管，但年轻的博士生们可不这么看。肖克利不顾众人的反对，挑选出相当一部分研究人员来研究这个新器件。但他忽略了一点，要制造这种复杂的四层结构器件异常困难。没过多久，挫折和失败接踵而来。肖克利跟团队成员之间的关系也变得越来越紧张。这时，一则举世瞩目的消息不期而至。

---

① 在贝尔实验室，尼克・何伦亚克（Nick Holonyak）与约翰・莫尔（John Moll）等人也研究了 PNPN 二极管，不过后来何伦亚克去了通用电气公司，把它用到了功率器件上，发明了可控硅（晶闸管的一种），详见第 9 章。

1956 年 11 月初的一天，肖克利收到了获得诺贝尔物理学奖的消息，这使他瞬间成了闻名世界的大人物。第二天早上，肖克利请公司的核心成员一起到利克饭店吃早餐。大家坐在一张白色长条桌旁，簇拥着坐在首席的肖克利，纷纷高举着香槟酒杯向他致意，后排也站了一排年轻人，脸上荡漾着笑容。肖克利容光焕发，俨然一位受到拥戴的国王，他也举起酒杯向大家致意。

接下来的两个月中，肖克利忙于接受采访和准备瑞典之行。在斯德哥尔摩的领奖台上，他接过瑞典国王颁发的荣誉奖章，那一刻他的人生达到了巅峰。

* * *

不幸的是，肖克利领奖后紧随着公司的衰落。距离公司成立将近一年了，当初贝克曼的投资已所剩无几，但公司仍然没有研发出一个能盈利的产品。

肖克利从瑞典回来后，摩尔给肖克利写了一份言辞激烈的备忘录，主张先放下 PNPN 二极管，集中人力去攻关硅晶体管。只有这样，才能拿到订单，从而先让公司存活下来。但肖克利对此置若罔闻。在所有的年轻人中，诺伊斯技术全面，擅长打交道，而且深得肖克利的信任。大家推举诺伊斯去跟肖克利沟通，但他也铩羽而归，没能说服这位顽固的老板。

那段时间，肖克利经常受邀去各地演讲和访问，大家趁他不在时研究晶体管，等他回来后则装模作样地研究 PNPN 二极管。肖克利似乎察觉到了什么，对大家的疑心也越来越重。

PNPN 二极管项目遇到了很多技术问题，始终无法实现商业化。肖克利无法面对自己的错误决定，开始将这一错误怪罪于不听他话的员工。就连他非常喜欢的“金发男孩”拉斯特也成了“背锅侠”，肖克利对他恶语相向，令他痛苦不堪。

身处逆境的员工们忍无可忍，找到了投资方、肖克利的老板贝克曼调解，并痛陈肖克利的专断、难以沟通。贝克曼表示理解大家的感受，愿意从中调解。大家趁机建议另外聘请一位了解行业的人来担任 CEO，让肖克利在公司担任技术总监或顾问，而不是直接管理公司的日常业务。

过了一段时间，贝克曼从母公司派来了一位精干的人物担任 CEO，但是肖克利并没有去当技术总监或顾问，因为贝克曼在会议上宣布肖克利仍是领导，决定着公司的大部分关键事务。原来贝克曼跟肖克利沟通后又改变了主意，他认为一个诺贝尔物理学奖得主怎么也强过一群不到 30 岁的年轻人。

本来满怀希望的员工们顿时陷入了进退两难的境地。他们已经摊牌，却处于极度被动的局面，无路可退。诺伊斯在写给父母的信中透露："公司恐怕要有很大的变动，也许我们都要卷铺盖走人了。"

八叛徒，出走"仙童"

这段时间，摩尔、拉斯特、罗伯茨等 7 个年轻人经常下班后聚在一起商讨未来之路。他们一致认为大家应该同进同退，找到一家愿意同时雇用他们几个的公司，成立一支单独的团队，毕竟他们合作了这么久，彼此之间都非常熟悉。

克莱纳想到了一家投资公司海登斯通（Hayden Stone & Co.），便写了一封毛遂自荐的信。他在信中说："我们这个团队富有经验，团队成员精通物理学、电子学、工程学、冶金学和化学，并有能力在三个月内开展半导体业务。"

信件几经辗转，最后到达了投资人阿瑟·洛克（Arthur Rock）手上。他读完信后，被其中的一点打动了，那就是诺贝尔物理学奖得主肖克利选择了他们这件事本身，足以说明这个团队值得投资。[16] 洛克说服了老板艾尔弗雷德·科伊尔（Alfred Coyle），他们一同启程飞往加州，与这 7 位年轻人详细面谈。

听完他们想找一家能同时雇用他们的公司的打算后，洛克反问道："你们为什么不找人投资，成立一家自己的公司呢？"这句话让他们如梦初醒，是啊，为什么没有想到这个选项呢？当时，大多数人的想法仍是选择一家企业一直干到退休。即使辞职，也是换一个雇主，很少人会想到自己创业，甚至根本就没有风险投资的概念。

洛克说："半导体是一个新兴行业，在未来将变得越来越重要，你们拥有成立一家公司所需的技术和人力，完全可以自己做。"他还表示，自己可以帮助他们寻找有意向投资的公司。他们立刻兴奋了起来，坚信完全可以依靠自己的知识和能力来养活自己的公司。

但这 7 位年轻人马上又有了新的担忧：他们都是从事研发工作的，不知道如何销售产品、寻找客户，更不用说运营一家公司了。洛克问："能不能从现在的公司里再找一个合适的人选？"他们思索了一番，回答说："合适的人倒是有一个，只是不知道他是否肯加入我们。"此人就是诺伊斯。显然，诺伊斯具有最为丰富的半导体研发经验，而且善于跟人打交道。

当晚，罗伯茨去找了诺伊斯，并说明了他们与洛克交谈的情况，希望他也能出来一起创业。诺伊斯表现得非常犹豫，不过最后他还是答应先见洛克一面。

实际上，诺伊斯对肖克利的看法也发生了变化。1956 年 8 月，诺伊斯研究二极管时发现了一种隧穿效应，如果将半导体中的掺杂浓度提高到原来的 1 000 倍，二极管竟然呈现出负电阻，电子像学会了穿墙术一样直接通过一条能量隧道穿越过去。诺伊斯想写篇文章发表，但被肖克利驳回了，他可不认为员工有权利自由探索他们感兴趣的项目①。[17]

第二天一早，7位年轻人站在V. H. 格林尼许（V. H. Grinich）家的车道上，看到一辆车开了过来，诺伊斯坐在车中，他是先来跟他们汇合的。大家非常兴奋，诺伊斯终于和他们在一条船上了。但与此同时，他们也心怀忐忑，随后一起前往旧金山的克里夫特豪华酒店跟洛克见面。

“看得出诺伊斯天生就具有领导才能，”洛克后来回忆道，“其他人都听他的，他是这个团队的代言人。”最后，8个人和洛克顺利地达成了共识，一起开办一家半导体公司。洛克来不及准备任何协议文本，他的老板科伊尔灵机一动，从钱夹里摸出一沓崭新的一美元钞票，整齐地平铺在桌上，建议每个人在华盛顿的头像旁边签上名字，并各自保留一张作为合伙的证明。[18]

接下来，洛克火速地赶回纽约，寻觅合适的投资公司。但大部分公司都婉拒了，只有一家仙童摄影器材公司的老板谢尔曼·费尔柴尔德（Sherman Fairchild）表现出浓厚的兴趣。费尔柴尔德的父亲曾是IBM公司最大的个人股东，后来把股票转移给了儿子。费尔柴尔德充满活力，很有想象力，对半导体器件很感兴趣。之前他的公司调研了制造半导体元件的可能性，但一直找不到合适的团队，而此时诺伊斯一行8个人正好找上门来，于是他们一拍即合。

在洛克的协调下，仙童摄影器材公司派人来到加州。最后达成的协议规定，公司划分成1 325股，8位联合创始人每人只需缴纳500美元就可以获得100股原始股，洛克所属的海登斯通公司占有225股，剩下的300股用于今后招揽人才。仙童摄影器材公司在18个月内投资138万美元，成立名为“仙童半导体公司”

① 1958年，诺伊斯怒不可遏地拿着一篇刚刚发表的文章给他的伙伴摩尔看，日本科学家江崎玲于奈（Reona Esaki）发表了关于隧穿二极管的文章，跟诺伊斯描述的负电阻现象一样。1973年，江崎玲于奈因为隧穿二极管方面的贡献获得了诺贝尔物理学奖。

的子公司。在仙童半导体公司连续三年的利润超过 30 万美元之前，母公司仙童摄影器材公司有权以 300 万美元的价格在任何时候收购它。“这是一个让双方都满意的协议。”其中一位创始人说。

之后，所有人前往利克饭店，高举香槟庆祝。不到一年前，这群年轻人在同一家饭店庆祝了肖克利获得诺贝尔物理学奖，现在则是庆祝自己刚创办的仙童半导体公司。

肖克利听说团队成员要辞职创业的消息，把他们一个一个地叫到自己的办公室谈话。摩尔坦承他们正准备离职创业。他后来回忆说，当肖克利从他的办公室出来后，垂头丧气，目光呆滞。肖克利回到家后，往沙发上一躺，半晌都不说一句话。他的妻子说，在其多年的医院工作生涯中，从来没有见过哪个病人的脸色像肖克利那样苍白如纸。

1957 年 9 月 18 日，肖克利在自己的日记本上写下了简短的一句话：“团队辞职。”那天上午，诺伊斯、摩尔等 8 人集体递交了辞职信。

第二天，贝克曼从洛杉矶赶来与 8 位年轻人见面，并措辞严厉地警告说：“这是可耻的行为，年轻人容易意气用事，但要考虑后果。现在你们违背了当初在公司一直工作下去的承诺，实际上已经成了叛徒。”但 8 个人去意已决，拒绝回头。

肖克利的心情低落到了极点。一年半以来，肖克利将这些新来的博士当作自己的徒弟来带，派他们去贝尔实验室学习，甚至亲自指导，把他们从门外汉变成了独当一面的专家。而现在，他们却义无反顾地离他而去，甚至他最信任的诺伊斯也不例外。

肖克利在贝尔实验室的同事查尔斯·汤斯（Charles Townes）后来对摩尔说：“肖克利太聪明了，他明白所有的事情，除了人。”[19]

肖克利的创业虽然就这样走向了失败，但他选择加州的这个决定非常正确。加州的土地和租金便宜，气候温暖舒适。斯坦福大学就在当地，有充足的毕业生资源，校长弗雷德里克·特曼（Frederick Terman）也非常鼓励创业以及校企合作，并提供廉价的土地和办公场所给初创企业。

肖克利感召了一批年轻有为的人才来到加州，并将硅技术带到了这里，后来他被称为“硅谷的摩西”。这些年轻人创立了仙童半导体公司，开辟了创业和风投的先河，后来再由仙童半导体公司分化出一批又一批的“小仙童们”，逐渐形成了硅谷地区的高科技企业群。

再后来，肖克利去了斯坦福大学任教，不愿再提起当年的往事。一次，肖克利在一场工业界的午餐会上碰到了诺伊斯，只说了一句“你好，鲍勃①”，就转身走了。

＊＊＊

仙童半导体公司的成立可以说恰逢其时，仅仅半个月后的1957年10月4日，在苏联的拜科努尔航天发射场，一枚运载火箭喷射出浓厚的气体，耀眼的火焰推动着它升到与地面相距900千米远的太空，释放出一颗有着钢制外壳和四根辐射状天线的卫星。卫星每96分钟就能绕地球一圈，这是人类发明的第一颗人造地球卫星——斯普特尼克1号。

1957年11月3日，苏联又发射了第二颗卫星，它的重量是前一颗的6倍，轨道高度达到了1 700千米，上面甚至搭载了一只小狗。这让美国上下一片哗然。

于是，美国人把曾经一拖再拖的“先锋计划”重新提上日程，他们在卡拉维

① 鲍勃是诺伊斯的昵称。

尔角发射基地忙碌起来，并赶在 12 月 6 日那一天，把自己的卫星送上了太空。当日下午 1 点 44 分，火箭点火，它先是摇晃了几下，缓缓升空，紧随其后的却是突然起火爆炸，卫星淹没在滚滚浓烟中。

对此感到耻辱的美国人决心大力发展太空计划。1958 年，艾森豪威尔总统正式批准成立美国国家航空航天局。随即，上千亿美元的投资涌入航天、导弹和远程轰炸机等领域，以夺回美国人在航空航天领域的领先地位。美国在这方面的研发开支逐年升高，到 1964 年占到了全年 GDP 的 2%。

毫无疑问，这将对小巧稳定、耐高温的硅晶体管产生极大的需求推动。1957 年，晶体管的年产量达到了 3 000 万支，但绝大多数仍是不耐高温的锗晶体管。

“专注”是仙童半导体公司的 8 位创始人从肖克利晶体管实验室学到的一大教训。新公司将心无旁骛地致力于做出业界第一个商用的扩散硅晶体管。这种扩散硅晶体管将能抵御高温并拥有更快的反应速度，是未来美国航天以及军事用途元件的最佳选择，更不必说拥有全世界庞大的民用市场了。

这 8 个年轻人摩拳擦掌，准备大干一场。

本章核心要点

一项新发明很可能不如已有的技术，这在发明初期表现得尤为普遍。

刚刚发明出来的晶体管稳定性差、难以批量生产、成本居高不下，这严重地阻碍了其大规模应用。为此，贝尔实验室不断地致力于晶体管的研发和更新换代。

而让晶体管稳定运行的秘诀，在于把握纯度与杂质的平衡。

1949年，贝尔实验室的蒂尔拉出了第一根锗单晶棒；1951年，普凡发明了区域精炼法。这些方法将晶体的纯度提高到了不可思议的程度，为下一步制造晶体管做好了准备。

而为了制造晶体管，需要在本已足够纯净的晶体里掺进一些杂质。1952年，贝尔实验室的富勒发明了扩散技术，将Ⅲ族或Ⅴ族元素掺杂到半导体中，从而实现了大规模制备P型半导体和N型半导体，降低了制造成本。

虽然锗晶体管是半导体技术的先行者，但依然有着不耐高温、不能在高频下工作的缺陷。1954年，德州仪器公司的蒂尔和贝尔实验室的塔嫩鲍姆用拉晶法做出了耐高温、高频率的硅晶体管。1955年，塔嫩鲍姆又用扩散法做出了成本更低的硅晶体管，这更适合大规模制备。

1956年，肖克利离开贝尔实验室并自主创业，将硅晶体管技术带到了加州。但肖克利管理不善，导致年轻骨干出走并成立了仙童半导体公司。这一意外事件使得硅技术“扩散”开来，从仙童半导体公司又延展出更多的创业公司，它们如同星星之火，在不经意间促成了硅谷的繁荣。

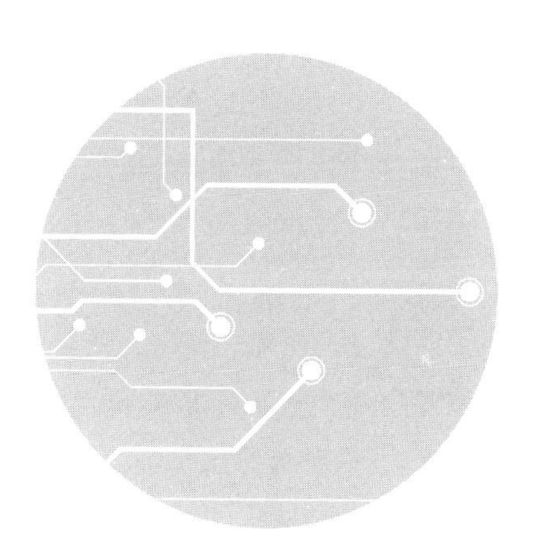

04

“大规模白痴”，芯片的发明

1957 年 12 月 20 日，在纽约州奥韦威戈的 IBM 公司军工产品事业部的一间会议室里，气氛异常严肃，一张长桌的两侧分别坐着 IBM 公司的工程师和穿着正装的诺伊斯。

IBM 公司刚刚从美国军方拿到了“B-70”瓦尔基里超声速战略轰炸机上的电子设备系统的订单，他们在寻找合适的晶体管供应商。这种轰炸机呈细长的流线型，装有 6 个引擎，飞行高度 21 千米，巡航速度极快，被称为“有人驾驶的导弹”，能携带核武器飞越数千千米，对电子元件的性能和可靠性要求极高。

费尔柴尔德从 IBM 公司内部打探到消息后，立刻转告了仙童半导体公司，那时他们手上空空如也，还没有接到一份订单。其他公司也闻风而动，跟仙童半导体公司争抢订单的有德州仪器、通用电气、摩托罗拉、休斯飞机（Hughes Aircraft）和雷神等一众大公司。

德州仪器公司早在三年前就做出了硅晶体管，而其他公司也大都参加过贝尔实验室早期的晶体管技术研讨会，并且有着丰富的制造军用电子产品的经验。

IBM 公司的工程师向诺伊斯介绍，他们需要的晶体管工作电流应不小于

150 mA，工作温度为 85℃，工作电压为 40V，指标不仅比民用晶体管高出一大截，还要通过严苛条件下的测试。

最后，他们问诺伊斯：“能否做出 100 个满足要求的硅晶体管？”

被激怒的物理学家，霍尼发明平面晶体管

诺伊斯被问到这个问题时，仙童半导体公司才成立三个月，位于帕洛阿托市查尔斯顿路 844 号的二层小楼刚装修好，还没有正式投入生产。此前他们都是在车库里办公，别说生产军用级别的晶体管了，就连任何一款晶体管产品都还没有做出来。

毕竟，这 8 个年轻人是完全白手起家。除了一栋空荡荡的小楼，没有任何机器设备。我们今天行走在任何一家现代晶圆厂里，里面都配备了高精尖的自动化设备。而 20 世纪 50 年代的仙童半导体公司的联合创始人们则要靠他们自己的双手攒出绝大部分设备来。

诺伊斯、拉斯特搭建了一间充满黄光的小屋，用来安放光刻设备。光刻要用到相机，以便缩小版图。为此，他们跑到旧金山的摄影器材商店购买了 3 个 16 毫米的光学镜头。他们还从柯达公司购买了光阻剂。

克莱纳和朱利叶斯 · 布兰克（Julius Blank）拼装了车床设备，罗伯茨搭建了拉晶机，而格林尼许开发了测试流程。有着宽大额头、戴着一副方形黑框眼镜的霍尼是一名理论物理学家，他的任务是坐在一张桌子旁思考。[1]

摩尔搭建了高温扩散炉。在大学期间，他学习过吹制玻璃，现在派上了用

场。他吹制了不同形状、大小的玻璃管和容积约为 19 升的壶，俨然组成了一座玻璃“丛林”。[2]

IBM 公司高层对于这群年轻人能否做出晶体管颇有疑虑，首席执行官小托马斯·沃森（Thomas Watson Jr.）私下里跟费尔柴尔德等人打听他们的背景和能力。费尔柴尔德慷慨陈词道：“我是你们公司最大的个人股东，已经在这个团队上投资了 100 多万美元，就凭这一点，你们就应该给仙童半导体公司一次机会。”

在 IBM 公司的会议室里，诺伊斯果断地回答：“当然，我们做得到。”在场的同事都替他捏了一把汗。

后来，德州仪器公司评估后决定放弃。凭借费尔柴尔德的个人名誉担保，仙童半导体公司赢得了第一笔订单。这批硅晶体管每个报价高达 150 美元，并约定于 1958 年 8 月交货。

时间紧迫，仙童半导体公司同时成立了两个小组，分别研发 PNP 型晶体管和 NPN 型晶体管，他们约定，哪种晶体管先研发成功，就用哪种发货。摩尔领导了 NPN 型晶体管团队，而霍尼接手了 PNP 型晶体管团队。[3]

IBM 公司订单中的 NPN 型晶体管较为容易，摩尔发明了用铝同时做出 P 型和 N 型硅引线的方法，成了后来业界的标准做法。[4] 而霍尼负责的 PNP 晶体管则很棘手，团队一直无法解决金属喷镀的问题。

此时的晶体管工艺依旧不稳定，易受外界影响。空气中的灰尘污染、温度急剧变化，甚至在果园上方喷洒农药的飞机路过时发出的轰鸣声，都会对晶体管造成不可逆转的影响。[5]

1958 年夏天，摩尔的小组率先开发出了 NPN 型扩散硅晶体管，并制造出了 IBM 公司所需要的 100 个硅晶体管。

好胜的霍尼输了竞赛，这让他心中的怒火被点燃了。霍尼的好友拉斯特对他十分了解：“霍尼是个很复杂的人。有时他很可爱，有时也很令人害怕。一旦他被激怒了，他就会在短时间内做出非常抢眼的成果！”[6]

这位出生于瑞士的“八叛徒”之一曾拿到了日内瓦大学和剑桥大学的两个博士学位，而现在，他需要解决一个棘手的问题来证明自己的能力。

没过多久，仙童半导体公司的平顶晶体管被爆出有严重的稳定性问题。

* * *

晶体管的稳定性问题是在仙童半导体公司大规模出货后发现的。

1958 年 8 月，仙童半导体公司在洛杉矶举行的 WESON 展会上宣告，他们成功地做出了商用的扩散硅晶体管，一举震惊了业界。

就在会场上，IBM 公司又下了 500 个晶体管的订单，他们准备再要 3 000 个。一星期后，仙童半导体公司又制造出了 1 000 个晶体管。又过了一星期，他们制造出了 1 500 个晶体管。[7]这一数字每天都在不断地增长，仙童半导体公司的工厂每天能制造出 700 个晶体管，每个能卖到 40 ～ 50 美元。整个 9 月，仙童半导体公司收到了总额为 65 000 美元的 NPN 型晶体管订单，没多久就达到了 50 万美元。

一年前，这 8 位创始人还在为自己的前途忧心忡忡，觉得 844 号的场地永远都塞不满，而现在他们靠着 100 多万美元的投资和很短的时间，一举成为业界标杆。

1958 年结束时，一个不安的声音在制造主管摩尔耳边响起，越来越多的客户投诉晶体管不稳定，摩尔立刻拉响了警报。

那时公司的客户大多是美国军方。为了建立核威慑力量，装载着原子弹的若干架“B-52”轰炸机 24 小时轮流在空中巡航警戒，上面的电子系统要绝对可靠。对于美国军方来说，昂贵的价格丝毫不是问题，但可靠性和稳定性必须要达到最高等级。

仙童半导体公司的一位客户是北美航空下属的自动控制公司（Autonetics），是一家军事用品承包商，为空军的“民兵”洲际导弹开发板载制导计算机。一次，摩尔拜访这家公司，发现对方把规格书中的故障率指标的百分号给省略了，这意味着客户要求的稳定性再提高 100 倍。

摩尔立即成立了一个小组来调查晶体管不稳定的原因，行动代号为“UFO”（不明飞行物）。[8] 工程师们发现，只要用铅笔轻轻地敲一敲晶体管外面的金属壳，晶体管就可能失效。切割开晶体管外壳后发现，原来是金属壳内壁的金属屑掉了下来，吸附到裸露的 PN 结上，从而造成了短路。

摩尔着手改进生产环境的清洁度，消除金属壳里的微小颗粒，但收效甚微，这让整个团队陷入了束手无策的困境。

这时，霍尼出手了。1958 年 10 月，他的团队已经可以稳定地生产出 PNP 型晶体管了，有精力腾出手来解决晶体管稳定性的问题。

如果不是被之前的比赛激怒，霍尼是不会关注晶体管的平顶结构问题的。霍尼为了解决这一问题，常常独自在夜里做实验，甚至将办公地点搬到了车间。

霍尼发现，这种晶体管从侧面看就像是一座有着圆形平顶或平台的火山，所以又叫平顶（平台）晶体管。平顶的火山口（N）是发射极，山腰（P）是基极，山脚（N）是集电极。而出问题的部位是山腰部分，那里是P和N的交界处，裸露的PN结会吸附金属屑（见图4-1）。

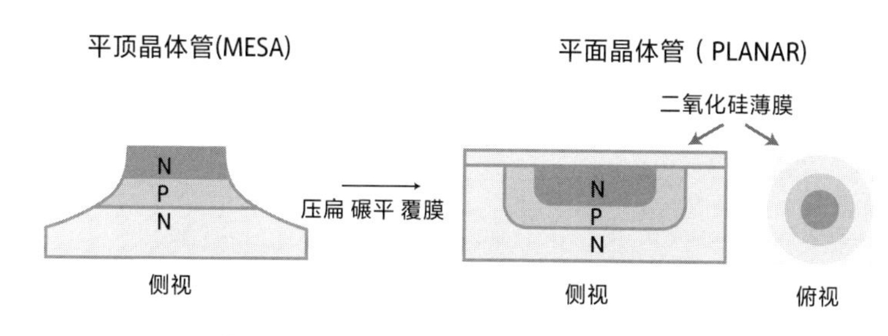

图4-1 平顶晶体管与平面晶体管对照图

注：平顶晶体管像一座凸起的火山（左）；平面晶体管则是纯平结构（右）。

1959年1月，霍尼翻阅一年前的笔记本，发现自己曾经记录下一个新型晶体管的想法，那是他在1957年12月1日早上洗澡时突然想到的，他还请诺伊斯过目并签了字。但这种新晶体管在光刻时需要4个透镜，而诺伊斯和拉斯特当时只买了3个，这使得霍尼的想法被搁置了下来。

霍尼的想法是将那座火山彻底压扁、碾平，让山顶陷入山腰，而山腰陷进地面以下。从上方俯视，就像一个纯平面的同心圆，更确切地说，就像一个同心圆湖泊或者牛的眼睛。最中心的圆环是发射极，对应于火山口；中间的圆环是基极，对应于山腰；最外圈的圆环是集电极，对应于山脚。最后，在同心圆硅的表面覆盖一层薄薄的二氧化硅保护膜，将PN结彻底封在里面，确保其不会暴露在空气中被金属屑污染。

此前，人们认为二氧化硅层比较“脏”，包含了杂质，所以会用酸液清洗。但是霍尼正相反，他就利用二氧化硅这层绝佳的天然保护层，来避免晶体管受到金属屑和灰尘的污染。[9]

人类是幸运的，得到了二氧化硅这一天赐的礼物。它制作方法简单，而且绝缘性能良好，不溶于水①，能很好地保护硅晶体表面，成了制造硅晶体管的标准材料之一。[10]

1959 年 3 月 12 日，霍尼做出了第一个平面晶体管，各项指标远超平顶晶体管。众人用铅笔反复敲打，它依然能稳定地工作。美国军方对这个新产品很满意，要求剩下的货全部使用平面晶体管。

霍尼终于笑到了最后。[11]

* * *

随着硅晶体管的产量急剧增加，仙童半导体公司原有的产能已经不够用了，于是在附近盖了一座新工厂，以生产需求火爆的硅晶体管。

仙童半导体公司由此成为加州第一家蓬勃发展的半导体公司。1971 年，一位《电子新闻》（*Electronic News*）的记者唐·霍夫勒（Don Hoefler）以“硅谷”为题目写了一系列文章，从此有了“硅谷”这个地名。多年后，在仙童半导体公司曾经的厂房地基上盖起了新的办公楼群，其中一座属于谷歌。

仙童半导体公司的厂房里，一条条生产线逐列排开，许多女工坐在工作台前，在显微镜前用细小的镊子夹起一小块从晶圆上切割下来的晶体管芯，小心翼翼地把它们放入黄豆大小的金属罐中封装好。这些女孩心灵手巧，被称为“晶体管女孩”。客户拿到货后，同样需要许多女工再把晶体管一个一个地焊接到电路板上。

① 之前布拉顿用锗发明晶体管时，得到的氧化锗溶于水，无法作为保护膜，这是锗半导体的一大缺陷。

不过，一个新的问题随之冒了出来。

计算机、通信设备中使用的晶体管越来越多，不同元件之间的互连线更多，一块电路板上往往要焊接成百上千条连接线，而晶体管的尺寸又如此之小，很容易出错。

就这样，电路系统中的元件数量很难再增多。如果不解决这个问题，未来电路中晶体管的数量最多有数千个，很难再突破。

1958 年 6 月，在贝尔实验室为庆祝晶体管发布 10 周年的研讨会上，已经晋升为副总裁的杰克·莫顿说道：“所有这些功能都受到所谓‘数字暴政’的统治……如果我们必须依赖单个分立元件来制造大规模系统的话，庞大系统的‘暴政’将给未来的发展设下一道数字屏障。”[12]

沉默的巨人，基尔比实现单片集成

而这时，仙童半导体公司正忙着应付雪片般的订单，无暇顾及“数字暴政”问题，反而是德州仪器公司先行动了起来。

德州仪器公司跟美国军方一直保持着很紧密的关系，而美国军方对电路的体积有着严苛的要求。德州仪器公司与美国军方合作了一个“微型模块”（micromodule）项目，并从美国军方那里得到了一笔资助。他们的目标是将电路做小，从而在电路板中放下更多元件。[13]

1958 年春天，德州仪器公司收到了一位 34 岁的工程师杰克·基尔比（Jack Kilby，见图 4-2）的求职信，他在一家名为中心实验室的公司工作了 11 年，解决的正是电路微型化问题，而且他也有晶体管方面的工作背景，是从事这个项目的极佳人选。

图 4-2　杰克·基尔比（前排中）和他的同事（拍摄于 20 世纪 60 年代）

基尔比身高两米，他从伊利诺伊大学毕业那年刚好是晶体管诞生的 1947 年。第二年，基尔比听到了巴丁做的关于晶体管的演讲。1951 年，基尔比被中心实验室派往贝尔实验室参加晶体管技术研讨会，学习了制作晶体管的技术。

中心实验室以印制电路板（简称 PCB）起家，采用了一种类似于 PCB 的方法解决电路微型化问题——将电阻器和电容器等元件紧凑地布局在一个陶瓷片上，从而形成一个小巧的电路。

但是基尔比认为它没有真正地解决微型化问题。他想找到一个更好的方案，但公司太小了，无法给他资金资助，于是他萌生了换家公司的想法。此时德州仪器公司位列晶体管产业第一梯队，占据了 20% 的晶体管市场份额，正是基尔比理想中的求职公司。1958 年 5 月，基尔比如愿加入了德州仪器公司。

跟基尔比同时加入德州仪器公司的，还有一位华裔工程师张忠谋。每天到了快下班时，两人会在茶水间的咖啡机旁碰到，顺便聊聊天。张忠谋毕业于麻省理工学院，在那里拿到了学士和硕士学位。而基尔比则没那么幸运，他高中毕业时考了 497 分，因只比麻省理工学院的录取线差了 3 分而与其失之交臂，这是他人生遭受的第一次挫折，让他难过了好一阵子。

转眼到了 7 月，得州的天气变得闷热。德州仪器公司的传统是夏季放假两周，绝大多数人都趁此时间外出休假，但是基尔比刚加入公司不久，还没有积攒到足够的休假天数，只好留在空旷的实验室里继续工作。他的上司威利斯·阿德科克（Willis Adcock）也去休假了，并没有给他布置任务。实验室里很安静，这让基尔比有时间坐下来静静地思考电路微型化的问题。

基尔比在堪萨斯州的草原上长大，跟发明晶体管的布拉顿一样。不过，基尔比的运气远不如布拉顿。太平洋战争爆发后，这名大一新生变成了一名通信兵，远赴缅甸和中国西南地区潮湿的雨林里维护无线电通信设备，直到战后才回到美国完成剩下的学业。

跟布拉顿正好相反，基尔比特别不善言谈。他说话时，人们会听见一个瓮声瓮气的声音从他那巨大的头颅中缓缓发出。他的女儿珍妮特·基尔比（Janet Kilby）曾打趣说：“如果被要求发言，爸爸会准备两个版本的讲话，较短的版本是‘谢谢’，较长的版本是‘非常感谢’。”

不过在那个夏天，基尔比面前只有半导体晶片，他不需要费力去想该说什么，只要静静地思考就可以了。

早在 1952 年 5 月，英国国防部一位雷达工程师杰弗里·杜默（Geoffrey Dummer）提出了一种微型化思路，他在华盛顿召开的电子元器件质量进展研讨会上指出：

> 现在看来，不用引线来连接元件组成电子线路板是可能的。这种线

路板可以由绝缘层、导电层、整流层和放大材料组成，其电学特性可以通过切割出不同的区域而互连起来。

这次演讲为杜默赢得了“集成电路先知”的称号。但杜默一直没能做出实物。英国当时缺乏对于集成电路的急迫需求，英国国防部不愿意投入大量资金来做基础研究，因为看不到具体应用；市场方面也没有接纳它的环境，大家觉得还没有积累起足够的研发经验，致使集成电路研究陷入了“是先有鸡还是先有蛋”的死循环中。[14]

1953 年 5 月 21 日，美国无线电公司的哈里奇·约翰逊（Harwick Johnson）提交了一份专利申请，在一块晶圆上集成多个元件以构成移相振荡器电路。但因为他缺少半导体扩散技术，最终没能做出可运行的集成电路。[15]

进入德州仪器公司后，基尔比得知公司上下都很重视的“微型模块”项目。它的做法是在一个标准的方形模块上集成晶体管等元件，每个模块就像一个乐高组件，可以和其他模块紧密地拼接起来，最后通过模块下方的走线互连起来。[16] 但是，基尔比不喜欢这个方法。此外，美国军方还资助了“分子电路”的研究，分子电路是指元件就像分子一样，只要稍微变换就能像瑞士军刀那样完成不同的功能，这样就能减少元件总数，从而减少连线。但基尔比同样不看好它。[17]

基尔比思忖，如果他在这段时间不能想到一种解决电路微型化的方法，等同事们休假回来，他很可能会被分配到自己不想做的“微型模块”项目。因此，他必须尽快想出一个新方案。

* * *

基尔比开始重新思考。他的出发点很实际，就是通过集成电路来降低成本。为此，他觉得应该用尽量少的材料类型来制造晶体管、电阻器、电容器等各种元件。而对德州仪器公司这种擅长提纯和制造硅的半导体公司来说，唯一能经济地制造元件的方法就是大量使用硅。[18]

这时，基尔比想起了在中心实验室时做的电路微型化方案，它是把各种元件都集成到陶瓷基材上。这使基尔比的灵感瞬间被激发了出来：只要把所有的元件都集成在硅基材上，包括元件本身也用硅制作，这样就能大大地缩小电路，实现“单片集成”。

但是，如何用硅来制造各种元件呢？虽然晶体管可以用硅制造，但是电阻器、电容器等元件呢？要知道，这些元件都不是用硅做成的，每种元件的材料和制作方法都各不相同。而基尔比提出仅仅用硅这一种材料来制造出所有这些元件，实在是一个违反常理的想法。

首先是电阻器。普通的电阻器是用碳粉黏结而成的一个长圆柱体，能阻碍部分电流。纯净的硅不适合做电阻器，因为它导电性不强，几乎阻挡了所有电流。但基尔比想到，如果向硅中掺杂带有额外电荷的元素，就能增强导电性①。掺杂的额外电荷越多，导电性就越强，电阻也越小。通过改变杂质的多少，就能做出想要的电阻器②。[19]

其次是电容器。普通电容器是两片铝中间夹了一层浸泡过电解液的纸。两片铝作为金属极板，分别存储正电荷、负电荷，两者被绝缘层分开。基尔比需要在半导体中找到一个类似的正负极板结构来做出电容器。他想到，半导体里的 PN 结能承担此任务，只要施加反向电压阻断电流，一侧剩下固定不动的正电荷，另一侧剩下固定不动的负电荷，就刚好可以作为电容器的正负极板（见图 4-3）。

① 通过掺杂可以将纯净的硅变为带电荷的 N 型半导体或 P 型半导体，这可以用上一章富勒发明的扩散法来实现。

② 也可以通过改变掺杂半导体硅的形状来改变电阻器值，长度越长越细，电阻器就越大。

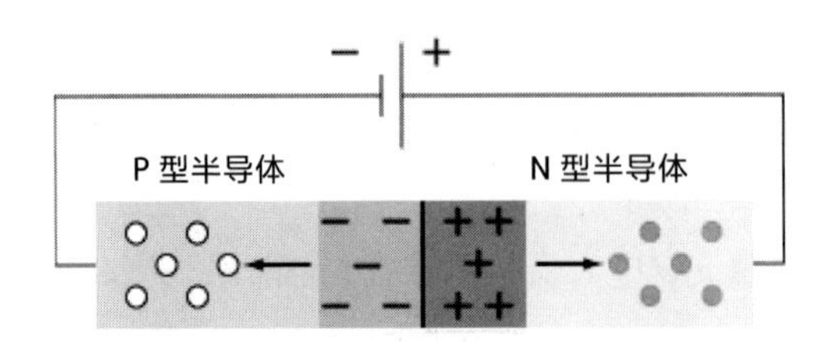

图 4-3 由反向偏置的 PN 结构成的电容器

最后是电感器。普通电感器是用铜线绕制的螺旋线圈，只需用电阻很小的半导体硅，加工成螺旋状，就能做成等效电感线圈（见图 4-4）。

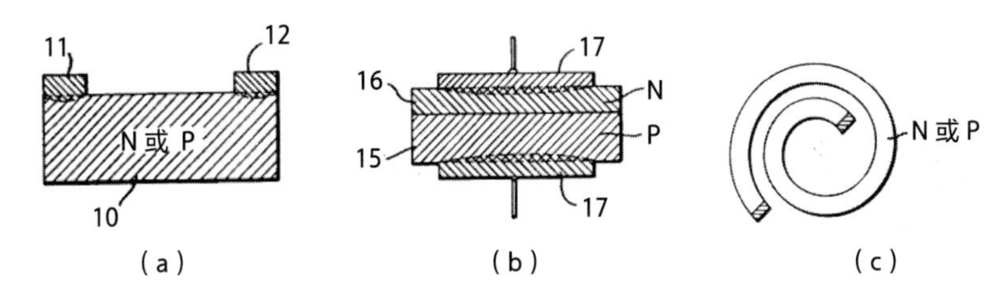

图 4-4 基尔比提出的用硅来制作各种电子元件的方法

注：用掺杂的 N 型硅或 P 型硅作为电阻器（a）；用反向偏置的 PN 结作为电容器（b）；用电阻很小的硅加工成螺旋形作为电感器（c）。

在当时的工程师看来，基尔比的做法很蹩脚。经过上百年的完善，用传统方法制作的元件精度已经很高，而半导体器件很容易受杂质的影响，导致精度变差。而且传统元件很便宜，一美分就能买到几十个，而一个硅元件要好几美元。

但基尔比不这么认为。他觉得硅的原材料是沙子，丰富且廉价。将来随着硅的制造成本下降，由硅制成的任何元件都会越来越便宜。与其用碳粉、铝片、铜丝等各不相同的材料去分头制造电阻器、电容器和电感器，不如用廉价的硅来制造一切。[20]

1958 年 7 月 24 日，基尔比把自己的想法写在实验室的笔记本上并签了名。7

月底，他的上司阿德科克休假回来后，基尔比小心翼翼地把笔记本上的想法展示给他看。

阿德科克很感兴趣，但这只是纸面上的一个想法，他对此半信半疑，希望看到基尔比用实验来验证他的想法。基尔比趁机劝说上司拨一笔经费并为他调配几个助手。但此时德州仪器公司的工程师都在忙于美国军方的“微型模块”项目。见阿德科克有些犹豫，基尔比继续劝说。

终于，阿德科克妥协了，同意折中一下，先试验一个简单的方案，即用硅分别做出单独的电阻器、电容器和电感器元件，但无须将它们集成在硅片上，只是用导线把它们连接起来。

8 月 28 日，基尔比独自完成了这一步。阿德科克为基尔比亮起了绿灯，同意他将所有元件都集成在硅片上，做出一块完整的集成电路（见图 4-5）。[21]

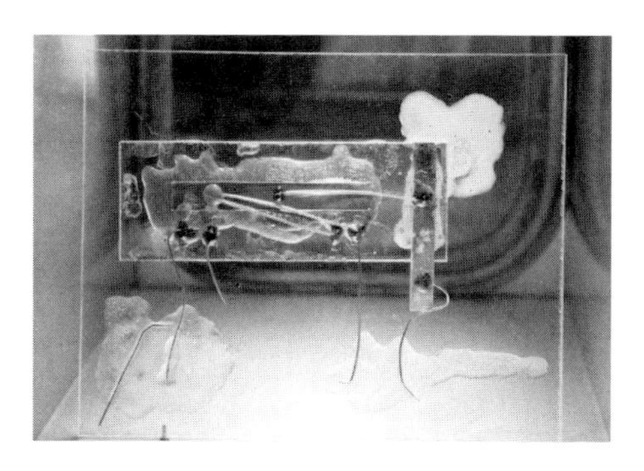

图 4-5　基尔比做出的第一块集成电路的复制品

基尔比立刻行动起来。不过，当时德州仪器公司的扩散硅晶体管还不成熟，只有一些锗晶体管可以用，于是基尔比就地取材，将锗晶体管跟其他元件集成起来。

基尔比拿了一片已经包含了锗晶体管的晶圆，请技师把它切割成 0.4 英寸（约 1 厘米）长、1/16 英寸（约 1.6 毫米）宽的小长条，比一颗葵花籽还要小。基尔比就在上面额外地做出了几个电阻器和电容器，组成了一个移相振荡器电路（见图 4-6）。[22]

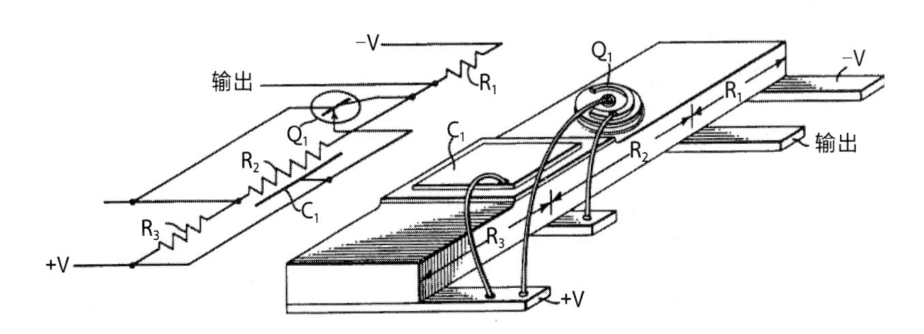

图 4-6 基尔比实现的第一个集成电路——移相振荡器电路

1958 年 9 月 12 日，基尔比将电路调试好，准备给上司阿德科克、研发主管谢泼德以及公司总裁哈格蒂等人演示一下。他用宽大的手掌将这片小巧轻薄的集成电路连接好，然后接通电源。一瞬间，示波器上水平的直线呈现出振荡波形，频率为每秒 130 万次。

哈格蒂的眼睛亮了，他看向谢泼德和阿德科克，发现他们也露出了同样的表情，每个人都用笑脸回应了这个漂亮的波形。世界上第一块集成电路成功地运行了，基尔比提出的“单片集成”的想法实现了！

实际上，基尔比做的第一块集成电路的外形相当丑陋，有许多不规则的形状，并且被固定在一块塑胶片上。

尽管如此，德州仪器公司高层还是表现出了他们的远见。哈格蒂很认同基尔比提出的将所有元件都集成在一起的想法，谢泼德热忱地给予了支持和鼓励。几个月后，曾经很火热的“微型模块”项目被慢慢地淡忘了，德州仪器公司转而全力支持这个“固态电路”项目。

9 月 19 日，基尔比又将一个数字触发器电路也集成在半导体芯片上。从 10 月初开始，基尔比尝试在一片全新的锗片上制作集成电路，他使用了体电阻器、PN 结电容器和平顶晶体管。到了 1959 年初，他终于做出了可以正常工作的实验模型。

不过，基尔比的集成电路还有一个很关键的问题没解决，那就是元件的互连。他还没有想出如何把半导体上的元件的互连线集成到芯片内部，因而不得不采用最原始的方法，即在电路外面用金线将它们手工焊接起来，这就像在一个堆满电器的房间里，在插线板上拉出许多条电缆，分别连到电风扇、电视机、音响等家电上，看起来非常凌乱。

而德州仪器公司芯片上的这个缺陷给它的竞争对手留下了可乘之机。

暗战，诺伊斯提出互连方案

仙童半导体公司在整个 1958 年都非常忙碌，诺伊斯尤其如此，他掌管研发部并负责寻找、联系客户，总是马不停蹄地在外面奔波、与人会面。

1959 年 1 月 20 日，诺伊斯会见了美国保殊艾玛公司（American Bosch Arma）的代表，他们在为美国国防部设计一种计算机，需要将多个晶体管连接起来，组成逻辑电路。

这一年来，诺伊斯眼看着电路系统上晶体管的数量日渐增多，连线以指数级增长，将来必然遭遇莫顿所说的“数字暴政”的天花板。诺伊斯认为，“将许多晶体管焊接在电路板上并完成连线看起来很蠢，不仅昂贵，还不可靠。很明显，这限制了工程师能够建造的电路规模，但是没有人知道该怎么解决这个问题”。

1月23日，诺伊斯终于可以静下心来想一想这个问题了。这一天，他感觉此前头脑中所想到的点点滴滴都突然组合了起来，并拼合成了一个完整的想法。诺伊斯在笔记本上用钢笔飞快地记录起来，以便能追上他飞速涌出的想法：

> 在许多应用中，为了能够将不同的元器件连接起来以作为制造工艺的一部分，可以将多个元器件集成在一个单独的硅片上，这样就能减小每个有源器件的尺寸、重量和成本。[23]

诺伊斯独立想出了集成电路，他不知道德州仪器公司的基尔比已经在4个月前就有了同样的想法。不过诺伊斯是幸运的，基尔比只想到了集成，却不知道如何解决元件互连问题。

诺伊斯想到，可以将全部互连线集成到硅芯片的表层下方，就像在房间地板下埋设电线，所有线缆都走地板下方，然后从插座引出，这样整个地板看起来就会干净整洁，而不是乱糟糟地到处拉电线。这样一来，不仅不需要手工连线，还极大地改善了电路的可靠性，可以让集成电路成为完整的一体。

不过，诺伊斯还有些细节没来得及考虑清楚，他既没有把这个想法告诉其他人，也没有请人在他的笔记本上签字见证。后来他回忆时说："我们当时只是一家小公司，有许多紧急的、事关生存的事情要处理。"就这样，他把笔记本封存了一个多月。

* * *

诺伊斯在笔记本上写下集成电路的想法5天后，1959年1月28日，德州仪器公司突然听到了一个令人不寒而栗的传言：美国无线电公司已经做出了集成电路。这个传言犹如晴天霹雳，震惊了全公司，大家无不神经紧绷。

德州仪器公司旋风般地行动了起来，他们立刻聘请了一位专利律师，协助基尔比撰写专利申请所需的文本，并将基尔比的“单片集成”想法写进专利申请书。事情来得如此突然，以至于元件互连的问题还没有解决，基尔比只不过是用飞线把元件连了起来。

基尔比也知道飞线不是一种实用的方法，但他此时来不及想更好的方法，因此，在专利申请书的示意图上画的仍是集成电路上方的飞线。

最终，基尔比这份包含了 4 页图形和 5 页文字的专利申请书在 1959 年 2 月 6 日提交到了美国专利商标局。[24] 此时，基尔比不知道诺伊斯已经想出了实现元件互连的方法。

2 月下旬，仙童半导体公司的霍尼和诺伊斯接待了一位专利律师约翰·罗尔斯（John Ralls），他将协助霍尼为新发明的平面晶体管申请专利。罗尔斯经验丰富，他问了霍尼和诺伊斯一个问题：“为了更全面地保护平面晶体管这个想法，你们还能想到什么可能的应用？”[25]

罗尔斯的问题将诺伊斯于 1 月 23 日的想法重新激发了出来，再次激励他开动脑筋思考。诺伊斯已经想到将不同元件集成并互连起来，现在他们有了霍尼提出的平面晶体管，那么，这对于实现集成电路能起到什么作用呢？

诺伊斯想到，霍尼的平面晶体管的表面是纯平面，在上面覆盖一层二氧化硅，正好可以起到地板的作用。然后在上面铺设金属走线，就可以将不同元件互连起来。

为了将金属走线和器件连接起来，需要在绝缘保护膜的特定位置开一个小窗，就像在地板上量尺画线、开孔并做出插座面板，而这可以通过光刻技术确定位置，并用酸液腐蚀二氧化硅来实现（见图 4-7）。在 1958 年底，诺伊斯在美国国防部的戴蒙德军械引信实验室（简称 DOFL）会见了精通光刻的吉姆·纳尔（Jim Nall），现在纳尔已经加盟仙童半导体公司，光刻问题也迎刃而解了。

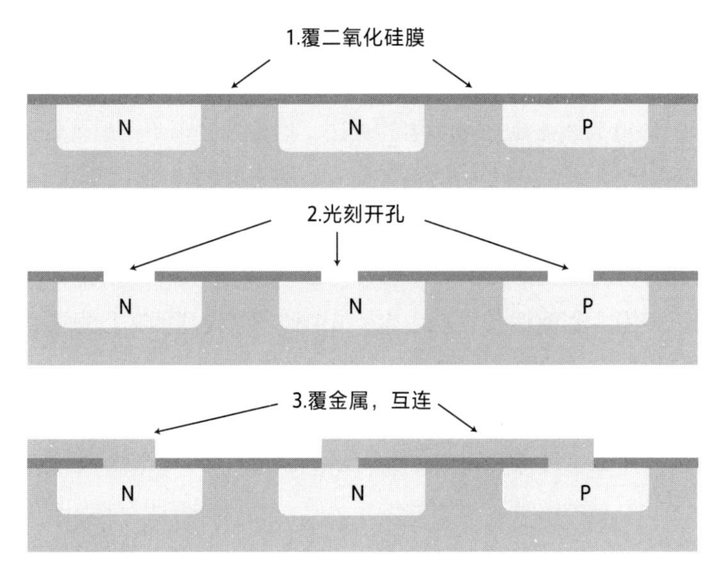

图 4-7　诺伊斯提出的芯片互连的步骤

那如何在二氧化硅表面铺设金属呢？恰好纳尔也掌握了这一项技术。至于选用什么金属，此前摩尔已经想出了方法：只需用一种金属铝，就能同时引出 PNP 型晶体管和 NPN 型晶体管的连线。[26]

就这样，诺伊斯一点点地把所有的技术细节都拼了起来，组成了一个完整的方案，所有的器件和互连线都可以用现有技术集成在同一片硅上。

诺伊斯后来回忆道："我没有任何'上帝，我发现了'这样的时刻。"每当诺伊斯有了新想法，他就会拐到摩尔办公的小隔间，站在黑板前画下自己的想法，而摩尔总会耐心地倾听，并尝试在诺伊斯充满激情的想法中剔除掉不合理的部分。[27]

* * *

在 1959 年 3 月 6 日的无线电工程师协会会议上，德州仪器公司发布了集成电路。此时悬在德州仪器公司全员心头的石子终于落地，有关美国无线电公司的传言是虚惊一场。德州仪器公司发布了基尔比做的集成电路，各个元件之间仍用芯片外的金线连在一起。

德州仪器公司总裁哈格蒂预测，固态电路将首先应用于电子计算机、导弹和空间飞行器。研发主管谢泼德在会上宣称：“这是自从德州仪器公司发布商用硅晶体管后所取得的最有意义的技术成就。”[28]

德州仪器公司发布集成电路的消息立刻传到了仙童半导体公司，这一回轮到他们紧张起来了。诺伊斯紧急召集研发部人员开了一次会议，并第一次跟大家公开了集成电路的想法。大家一致决定尽快将诺伊斯的点子申请专利。那么在专利的权利申明中，仙童半导体公司应该以哪一项作为他们的原创想法来加以保护呢？

诺伊斯等人猜测德州仪器公司一定已经将“集成”的想法写进了专利诉求，但肯定不是基于霍尼的平面技术，因为这是仙童半导体公司的“独家秘籍”，所以诺伊斯等人决定以霍尼的平面工艺为基础，突出诺伊斯提出的互连技术，将其放在第一个要保护的声明中。

* * *

事后证明，这一策略很有预见性，因为不仅集成的想法已经被基尔比提出来了，而且芯片制造中另一个关键问题——元件隔离的方法也已经被其他人提出来了。

在一个电路里，无关的器件需要彼此隔离，否则容易造成短路或彼此干扰。这对于印制电路板而言并不是问题，因为印制电路板本身是绝缘的木板。而芯片则不同，所有元件都放在同一片硅上，但硅并不是优良的绝缘体，无法做到将无关的器件真正地隔离开来。这是硅芯片最大的技术挑战。

诺伊斯想到了关键的一点，不是将各个元件从物理上真正地分割开来，而是隔断它们之间的电气连接，即阻断电流，而这可以使用反向偏置的 PN 结来实现。[29]

不过，斯普拉格电气公司的库尔特·莱霍韦茨（Kurt Lehovec）已经先于诺伊斯想出了这个方法。早在 1958 年底，莱霍韦茨参加了普林斯顿大学的研讨会，美国无线电公司的一位专家指出未来集成电路面临的困难就是如何隔离不同的元件。而正好莱霍韦茨之前在半导体上做过 PN 结，他想到只需施加反向电压就能隔离硅上的元件，问题就这么巧合地被解决了。[30]

可是斯普拉格电气公司的领导根本不了解集成电路，认为莱霍韦茨的想法毫无实用价值，拒绝为其支付专利申请费。最后，莱霍韦茨自掏腰包，于 1959 年 4 月 22 日先于诺伊斯提交了隔离元件的专利申请。

仙童半导体公司在 3 月 18 日的会议上决定成立团队研究集成电路。[31] 可就在这时，总经理埃德·鲍德温（Ed Baldwin）突然跳槽，带走了一批核心的研发人员和平顶晶体管的制造手册。诺伊斯和摩尔对这一背叛深感震惊，等处理完这一棘手问题，已经到了夏天。7 月，诺伊斯的专利申请终于提交了。[32]

现在，仙童半导体公司可以专注于集成电路的开发了。1959 年 7 月的一天，诺伊斯对拉斯特说：“8 月将召开美国西部电子设备展览会议（WESCON），我们必须在那儿拿出些东西，以显示我们正在做集成电路，是时候露一手了！”[33]

但提出集成电路的概念是一回事，把它转变成能工作的电路则是另外一回事。实际上，诺伊斯的专利并没有提供制造的详细步骤，而“魔鬼”则隐藏在细节之中，那里有无数的陷阱和暗礁，阻碍着人们抵达最后的成功。

此时距离美国西部电子设备展览会议只有不到一个月的时间了，仓促之下，拉斯特用平面晶体管工艺制作了 4 个晶体管，用铅笔石墨作为电阻器，将所有元件都装在陶瓷基底上，做出了一个简陋的触发器芯片的半成品。

此后，拉斯特组建了一支十余人的芯片开发团队。但是他们始终无法用 PN 结实现电气隔离，因此不得不改为原始的“物理隔离”，即在晶圆上刻蚀出小槽，[34] 并在其中填充不导电的环氧树脂，但这个“混合怪物”很容易断裂。[35]

接下来整整一年，团队都在跟电气隔离作斗争。直到 1960 年 8 月，他们用扩散工艺在晶圆的上下两面做出了一些孤立的阱，并在每个阱中制造了一个晶体管，从而解决了隔离问题。[36]

1960 年 9 月 27 日，第一批实用的触发器芯片下线了。摩尔建议公司生产用于计算机的“微逻辑”（Micrologic）芯片，包括触发器、逻辑门、加法器、移位寄存器等。之后，“微逻辑”研发团队去费城参加了固态电路会议，拉斯特给自己起了一个绰号叫“微先生”（Mr. Micro），而罗伯特·诺曼（Robert Norman）的绰号是“逻辑先生”（Mr. Logic）。

1961 年 3 月，“微逻辑”芯片发布。仙童半导体公司在广告上说，这种集成触发器电路只有一角美元硬币上的字母 D 那么大（见图 4-8）。[37]

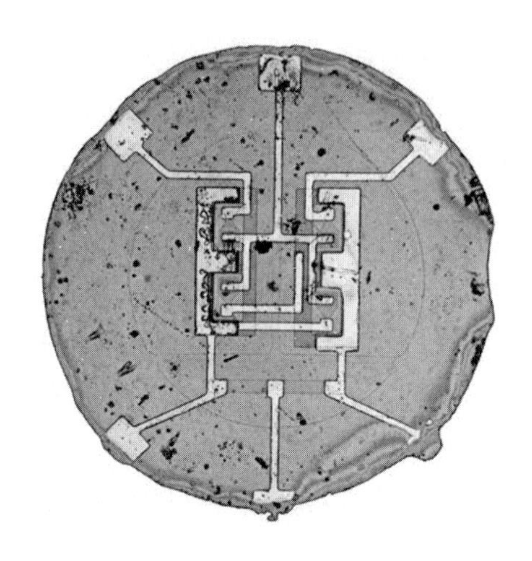

图 4-8　仙童半导体公司制作的第一片实用的集成触发器电路

“我看不出它能走多远”，芯片之争与弃

1961 年 4 月 26 日，基尔比接到了来自华盛顿的一个电话，被告知集成电路的专利已经被正式授权——不过不是给了德州仪器公司，而是给了仙童半导体公司。

电话是德州仪器公司常驻美国专利商标局的代表紧急打回来的。原来诺伊斯的申请走了快速通道，抢先得到授权。基尔比先于诺伊斯半年提交了专利申请，但专利权却被诺伊斯抢了去。德州仪器公司立刻聘请律师提交了上诉申请。两家公司拉开了一场旷日持久的专利官司大战。[38]

在专利诉讼中，有一项原则是时间优先。德州仪器公司的律师提交了证据：基尔比的实验室记录本上记录的时间是 1958 年 7 月 24 日；仙童半导体公司提交的最早记录是诺伊斯的实验室笔记本，时间是 1959 年 1 月 23 日。这下，专利授权出现反转，集成电路的专利转而被授予了德州仪器公司。

这一次轮到仙童半导体公司提出上诉了。他们检查了基尔比的专利申请书，找到了一个关键漏洞，那就是基尔比提交的集成电路示意图上的飞线，依照基尔比提供的手工连线的方法是无法制造出实用的集成电路的。仙童半导体公司的律师抓住了这一点，一下就击中了要害。

德州仪器公司不甘心，他们从基尔比的申请书的最后一段中找到了回击的有力证据，那是基尔比在提交专利前一刻临时补充的一句：“除了使用金线实现电气连接，也可以用其他方式提供连接。例如，可以使二氧化硅蒸镀到半导体晶圆表面。类似金这样的金属可以放置到氧化物上以实现电气连接。”

德州仪器公司的律师宣称基尔比已经想到了解决互连问题的方案，那就是在二氧化硅层上放置一层金属。天平又倾斜向了德州仪器公司。

但是仙童半导体公司的律师则抓住了“放置”这个字眼，质问德州仪器公司的律师，在集成电路工艺中，金属是“粘到”氧化层上的，而不可能是“放置”上去的，所以基尔比并没有教会人们如何制造集成电路。

就这样，两家公司聘请的律师在字眼问题上你争我抢，交锋了十几个来回，导致两家公司缴纳了大量的律师费。

最终在法庭外，德州仪器公司和仙童半导体公司达成了和解，授权对方使用自己的技术，即德州仪器公司允许仙童半导体公司使用将不同元件“集成”在一起的方法，而仙童半导体公司则允许对方使用不同元件“互连”的方法。最后的诉讼结果已经不重要了，因为两家公司已向全球多家公司收取了数亿美元的使用许可费。

至于电气隔离的方法，德州仪器公司不认同斯普拉格电气公司的发明，发起了诉讼。斯普拉格电气公司的领导对于丢掉这个重要的专利一点都不上心，最后还是莱霍韦茨自掏腰包坐飞机去了华盛顿应诉。在法庭上，莱霍韦茨单枪匹马地面对德州仪器公司十几人组成的强大阵容，推翻了他们的诉讼请求，捍卫了自己的成果。[39]

就这样，在这短短的一年时间里，基尔比首先提出并实现了单片集成技术，而诺伊斯首先提出并实现了互连技术，莱霍韦茨则首先提出了电气隔离技术，这三项技术组合起来，成为集成电路技术的基石。

不过，我们也不应当忘记霍尼的平面工艺，是它推倒了诺伊斯头脑中最关键的一块多米诺骨牌。正如有了平整的纸张和印版，才有高效的印刷术；有了平面工艺，才会有大规模光刻的集成电路，由此推动了计算机、智能手机和互联网等一连串变革。

每次接受采访时，诺伊斯都特意强调自己没有什么了不起，“即使这个想法不是由他提出来的，也会在世界上其他地方被其他人提出来”。[40] 在随后的几十年中，家人不断地追问诺伊斯“什么时候才能得诺贝尔物理学奖”，但他总是淡淡一笑说,“我只是解决了一个工程问题，而诺贝尔奖委员会是不会为此颁奖的”。不过，2000 年的诺贝尔物理学奖还是颁给了集成电路的发明者基尔比，但遗憾的是，诺伊斯已经在 1990 年离世。

基尔比说：“如果诺伊斯还活着，他一定会和我一起分享诺贝尔物理学奖。”基尔比和诺伊斯并没有像以前的许多共同发明人那样互相攻击对方，而是成了惺惺相惜的朋友。

每次听到自己被称作科学家时，基尔比总说自己是一名工程师，是在尝试解决实际问题。在诺贝尔奖领奖礼的演讲中，基尔比展示了自己手工做出的第一颗带着飞线的芯片的照片，并说道：“如果我知道这个电路将来会帮我赢得诺贝尔奖，我会多花些时间好好装点一下。”

基尔比获奖的那一年，全世界生产了 890 亿颗芯片，按每颗 1 厘米计算，它们连起来能绕赤道 22 圈，有往返月球的距离。基尔比在诺贝尔奖颁奖礼上讲了一个关于河狸①的寓言。

> 河狸眺望着巨大的胡佛水坝，对身边的兔子说：“不，它不是我独自建造的，但它确实建立在我的一个想法之上。”[41]

* * *

就在德州仪器公司和仙童半导体公司争相发明芯片时，外部大环境却发生了巨大的变化。苏联早在 1956 年就发射了第一枚洲际导弹，而美国在 15 个月后才做出来，这让美国人大为震惊。美国军方做出了选择，不是研发体积更大的导弹以容纳由分立元件组成的电子设备，而是选用刚问世的芯片来减轻重量，并提高精准度。1965 年，美国 1/5 的芯片都被美国空军买走了。

“民兵 II”洲际导弹是第一个大规模使用芯片计算机的系统，德州仪器公司赢得了这份订单，负责提供二极管－晶体管逻辑（简称 DTL）芯片。此前，“民兵 I”洲际导弹使用晶体管搭建的计算机，重达约 28 千克，而采用芯片的“民兵 II”洲际导弹上的计算机重量降低到了约 11.8 千克。

美国和苏联的竞争延伸到了载人航天领域。1961 年 4 月 12 日，苏联宇航员

① 河狸会利用树枝、草和泥巴在河流中构筑水坝，被称为“自然界的筑坝工程师”。

尤里·加加林（Yuri Gagarin）实现了人类第一次太空航行。这再一次深深地刺激了美国，刚刚上任 4 个月的肯尼迪总统宣布了“阿波罗登月计划”，投入的资金更是“曼哈顿计划”的 5 倍。

对于刚刚经历了一场分裂的仙童半导体公司来说，这是一场及时雨。飞船起飞时，重量每增加约 0.5 千克，就要多携带 1 吨燃料，多花点钱在昂贵的芯片上绝对物超所值。仙童半导体公司赢得了飞船导航计算机上的芯片订单，仅仅 1965 年就销售了 20 万颗“微逻辑”电阻－晶体管逻辑（简称 RTL，与后文的寄存器传输级缩写相同）芯片。1964 年，火星探测器“水手 IV 号”上也安装了仙童半导体公司的“微逻辑”芯片。

而在航天与军事以外的领域，芯片的遭遇却截然不同。

那时，一块简单的触发器集成电路要 100 美元，而一个晶体管已经降到了几美元，用几个晶体管搭建触发器成本要低得多，业界认为制造集成电路很不经济。除此之外，集成电路的良品率很低，一片晶圆上的大部分芯片都是不能工作的废品，就像蒸好一笼包子，却要扔掉一大半，这大大增加了成本。

电子工程师也不愿意使用芯片，他们觉得一旦芯片把所有元件都在内部连接好了，那就没自己什么事了，他们担心自己将来会失业。[42] 仙童半导体公司的安德森记得，Librascope 公司的一位工程经理生气地捶打桌子，大喊他永远都不会用别人设计的集成触发器芯片。

电子工程师往往很不情愿接受别人设计好的芯片，毕竟，这是对他们多年思维习惯的挑战。此前他们早已习惯了电路由一个个分立的元件组成，可以单独挑选、替换元件。而对于连成一体的芯片，电子工程师却无从下手，只能被动地整体接受它。

在仙童半导体公司内部，平面晶体管正在火热销售，而集成电路的出现则在公司内部引发了竞争。客户如果买了集成电路，就不会再买平面晶体管。如果仙童半导体公司在集成电路上增加投入，就会挤占原本分配给晶体管的资金。

负责营销的汤姆·贝（Tom Bay）对拉斯特的集成电路项目很不满，他在一次会议上对拉斯特大喊：“你干吗要去搞集成电路？这个玩意儿浪费了公司整整100万美元，却没有什么收益，必须裁撤掉！”[43] 一向精于计算的摩尔也没有给予拉斯特足够的支持，拉斯特承受了巨大的压力，集成电路项目几乎处于边缘位置。

拉斯特和霍尼憋了一肚子火，1961年新年前夜，他们把车开到黑黢黢的山顶，对着远处城市的灯火大声叫喊和鸣笛以宣泄心中的愤懑。紧接着，两人从仙童半导体公司辞职，创办了阿梅尔克公司（Amelco），专攻集成电路，他们甚至没能在仙童半导体公司看到“微逻辑”芯片的正式发布。

摩尔和诺伊斯大受震撼，8位创始人逐渐分道扬镳。不过，自从仙童半导体公司开辟了创业和风投的先河，高科技风险投资就开始在加州兴起，当年的投资人洛克也搬到了加州，拉斯特和霍尼很快找到了他，并拿到了投资。从仙童半导体公司分化出来的初创企业被称为“小仙童们”，在加州播下了创新的种子。

德州仪器公司从1958年秋天起，就把基尔比的“固态电路”研究通报给了美国军方。海军方面没有任何兴趣，也没有资助计划。空军则更看好“分子电子学”，向其拨了一大笔经费。只有空军下面一个叫作R. D.阿尔伯茨（R. D. Alberts）的人领导的研究小组为基尔比的方案提供了一笔资金。

基尔比的同事张忠谋对刚做出来的芯片很感兴趣，但他坦言，当时还看不出这种新奇的玩意儿什么时候才会有真正的用武之地。

有一次，贝尔实验室的塔嫩鲍姆（他曾发明了扩散硅晶体管）访问了仙童半导体公司。看了诺伊斯展示的芯片后，他说："我觉得它很重要，但是我看不出它能走多远。"

实际上，贝尔实验室里跟塔嫩鲍姆持同样看法的人不在少数。

贝尔实验室副总裁莫顿认为，单个晶体管的良率很低，组成系统后良率更低，即便单个晶体管的良率提升到了 90%，但 100 个晶体管组成的系统的良率就是 100 个 90% 连乘，结果只有不到 3/100 000。因此，莫顿断定由晶体管组成的大型电子系统在经济上很不划算。塔嫩鲍姆形象地总结了莫顿对于芯片的态度："你向芯片篮子里放的鸡蛋越多，就越有可能碰到一颗坏的蛋！"后来，当大规模集成电路（简称 LSI）兴起时，莫顿将其称为"大规模白痴"（Large Scale Idiot）。

莫顿的计算看似缜密而有理，但后来人们发现他的计算前提并不正确。莫顿假设晶圆上的缺陷是均匀分布的，所以整体的良率是单个晶体管良率的连乘。但实际上在一片晶圆上，出问题的部位总是集中在一小块区域，只要去除了这一小块有问题的区域，其他区域的良率就能接近 100%。[44]

莫顿此前领导的半导体研究小组在拉晶法、扩散法和硅晶体管方面取得的一连串的成功，增强了他的信心，让他觉得自己做出的决定一贯都是正确的。

1959 年，美国电话电报公司连接的电话数量已达一亿部。莫顿认为，"电话系统的创新就像一边跑步一边做心脏移植手术，而且要与以前的技术兼容"。[45] 贝尔实验室致力于发展可靠的、能在交换机等设备里工作 40 年之久的单个晶体管。莫顿为此创造了一个新词"兼容式创新"，但显然芯片不属于这种技术。

此外，贝尔实验室不像美国军方那样对体积和重量有严格的要求，他们倾向于减少整体的元件个数，以便减少互连的个数。半导体研发部主管扬·罗斯发表了一篇文章，认为芯片“治标不治本”。由此，贝尔实验室不认为集成电路代表着未来，于是选择了另外一条“微型模块”的道路，但这最终被历史证明是一条死胡同。

与此同时，仙童半导体和德州仪器等公司却在积极地探索集成电路。当初基尔比发明的带有飞线的集成电路极不成熟，无法大规模生产，任何一个理性的领导都有理由将其否决，而德州仪器公司总裁哈格蒂却坚定地支持这项新发明。在仙童半导体公司，人们对集成电路有过激烈的争论，但最终还是决定放它一马。摩尔曾说：“仙童半导体公司的可贵之处在于它的组织上是不成熟的。类似的想法也会出现在其他更‘成熟’的大公司，但是一定会被认为在经济上不值得而被否决掉。”[46]

就这样，手握大量芯片相关核心技术（扩散法、硅提纯、光刻、硅晶体管、氧化硅层、金属淀积等）的贝尔实验室，靠着领导层的丰富“经验”与“缜密”思考而错失了这一重大发明。而这，还不是最后一次……

本章核心要点

多即不同。

晶体管数量增多会引发新问题，但也催生了新的电路形态——集成电路。

当晶体管数量增多，遭遇数量瓶颈，限制了电路规模的进一步扩大时，贝尔实验室的莫顿称之为“数字暴政”。

1958 年，德州仪器公司的基尔比提出了“单片集成”的想法，主要是指用硅制作所有的电路元件并将其集成在硅晶圆上。基尔比做出了第一块用于演示的集成电路，但是没有解决元件互连的问题。

1959 年，仙童半导体公司的霍尼发明了平面晶体管。在此基础上，诺伊斯想到，可以利用平面工艺将所有元件都集成在硅晶圆的平面上，并通过晶圆上的金属线互连起来，从而解决互连问题，发明了可大规模制造的集成电路。

但是，集成电路这个想法跟大多数人的直觉相抵触，成本高、制造困难，业界普遍不看好其应用。贝尔实验室等研究机构和公司提出了许多缜密的分析来论证集成电路的不可行性，从而“理性”地与这一重大发明失之交臂。

第二部分 演进

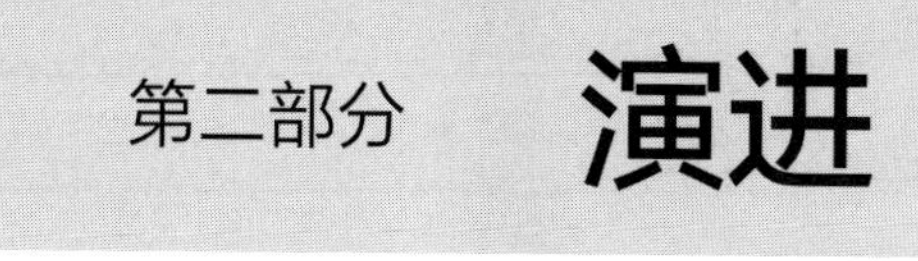

既然已经做出了一个这么准的预测，那么我最好避免再做出第二个预测。

戈登·摩尔
（英特尔公司）2015

“芯片怎么样了？”“成功了！”

费德里科·法金
（英特尔公司）1971

CPU 业务会让公司“大流血”。

安迪·格鲁夫
（英特尔公司）1971

你的意思是让我吃两片阿司匹林就去睡吗？

罗伯特·登纳德
（IBM 公司）1966

你不是一个称职的团队合作者，因为你不愿意遵守命令。你还是一个人去研究你自己的东西吧。

舛冈富士雄的主管
（东芝公司）1990

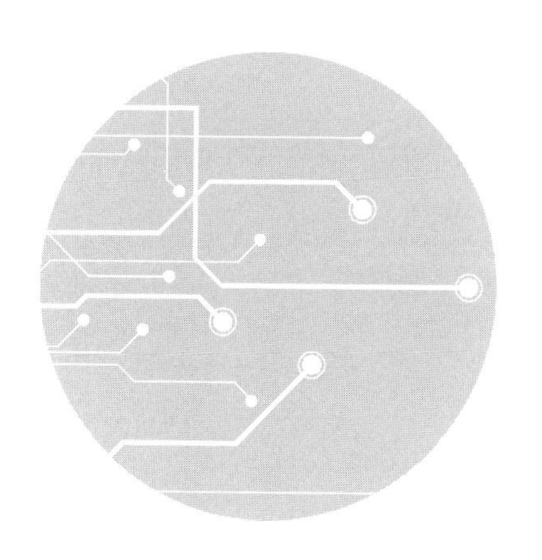

05

创新者的窘境，MOS 场效晶体管

1960年7月的一天，摩尔刚刚抵达匹兹堡，就感觉到闷热的气息扑面而来。城郊巨型炼钢炉林立，吐出浓厚的蒸汽和煤灰，傍晚大半边天空都被炼钢炉的热气给映红了，空气中满是刺鼻的味道，跟他熟悉的气候凉爽、种满果树的加州形成了鲜明的对比。

摩尔是来参加一年一度的固态器件研究会议（SSDRC）的，这一年的会议选址在匹兹堡的卡内基梅隆大学。

在第二次世界大战期间，匹兹堡这座有着“世界钢都”之称的城市平均每小时下线一艘登陆艇。而在20世纪60年代，这里仍是一派热火朝天的忙碌景象，跟有“汽车城”之称的底特律齐名。如今，匹兹堡和底特律已经成了“锈带”的象征。而跟制造业衰落形成对比的，则是信息产业的蒸蒸日上。

带领我们全面进入信息时代的，则是一群在卡内基梅隆大学开会的300余位研究者，他们代表了一个新兴行业，并将给世界带来一幅崭新的图景。

在固态器件研究会议会场，摩尔听了贝尔实验室的两场报告。第一场是贝尔实验室半导体研究部主管罗斯团队发明的一项外延技术，能极大地提高结型晶体管的工作频率，这立马引起了轰动。

而另一场报告则反响平平，做报告的是贝尔实验室两位不知名的研究者穆罕默德·阿塔拉（Mohamed Atalla）和姜大元（Dawon Kahng），见图 5-1。

（a）

（b）

图 5-1 穆罕默德·阿塔拉（a）和姜大元（b）

无足轻重的发明，场效晶体管

阿塔拉已经在贝尔实验室工作了 11 年，距离他离开故乡已有 15 年。

阿塔拉于 1924 年出生在埃及的塞得港，塞得港位于地中海和印度洋之间的要道苏伊士运河的北口，再向北则是蔚蓝的地中海。

阿塔拉在开罗大学读书时正值第二次世界大战期间，被称为“沙漠之狐”的德国将军隆美尔带领装甲军团向埃及挺进，企图控制苏伊士运河。在阿拉曼附近，德军跟英国陆军元帅蒙哥马利率领的盟军相遇，经过 12 天的殊死搏斗，盟军取得了胜利，这也成为北非战略反攻的转折点。

阿塔拉大学毕业时，德军已经战败。阿塔拉乘船离开埃及，经地中海和大西洋，抵达美国留学。此后他将自己的名字穆罕默德先后改为约翰和马丁。

阿塔拉进入了印第安纳州的普渡大学，学的是机械专业。1949 年，他博士毕业，加入了贝尔实验室的半导体研究小组。此时，贝尔实验室是全世界半导体研究的中心，距离发布晶体管刚满一年。作为一个移民和新员工，阿塔拉工作很努力，还自学了半导体和晶体管的相关知识。

阿塔拉了解到肖克利 1945 年提出的“场效放大”的想法，即由外加电场来控制半导体内部的单向电流，从而放大信号。但巴丁和布拉顿发现这个想法由于晶体表面的“固定电子”的“阻挠”而无法实现。他们曾打算用锗表面覆盖的氧化物来消除固定电子，但布拉顿不小心把氧化物给洗掉了，结果将发明场效晶体管的机会也一同洗掉了[①]。

直到 1955 年，一个意外事件为场效晶体管的研究带来了一丝转机。一次，贝尔实验室的卡尔·弗洛奇（Carl Frosch）忘记关闭氢气阀门，结果点燃了氢气，生成的水蒸气喷到扩散炉中的硅晶圆表面，与硅反应生成了一层二氧化硅薄膜，紧密地覆盖在硅片表面。

阿塔拉发现，晶圆表面覆盖了这层不溶于水的膜后，硅表面的固定电子减少了。不过，二氧化硅膜中仍存有一些杂质，影响了清除效果。

阿塔拉尝试将水蒸气改为干燥的高温氧气，这样一来，杂质便大大减少了，二氧化硅膜变得更加纯净，PN 结的反向漏电流减少到原来的 1/100，噪声也大大减小了。阿塔拉成功地解决了困扰许多人的“固定电子”问题。

---

① 巴丁后来回忆，要是实验成功了，第一个晶体管将不是点接触晶体管，而是场效晶体管，历史将被改写。

在 1958 年的美国无线电工程师协会固态器件研究会议上，阿塔拉报告了自己的发现。与会的美国无线电公司工程师认为，阿塔拉提出的方法是解决晶体表面态问题的一个重要里程碑。贝尔实验室副总裁莫顿断言，这个方法将使硅晶圆表面“不再对环境敏感”。

现在，通往场效晶体管的障碍解除了，阿塔拉指定了刚刚加入贝尔实验室的姜大元来协助研发场效晶体管。

姜大元也是一位新移民，1931 年出生于汉城（今首尔）。1951 年，朝鲜战争第五次战役结束后，姜大元考入了汉城大学，并于 1955 年毕业，跨越重洋到美国留学。他在俄亥俄大学获得博士学位，并于 1959 年加入贝尔实验室。

阿塔拉和姜大元是 20 世纪四五十年代世界人才单向流动的两个典型例子。在第二次世界大战后，美国经济持续繁荣，急需大量人才，美国像大海一样吸纳百川之流，仅仅在 40 年代就有 100 余万人移民到美国。

而在场效晶体管里，也需要一个单向流动的电流。

早在 20 世纪 20 年代，德裔物理学家尤利乌斯·利林菲尔德就提出了场效晶体管的想法，不过他试图用半导体中的多数载流子[①]作为单向电流，但最终没能成功。而阿塔拉和姜大元则不同，他们站在肖克利和巴丁等人的肩膀上，知道在晶体管放大中起关键作用的是少数载流子。

为此，阿塔拉和姜大元需要先把硅表面的多数载流子排斥掉。只需在二氧化硅绝缘层上放置一个栅电极（G）并施加电压，就能将表面的多数载流子排斥

① 多数载流子是 P 型半导体中占多数的正电荷，或 N 型半导体中占多数的负电荷。反之，少数载流子则是占少数的电荷。

掉，只留下少数载流子，从而形成导电沟道①。这一步就好比在地面上挖出了一条沟渠。

接下来是让沟渠一边高，一边低，形成一个斜坡，从而使导电沟道中形成一个电压差。为此，他们在导电沟道的两端做出源极（S）和漏极（D），分别施加不同的电压，这样就产生了从源极（“泉眼”）沿着导电通道（“沟渠”）直到漏极（“池塘”）的单向流动电荷。[1]

最后，调控栅极电压就能改变导电沟道的形状，从而调控单向电流，实现场效放大（见图 5-2）。

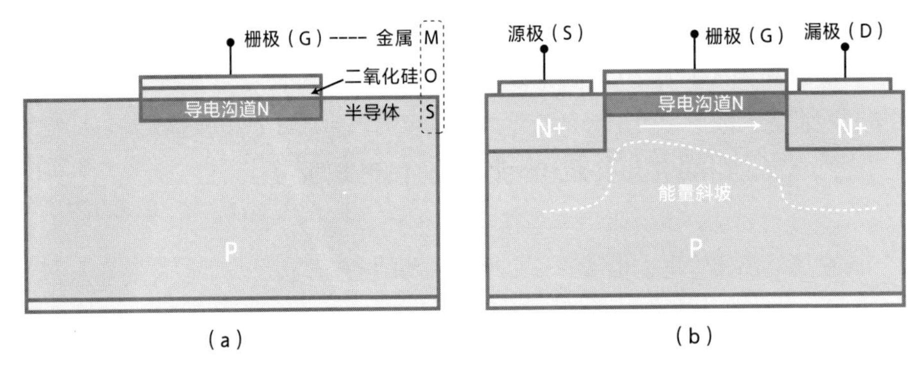

图 5-2 “场效放大”示意图

注：在覆盖有二氧化硅的半导体上放置栅电极（a）；做出源极和漏极，构成 MOS 场效晶体管（b）。这里以 N 沟道 MOS（即 NMOS）为例，如将 N 和 P 对调，就成了 PMOS。

① 由此，多数载流子被排斥掉后，载流子类型发生反转，半导体表面可以从 P 型变成 N 型，或从 N 型变成 P 型。

阿塔拉和姜大元尝试制作出了第一个 MOS 场效晶体管[①]，取得了成功。1960 年，阿塔拉和姜大元在固态器件研究会议上报告了场效晶体管。

他们宣称，MOS 场效晶体管结构简单，比结型晶体管容易制造得多。之所以这么说，是因为结型晶体管是三层结构，需要分层制造（在底层上扩散出中间层，再扩散出顶层），这类似于“分色印刷”，将几种颜料逐层叠加印刷到纸面上。而 MOS 场效晶体管在底层之上只有一层，只需“单色印刷”即可。

不过，阿塔拉和姜大元展示的 MOS 场效晶体管性能不尽如人意，开关速度比结型晶体管的速度慢很多，而且不太稳定，静置一段时间后性能就变差了，大多数与会者对 MOS 场效晶体管不以为然。

“我们可是佼佼者”，外延工艺

就在 1960 年的同一次会议上，贝尔实验室的罗斯团队发布了半导体外延工艺，它能让结型晶体管运行速度更快、更稳定，一公布就成为全场关注的焦点。

罗斯是 1952 年进入贝尔实验室的，那时他刚刚获得剑桥大学博士学位，远涉重洋来到了新大陆。第二次世界大战后，英国丧失了霸主地位，被战争摧毁的英国物资短缺，开始实行食物配给制，就连英国人喜爱的茶叶也不例外。罗斯毕业那年，算上本科阶段，他已经在剑桥大学待了整整 6 年。他想找一个尽量远离剑桥大学的地方工作，同时又不用学习一门外语，于是美国就成了最佳选择。

---

① 因为这个器件从上到下依次为金属 M（栅极）- 氧化层 O（二氧化硅）- 半导体 S（硅），所以叫作 MOS 场效晶体管（或叫作 MOSFET）。

正好这时，贝尔实验室的肖克利来剑桥大学访问，他用特有的测试智商的方式面试了罗斯。罗斯一见到肖克利，就被他极度聪明的头脑吸引了，他觉得跟肖克利一起工作会令人兴奋。就这样，他得到了一个“无法拒绝”的工作机会。

罗斯加入了肖克利的研究部门。那时，肖克利正在雄心勃勃地研究四层的PNPN二极管，想用它替换交换机里的开关。罗斯尝试了许多办法，但始终没有成功。后来的事我们都知道了，肖克利固执地把这个主意带到了他创立的肖克利晶体管实验室，造成了公司的分裂和“八叛徒”的出走。

1959年，罗斯跟他的同事吉姆·厄利（Jim Early）正在改进结型晶体管，设法提高工作频率，但遇到了一个左右为难的问题。

要提高频率，就要求集电极电阻要尽量小；但是要得到大功率，又要求它的电阻尽可能大。两者互相矛盾，而现有工艺无法解决这一问题。这就像希腊神话里的伊卡洛斯，在迷宫中进退两难。最后，伊卡洛斯绑上翅膀飞出了迷宫。而罗斯经历了一段迷茫后，也终于找到了自己的“翅膀”。

一天清晨，罗斯想起了肖克利那个失败的四层PNPN二极管。他心里冒出了一个想法，也许可以在三层晶体管中额外多做一层？

罗斯赶到实验室，立刻去找了一位冶金工程师，请他在硅晶圆衬底上生长出一层新的半导体层：一方面，在原有的衬底上掺进大量电荷，令电阻变小；另一方面，在新生长的薄层上做出大电阻，以同时满足小电阻和大电阻的需求。

就像翅膀为伊卡洛斯提供了高度这一额外的自由度，罗斯想出的这个方法同样为解决晶体管中高频率和大电阻之间的矛盾提供了一个额外的自由度。由于它在原有的晶圆外延伸出新的一层，故而罗斯将其称作外延工艺（见图5-3）。外延工艺使晶体管既增大了功率，又提升了频率。[2]

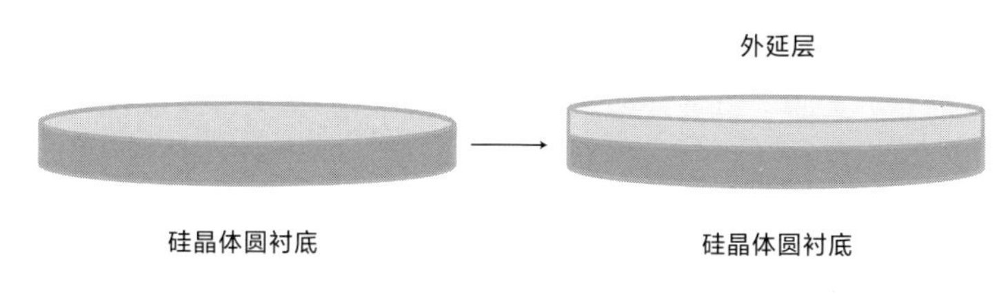

图 5-3 外延工艺示意图：使晶圆上生长出一个薄层

三天后，这种外延层就做出来了，罗斯在此基础上做出了晶体管剩余的基极和发射极。测试效果非常好，晶体管运行速度有了极大提升。

1960 年，罗斯在匹兹堡召开的固态器件研究会议上公布了外延工艺，许多人为此惊呼："啊，为什么我们没有想到这个主意？"

外延工艺让结型晶体管实现了以前不可能实现的指标，解决了贝尔实验室最关心的晶体管速度和稳定性问题，这意味着它将在高速通信、航天和军事领域获得广泛应用。至今，外延工艺仍是半导体制造中最为重要和基础的工艺之一。

罗斯自豪地对别人说："别忘了，半导体兴起时，我们可是佼佼者。想了解半导体装置的话，就去贝尔实验室的 2 号楼看看吧。"

4 个月后，半导体领域首屈一指的会议——国际电子器件会议（IEDM）专门设立了一个关于外延工艺的研究主题。工业界也行动起来，1961 年，仙童半导体公司就发布了基于外延工艺的晶体管，查理·斯波克（Charlie Spork）惊呼外延工艺让晶体管良率大大提高！此外，德州仪器公司和摩托罗拉公司等也热情地接受了外延工艺。

由于外延工艺大获成功，罗斯于 1963 年获得了美国电气与电子工程师协会（IEEE）颁发的莫里斯·利伯曼奖。他于 1973 年升任贝尔实验室副总裁，1979 年成为总裁。

现在的人们提起罗斯，会很自然地将他跟外延工艺联系在一起。实际上，罗斯在研究外延工艺之前，也曾花费了相当长的时间研究场效晶体管。

那时罗斯刚刚加入贝尔实验室，有一天肖克利找到他，画出了一种场效晶体管的草图，要求他做出实物。

肖克利在 1945 年的梦想是发明场效晶体管，但后来问世的却是点接触晶体管和结型晶体管，对此他一直难以释怀。到了 1952 年，不甘心的肖克利又设想出一种新的场效晶体管，主要是在 N 型半导体上方做出一个 P 型半导体的栅极来调控单向电流，他称之为结型场效晶体管（简称 JFET）。

1953 年，罗斯完成了任务，将结型场效晶体管器件做了出来，但它的性能远低于结型晶体管。罗斯写完总结报告后，这种场效晶体管就沉寂无声了。

1957 年，罗斯又尝试制作了一种新的场效晶体管。他以铁电材料为栅极，做出了一个场效晶体管，用于存储数据。它的结构跟现代的场效晶体管有些像，不过性能不怎么样，罗斯认为它没有希望，之后便将它遗忘了。

在前后 5 年的时间里，罗斯的研究证明场效晶体管是一种无效的技术。

规划出来的失败，贝尔的悖论

1960 年的固态器件研究会议上，阿塔拉和姜大元报告了 MOS 场效晶体管，却没有引起任何反响，大会主席对此也没有做专门介绍。它就像沉入湖中的一颗石子，只有一瞬的声响，之后便归于沉寂。

这一点都不奇怪。MOS 场效晶体管没有揭示出新的科学原理，阿塔拉和姜大元只是把肖克利丢弃的想法又拾了起来，并用硅工艺来实现它而已，谈不上有多大的创新。

更何况，MOS 场效晶体管的性能很差，速度仅是双极结型晶体管（简称 BJT）的 1/100。这根本没法应用到贝尔实验室所青睐的高速通信领域。

在随后两年的学术会议中，没有人发起任何关于 MOS 场效晶体管的专题讨论。此后，MOS 场效晶体管的话题便销声匿迹了。

贝尔实验室对这个成果也置若罔闻。因为 MOS 场效晶体管研究犯了半导体研究的大忌：由于晶圆表面的“固定电子”，贝尔实验室的研究人员一直对晶圆表面心存顾忌，视之为烫手山芋，总是尽量让器件避开晶圆表面的固定电子。结型晶体管研究避开了晶体表面，取得了成功，而 MOS 场效晶体管的工作区间又回到了最容易引起问题的晶体表面，这简直是在开倒车。

而且，阿塔拉做出的 MOS 场效晶体管也证明了这一点，其稳定性很差，在高温下无法正常开关。

对于倚重通信市场的贝尔实验室来说，没有比这更糟糕的了。贝尔的电话交换机将全美电话网连接在一起，像心脏一样一刻也不能停歇，这要求器件必须不出故障地稳定工作数十年。

早些年，罗斯刚来贝尔实验室报到时，他为第二次晶体管技术研讨会准备了用于演示的晶体管。一天早上，他突然发现晶体管全都失效了。原来，那一年的天气从冬天过渡到夏天只用了一天时间。这让罗斯明白了晶体管对温度和湿度敏感，脆弱。那时，晶体管的稳定性成为贝尔实验室压倒性的重要问题。[3]

而这一次，MOS 场效晶体管的可靠性比结型晶体管还要差，这成了它的致命弱点。无论在学术界，还是在工业界，MOS 场效晶体管都走进了“死胡同”。

但是，MOS 场效晶体管还有最后一根“救命稻草”，也是它最大的优点——结构简单。MOS 场效晶体管不像三层垂直叠放的三明治，没有中间层。它的三个电极依次铺在一个平面上，就像印刷在纸张上的字，便于制造和集成，非常适用于当时刚刚提出的集成电路。那么，这个 MOS 场效晶体管特有的优点，能否令贝尔实验室在最后一刻回心转意呢？

讽刺的是，集成电路最大的反对者不是别人，正是贝尔实验室。上至副总裁莫顿，下至普通工程师都对集成电路将信将疑[①]。1963 年，罗斯写了一篇文章，声称集成电路并没有解决半导体产业界面临的问题，它“治标不治本”。

反观外延工艺，可谓生逢其时，它解决了晶体管的开关速度和稳定性问题。对于贝尔实验室来说，沿着结型晶体管的道路前进，技术路线明确，目标清晰，况且外延技术刚刚获得重大突破，前景大好。贝尔实验室那时正在开发下一代大型交换机“ESS-1”系统，速度是首要指标，而外延工艺正好满足了这一需求。

而 MOS 场效晶体管性能差且不稳定，前景不明朗。于是，MOS 场效晶体管项目组被撤销，阿塔拉也被迫转去做别的研究。郁郁不得志的他于 1962 年离开了贝尔实验室，去了惠普公司。此后，阿塔拉再也没有发表过关于 MOS 场效晶体管的文章，他在很长一段时间都不为世人所知[②]。

此后十多年，人们很难再找到一篇关于 MOS 场效晶体管发明的文献，因为

① 详见第 4 章。

② 阿塔拉于 1972 年离开惠普并自主创业，发明了个人识别密码，即我们常说的 PIN 码，他被誉为“PIN 码之父”。现在每一部手机的 SIM 卡、信用卡、POS 机上都需要 PIN 码才能工作。

当时的固态器件研究会议采用口头报告和讨论的形式，参会者受邀参加，无须提交论文。而在会议结束后，关于这项 20 世纪最重要的发明之一的 MOS 场效晶体管也自然没能留下一行公开的记录文字。阿塔拉和姜大元甚至没来得及为自己发明的晶体管命名①。

继集成电路之后，贝尔实验室又一次雪藏了 MOS 场效晶体管。据姜大元回忆，当时贝尔实验室拒绝对外发表 MOS 场效晶体管的研发成果。姜大元在 1976 年撰写的一篇回忆发明 MOS 场效晶体管的文章时，[4] 只找到 1961 年自己写的一篇内部备忘录。[5] 备忘录起草之时，MOS 场效晶体管研究已经被贝尔实验室叫停，这篇备忘录成了阿塔拉和姜大元 MOS 场效晶体管研究的谢幕曲。

姜大元在 1976 年的回顾文章末尾列出了这篇备忘录，它简陋得没有期刊名、卷号、期号和页码，仅有标题和日期。为了免于无从查证的尴尬，作者特意在括号内说明“可向作者索取”。但是新世纪的读者再也无从向作者索取了，姜大元已于 1992 年去世，终年 61 岁。

* * *

那么，MOS 场效晶体管被抛弃的原因是什么呢？是外延工艺吗？其实我们没必要将外延工艺当作 MOS 场效晶体管失宠的“替罪羊”，真正的原因不在于此。

但究竟是什么原因导致贝尔实验室错过了集成电路后，又错过了 MOS 场效

① MOS 这个名字来自斯坦福大学的一位教授约翰·莫尔。莫尔在 20 世纪 50 年代曾在贝尔实验室工作，研究晶体管以及 PNPN 器件，大力提倡硅晶体管。他后来去了斯坦福大学，做成了一个金属（M）－氧化物（O）－半导体（S）的 MOS 器件。但是莫尔没想到再增加源极和漏极，把它变成 MOS 场效晶体管，就这样错过了这个重要的发明。后来莫尔在斯坦福大学招收了施敏、张忠谋等学生。

晶体管呢？

世界上的确有一些企业管理不善，或者不重视研究，但是像贝尔实验室这样既重视研究，又管理有方的机构竟出人意料地折戟沙场，原因并不简单。在《创新者的窘境》（*The Innovator's Dilemma*）一书里，克莱顿·克里斯坦森（Clayton Christensen）指出，行业中存在一个普遍规律[6]：创新者总是会遇到窘境，而那些本来最有实力引领未来的企业却往往会因保守而错失良机。

贝尔实验室做出这一决策时，正是它广受赞誉、如日中天时。贝尔实验室认真地倾听了通信领域的客户的意见，发现MOS场效晶体管开关速度慢、不稳定，很难在交换机系统中获得大规模应用。贝尔实验室评估了未来的市场发展趋势，做出了在当时看来最正确的决策：取消MOS场效晶体管的研究，继续投资稳定的BJT研究。

这并非一时的仓促之举，而是深思熟虑后的慎重决定，最后却埋下了失败的种子。

类似贝尔实验室这样优秀的企业平时往往发展得很好，但一旦遇到技术变革，就很难继续保持它们的领先地位。它们不是普通的企业，而是那些令人羡慕，并以其卓越的创新能力而闻名遐迩的企业。它们管理科学、锐意进取，会认真听取客户意见，积极地投入技术开发，最后却失去了市场主导地位。

在“破坏性技术”到来时，良好的规划正是其走向失败的重要原因。

这里说的“破坏性技术”并不是所谓的“颠覆性技术”。“破坏性技术”通常并不是建立在新的科学原理的基础上，也没有更复杂的结构。反之，它运用的是已有的原理，但结构更简单。MOS场效晶体管就属于这样的技术。

与之对应的是“延续性技术”，典型的例子是 BJT，技术成熟，目标市场明确，前景可期，只需沿着既定的方向继续优化和改进，没有人会对此持有异议。

像 MOS 场效晶体管这样的“破坏性技术”，在原有的评价体系中速度慢、处于劣势，但在未来潜在的应用中具有优势，更适合集成在芯片中。

然而，贝尔实验室也有自己的苦衷。它所处的通信领域对民生影响极大，这要求它在技术上不能大幅跳跃，而只能平滑过渡。贝尔实验室曾开发出了一种基于晶体管的新交换系统，并制订了一个平滑的过渡计划，但逐渐替换原有的继电器开关的过程要从 20 世纪 60 年代一直持续到 90 年代末！

由此，贝尔实验室的价值判断标准是维持现有通信市场的稳定，这决定了它极其看中器件的稳定性和通信速度，而 MOS 场效晶体管在这两方面均处于劣势。

当 MOS 场效晶体管和结型晶体管同时争夺宝贵的公司资源时，一方面，MOS 场效晶体管的支持者是阿塔拉这样的新员工，阿塔拉是移民，来自非半导体专业，人微言轻；另一方面，结型晶体管的后盾则是资深高层人士，包括实验室副总裁莫顿、研究部主管费斯克、半导体研究部主任罗斯等，他们曾为研发结型晶体管付出了大量心血，并对其寄予厚望。

在面对“破坏性技术”时，贝尔实验室僵化的价值体系使其无法改变原有的思维惯性。当阿塔拉和姜大元做出样品时，贝尔实验室的高层看到了它性能上的缺陷，给出了悲观的预测，做出了撤销 MOS 场效晶体管项目的决定，项目开发人员也被抽调去解决 BJT 的问题。于是，被冷落的项目人员萌生去意，甚至有些人直接去了竞争对手的公司，致使贝尔实验室不仅没留住技术，还为竞争对手输送了一批专业人才。

贝尔实验室不是被对手所打败，而是被自身给压垮的，就像日渐增高的沙丘，在自身重力压迫下逐渐分崩离析。殊不知，它引以为傲的良好规划，反而成了日后失败的根源。

坏点子在变好，MOS 场效晶体管的上升之路

就在阿塔拉和姜大元参加 1960 年固态器件研究会议之前，他们在贝尔实验室举行了一次内部演示，邀请了美国无线电公司的威廉·韦伯斯特（William Webster）。他立刻对 MOS 场效晶体管产生了兴趣，并把这个消息带回了美国无线电公司。

作为半导体产业的新来者，美国无线电公司已经错过了 BJT 发展的黄金时期，如果继续研究 BJT，将来只能继续当配角。美国无线电公司总裁大卫·沙诺夫十分热衷新技术，在公司打造了一个实力雄厚的研发中心①。事实上，美国无线电公司在 BJT 方面没有太多积累，反而可以无负担地研究 MOS 场效晶体管。MOS 场效晶体管的出现让其看到了“弯道超车”的可能。

韦伯斯特认识到，作为独立元件使用时，MOS 场效晶体管不是一个好点子，它的性能远不及 BJT，根本不会撼动 BJT 的市场。但如果将其用于集成电路，则会成为一个奇招②。

---

① 在 20 世纪三四十年代，沙诺夫曾大力推动了广播和电视的发展，被称为“广播先生”和“电视先生”。

② 此前美国无线电公司对集成电路很热衷，哈威克·约翰逊（Harwick Johnson）曾在 20 世纪 50 年代申请过相关专利。

美国无线电公司的托马斯·斯坦利（Thomas Stanley）想将 MOS 场效晶体管应用到计算机芯片中，他很关心一块芯片上能否集成越来越多的晶体管。他发现，结型晶体管是垂直结构，很难一直缩小下去，就像是钢印，其垂直厚度没法一直压缩。而 MOS 场效晶体管是水平结构，源极和漏极之间的栅极长度能不断地缩减，因而占用的面积也会减小，这就像纸上的字能不断地缩小，从而尽可能地在一张纸上印更多的字。

斯坦利还认识到 MOS 场效晶体管的一个长处。随着晶体管越来越小，它们在芯片上凑得越来越近，彼此之间的时延越来越短，芯片整体工作速度也会随之提高。尽管单个结型晶体管的运行速度更快，但是 MOS 场效晶体管构成的芯片更有优势。而且随着工艺进步，MOS 场效晶体管的尺寸不断减小，MOS 芯片的运行速度终究会超过结型晶体管芯片。

1963 年 2 月，美国无线电公司发布了商用的 MOS 场效晶体管，并声称 MOS 场效晶体管比 BJT 更便宜、简单，制造步骤只有制造 BJT 的 1/3[①]。

* * *

在 1960 年的固态器件研究会议的会场上，当许多听众对阿塔拉和姜大元报告的 MOS 场效晶体管不屑一顾之时，有一位听众却对此很感兴趣，他就是仙童半导体公司的摩尔。

尽管仙童半导体公司是一家小公司，但他们 8 个人从肖克利晶体管实验室离开后，必须通过行动来证明自身的实力。那时，他们正在攻关芯片，也不想听贝尔实验室对 MOS 场效晶体管和芯片的看法，而是通过自己的实验来验证 MOS

① 在上一章中，我们提到过，对于 BJT 需要设计额外的反向 PN 结将不同的晶体管隔离开来，而 MOS 场效晶体管的结构本身不需要用反向 PN 结来隔离。

场效晶体管研究的可行性。

就在离仙童半导体公司不远的加州斯坦福园区，离经叛道的嬉皮士正掀起一股自由的狂潮。他们不愿意再听上一辈的说教，而是要自己寻找人生与社会的真理。他们会做各种各样的社会实验，听披头士等乐队的摇滚乐，从亲身实践中感知世界。而仙童半导体公司的工程师也是如此，他们不再唯大公司马首是瞻，而是自己用扩散炉和光刻机来做各种科学实验，从中得出自己的结论。

摩尔认为，MOS 场效晶体管结构简单、成本低廉，能方便地集成在芯片上。如果 MOS 场效晶体管和芯片结合起来，就能将芯片的优势更大限度地发挥出来。

回到仙童半导体公司后，摩尔与一位华裔科学家萨支唐（Chih-Tang Sah）进行沟通，他们早在肖克利晶体管实验室时就已经是同事了。摩尔把研究 MOS 场效晶体管的任务交给了他。

萨支唐于 1932 年出生在北京，他的家族为山西雁门萨氏后人，后迁往福建。父亲萨本栋曾任清华大学教授，在抗战期间任厦门大学校长，是美国工程院院士，1949 年在美国英年早逝。同年，萨支唐赴美留学，进入了伊利诺伊大学，并于 1953 年春天第一次听了巴丁讲授的晶体管课程。

此后，萨支唐去了斯坦福大学并于 1956 年获得博士学位。这一年恰逢肖克利晶体管实验室成立，萨支唐成为第一批员工，在那里人们更习惯叫他的英文名字汤姆。1959 年 3 月，他加入了仙童半导体公司。萨支唐开始研究 MOS 场效晶体管。经过一番调查，他发现 PMOS 场效晶体管容易实现，但是速度较慢；而 NMOS 场效晶体管的速度更快，但是技术更复杂。那时，仙童半导体公司没有雄厚的财力支撑，所以他们决定开发较容易的 PMOS 场效晶体管[①]。

不过，MOS 场效晶体管在仙童半导体公司无法跟双极结型平面晶体管一争高低，因为 MOS 场效晶体管的性能尚不稳定。即便 MOS 场效晶体管研发成功了，它也会受到排挤，因为这会抢去公司目前的“金奶牛”——双极结型平面晶体管的生意，而这是公司高层所不愿意看到的。因此，MOS 场效晶体管项目在公司内部拿不到多少资源。MOS 场效晶体管研发工程师觉得自己不受公司重视，心中燃起了叛逆之火，纷纷离职创业。其中一些研发人员离开之后，成立了通用微电子公司（General Microelectronis）。

为了充实 MOS 场效晶体管的研究，萨支唐开始招聘新人。凭借仙童半导体公司的名气，他于 1962 年 8 月招到了一位毕业于犹他州立大学的天才青年弗兰克・万拉斯（Frank Wanlass，见图 5-4）。

（a）

（b）

图 5-4 萨支唐（a）和万拉斯（b）

① 而 IBM 公司则不同，他们资金雄厚，不受制于市场的近期需求，而是瞄准未来的长期应用。NMOS 场效晶体管速度比 PMOS 场效晶体管快了 3 倍，对于计算机应用至关重要，所以 IBM 公司决定直接研发较难的 NMOS 场效晶体管。

万拉斯被安排在山景城研究 MOS 场效晶体管，远离位于帕洛阿托的研发中心。万拉斯性格孤僻，不爱与人交往。他不喜欢复杂的理论，总是自己亲自动手加工器件。仙童半导体公司的高层对万拉斯的工作方式未加限制，他可以不受约束地尝试和验证自己的想法。

那时萨支唐跟巴丁重新取得了联系，开始兼职去伊利诺伊大学教授晶体管课程，他经常往返于加州和伊利诺伊州之间，几个星期才回一趟公司。这让万拉斯更加不受约束，创造力得以充分施展。

万拉斯刚刚加入仙童半导体公司才几个月，就和萨支唐一起提出了一种新的电路，把一个 PMOS 场效晶体管和一个 NMOS 场效晶体管组合起来，两者互补形成一个 CMOS 场效晶体管开关[①]（见图 5–5）。

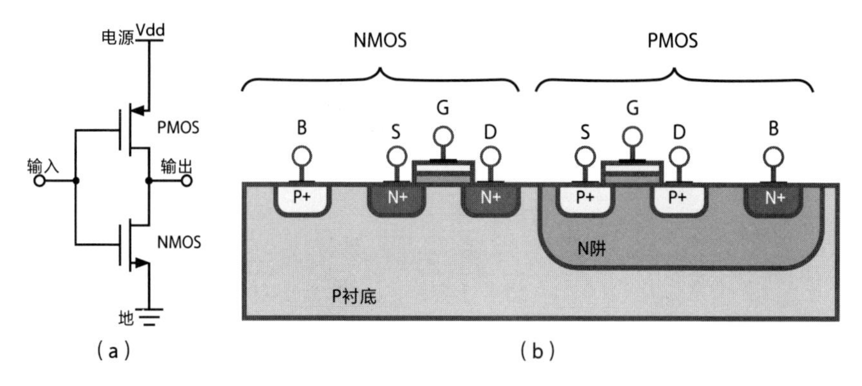

图 5–5 CMOS 场效晶体管

注：CMOS 场效晶体管反相器，PMOS 场效晶体管在上，NMOS 场效晶体管在下（a）；CMOS 场效晶体管横截面图（b）。

万拉斯准备将 PMOS 场效晶体管和 NMOS 场效晶体管集成在一颗芯片上来验证一下。但这需要额外的光刻掩膜版，于是他转而分别做出分立的 PMOS 场

① 全称为 Complementary Metal-Oxide-Semiconductor，指互补型金属氧化物半导体。

效晶体管和 NMOS 场效晶体管，然后在芯片外把它们连在一起。最终，这个 CMOS 场效晶体管成功运行，待机功耗只有纳瓦级，是结型晶体管的一百万分之一①！[7]

万拉斯几乎不发表学术论文，他于 1963 年初跟萨支唐联名在国际固态电路会议上发表的 CMOS 场效晶体管论文是难得的一篇[8]，可谓“不鸣则已，一鸣惊人”。

万拉斯这个看似简单的举动在当时并没有产生什么影响。CMOS 场效晶体管比 MOS 场效晶体管多了一个晶体管，人们担心 CMOS 场效晶体管成本高，还怀疑它速度慢，因此它在刚刚推出时被所有的大公司冷落，他们仍在推行 PMOS 场效晶体管或 NMOS 场效晶体管。

直到 1982 年，微处理器上面的晶体管超过了 25 万个，芯片的功耗变得无法忍受，英特尔开始在 80C51 和 80C49 系列的单片机芯片上采用功耗更低的 CMOS 工艺。CMOS 场效晶体管的低功耗特性使得它特别适合于便携式设备。随着笔记本电脑、手机的兴起，现在全世界的绝大多数芯片都采用了 CMOS 工艺。[9]

万拉斯在仙童半导体公司只待了一年多就离开了。1963 年底，他加入了通用微电子公司，并做出了世界上第一片基于 MOS 场效晶体管的集成电路。[10]

1963 年，萨支唐又招聘到了三位青年才俊，分别是安迪·格鲁夫（Andy Grove）、布鲁斯·迪尔（Bruce Deal）和埃德·斯诺（Ed Snow），见图 5-6。

---

① 当一个 MOS 场效晶体管导通时，与之相对的 MOS 场效晶体管总是关断，这样电路不工作时几乎没有漏电流，静态功耗极低。而当 CMOS 场效晶体管工作时，PMOS 场效晶体管和 NMOS 场效晶体管相互配合，只有在快速切换的瞬间才消耗一点能量，故而动态功耗也很小。

图 5-6　格鲁夫（左）、迪尔（中）和斯诺（右）在讨论 MOS 场效晶体管技术

格鲁夫来自匈牙利，1956 年匈牙利革命爆发，穷困潦倒的他同 1.4 万余名同胞一起逃往美国。格鲁夫将名字从匈牙利语改为了英文“Andrew Grove”。一开始，他先在纽约的餐馆打工，随后靠着不懈努力进入了纽约城市学院，1963 年获得加州大学伯克利分校博士学位后加入了仙童半导体公司。

仙童半导体公司又一次体现出它的自由和包容，把这三位青年才俊放在不同办公室里，任由他们“自由生长”。几个星期后，这三人在食堂巧遇，他们还互不认识。一个人说：“我在做 MOS 场效晶体管电容器。”另一个说：“哦，是吗？我在做 MOS 场效晶体管的氧化层。”两人正准备握手，第三个人也伸过手来：“巧了，我在做 MOS 场效晶体管的理论分析。”原来，他们在摸大象的不同部位。这三人发现，他们是解决 MOS 场效晶体管问题的最佳组合。无需任何领导给他们交代任务，他们三人就自发地组成了一个团队，共同攻关 MOS 场效晶体管。

MOS 场效晶体管要想走向实用，还需要除掉稳定性差、良率低和集成度低等“拦路虎”。当时在每片晶圆上只有两颗 MOS 芯片可以正常工作，良率只有公司预计的 1/10。每解决一个技术问题都非常困难，以至于每次有一片能工作的芯片从生产线上生产出来，仙童半导体公司的 MOS 场效晶体管研发团队都会通过内部的对讲机系统对全公司广播这一好消息。

后来，格鲁夫等三人发现，MOS 场效晶体管不稳定的罪魁祸首是钠离子。而钠离子来自人体，如皮肤表面的汗液以及头发，它们只要沾到或者挥发到晶圆表面就会产生污染。从那以后，所有操作员就得全身包裹严实，才能进入晶圆车间，就像穿着全身防护服的医务人员一样。

1963 年，贝尔实验室的一位工程师提出用多晶硅作为 MOS 场效晶体管的栅极，替换此前的铝栅极。但遗憾的是，贝尔实验室认为这项技术不成熟，选择将其放弃。

仙童半导体公司捡起了这项技术。斯诺和同事莱斯利·沃达斯（Leslie Vadász）、汤姆·克莱纳（Tom Klein）和费德里科·法金（Federico Faggin）加了进来，开始探索这项技术。

由于 MOS 场效晶体管栅极和漏极没法很好地对齐，导致寄生电容较大，晶体管开关速度缓慢。但法金在短短一周之内想到了一种方法：先制作中间的栅极，有了栅极，两侧的源极和漏极的位置就自动对准了。这种新工艺大大地提高了 MOS 场效晶体管的工作速度。后来业界的 MOS 场效晶体管工艺都采用了这种新的自对准工艺来制作硅栅（见图 5-7）。

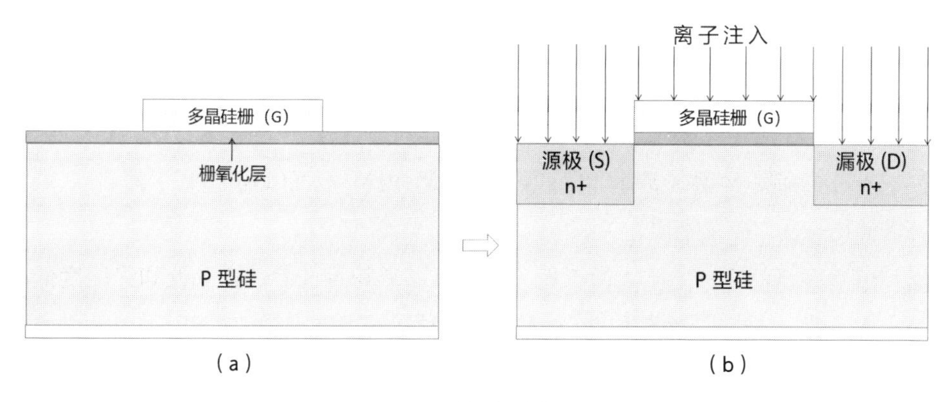

图 5-7　硅栅自对准工艺

注：先制作中间的栅级，两侧源极和漏极的位置就自动对准了。

此外，法金还想到了一种“埋栅”（Buried contact）电极工艺，当他把自己的想法告诉上司瓦达兹时，这位来自匈牙利的主管一口断定“埋栅”电极不可能成功。虽然法金对瓦达兹说一不二的态度很窝火，但还是忍不住尝试制作了“埋栅”电极，结果大大提高了晶体管密度。接下来，法金又在仙童半导体公司已经量产的3705芯片上试验了他发明的新工艺，速度快了5倍，漏电流减少至原来的数百分之一。它能使芯片上的器件密度提高100%，令同等面积芯片上的晶体管数量增加一倍。[11]

经过近十年的努力后，MOS场效晶体管的稳定性、速度和集成度都大大提高了。到了20世纪70年代初，结型晶体管占据着高端市场，而MOS场效晶体管则从价值链的下方发起攻击，首先攻入了对成本敏感的存储器领域，接着又在电子表、计算器等低端领域占据了主导地位。

回顾历史，利林菲尔德和奥斯卡·海尔（Oskar Heil）在20世纪二三十年代的研究拉开了MOS场效晶体管研究的序幕，但由于缺少半导体理论支持，他们悄然退场了，此后舞台沉寂了十多年时间。

接着肖克利在40年代登场，重新提出了场效晶体管的设想，但是没有得到上天的眷顾，因为表面电子破坏了栅极电场，他的努力失败，相关研究又沉寂了十多年时间。

阿塔拉和姜大元在50年代末再一次发起冲锋，他们终于站到了舞台中央，可惜昙花一现，被东家遗弃了。

在“破坏性技术”面前，贝尔实验室选择了拥抱确定性，跟稳定的市场一板一眼地跳了一场“交际舞”。而仙童半导体公司、美国无线电公司等新兴企业则跟多变的市场跳出了一支即兴的“爵士舞”，收获了满堂彩。它们虽然不擅长像贝尔实验室那样发明原创技术，但特别擅长探索这些原创技术的最新应用领域，从而让 MOS 场效晶体管站稳了脚跟。

经过了十多年的努力，众人眼中的“丑小鸭”——MOS 场效晶体管终于回到了舞台中央，此后再也没有离开过。20 世纪 70 年代末，MOS 场效晶体管的销售额终于超过了结型晶体管，两者的市场占有率第一次出现了反转。1997 年，MOS 场效晶体管的市场占有率超过了 99%，而结型晶体管只剩下不到 1%。

本章核心要点

新技术一问世就受到所有人欢迎并得到广泛应用，这恐怕是人们的一厢情愿与简单化思维。一个典型的反例就是新出现的 MOS 场效晶体管和原有的结型晶体管之间的竞争。

1926 年，利林菲尔德提出了场效晶体管的概念。1945 年，肖克利再一次独立提出了这个概念。直到 1960 年，贝尔实验室的阿塔拉和姜大元才做出了 MOS 场效晶体管。

此时，结型晶体管经过十多年的改进已经相当完善，而 MOS 场效晶体管不稳定且开关速度比结型晶体管的速度慢很多。雪上加霜的是，这时贝尔实验室的罗斯等人发明了半导体外延工艺，使结型晶体管的速度和稳定性进一步提升，也将其与 MOS 场效晶体管的差距拉得更大。

贝尔实验室评估后，撤销了 MOS 场效晶体管项目组，继续支持结型晶体管研发。大公司中的创新者总是会遇到被拒绝的窘境，因为他们提出的“破坏性技术”不足以与原有的已经很完善的技术相抗衡。

新兴的半导体公司（仙童半导体和美国无线电等）看好 MOS 场效晶体管结构简单、便于集成的优点，继续探索 MOS 场效晶体管的应用。为了达到这一目的，他们付出了近十年的努力才解决了稳定性、速度和集成度等问题，包括格鲁夫等人发现了不稳定的根源是钠离子，法金提出了硅栅自对准工艺，从而大大提高了 MOS 场效晶体管的速度和集成度。之后又花费了十年，一直到了 20 世纪 70 年代末，MOS 场效晶体管的销售额才完全超越了结型晶体管。

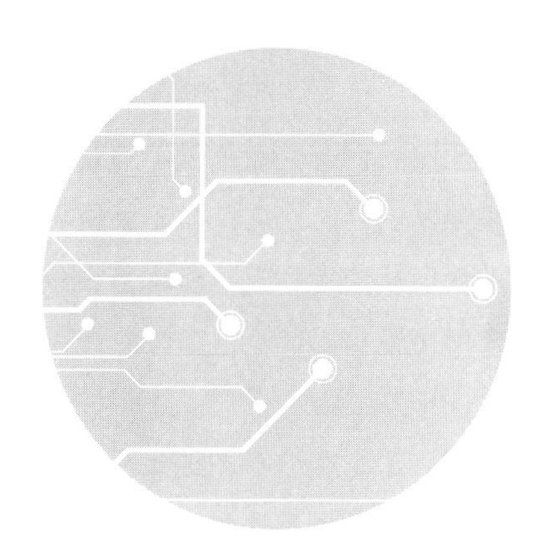

06

一切过往皆可超越，摩尔定律

2015年，在摩尔定律诞生50周年的纪念活动上，86岁的戈登·摩尔受邀参加一个面向公众的讨论会，他坐得笔直，犹如一座钟。

寒暄后，主持人念起1965年摩尔为《电子学》(*Electronics*)杂志写的那篇经典文章《在集成电路中塞进更多的元件》的片段：[1]

> 集成电路①将为我们带来各种奇迹：家用电脑（至少是连接到中央计算机上的终端）、自动驾驶汽车、个人移动通信设备，以及带有显示屏的手表……

主持人发出一阵惊叹："看起来，你当时什么都预见到了，我们现在有了谷歌自动驾驶汽车，有了智能手表iWatch……什么都有了！你是怎么做出这番预测的？"

摩尔回答说，在写这篇文章时，他注意到在芯片诞生的头几年，一枚芯片里元件的数量一直在不断地增长，似乎很有规律，大约每年翻一番，于是他预测下一个十年中，这种元件数每年翻倍的趋势将持续下去，将从64个增长1 000余

---

① 本书中的"集成电路"、"芯片电路"和"集成芯片"意思相同，未做区分。

倍，变成 65 000 个。在当时看来，这是个相当大胆的预测，但是半导体产业界在后来的十年几乎完全在按照摩尔预测的节奏发展。[2] 在此后的几十年里，半导体产业依然在按照摩尔定律预言的节奏稳步前进，一枚芯片里晶体管的数量从几个飙升到了上百亿个（见图 6–1）。

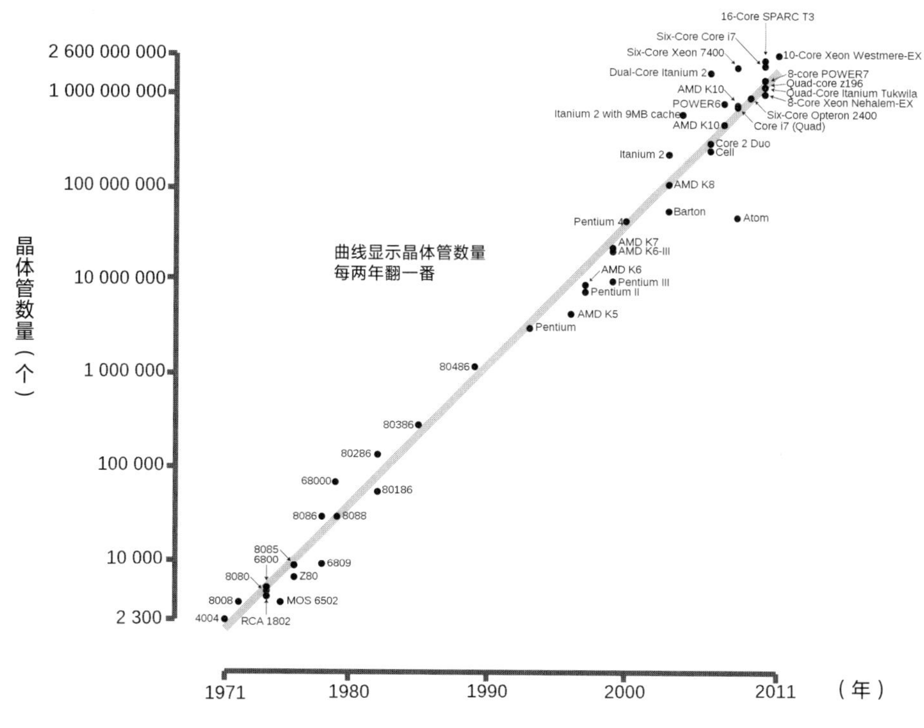

图 6–1　摩尔定律：1971—2011 年处理器中的晶体管数量

注：微处理器芯片上的晶体管数按照摩尔定律的预测逐年增长。

接着，主持人抛出了一个犀利的问题：“在这 50 年中，戈登 · 摩尔从摩尔定律中学到的最大教训是什么？”

“哦，这个问题挺难回答的。”摩尔沉思了一两秒钟后说道，“对我来说，最大的教训就是：既然已经做出了一个这么准的预测，那么我最好避免再做出第二个预测。”观众席中顿时爆发出一阵笑声。

当摩尔遇到米德，晶体管尺寸极限

1960 年，31 岁的摩尔到离家不远的地方出了一趟差。

这一年，仙童半导体公司原有的工厂规模扩大了一倍，而且又建了一座新工厂，平面晶体管火力全开，成为主打产品，“微逻辑”芯片的研发也取得了突破。公司在意大利买下了一家生产锗晶体管的 SGS 公司。诺伊斯担任总经理，摩尔升任研发和试产部门的负责人①。

摩尔从公司所在的北加州出发，向南驱车 500 多千米，开到了南加州的洛杉矶东北郊，这里坐落着他的母校加州理工学院。摩尔此行想为仙童半导体公司招聘一些研究生，顺便拜访一下那里的电子学教授，看能否建立一些合作关系。

摩尔在电气工程系的楼里边走边瞧，看到一间办公室门上贴着一个铭牌：卡弗·米德（Carver Mead）。门是开着的，摩尔朝里望去，一位年轻的教授正在工作。

米德是一位刚入职不久的助理教授，他研究半导体器件，同时也教授半导体课程。这时他正准备分析刚刚得到的实验结果。

摩尔夹着随身的公文包走进来，自来熟地自我介绍道：“嗨，你好，我是仙童半导体公司的戈登·摩尔。”米德抬头看了一眼这个脸上带着笑容的不速之客，

① 他们管理着 1 000 多人的公司，规模是肖克利公司的 10 倍，肖克利对两人管理才能的预言得到了“反证”。

觉得好笑，心想："这个家伙是谁呀，仙童半导体公司这个名字倒是听说过。"[3]

摩尔伸过手来，跟米德握了一下，开门见山地介绍道："我毕业于加州理工学院，听说您教授半导体课程，所以来拜访一下您。"摩尔了解了米德的研究和教学情况后说："对了，也许您需要一些晶体管用于教学实验之类的，我刚好带了一些公司生产的晶体管样品。"

米德又惊又喜："当然，我非常需要这些晶体管。这真是太棒了！我能看看吗？"

摩尔打开公文包，伸手在里面摸来摸去，他越是急于把晶体管拿出来，就越是想不起来放在哪个角落了。结果，他最先拿出来的居然是一只袜子和一件脏衬衫。

米德瞪大了眼睛，不解地看着摩尔。摩尔耸了耸肩，冲着米德挤了挤眼睛，急中生智地说："我从来都是轻装旅行。"终于，摩尔翻出了一只鼓鼓囊囊的大号牛皮纸信封，里面装的都是晶体管。"这些是仙童半导体公司最早生产的2N697。"摩尔说道。

米德简直不敢相信自己的眼睛。他所在的学院根本没有那么多预算去购买质量上乘的晶体管，只能去买那些廉价但稳定性不佳的便宜货。可那些廉价货经常被毛手毛脚的新生们烧毁，实验室又不得不花一大笔开销去补货。

接着，摩尔又翻出另外一个大信封，同样沉甸甸的："这些是更灵敏的2N706。"米德更加震惊了，他从来没有见过这么多晶体管。他快速目测了一下，这两个信封里足有上百只晶体管，价值至少几千美元。

"这些晶体管只是表面有些瑕疵，但工作起来一点都不受影响。"摩尔一边解释，一边提议道，"我们对你做的研究很感兴趣，也许哪天你可以来仙童半导体公司给我们做一个讲座？”米德爽快地接受了邀请。

过了一段时间，米德来到了仙童半导体公司。讲座结束后，摩尔问他是否愿意做仙童半导体公司的顾问，米德欣然同意，由此拉开了两人长达数十年合作的序幕。

那段时间，米德每周抽出一天时间来仙童半导体公司，跟工程师交流、开会、讨论问题。他早上到得很早，就跟同样来得很早的摩尔聊天。

一天，摩尔听说米德在研究半导体的隧穿效应，就问米德什么是隧穿效应，米德解释说：“这是一种微观小尺度下电子的量子行为。”

摩尔问米德：“这跟晶体管尺寸的极限有关系吗？”

摩尔之所以对此充满好奇，是因为他一直被一个问题所困扰。那时，仙童半导体公司刚刚推出“微逻辑”芯片，由于工艺不稳定，一整片晶圆上大部分芯片都会报废掉，能工作的芯片比例很低，这也导致芯片价格昂贵。如果这个问题不解决，将来芯片只有国防和航天客户才能用得起，而无法扩展到广阔的民用市场。

那时人们普遍认为芯片不划算，把晶体管集成在一起的芯片个头更小，却反而比分立元件的电路还贵，关键是坏了还无法维修。因此，人们认为芯片根本没有竞争优势。

即便在仙童半导体公司内部，芯片项目的地位也岌岌可危。彼时，平面晶体管正在火热销售，公司拿不出更多资源来支持芯片项目。而且一旦芯片项目成功了，就会严重地影响平面晶体管的销售。芯片便宜吗？可靠吗？客户愿意用吗？在仙童半导体公司内部，芯片遭到的质疑并不少。

拉斯特的集成电路团队没有做出一款盈利的芯片产品，在被市场主管汤姆·贝呵斥后，拉斯特对此感到悲哀，愤然辞职。摩尔对拉斯特的离开深感自责。当初他和拉斯特是第一批加入肖克利晶体管实验室的，拉斯特身上的幽默感在第一时间征服了他，经常给他带来很多乐趣。摩尔觉得这是自己在仙童半导体公司犯下的最大错误，如果自己当初能说服公司其他人相信芯片的成本将会不断下降，拉斯特就不至于离开。

作为一个化学家，摩尔意识到化学印刷将改变芯片价格高企的现状，原因是有了平面工艺和光刻技术，在一个芯片上可以同时“印刷”出大量的晶体管。而且，有了水平结构的 MOS 场效晶体管，晶体管的栅长可以不断压缩，这样一枚芯片内集成的器件数量就越来越多，规模效应也将使价格下降到客户能接受的程度。

摩尔当然希望晶体管尺寸能尽快缩小，但他也有点担心，晶体管尺寸最终能缩小到多小呢？又是什么物理定律决定了它缩小的极限呢？

当摩尔听说米德研究的隧穿效应跟物质的小尺寸有关时，这勾起了摩尔的疑问。

米德肯定地回答：“有很大关系！”晶体管的最小尺寸取决于隧穿效应。随着晶体管尺寸减小，MOS 场效晶体管的二氧化硅绝缘层厚度也随之变薄，达到某一最小极限后，本来在宏观世界里无关紧要的隧穿效应就会起到决定性作用，电子就像学会了穿墙术一样穿过绝缘层逃逸掉，导致晶体管无法关断。这时晶体管的尺寸缩小之路就走到了尽头。

摩尔迫切地想从米德那里知道晶体管尺寸缩小的极限将会是多少。米德和他的研究生经过计算，终于得到了结果，晶体管的最小栅长将是 0.15 微米①。[4]

① 目前这个极限早已突破，降低到了纳米级别，详见第 14 章。

听到这个数字，摩尔松了一口气，至少还需要几十年才能到达这一极限（见图 6-2）。在此之前，晶体管还有足够的空间去缩小，而芯片规模也有足够的时间变大。

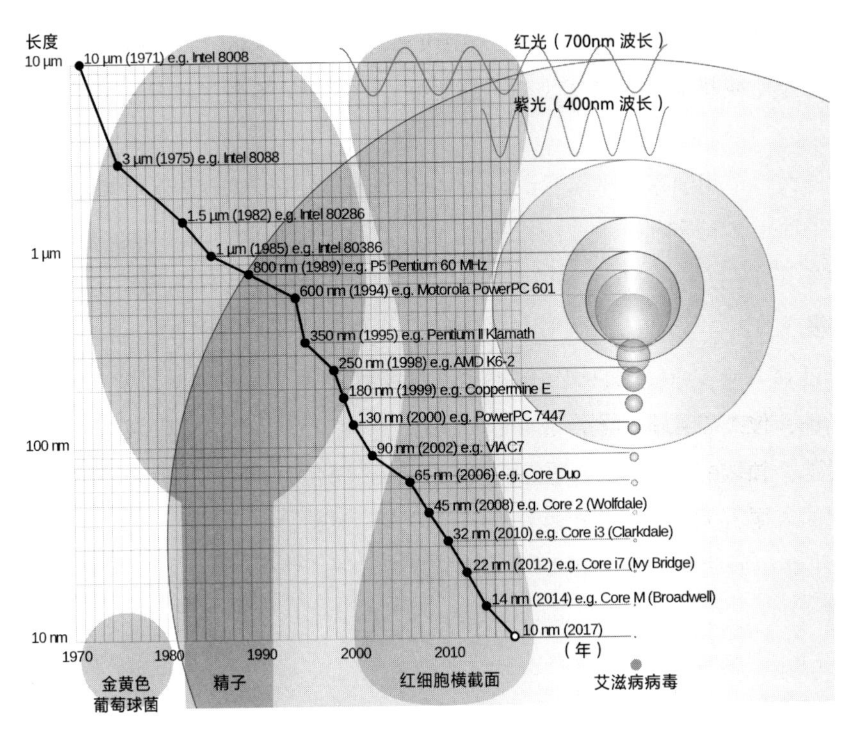

图 6-2　晶体管特征尺寸的缩小趋势

一张纸片上的推演，摩尔定律

20 世纪 60 年代初期到中期，仙童半导体公司的规模持续增长。那段时间，员工们经常看到摩尔从他的小隔间里出来赶往会议室，手上握着真皮外封的橄榄色笔记本，目不斜视、脚下生风。

在此期间，公司将平面工艺授权给日本的半导体公司，收到了高达一亿美元的使用费。1963 年开始，仙童半导体公司将晶圆的测试封装外包给中国香港的工厂，从此开启了业务外包的大门，极大地降低了成本。

1965 年初，摩尔依旧忙碌。他每天要阅读公司各部门的多份备忘录、月度进展报告、商业资料和技术文献，还要抽出时间静静地思考和规划。

这一天，摩尔的办公桌上多出一封来自纽约的商业函件，发信人是《电子学》杂志的编辑路易斯·杨（Lewis Young）。这家杂志拥有 65 000 个订户，在业界具有相当的知名度。当年 4 月，杂志社将庆祝创刊 35 周年。

这封写于 1 月 28 日的信中说："我们策划了一个'专家展望未来'的系列，将邀请 6 位杰出人士预测产业界的发展趋势。鉴于您在半导体领域做出的创新和您对这个领域的强烈兴趣，我们邀请您撰写一篇名为'微电子的未来'的文章。"在信的末尾，编辑表示希望能在 3 月 1 日前收到摩尔的文章。

摩尔认为，这将是一个向半导体界阐述自身观点的好机会，于是在 2 月 5 日先回复了编辑："这个预测未来的机会难以抗拒，因此我很乐意撰写这样一篇文章。"

这一年，IBM 公司开始发售广受欢迎的 S360 计算机，它采用分立晶体管，售价高达 11 万美元。同年，全世界约有 2 万台计算机，平均每 16 万人才拥有 1 台。如果芯片价格能以指数速度下降，那么计算机就能变得廉价并普及开来。两年前，芯片的销售达到了 50 万颗，但仍远低于晶体管的数亿颗，而且芯片的客户几乎都是美国军方，民用市场都被芯片高企的价格吓退了。

每当摩尔遇到困难时，他就从数字中寻求支持。究竟是盈利，还是亏本？是分立元件，还是集成电路？决定这一切的不是别的，而是真实的数字。

摩尔自小就喜欢琢磨数字，他习惯在一张小纸片上写下一连串数字，然后反复地琢磨它们背后的意义。在摩尔的老本行化学中，数字也起着关键作用。摩尔小时候最喜爱自制炸药，和伙伴们比赛看谁做的爆竹最响，乐此不疲，他知道在爆炸反应中指数增长非常普遍，例如 2^1，2^2，2^3……相邻数值按 2 的倍数增加，但右上角的指数“1，2，3……”（即它们的对数）则呈线性增长。曾有一次，摩尔把自己每年的薪水数值描绘在一个坐标轴上，连成曲线，才发现它竟然也呈现指数增长的趋势。

现在，摩尔需要在数字中找到一个办法，以说服业界相信芯片成本将会下降。成本下降的直接原因是芯片规模变大，相同价格下，芯片包含更多的元件，性能得到提升。如果摩尔能让人们相信未来芯片上元件数量有不断增加的趋势，那么客户就会放下顾虑并逐渐接受芯片。

摩尔回顾了过去几年中芯片上元件数量的增加情况，试图从中找到论证依据。他首先想到的是最简单的情形，即整个裸片上只有一个晶体管，那就是霍尼于 1959 年春天在仙童半导体公司做出来的平面晶体管，摩尔认为它是芯片“起飞”的原点。接下来，他选择了 1962—1965 年这 4 年的数据，芯片上的元件数量分别是 7，17，30，64。

摩尔将这些数字标在一张普通的坐标纸上，但是这些点并没有连成一条线性增长的近似直线，而是得到了一根向上弯的曲线，似乎呈现指数增长趋势。这意味着这些数据是等比例增加的。摩尔看着后面这 4 个数字，相邻两个数字之间都近似翻倍的关系。

摩尔又拿出一张对数坐标纸，他将这 5 个数中以 2 为底的对数求出来（其中 1 以 2 为底的对数是 0，64 以 2 为底的对数是 6，即 64 是 2 的 6 次方），然后把这 5 个数值连起来。结果令摩尔眼前一亮，一条近似的直线出现在他眼前。这几年芯片上的元件数量基本符合每年翻倍的规律（见图 6–3）。

1965 年的 64 个元件似乎并不多，但指数增长速度极快。古印度舍罕王打算奖赏国际象棋的发明人——宰相西萨·班·达依尔，但达依尔说他不要金银珠宝，只想要一些麦粒。在棋盘第一个格子放一颗麦粒，后一个格子的麦粒数是前一个格子的 2 倍，直到填满 64 个格子。当国王命人一个格子一个格子摆下去时，结果发现全国仓库里的粮食也填不满这些格子。实际上，每翻番 10 次就是 1 000 多倍，翻番 20 次就是 100 多万倍，翻番 30 次就是 10 亿多倍。

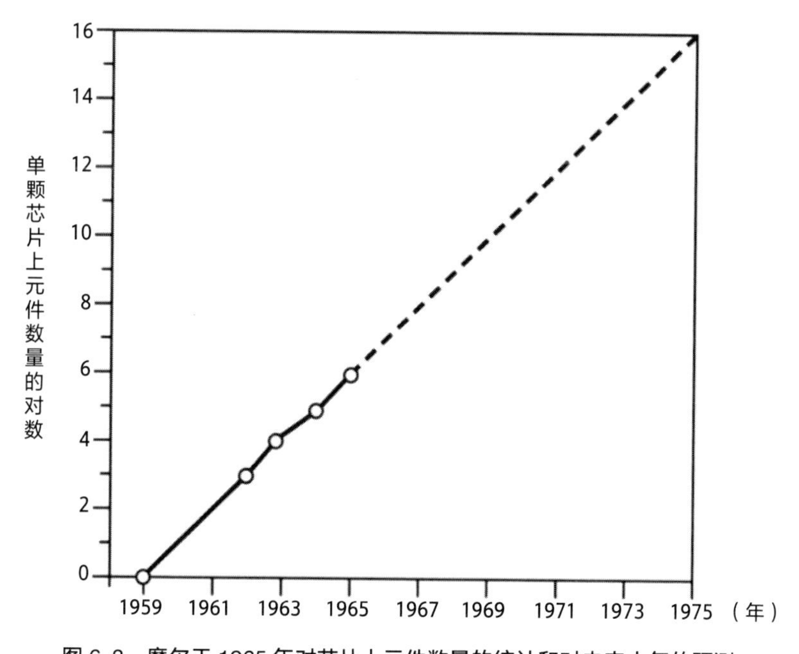

图 6-3　摩尔于 1965 年对芯片上元件数量的统计和对未来十年的预测

有了这些实实在在的数字，摩尔心里就有底了。他开始撰写文章，在开头他写道：

> 集成电子学的未来就是电子学的未来。集成的优势将带来电子产品的激增，从而推动这门科学进入众多新领域。

在分析了当前现状、芯片的可靠性和成本后，摩尔得出了这样一个结论：

> 依据元件最低成本的原则，芯片的复杂度会以每年 2 倍的速率增长。

这就是摩尔定律最初的表述，理性而平实。

接着，摩尔用这个规律预测了十年后芯片上的元件数目："这意味着到了 1975 年，以最低成本为目标，每个集成电路上的元件数将达到 65 000 个。"[①]

在 1965 年看来，65 000 是一个不可思议的巨大数字，但摩尔仍写道："我相信，这么大的一块集成电路能建造在一片单独的晶圆上。""我相信"这三个字很简洁，却显示出他不凡的信心和抱负。

如果芯片总体面积不变，那么这 65 000 个晶体管组成的芯片的价格将保持基本不变，也就是说在十年之后，多出来的 6 万多个晶体管都是免费送给客户的。这些额外赠送的晶体管的价值在 1965 年能买 1 023 个芯片。

不仅价格下降，芯片性能也在随着规模化生产而得到快速提升。十年后一颗芯片的性能相当于现在 1 024 颗芯片性能的总和。

那么，为什么芯片上的元件数量一定会按照这样的速率翻番呢？摩尔仅仅是拼凑出了这样一条直线吗？他这样做有什么依据吗？

摩尔注意到，1963 年每颗芯片包含 16 个元件时成本最低，那么芯片元件数量翻倍后应该是 32 个。

---

① 注意：摩尔在 1965 年撰写的这篇文章的图中使用的是"元件数"，而不是"晶体管数"。因为芯片中除了晶体管，还有电容器等器件。这些器件虽不属于晶体管，但在存储器等芯片中却占有相当大的数量。

如果人们保守一些，下一代芯片上的元件数目没有实现翻倍，仅仅只有 20 个的话，那么就意味着芯片面积没有被充分利用，造成了浪费，使得成本升高。反之，如果人们很冒进，在下一代芯片中塞进 50 个元件，那么芯片将变得拥挤，超出加工技术的极限，以至于一部分芯片无法正常工作，致使良率降低，同样会推高成本。

所以在某个特定的工艺下，一定存在一个最佳的、元件数量不太多也不太少的设计，使得芯片的成本最低。[5]

根据这一想法，摩尔画了一条向下凹的曲线，曲线最低处表示最低的成本与最适合的元件数量。它对应于这一代技术的最佳晶体管尺寸。这个点就像是碗底的一滴蜜，吸引蚂蚁聚集到这里，它在晶体管工艺上意味着“最甜蜜”的点（见图 6-4）。

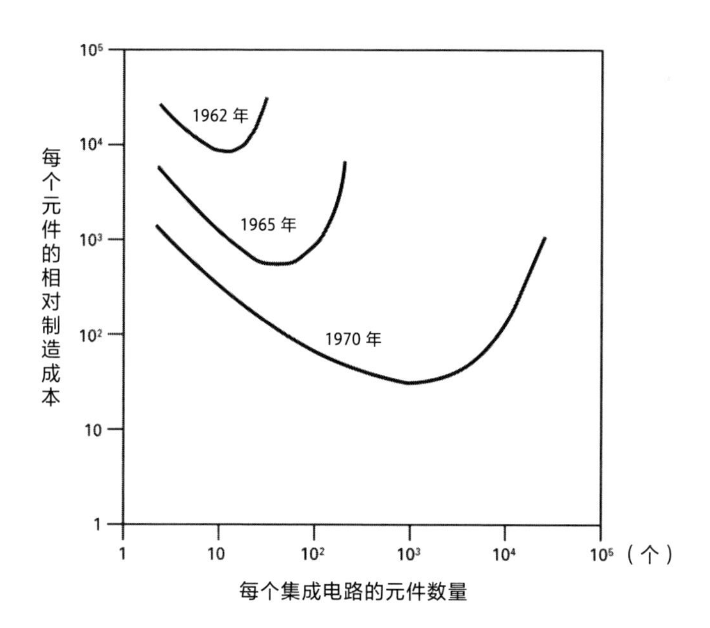

图 6-4　制造成本与芯片上元件数量的关系

注：每个工艺都有一个最适合的元件数量，那里就像是碗底的一滴蜜，是整条曲线“最甜蜜”的地方。

一年后，这条曲线会向右下方移动，这意味着芯片上的晶体管又缩小到一个最佳尺寸，使成本降低、元件数量增加，一颗包含 64 个元件的芯片成本最低，即元件数量翻一番刚好对应于成本最低处。于是摩尔得出结论，每年让元件数量翻一番，就能让芯片始终保持最低成本。这样一直到 1975 年，一颗包含有 65 000 个晶体管的芯片也是最便宜的。

赶在最后期限前几天，摩尔寄出了他在打字机上打出来的稿件，标题为“集成电子学的未来”。不过，等到文章发表时，标题被编辑改成了“在集成电路中塞进更多的元件”。

就在摩尔发表这篇文章时，硅谷出现了越来越多的半导体企业，它们并不是单打独斗，而是跟周围的企业有着频繁的互动。

仙童半导体公司就是这样一个典型的例子。那时有很多仙童半导体公司的员工离职，在附近创业，为仙童半导体公司提供必要的辅助设备，有的做掩膜版，有的做半导体设备……他们互相合作，彼此依赖。

如果掩膜版的研发速度赶不上晶体管的设计速度，那么业界前进的整体速度就会下降。反过来，如果仙童半导体公司某个爱出风头的研究人员要酷设计了一个非常小的晶体管，可是加工设备却跟不上，那么芯片良率就会骤降，这必定推高成本，得不偿失。

摩尔定律就像一支无形的指挥棒，指挥着这条产业链上的不同角色按照特定的节奏朝着同一个方向前进。它设定的节奏就像是一种无声的召唤、一只无形的手。芯片上元件数量逐年翻倍的节奏就像是草原上奔跑迁移的角马群的速度。每一只角马都不能跑得太快或太慢，而要跟角马群整体的移动速度保持相对一致。跑得太快了，体力不支，则难以长久；跑得太慢了，距离越拉越远，则会掉队。

摩尔的分析简洁且富有理性的力量，将纷繁的半导体制造、研发的细节和波动幻化为点点光晕，在混沌中化约出一根简明的脉络。

不过，有人可能质疑，摩尔定律是凭空想出来的吗？

当摩尔名扬四海的时候，有一个对摩尔定律起到重要作用的人却几乎被历史遗忘了。这个人就是当时西屋电气公司（Westinghouse）的哈里·诺尔斯（Harry Knowles）。

1964 年上半年，诺尔斯应邀在美国电气与电子工程师协会的年会上做一次演讲，他给出了一条向下凹陷的曲线。如果把这根曲线跟摩尔一年后发表在《电子学》杂志上的曲线进行对比，就会发现两者的形状一模一样。诺尔斯演讲的内容发表在当年 6 月的《科技纵览》（*IEEE Spectrum*）杂志上。[6]

摩尔在为《电子学》撰写文章之前很可能已经了解了诺尔斯的曲线。那么摩尔是抄袭了诺尔斯的成果吗？也不是，因为在诺尔斯的曲线中，横坐标是芯片的“引脚数”，而摩尔的横坐标是“每颗芯片上的元件数量”。芯片引脚数虽然直观，但不能直接反映出芯片的复杂度，而摩尔选择的元件数则更接近问题的本质。

诺尔斯的曲线跟摩尔的曲线相似，说明业界已经对芯片的发展有了足够多的共识，而摩尔有幸成为最准确描述出这一规律的人。

有考据癖的读者可能好奇，摩尔是怎么找到最初的那几个数字的？很遗憾，摩尔的文章中并没有提及。在随后的 50 多年里，也没有人知道摩尔的数据来源。

直到 2017 年，人们才有了一个发现。摩尔有一位同事哈里·塞洛（Harry Sello），当时跟萨支唐一起加入仙童半导体公司。塞洛去世后，他的遗孀整理物品时发现了一张纸片，上面用粗体印着戈登·摩尔的名字。纸面有点发黄了，上方裂了一个小口子，但被精心地粘了起来，说明这张纸曾经很重要。这是当年仙童半导体公司内部的一种备忘记录纸，用于同事间互相分享想法。塞洛保留了摩尔当初的一张备忘录（见图 6-5）。

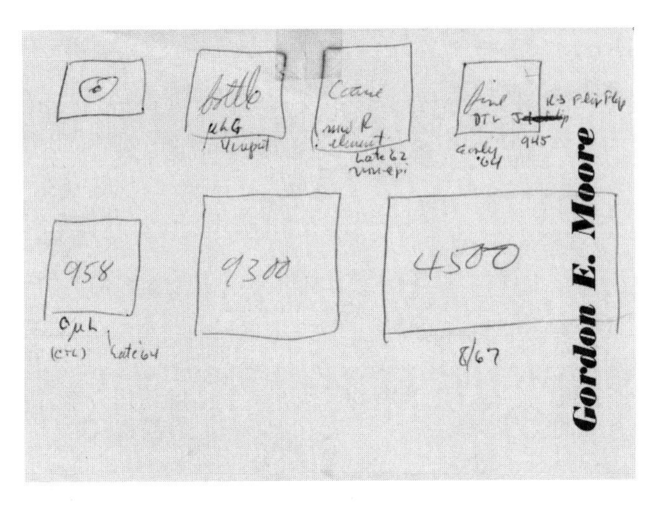

图 6-5　摩尔记录下的几个芯片的型号

纸片上画了两排像方块一样的图形，总共有 7 个。每个图形上潦草地写着一些字母或数字。方框代表芯片，而字母和数字代表型号。从简单的触发器电路，到较为复杂的计数器、移位寄存器和门阵列芯片，无不显示出摩尔头脑中曾思考过的典型芯片。

仙童半导体公司的另一位员工戴维·劳斯（David Laws）从塞洛的遗孀那里得到这张纸片后，找出了公司的产品手册，并一一对照型号，确认元件数量。1962 年的元件数是 7 个，1964 年是 34 个，1965 年是 58 个，1966 年是 125 个，1967 年是 264 个，几乎每年翻倍。

这张纸片应该出现在摩尔 1965 年发表的文章之后，但至少显示出摩尔一直没有停止思考，而且在追踪最新的芯片来验证自己的想法。[7]

始料未及，摩尔定律的修正

摩尔的文章发表后，并没有立刻引起轰动。即使在业界内部，人们也没有广泛地谈起它。

大众的注意力都被 1965 年发生的几件轰动世界的大事吸引了：旧金山附近的黑人发生了暴动，马丁·路德·金在亚拉巴马州发起了和平示威运动；美国宇航员进行了第一次太空行走，这一次他们与苏联人的差距缩小到了 3 个月。

不过，米德却对摩尔的见解大加赞赏。他拜访了一家又一家芯片公司，积极地参加各种行业会议，在不同的场合说服别人相信尺寸缩减将带来的成本降低、性能提升、功耗降低的好处，而且这种“甜蜜期”会持续几十年。

但业界却没有这么乐观，当时流传着一个芯片的“厄运预言”的说法。当晶体管中有电流流过时，一部分电能会转换为热量。芯片中晶体管越多，热量也越多。人们估计，如果元件数量达到数百万个，它们产生的热量聚集在指甲盖大小的空间，热量密度会超过核反应堆，直逼火箭的喷射口，以至于导致芯片熔化。

这意味着当晶体管还没有缩小到米德所预测的极限时，芯片散热问题就能让摩尔定律提前“死亡”。因此，业界对摩尔的观点充满怀疑。

摩尔问米德：“‘厄运预言’是否会阻止芯片规模继续增大？”米德回答说，不如拿起笔来算一下芯片的热量密度有多大。

米德假设每次晶体管升级时，长与宽分别缩减为上一代的 70%，这样晶体管面积就能缩小一半（或者说芯片中晶体管数量翻倍）。与此同时，为了保持晶体管正常工作，还要等比例地减小晶体管的工作电压，并提高半导体的掺杂浓度。结果，芯片的热量密度并没有增加，而是跟上一代一样[①]。

此外，晶体管尺寸减小，彼此靠得更近，时间延迟减小，芯片的工作速度也随之提升。这意味着，只要晶体管尺寸减小，不仅芯片功能更强大、便宜，而且不会过热，速度还更快！

可是，天下真有这么好的事情吗？这一切好像是天上掉馅饼一样不真实。米德的观点遭到了一些研究人员的怀疑。

米德在每一次出去宣讲前都去找摩尔要一些最新的数据，补充到他的图表中，诸如在过去一年中单个晶体管的成本下降了多少、速度提升了多少。

在摩尔最初的 5 个数据的基础上，米德不断补充新的数据，摩尔图中的直线也跟着不断延长。到了 20 世纪 60 年代末，DRAM 出现了，这极大地提高了晶体管的密度，把摩尔定律继续向前推进。70 年代初，CPU 芯片问世，也加入了摩尔的曲线中。

这使得人们认识到，摩尔定律的预测是真实的、正在发生的。米德渐渐地使人们相信，芯片规模越来越大，性能越来越强，价格也将越来越便宜。摩尔定律准确地预言了这一切。

有赖于米德的大力宣传，摩尔定律才广为人知。摩尔是一位典型的理工男，生性内敛。每次他要说出“摩尔定律”这四个字，都会话到嘴边又咽下去，很不好意思。

① 这是因为，虽然芯片上晶体管数量增加了一倍，但由于晶体管工作电压降低，单个晶体管的功耗下降，抵消了晶体管数量增多引起的功耗增加，所以在单位芯片面积上，热量密度没有增加。

早些年，米德每次宣讲时都会被问道："摩尔定律是一个物理定律吗？"米德解释说，它不是一个物理定律，而是关乎人类的行为。摩尔定律不会像物理现象那样自然而然地发生，而是需要无数人付出才智和汗水，坚信他们能够克服一个又一个看似不可能的困难，从而不断地让元件数翻倍。

在摩尔定律没有提出之前，没有人知道未来的路会是怎样的。而摩尔定律给芯片的未来发展划定了一条路线图，它以数量翻番的形式通往未来。它让人们相信，既然过去能够克服困难走到今天，那么明天遇到新的困难时也总会有人克服它。

如果你不去努力地解决问题，那么就会有别人冒出新想法，而你也将被取而代之。摩尔定律就像是一个不怒自威的老板，决定了整个行业中落在后面的人将被淘汰。英特尔曾严格地执行早上 8 点上班打卡的制度，谁迟到就要在一个记录本上签下自己的名字，连摩尔和诺伊斯也不例外。[8]

1975 年，在摩尔定律发布十周年的时候（这时它已经在业界广为人知），摩尔受邀在国际电子器件会议上做一个主题演讲，回顾过去并展望未来。

摩尔展示了十年前摩尔定律预测的延长线，他选择了这十年间的代表性芯片，将它们的元件数一个一个地标注在坐标上，这些数据点散落在摩尔预测的延长线旁边，总体上符合摩尔定律的预测趋势（见图 6-6）。[9]

不过，摩尔也对定律做了一些调整，将未来的发展趋势修正为每两年翻一番。

这是因为，十年前摩尔认为有三个因素驱动着元件数的增加：芯片裸片尺寸增加；晶体管缩小；芯片设计技巧提高。裸片尺寸越大或晶体管越小，芯片能容纳的晶体管就越多。此外，设计技巧提升，意味着能将芯片上空闲的面积尽可能地利用起来，从而塞进更多的晶体管。

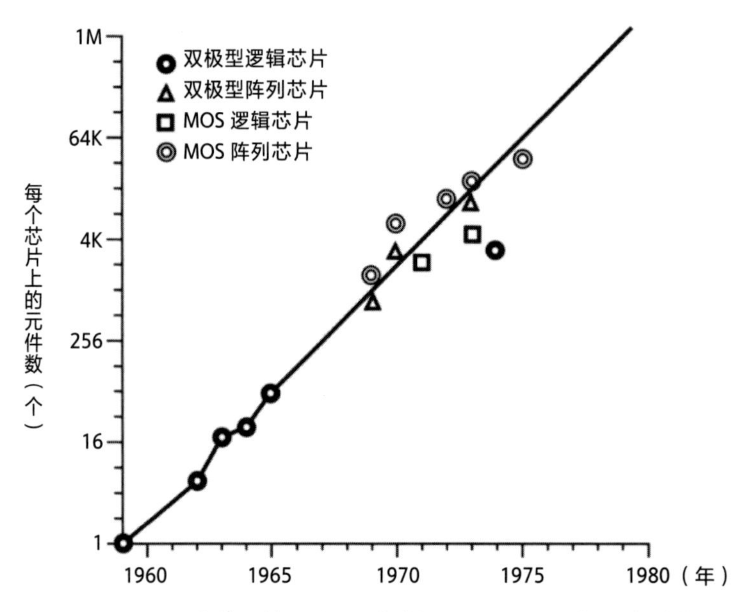

图 6-6　摩尔 1975 年给出的元件数量的增加情况，基本符合 10 年前的预测

但是到了 1975 年，摩尔发现最新发布的电荷耦合器件（简称 CCD）存储芯片上密密麻麻地布满了晶体管，已经没有多余的空间可以继续利用了，所以芯片设计技巧已经无法继续提高晶体管的密度了。少了这一驱动因素后，摩尔认为芯片上元件增加的速率将放缓，所以将元件数翻倍的时间从一年延长到了两年①（见图 6-7）。

这一修正是及时的，不过有一件事却让摩尔始料未及。当时业界看好 CCD 内存的前景，所以摩尔觉得 CCD 有可能在五年内继续维持每年翻倍的节奏，当时摩尔想："我先不要立刻修正斜率，先给它五年的续期。"所以他在 1975 年的文章中将元件数目翻倍节奏切换的时间推迟到了 1980 年。[10]

① 业界广泛流传着一种说法：芯片上元件数量翻倍的时间是 18 个月，但摩尔辩解说他从来没有提过这种说法。实际上，这个说法出自英特尔的戴维·豪斯（David House），他认为摩尔定律的元件数量每两年翻倍，会导致 CPU 的性能每 18 个月翻倍。

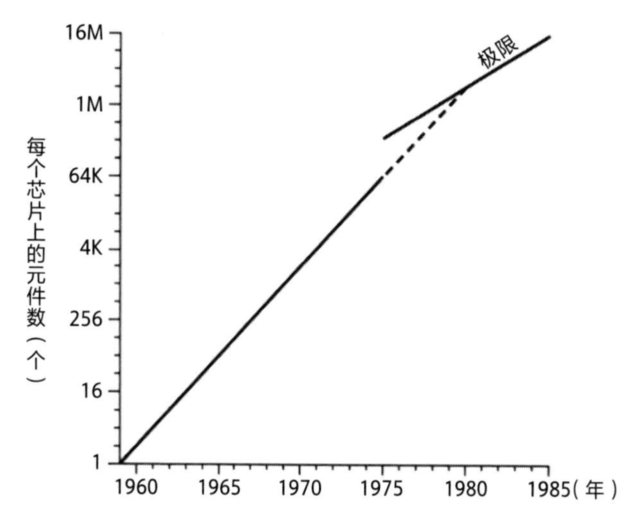

图 6-7　摩尔将芯片上元件数量翻倍的时间从一年改为两年

不过 CCD 存储芯片出师不利，很快就退出了历史舞台，这导致曲线斜率从 1975 年就开始变缓了，并使得摩尔预测的曲线比实际的数量高出了一些。摩尔在 2005 年回忆道：“我的预测本来可以更准的，但实际上并没有。”

拯救行动，延续摩尔定律

1975 年以后，芯片继续按照摩尔设定的节奏前进，然而每过一段时间就会遇到新的障碍，从而陷入止步不前的局面。

在 20 世纪 70 年代中期以前，业界一直广泛地使用贝尔实验室在 20 世纪 50 年代发明的扩散法来制造晶体管①。但是随着 MOS 场效晶体管的栅极越来越

① 详见第 3 章富勒发明扩散法的相关内容。有了扩散法，就能大规模地制造晶体管，肖克利因此去了加州创业。

短，用扩散法制造源极和漏极时越来越难以对准。当晶体管尺寸继续减小，简便易行的扩散法也难以为继。这时离子注入法出手了，它大幅地提高了加工对准的精度，并替代了扩散法①。

20世纪70年代，当湿法刻蚀达到极限后，等离子干法刻蚀接过了接力棒。手工设计大规模集成电路变得繁杂且不可行后，电子设计自动化（简称EDA）工具不失时机地登上了舞台②。

到了20世纪80年代，处理器芯片中的晶体管数量已经达到几十万个，当时芯片中普遍使用NMOS场效晶体管，功耗增大，芯片发热严重。沉寂了20年的低功耗CMOS场效晶体管终于派上了用场，逐渐成为半导体器件的主流，一直到今天③。

当1997年晶体管特征尺寸减小到250纳米时，传统的i线（365纳米）紫外光已达到了极限，人们发明了248纳米的深紫外光（简称DUV）。[11]

同一年，铝互连线发热过大，信号延迟太久，难以为继，业界终于推出了铜互连线技术，从而解决了发热和延迟问题，挽救了摩尔定律。

进入新世纪，2003年晶体管到达90纳米节点时，193纳米的DUV及时出手了。到了2009年，193纳米到达极限时，浸没式的DUV光刻法出现了，使得摩尔定律从45纳米起多延续了7代，“续命”到7纳米。此后，光刻再一次遇到

① 其实，离子注入法跟肖克利颇有渊源。20世纪40年代高能物理快速发展，要用到加速器使粒子高速运动。受此影响，肖克利在1954年提出了一个专利，将带电离子加速，射入半导体内部，从而使半导体变成带正电荷的P型或者带负电荷的N型。离子注入法的方向性特别好，因而在晶体管尺寸很小时也能精确地控制和对准，从而替代了扩散法。

② 关于EDA，详见第12章。

③ CMOS场效晶体管由万拉斯和萨支唐于1963年发明并公布，详见第5章。

障碍，2018 年波长 13.5 纳米的极紫外光（简称 EUV）接过了接力棒，成了 5 纳米及以下工艺的光刻技术[①]。

2011 年，平面 MOS 场效晶体管的漏电流非常严重，造成了极大的耗电，此时立体的鳍式场效晶体管（简称 FinFET）登场了，它有效地减少了电流泄漏，继续延长了摩尔定律的有效性。

就这样，每次摩尔定律到了危急时刻，人们的潜能就会被激发出来，发明出新的技术，让摩尔定律获得新的验证。

如果我们把摩尔定律分成若干段，每一段都是 S 曲线。每隔十年左右，它就会遇到一个较大的瓶颈，而这时就会有一个新技术出现，从而让摩尔定律突破瓶颈并继续获得验证。到了下一个十年，原有技术遇到了新的瓶颈，又会有新技术来实现突破。S 曲线一开始大都平缓低矮，然后突然陡峭上升，这就是新生事物的威力（见图 6-8）。

与其说摩尔定律是一个定律，不如说是一种信仰。正是这种“不待证明而相信”的信仰，推动着摩尔定律不断获得验证。摩尔定律展示的不是永恒不变的物理定律，而是人的想象力和创造力在不同阶段所能达到的极限。从 20 世纪 60 年代初有不到 10 个元件的小规模集成电路（简称 SSI）到 1968 年之前的有 10 ～ 500 个元件的中规模集成电路（简称 MSI），再从 1971 年之前的有 500 ～ 20 000 个元件的大规模集成电路到 1980 年有 20 000 ～ 100 万个元件的超大规模集成电路（简称 VLSI），直至更大规模的特大规模集成电路（简称 ULSI）[②]。

① 关于光刻技术，详见第 13 章。

② 不过 VLSI 这个名称现在更流行，指代所有规模较大的芯片。

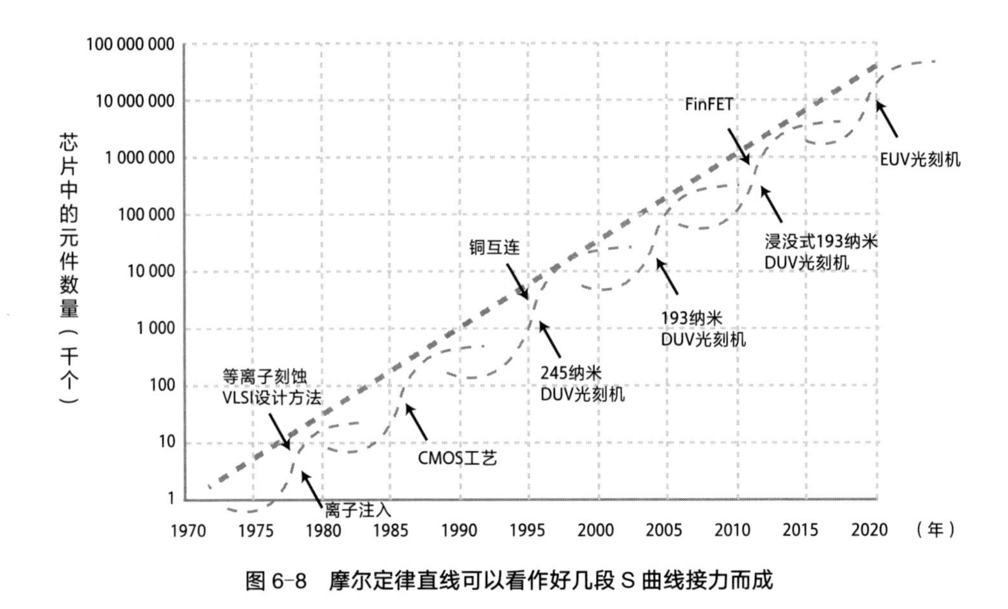

图 6-8　摩尔定律直线可以看作好几段 S 曲线接力而成

在摩尔定律的驱动下，芯片的晶体管数量不断攀升。1997 年日立公司（Hitachi Limited）的“SH-4”芯片有超过 1 000 万个晶体管，2006 年英特尔的“安腾 2”处理器有 17.2 亿个晶体管，2017 年高通公司的“Centriq 2400”芯片有 180 亿个晶体管，2022 年苹果发布的“M1 Ultra”芯片晶体管数量更是达到了 1 140 亿个。

如果技术是从后面“推”着摩尔定律得到验证，那么需求则在前面“牵引”着它。个人电脑的发展刺激了对高速 CPU 和大容量内存的需求，移动互联网和智能手机则刺激了低功耗、非易失存储器的需求。个人电脑和智能手机代表的互联网时代和移动互联时代就是最好的例证。不过，CPU 上有一项指标却是例外，在过去十几年中都没有增加。

随便打开一台主流计算机的设置，找到处理器的频率信息，这个数值一般为 3 ～ 4 GHz，即 CPU 每秒处理 30 亿～ 40 亿次运算。实际上，这个数值自 2005 年后就基本没有增长了，可是根据摩尔定律，处理器不是应该越来越快吗？

事情要从 1974 年说起，IBM 公司的工程师罗伯特·登纳德（Robert Dennard）研究了 MOS 场效晶体管的缩小趋势后，提出了“登纳德缩小规则”。[12]

没错，以前晶体管一直按照“登纳德缩小规则”的方式缩小，每一代芯片速度都会变快 1.4 倍（频率增大 1.4 倍）。但自从 2005 年起，“登纳德缩小规则”开始失效，摩尔定律的“甜蜜期”也随之走向了终点。

“登纳德缩小规则”又被称为“电场不变规则”，它规定每次器件变小时都要保持栅极的电场强度不变，以防止晶体管被击穿。只要满足了这一条，晶体管尺寸缩小就能让芯片性能持续提升、工作频率不断加快，这些都无须付出额外的代价，而是免费的“福利”①。

“登纳德缩小规则”为芯片的“免费升级”找到了一条合理的路径。它规定，每次升级晶体管尺寸应当变为原来的 k 倍（k=0.7），这样线路延迟就会变短（变为原来的 70%），频率也将提升为原来的 1/k 倍（约为 1.4 倍）。

“登纳德缩小规则”曾经是摩尔定律的主要驱动力之一，它使芯片在性能、功耗和面积三个方面同时得到改善。[13]

但到了 2005 年左右，晶体管尺寸变得很小时，器件即使关断后也有较大的漏电流，它们转换为热能提高了芯片的温度。为了防止进一步升温，芯片的工作频率就不能继续提高了，所以后来的 CPU 主频就维持在 3 ～ 4GHz 而不再升高，“登纳德缩小规则”就逐渐失效了。到了现在，只剩下摩尔定律仍在继续发挥作用（见图 6-9）。

① 为了维持电场强度恒定，电压需等比例降低（变为原来的 70%），使得功耗降低（变为 k^2=0.5 倍）。因为面积同样随之减小（变为 k^2=0.5 倍），所以单位面积上芯片的功率密度没有变（k^2/k^2=1），故而芯片不会因过热而熔化。

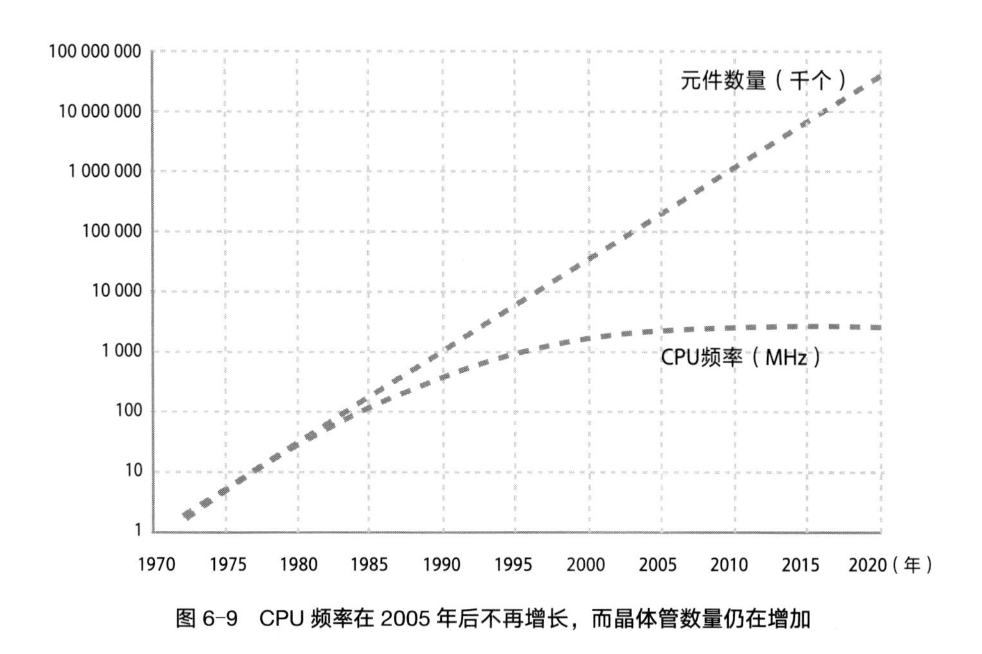

图 6-9　CPU 频率在 2005 年后不再增长，而晶体管数量仍在增加

尽管摩尔定律生命力顽强，但也并不完美。有人说，摩尔定律像钟表嘀嗒的节奏般精准，其实这是一个误解。

20 世纪 70 年代末，摩尔定律开始分叉成两条路线，一条是存储器，另一条是逻辑电路。前者以每 18 个月的速度翻倍，而后者按每两年的速度翻倍，近年来速度则进一步放缓。存储器由于元件布局规整，设计简单，元件数量每年能增加 58%。而 CPU 等逻辑电路，内部单元模块种类繁多，设计和走线复杂，元件数量每年只增加 38%。[14]

摩尔每次接受采访时都会说，他完全没有想到摩尔定律的有效期会延续这么久，元件数量一直翻倍的节奏令他惊讶不已。

摩尔定律到底是什么呢？它是一个定期的召唤，能让数百万人行动起来，调动数千亿资金，延续它的有效性。

摩尔定律不是一个关于过去已发生之事的规律，而是一个如何使得未来变得更具可行性的“鼓舞者”。它是关于人的定律——人的信心、渴望和追求。一个人所要做的全部只是持之以恒。

在摩尔定律不断发挥作用的过程中，交织着人类对解放双手的渴望、对低成本的追求，以及对恐惧的担忧和对未知世界的好奇。在这样一种混合了担忧和渴望的情绪中，人类使不可能的事情变为可能，一次又一次地延迟了摩尔定律终结之日的到来。

在摩尔定律提出 50 周年时，摩尔用一句话总结了过去几十年芯片的演变和救赎之路——“一切过往皆可超越”（Whatever has been done can be outdone）。

本章核心要点

摩尔定律在还未广为人知之前，人们倾向于否定它；当它人尽皆知后，人们又开始神话它。

其实，摩尔定律并不是摩尔一个人的定律。

若非摩尔的同事和好友拉斯特辞职出走，就无法促成摩尔去说服业界投入芯片的研制，无法促使他琢磨如何让客户相信芯片会越来越便宜，进而提出摩尔定律。

摩尔从仙童半导体公司研发的芯片中得到了一手数据，又从诺尔斯的下凹曲线中汲取了灵感，于 1965 年提出了未来十年每颗芯片中元件数量每年翻倍的趋势。即便只预测了十年后的芯片规模将增长 1 000 余倍，但业界也没有相信他。如果没有加州理工学院的米德四处宣讲，摩尔定律就无法在短时间内获得业界的广泛认同。

1974 年，IBM 公司的登纳德提出了“登纳德缩小规则”，每一代晶体管尺寸只要缩小 30%，就能让芯片上的元件数量翻倍，同时让芯片速度提升 40%，而单位面积的发热功率则保持不变。此后 30 年，晶体管基本按照“登纳德缩小规则”发展。

1975 年，摩尔修改了“摩尔定律”，将翻倍的节奏改为两年，这一趋势一直延续到 21 世纪的前十年。此后在制造成本、技术开发等压力下，摩尔定律预测的翻倍节奏有了放缓的趋势。

关于摩尔定律有两个基本的认识错误。有人说芯片数量翻倍的周期是 18 个月，但摩尔从未说过这句话；摩尔的数量翻倍指的是所有元件的数量，而不只是晶体管数量，因为在有些芯片中（如存储芯片），非晶体管元件（如电容器）会占相当大的比例。

只要创新不停止，摩尔定律的有效性就会一直延续下去。

扩展阅读

摩尔定律发展中的里程碑事件[15]

1966 年　IBM 公司的罗伯特·登纳德发明了单晶体管的 DRAM，极大地提高了存储密度。

1971 年　英特尔公司发布了第一颗通用的 CPU 芯片 4004，拉开了微处理器时代的序幕。

1972 年　低温离子注入法问世，替代了使用近 20 年的高温扩散法。

1974 年　等离子干法刻蚀问世，替代了传统的湿法刻蚀，从而实现了更精细的加工。

1977 年　在米德和林恩·康韦（Lynn Conway）的推动下，用计算机辅助设计芯片开始成为主流。

1980 年　IBM 公司成功研制深紫外准分子激光光刻技术。

1982 年　一种对紫外光高灵敏的化学放大光阻剂研制成功，大大地加速了芯片制造过程。

1987 年　第一家专门做晶圆代工的企业——中国台湾积体电路制造股份有限公司（简称TSMC或台积电）成立，开创了一种新的半导体制造模式。

1992 年　美国半导体行业协会制定了第一幅半导体发展路线图，7 年后发布了国际半导体技术发展路线图（简称 ITRS）。

1997 年　IBM 公司和摩托罗拉公司提出用铜互连替代铝互连，大大降低了线间时延。

2002 年　英特尔公司开始采用 12 英寸晶圆量产芯片。

2004 年　浸没式 193 纳米光刻设备问世，使得摩尔定律继续朝着 150 纳米以下的节点推进。

2007 年　英特尔公司发布了处理器发展的“嘀 - 嗒”（Tick-Tock）模式，分别对应于工艺升级和结构升级。这一年，苹果发布第一代 iPhone。

2011 年　英特尔采纳胡正明教授（Chenming Hu）发明的 FinFET，帮助业界将工艺推进到 22 纳米以下。

2016 年　随着摩尔定律放缓，“嘀 - 嗒”模式被改进为“工艺—结构—优化”模式，处理器的升级周期变长。

2018 年　EUV 光刻机开始由荷兰阿斯麦尔公司（简称 ASML）发货。

2020 年　台积电公司和三星公司用 FinFET 工艺量产 5 纳米制程的晶体管。

2020 年　三星公司宣布将在 3 纳米工艺中采用新的围栅场效晶体管（简称 GAAFET）替代 FinFET。

学习曲线与摩尔定律

在摩尔定律提出之前，人们就已经开始使用“学习曲线”（learning curve）来预测晶体管的数量和价格。这个学习曲线不是心理学上的概念，而是关于成本与产品数量关系的概念。

1936年，美国航空工程师西奥多·莱特（Theodore Wright）发表了一篇关于“影响飞机制造成本”的文章，提出了莱特定律（或称经验曲线定律）。[16]

他认为，人们都是在做的过程中学习并积累经验的。随着经验积累，效率提高，制造单个产品的时间就会越来越少，成本也随之降低。人们的经验越多，成本就越低。累积的经验可以等效为累积的产品数量，所以单个产品的成本会随着累积的产品总数的增加而成比例地降低。例如某个飞机零部件累积生产的总数翻倍，那么单价就会减半。如果把产品的成本和总数的变化都画在对数坐标上，就能得到一条规律的直线。[17]

在20世纪五六十年代，德州仪器公司就用这个理论来预测将来晶体管的价格，从而正确地定价。早期的晶体管总量不多，很容易翻倍，因而价格也很快会减半。实际上，德州仪器公司直接把价格定在了成本线以下，因为他们预测到未来成本将降低得很快，不会亏本。而现在把价格定得很低，则能有效地占领市场、留住客户。

“学习曲线”理论对于所有商品都适用，不只是晶体管，只要这种商品在开放市场上生产和交易，而不是受到专有渠道的管控。

如果把全世界累积生产的晶体管数量作为横坐标，单个晶体管价格（近似于成本）作为纵坐标，我们就能得到一根向下的直线。2019年，单个晶体管的成本下降了32%①。尽管每年晶体管的成本会有波动，但总体趋势仍符合“学习曲线”的预测：不断趋近坐标的右下角（见图6-10）。

① 这跟我们的感觉好像不一致，这个数字实际上综合平均了存储器和处理器等所有芯片中晶体管的结果，实际上处理器的晶体管成本并没有下降那么多。

当半导体业界能够按照固定的节奏使芯片上的元件数量翻倍，因而累积的晶体管数量也能翻倍，从而使得成本减半时，“学习曲线”就演变为与摩尔定律的预测一致。

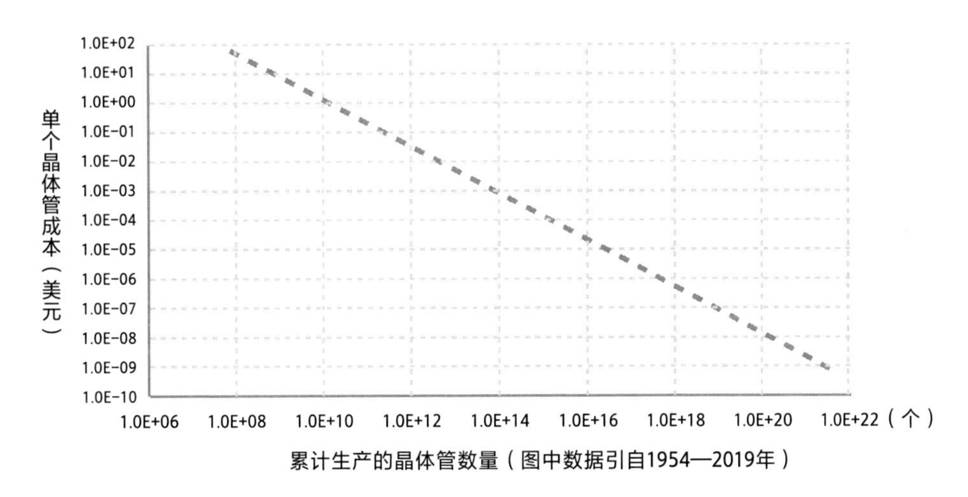

图 6-10　晶体管总数变化与成本降低的趋势

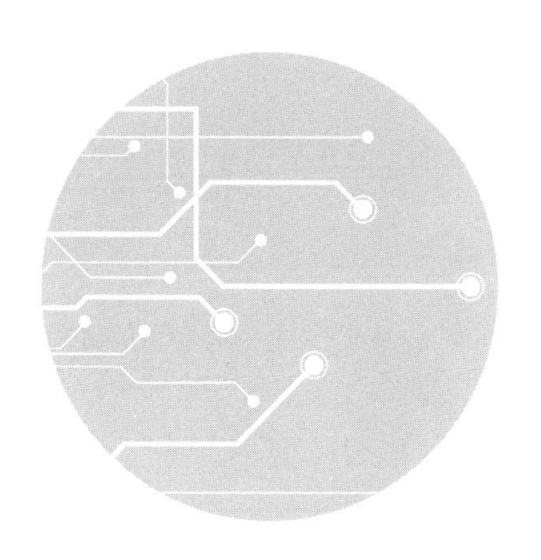

07

化繁为简，计算芯片

1970年底临近新年的一天傍晚，在加州山景城的一家小公司里，一位名叫法金的工程师收到了一颗刚加工好的芯片。

法金是这年春天加入这家才成立两年的公司的，他负责设计一颗全新的计算芯片。

确切地说，是一个系列的芯片，编号从4001到4004，法金这天收到的是第四颗芯片4004，也是最后一颗。前三颗是相对简单的寄存器和存储器，都已经设计出来并通过了测试，这第四颗最为关键，因为它是一颗从未有过的芯片——CPU。

法金小心翼翼地把这颗芯片放在测试台上。此前他为设计这颗芯片忙碌了大半年，如果成功了，这将是世界上第一颗能正常工作的CPU。不同于其他单一功能的专用芯片，这颗CPU能实现数学计算、控制交通灯和电梯等各种功能，是第一款通用处理器芯片。

法金将芯片引脚连接到示波器上，然而屏幕上没有任何信号。法金觉得奇怪，“也许碰巧是一颗废片”，他在心里嘀咕。他在晶圆上换了一颗芯片，仍旧没有信号。“也许整片晶圆坏了？但愿下一片晶圆是好的”，法金在心里祈祷。但换了几片晶圆，依然如此。这是怎么回事？法金几乎要发狂了，难道自己起早贪黑大半年设计出的芯片就这样失败了？！

这颗计算芯片承载的不仅仅是法金的梦想，也是计算机科学家冯·诺伊曼和艾伦·图灵的梦想，甚至是几个世纪前的数学家乔治·布尔（George Boole）和戈特弗里德·莱布尼茨（Gottfried Leibniz）的梦想。如果没有这些数学家的思想，就没有法金的这颗 CPU 芯片。让我们先回到莱布尼茨生活的 17 世纪。

计算梦想，从莱布尼茨到图灵

德国数学家莱布尼茨 27 岁时发明了一台能做加减乘除运算的机械装置，不过他并不满足于此，他的雄心是用机器完成逻辑推理。这源于他十几岁时学习了亚里士多德的逻辑系统，了解了三段论和矛盾律，从此为之着迷。

为了实现逻辑推理，莱布尼茨需要发明一些逻辑运算符号，它们代表观念之间的逻辑关系。例如，A ⊕ A=A 中的⊕表示的不是普通的加法，而是逻辑观念上的合并，例如将马和马合并在一起仍是马。

后来，当莱布尼茨得知任何一个数都能表示为只包含 0 和 1 的二进制数值时，他被深深地震撼了。不过，莱布尼茨来不及将二进制跟逻辑运算结合起来，就被别的事务占据了时间，他的想法足足沉寂了一个半世纪，直到 19 世纪一位英国数学家乔治·布尔重新拾起了它。

布尔出身于一个补鞋匠家庭，没有接受过正规教育。一天，18 岁的布尔走在空旷的田野上时突然想到，莱布尼茨所沉迷的那些逻辑关系具有某种共性。

例如，“所有马都是哺乳动物”，这句话描述了一些“类”或“集合”。这些集合之间的逻辑关系可以用代数表达出来。具体来说，用 A 代表马，B 代表白色的事物，那么 AB 就代表既属于 A 又属于 B 的事物，即两者的交集——白马，A 与 B 之间是一种“与”的逻辑关系。

布尔还发现，AA 表示既属于马又属于马的事物，结果还是马。所以 AA=A。这种情况总为真，不管 A 是代表马还是别的东西。如果把 AA=A 当成代数方程，它的解只有两种可能：0 和 1。

布尔恍然大悟，只要将 A 的取值范围限制在 0 和 1 两个数值，那么逻辑关系就变成了代数关系，于是布尔认定，只需在代数计算中采用二进制，就能将逻辑推理和代数计算融合起来，从而用代数形式来表达逻辑关系。布尔的这一发现后来成为当代计算机的基石。[1]

布尔发现，0 和 1 还能表示命题的真和假。例如，如果命题“约翰穿了一件白色上衣”为真，那么 P=1，否则 P=0。类似地，如果“约翰穿了一条白色裤子”为真，则 Q=1，否则 Q=0。如果约翰同时穿了一件白色上衣和一条白色裤子，那么 PQ=1，否则 PQ=0。

一切吻合得天衣无缝，布尔用代数来表示逻辑关系和逻辑推理这条路走通了，开创了一种逻辑演绎的新方法，即布尔代数①。

到了 1879 年，德国数学家弗里德里希·弗雷格（Friedrich Frege）把布尔的发现又向前推进了一步。如果说布尔为逻辑表达式创造了一些单词和短语，那么

① 布尔甚至可以用他发明的式子表达亚里士多德的矛盾律：“同一性质既属于又不属于同一个东西，这是不可能的。”它可以表示为 A(1−A)=0，其中 A 为某一类东西，1−A 就是不属于 A 的东西，而 0 表示这是不可能的。A(1−A)=0 稍微变形后就得到了 AA=A 这个总为真的式子。

弗雷格则创立了一门语言所需的全部语法规则。[2] 例如，用弗雷格的逻辑系统表达“如果 w 是一只龟，那么 w 是爬行动物”这个命题，可以写成一串字符：(∀w)[龟(w)⊃爬行(w)]。这里的∀表示“任何一个”，⊃表示“如果……那么……”。

一旦定义好弗雷格的规则，我们就只管执行即可，而无须关心符号（例如上面的 w）所代表的具体含义，弗雷格梦想着可以将它们交给机器自动推理。

但在 1902 年，弗雷格的梦想被一封来自英国数学家伯兰特·罗素（Bertrand Russell）的信件打破了。罗素说：“我在一个地方遇到了一点困难。”他发现弗雷格的规则中隐藏着一颗“定时炸弹”。一个集合可能会包含它自身，这样它就是异常的，从而陷入矛盾中无法自拔。“对于一个科学工作者来说，没有什么能比这更为不幸了。”弗雷格在回信中不无悲伤地写道。

弗雷格的这个问题与德国数学家大卫·希尔伯特（David Hilbert）在 1900 年国际数学大会上列出的 20 世纪有待解决的 23 个重要问题之一“算术一致性”有关。如果能证明这一命题，那么自动逻辑推导的努力或许还有救。一位出生于奥地利的年轻数学博士生库尔特·哥德尔（Kurt Gödel）决定放手一试。

希尔伯特对解决这个命题的证明感到乐观，他在 1930 年退休那一年应邀于柯尼斯堡会议上做了一场特别的演讲，他雄心勃勃地说道：“我们必须知道，我们终将知道！”

然而，哥德尔的全部努力都付之东流了。更糟糕的是，他不仅意识到自己无法证明这一命题，而且发现任何方法都证明不了这一命题。换句话说，数学中存在一些命题，我们无论如何不能判定它是真还是假。这意味着这样构造出来的逻辑体系存在重大缺陷，因而弗雷格、罗素、希尔伯特等人希望建立一套完备的逻辑体系是无望的。

就在希尔伯特发表演讲前几天，哥德尔在柯尼斯堡的一个数学研讨会上宣布了他的发现，这被称为“哥德尔不完全性定理”。科学家冯·诺伊曼也在会场，他听了哥德尔的报告后很兴奋，会后向哥德尔表达了衷心的祝贺。

1935年，24岁的图灵从剑桥大学的数学课上听到了“哥德尔不完全性定理”。图灵想：“如何才能证明希尔伯特所希望实现的算法是不存在的？”

图灵从小就不太合群，喜欢自己一个人琢磨问题。当他陷入沉思时，从不管别人之前是怎么想的，更不愿借鉴别人的想法，而是从最基本的原理开始独立思考。在哥德尔的问题上，图灵也从最基本的计算操作开始思考，这些操作是如此简单，以至于能用简单的机器来完成。

图灵想象一个人正在纸上做一个简单的计算（例如两位数加法）。首先，他把注意力集中到第一个加数的个位数上，记下这个数，然后将注意力放到第二个加数的个位数上，同样记下它。之后将两者相加，写下结果。然后再将注意力转移到十位数上，依次计算下去。在每一时刻，计算者只关注当前计算所需的字符，并按顺序执行。

图灵将上述过程不断地简化，简化的极限就是一条细长的纸带。他假设将关注的字符放入纸带的方格中并进行计算，然后转向下一个方格再次计算。由此，纸带来回移动，机器每次只关注和计算当前的方格，即使再复杂的算法也能拆分成简单的任务，并在纸带上分而治之。图灵认为这一步骤完全可以借助机器来完成。

不仅如此，图灵更进了一步，他认为任何能写成算法的任务都能在这条移动的纸带上完成[①]。这种想法以前从来没有人提到过。

① 如今这条移动的纸带已演变成计算机中的“进程”。

此前，计算机都被设计为只能完成特定的计算任务，如加减、微分、积分等，而图灵则认为计算机能完成任何任务，不管是下棋、处理文档，还是破解密码，只要它能写成一步一步的算法，就能操控这条纸带并一一完成。

这样，图灵预见到了一种能执行通用任务的计算机——图灵机。只要给定解释程序，图灵机就能把任何复杂的算法翻译成机器能理解的代码，从而转化为数值，进行计算。由此，图灵得出了一个非凡的结论：任何可计算的东西都能在图灵机上计算。[3]

1936年，图灵来到大洋彼岸的美国普林斯顿大学攻读博士学位。在数学系的大楼里，他遇到了从德国逃到这里的冯·诺伊曼。冯·诺伊曼了解到了图灵的研究。

第二次世界大战结束时，冯·诺伊曼加入了离散变量自动电子计算机（简称EDVAC）研究项目，在设计计算机的逻辑结构时，他提出了一个设想：这台计算机应当作为图灵机的一个真实物理版本，它包含存储器——对应于纸带，能够执行算术基本操作的计算单元，以及一个控制单元，用于把指令从存储器转移到计算单元。这种计算结构即“冯·诺伊曼结构”（见图7-1），它建构在图灵机的基础上，也是今天绝大部分计算机的通用结构。

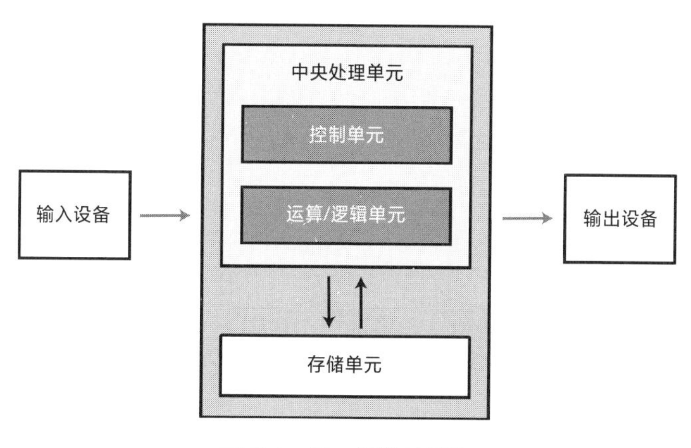

图7-1　冯·诺伊曼结构

1999 年，图灵和冯·诺伊曼同时入选了《时代》杂志评选的 20 世纪最伟大的 20 位科学家名单，《时代》杂志评论说："所有计算机都有一个共同点：它们都是冯·诺伊曼机，都是冯·诺伊曼基于图灵在 20 世纪 40 年代的工作中所提出的基本计算机结构的'变种'。每一次敲击键盘、打开数据表格或 Word 处理程序的人都是在图灵机理论的基础上工作的。"

不过，提出图灵机和冯·诺伊曼架构的理论是一回事，而要实现它们却是另外一回事。

1937 年，美国麻省理工学院一位 21 岁的硕士研究生克劳德·香农（Claude Shannon）采用继电器[①]作为开关来表示 1 和 0，用于计算。

开关也能做计算？不能，但是开关很适合表达逻辑关系。例如，两个开关可以组成"与""或"等逻辑。我们只要采用二进制，就能把代数计算转化为逻辑计算，从而用开关来实现代数计算。

首先，开关可以表达逻辑关系。例如，两个串联的开关如果同时导通（输入为 1），那么就能点亮灯泡（产生逻辑 1），这实际上是一个逻辑"与"运算，只需两个串联的开关即可实现（见图 7-2）。类似地，用两个并联的开关就能实现逻辑"或"运算。

其次，逻辑运算可以实现代数计算。例如，要做一位数的加法，用二进制表示总共有 4 种可能：0 + 0 = 0，0 + 1 = 1，1 + 0 = 1，1 + 1 = 10。如果将加号替换为"或"逻辑运算符号（A or B），就有 0 or 0 = 0，0 or 1 = 1，1 or 0 = 1，1 or 1 = 1。前 3 个加法式子都可以直接用"或"逻辑替代，唯一的例外是 1+1=10，个位结果不同，且有进位 1（见图 7-3）。

① 继电器当时广泛应用在交换机中，用于快速切换电话线路。

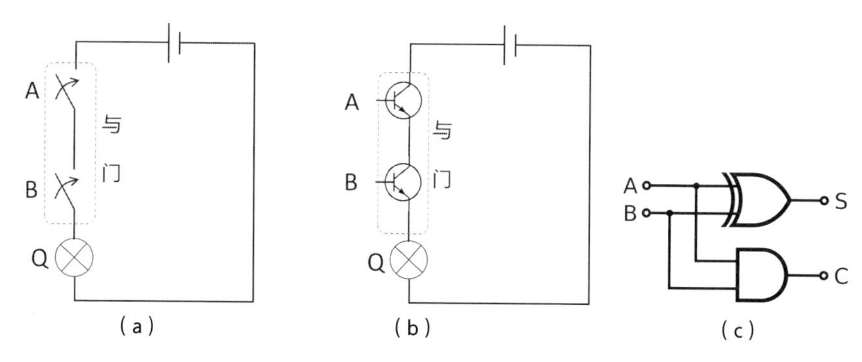

图 7-2 用开关实现逻辑运算与加法运算

注：两个开关串联得到“与”逻辑（a）；将串联的开关替换成晶体管，实现“与”逻辑门（b）；加法器：A 与 B 经过“异或”门得到结果 S；A 与 B 经过“与”门得到进位 C(c)。

加法	或	异或	与
0 + 0 = 0	0 or 0 = 0	0 xor 0 = 0	
0 + 1 = 1	0 or 1 = 1	0 xor 1 = 1	
1 + 0 = 1	1 or 0 = 1	1 xor 0 = 1	
1 + 1 = 10	1 or 1 = 1	1 xor 1 = 0	1 and 1 =1

图 7-3 代数加法、“或”逻辑、“异或”逻辑的对比

那么，1+1 得数 10 中的 0 该如何得到呢？我们需要修改一下“或”逻辑的规则，将其变为“异或”（xor）逻辑，即“相同的两个数的结果为 0，不同的两个数的结果为 1”。这样一来，我们就有了 0 xor 0 = 0，0 xor 1 = 1，1 xor 0 = 1，1 xor 1 = 0。“异或”逻辑的结果与加法计算完全一致，所以只需一个“异或”逻辑开关就能实现加法。

至于进位，只有两个加数同时是 1 时才会出现，而只要把两个 1 送入“与”逻辑就能得到进位的 1，即 1 and 1 =1。这样，一个加法器就能用一个“异或”电路和一个“与”电路实现。

1948 年，香农在贝尔实验室工作时发现了一种更加小巧、快速的开关。当年上半年的一天，香农拐进了肖克利小组的实验室，他灰色的眼眸立刻被一个只有三根导线的小玩意儿给吸引了。“这是一个固态放大器。”肖克利解释说，那时晶体管还没有正式对外发布。这个新诞生的晶体管的开关速度远远超过了继电器开关，甚至可以达到每秒数百万次。

到了 20 世纪 50 年代，一台计算机中需要成千上万个晶体管，电路板非常庞大。1954 年诞生的第一台全晶体管计算机（简称 TRADIC）有一人多高，勉强能塞进“B-52”轰炸机中。

这时，小巧的芯片就变得非常重要。芯片中的晶体管数量越多，计算的规模越大，就越能完成复杂的计算。

假设在一个空旷的场地上有一些沙堆。白沙堆代表 1，黄沙堆代表 0。每次计算，就相当于移动白色沙堆或黄色沙堆。可以发现，把沙堆的体积减小一半，并不影响 1 和 0 的表达与计算。这样不仅消耗的能量减半，移动速度加倍，而且在同一块场地上可以放入更多的沙堆，完成更多的计算。显然，这是一个一举多得的结果。

把沙堆替换成晶体管，把场地替换成芯片，我们会看到，随着芯片上的元件数不断翻番，“沙堆”越来越多、越来越小。量变引起质变，当晶体管数量增长，芯片变成大规模集成电路时，一种将全部计算整合到一颗芯片上的 CPU 就出现了。

精简，霍夫提出 CPU 架构

提到 CPU，人们的第一反应就是英特尔公司。

英特尔公司成立于 1968 年，这一年在世界历史上是混乱和骚动的一年。美国黑人运动领袖马丁·路德·金遭到刺杀；法国爆发“五月风暴”，学生上街抗议；苏联和华约军队的 2 500 辆坦克开进了捷克领土，“布拉格之春”就此结束。

对于半导体行业来说，1968 年也是重要的一年。这一年，仙童照相和仪器公司的 CEO 职位出现空缺，诺伊斯本来极有可能顺位升任这个职务，但是母公司以诺伊斯太年轻为由，没有把这个职位交给他。

于是诺伊斯鼓动摩尔，两人一起出走创业，后来格鲁夫和莱斯利 · 沃达斯也加入了他们。

彼时，仙童半导体公司已经有一大波人出走创业。公司几乎每周都有人跳槽出去创业。这种出走创业模式已蔚然成风，以至于仙童半导体公司成了硅谷培养半导体人才的摇篮，从仙童半导体公司出走的员工总共创立了 400 多家公司，它们大多坐落于硅谷，被称为“小仙童们”。

诺伊斯和摩尔开始张罗新公司，他们想仿照硅谷的先驱惠普公司，将创始人的姓氏首字母组成新公司的名字“MN”（Moore Noyce）。但它读起来像是“More Noise”（更多噪声），这对电路来说无疑是个灾难。不久，一个简洁的名字英特尔（Intel）脱颖而出，它是三年前摩尔提出摩尔定律的文章最初的名字“集成电子学”（Integrated Electronics）的缩写。

那么，诺伊斯和摩尔的新公司准备做什么产品呢？根据摩尔的预测，1968 年，芯片上的元件数量将达到512个，这意味着芯片将跨过中规模集成电路的门槛，进入大规模集成电路的时代，诺伊斯和摩尔瞄准了半导体的新应用——存储器。

当时计算机上主流的存储元件是磁芯存储器，稳定但笨重。随着计算机对存储空间需求的急剧增加，诺伊斯梦想用轻巧的半导体存储器替代它。

虽然志在必得，但是英特尔公司面临的挑战并不小。英特尔公司成立后，先推出了编号为1101的256位静态随机存取存储器（简称SRAM），但市场反应不佳。于是英特尔公司的存亡寄托在了编号为1103的能够存储1024位的DRAM上，这将是世界上第一颗1K内存的MOS DRAM。英特尔公司期待它能成功跨过每比特1美分的门槛，打败磁芯存储器，但这个新产品仍要等上一段时间才能上市。

到了1969年，英特尔公司的现金流越来越紧张。诺伊斯需要为英特尔公司找到一条快速盈利的渠道以缓解现金流危机。

这时碰巧一家日本公司比吉康（Busicom）找上门来，主动送来一项业务。他们想让英特尔为掌上型计算器设计一系列微处理器芯片，实现计算、存储和控制功能。

当时日本公司几乎垄断了全世界的计算器市场，最著名的是夏普公司（Sharp Corporation）。计算器团队的佐佐木正（Sasaki Tadashi）注意到，从20世纪60年代中期开始，每过一年，计算器上使用的芯片数量就会减半。他预计大规模集成电路时代即将来临，于是找了夏普的美国合作伙伴罗克韦尔自动化公司（Rockwell Automation）协助设计包含4颗芯片的处理器。但罗克韦尔自动化公司因为利润原因拒绝了这个合作请求。

佐佐木正去找了自己的校友光岛（Kojima），他在比吉康公司开发计算器，他建议光岛立即去联系一家美国公司开发计算器上的处理器芯片。[4]

比吉康公司了解到英特尔公司掌握了当时最先进的硅栅自对准工艺，芯片集成度更高。而且，诺伊斯作为集成电路的发明人之一在日本业界非常知名。

1969 年 6 月，比吉康公司的三名代表飞赴加州，与英特尔公司高层会面。双方约定，比吉康公司提出处理器芯片架构，英特尔公司完成芯片电路设计和制造。用现在的话来说，英特尔公司接了一笔代工设计和制造的订单。

比吉康的技术负责人是嶋正利（Masatoshi Shima），他此前开发过桌面计算器的芯片架构。英特尔公司方面将设计任务交给了马尔奇安·霍夫（Marcian Hoff，见图 7-4）。

图 7-4　马尔奇安·霍夫

比吉康公司对前景的估计很乐观，因为嶋正利将以前的经验顺利“移植”过来，没过多久就完成了 80% ～ 90% 的架构设计，他们觉得英特尔公司应该很快就能完成电路设计部分。

之后每隔一段时间，双方就会开碰头会。开过几次会后，嶋正利失望地发现，英特尔公司的开发人员中没有一个懂逻辑电路设计的。

而霍夫看到嶋正利设计的系统架构后，也暗暗担心起来。整个系统竟要同时容下 16 颗芯片，系统异常复杂，不仅成本高企，而且需要大量的人力来设计。英特尔公司的设计人员并不多，而且大都投入公司押注的存储器上了，抽不出那么多人力来设计这 16 颗芯片。

于是霍夫找到了诺伊斯。诺伊斯注意到，当时一颗芯片上大约只有几百个元件，上面只有一些简单的电路，无法单独实现复杂的功能。这就需要把多颗中小规模芯片拼到一块电路板上。对于使用者来说，这需要大量的芯片，系统体积也将异常庞大。而对于芯片设计者来说，一台计算机需要几十种芯片，这远远超过了芯片设计师能够提供的数量。诺伊斯曾开玩笑地说，为了满足将来计算机芯片的需求，工程师一天起码要设计 10 颗芯片。随着芯片进入大规模集成电路时代，就能把多颗中小规模芯片整合成一颗大规模芯片，人们已经能预计到不久的将来会只剩下一颗处理器芯片。

诺伊斯用他一向果敢的语气鼓励霍夫："你为什么不试一试更简洁的架构呢？"[5]

霍夫仔细地研究了比吉康公司的方案，发现了一个关键的缺陷：每一个功能都使用一颗专用芯片来完成，导致芯片的数量众多。霍夫知道，芯片其实可以采用通用架构，通过编程使得芯片实现不同的功能，就像一个"多面手"，这样能大大地减少所需的芯片个数。

但这又带来了一个全新的挑战，那就是需要一个容量很大的存储器。但这对英特尔公司而言完全不是问题，因为大容量、低成本的存储器正是英特尔公司的强项，而霍夫的新方案刚好能发挥出英特尔公司的优势。

于是，霍夫大刀阔斧地精简了整体系统的架构，只保留了 4 颗芯片。这 4 颗芯片分别是 4001（ROM）①、4002（RAM）②、4003（寄存器）和 4004（CPU）。它们的数据总线是 4 位的，因此以 4 开头，名为“4000 系列”。这些芯片构成了“冯·诺伊曼结构”，前 3 颗组成了存储系统，而 4004 构成了最关键的计算单元和控制系统。这样一来，英特尔公司承担的整体设计任务就大大减轻了。[6]

诺伊斯后来把英特尔公司的策略归结为：“我无法实现你的要求，所以我想出了一种更简单的方法来绕过它。这就是可编程芯片想法的起源，也正是微处理器芯片想法的精华：完成电路设计，赋予它可编程的能力。这样你就可以有很多不同的应用。”[7]

霍夫将新处理器架构发给了比吉康公司。嶋正利看到后心情很矛盾，这意味着他之前设计的架构要全部推倒重来。双方一度陷入了僵持状态。

直到 1969 年 10 月，比吉康公司的高层访问了英特尔公司。霍夫向来访者展示了新的结构，这些芯片都只需要 16 个或 18 个管脚。而比吉康公司设计的芯片采用的是非标准的 36 或 40 个管脚。此外，4004 芯片只包含了 1 900 个晶体管，而嶋正利精简后的系统包含 12 颗芯片，平均每颗芯片有 2 000 个晶体管。而且霍夫的架构只要通过编程就能让 CPU 芯片发挥不同的效用，用于不同用途。

终于，比吉康公司接受了霍夫的新架构。此后，嶋正利回日本继续完善新架构，他们要求英特尔公司在未来的几个月内完成所有的芯片设计。[8]

然而，英特尔公司的开发承诺却落空了，它卡在了具体的电路设计上。霍夫只熟悉处理器架构和指令集，并不懂逻辑电路设计，而且他还接到了新任务，为

---

① 指只读存储器。

② 指随机存取存储器。

CTC 公司设计 8 位处理器架构。于是他把“4000 系列”芯片的设计任务转交给了 MOS 场效晶体管研究部的莱斯利・沃达斯。

然而，沃达斯同样不懂电路设计，他需要招聘一位既懂芯片架构，又懂电路设计，最好还懂 MOS 场效晶体管的工程师。但是集这些素质于一身的工程师凤毛麟角，要在短时间内找到无异于大海捞针。

不得已，沃达斯想到了在仙童半导体公司的前同事法金，他是完成这项挑战的不二人选：既懂计算机架构，又有计算芯片设计经验，还懂最先进的硅栅 MOS 场效晶体管工艺。

但最后一刻沃达斯犹豫了，他不太情愿把法金挖过来跟自己共事。因为在仙童半导体公司时，他拒绝了法金提出的“埋栅”工艺，两人之间发生了一些不愉快。况且法金是一位颇有个性的技术天才，沃达斯担心自己无法“驾驭”法金。

以一当十，法金设计 CPU 电路

法金（见图 7-5）在 1941 年出生于意大利。19 岁那年，他在一家计算机公司奥利维蒂（Olivetti）找到了第一份工作，工作的主要内容是用锗晶体管搭建一台计算机。

在奥利维蒂公司期间，法金设计了计算机的算术运算单元以及指令集和控制单元。整个处理器包含 1 000 多个逻辑门，所有这些电路需要 200 多块小印制电路板，这项工作点燃了法金对于计算机处理器的热情。完成这项工作后，法金到帕多瓦大学攻读了博士学位。毕业后他去了意大利的 SGS 公司，当时这家公司刚被仙童半导体公司收购。

图 7-5 费德里科·法金

1968 年 2 月，SGS 公司派遣 26 岁的法金到美国的仙童半导体公司交流，一开始他计划只待 6 个月。他加入了仙童半导体公司的 MOS 场效晶体管工艺开发部，提出了自对准工艺和“埋栅”电极，提高了 MOS 场效晶体管的速度并使芯片的集成度提高了一倍。[9]

到了 6 月，仙童半导体公司突然决定卖掉在 SGS 公司的全部股权。法金是 SGS 公司派到仙童半导体公司交流的，他夹在两家公司之间，处境很尴尬。幸好沃达斯为他提供了一个留在仙童半导体公司工作的机会，这使他放弃了回意大利的念头。

法金虽然在仙童半导体公司从事 MOS 场效晶体管的研发，但他觉得自己的兴趣仍在于芯片电路设计，去英特尔公司做芯片设计应该是个不错的选择，于是他在 1970 年初联系了前任上司沃达斯。

此时沃达斯很焦虑，距英特尔公司承诺开发芯片已经过去好几个月了，他仍没有找到合适的人选，他不敢把真实的进度告知比吉康公司。当法金联系他并最终来英特尔公司报到时，已是 1970 年 3 月底。

法金上班第一天，霍夫的助手斯坦利·马佐尔（Stanley Mazor）拿来了一些比吉康公司的项目资料，让他尽快启动设计。谈话结束时，马佐尔挤出一个不太自然的笑脸，并跟法金透露了一个消息：再过几天，比吉康公司的工程师就要来英特尔公司检查芯片设计进度了。

初来乍到的法金不知道这意味着什么，但他看了马佐尔给的设计任务和计划后，惊讶得下巴都要掉下来了。一般情况下，设计一颗复杂芯片要一年时间，而英特尔公司承诺在不到一年的时间里要完成 4 颗芯片的设计，更何况现在英特尔公司已经拖延了好几个月，并且没有任何进展。

1970 年 4 月初，马佐尔和法金赶到旧金山机场，迎接刚刚从大洋彼岸飞来的嶋正利。接到客人后，两人提议先送他去酒店休息一下，而一心想着工作的嶋正利则要求直奔英特尔公司，检查芯片设计进度。

一到公司，嶋正利就要求法金将所有工作成果拿给他看。不一会儿，他就冲到法金面前大声喊道：“没有一点进展！你们根本没有做任何事情！”法金连忙解释，自己刚加入公司才一个星期，对此前的进度要求一无所知，况且这些进度不是他把控的。

但嶋正利认定比吉康公司已经向英特尔公司支付了高额的设计费，有权利拿到他们要求的设计图纸，而现在英特尔公司竟然什么也没有做。无论法金怎么解释，嶋正利都听不进去。

一方是不辞万里辛苦、下车伊始即遭遇现实棒喝的“拼命三郎”，另一方是一问三不知、饶舌辩解的新员工，嶋正利和法金都暗自觉得自己是“秀才遇到兵，有理说不清”。就这样，一位来自日本的工程师跟一位来自意大利的工程师在美国用非母语交流着彼此不了解的内容，越讲越乱。情急之下，嶋正利直呼法金的名字，大喝道："你真坏！"此后几天，他都怒火中烧，未能完全平息。[10]

法金试着说服嶋正利："我对您感到非常抱歉。作为客户，您完全有理由生气。但现在既然情况如此，我只能尽可能地加快进度。如果您同意留下来帮我，那么我们或许可能赶在年底前完成所有的芯片设计。"

嶋正利了解到法金是无辜的，他请示公司后留了下来。最终，双方公司调整了期限，约定年底前完成所有的芯片设计。

刚刚加入公司的法金喜欢挑战，非常渴望做好这项工作以证明自己。他拼命工作，以期能赶上最后期限。他经常干到半夜才回家，第二天一大早又斗志昂扬地出现在公司。

然而，法金的工作条件实在简陋。当时英特尔公司的主业是存储器芯片，根本没有设计逻辑芯片的经验，公司没人能帮他。而在德州仪器公司等大公司，不仅有大型计算机仿真电路，而且设计人员完成电路原理图设计后，会有专门的版图设计人员接手绘制版图。法金只是一个"光杆司令"，只能找来几个临时助手，边工作边培训他们画版图。

法金有 4 颗芯片需要设计，从 4001 到 4004 难度逐渐增加，4001、4002 和 4003 是存储器，相对容易，而 4004 是逻辑电路，需要专门定制，复杂度堪称"皇冠上的明珠"。法金决定先从容易的 4001 开始，然后逐渐采用并行设计，最后攻克 4004。[11]

法金很快就设计出了 4001，并完成了版图。随后设计了 4003 和 4002，交给助手接着完成版图，自己则开始攻关 4004。4004 上预估有 1 900 个晶体管，实际上最后有 2 200 多个晶体管。

设计完原理图后，法金开始绘制版图。当时不是在计算机上绘图，而是将一大张工程绘图纸铺在桌面上，用笔和直尺一条一条地勾画出来，极容易出错。版图的面积是规定好了的，就像报纸的排版，既要把所有的内容都放进去，又不能超出规定好的版面。如果工作了几个月后发现还有几十个晶体管放不下，那么只能推倒重来。当版图收尾时，他终于把所有的器件都塞进了长方形的版图里。[12]最后，在版图中间仅有的一块空白处，法金用金属刻上了自己姓名首字母的缩写F.F，就像以前的画家或者钟表设计师那样。在完工的那一刻，法金觉得自己的芯片版图就像一件精美的艺术品。

4001 芯片最先加工出来，工作正常。接着 4003 和 4002 也都通过了测试。现在，只剩下最后的 4004 了。1970 年底，新年前的一天傍晚，法金收到了技术人员送来的 4004 样片，他开始测试，但芯片上没有输出任何信号，接连换了几颗芯片和几片晶圆都是如此。

法金将 4004 放在一台显微镜下面仔细观察，竟发现有整整一层材料没有添加到芯片上，难怪芯片不工作。原来，是技术人员在制造芯片时遗漏了其中一层。法金距离成功如此之近，又是如此失望。

直到 1971 年 1 月下旬寒冷的一天，法金再一次收到了新的 4004 样片。他小心翼翼地拿起装着样片的盒子，就好像捧着自己的孩子，把它们轻轻地安放到测试平台上。当他把芯片连接到测试仪器上时，他感到自己的手指在微微颤抖。

法金测试了第一个点，波形正常！又测试了几个点，波形正常，并且完全符合预期。他简直不敢相信，在这颗小小的芯片上，一切都按照预期的结果显示在他面前，速度比他 19 岁时用锗晶体管搭建的计算机还快 10 倍，而功耗只有 0.75 瓦，仅仅是锗晶体管计算机的 1/1 000，这真是工程技术上的奇迹（见图 7–6）。

图 7-6 英特尔 CPU 芯片 4004 中央处理器

凌晨 4 点，法金完成所有的测试，拖着疲惫的身子回到家中。妻子已经入睡了，但瞬间被惊醒，她在朦胧中看到了丈夫，问道："芯片怎么样了？"

"成功了！"法金激动地喊道，和妻子相拥在一起，欣喜若狂的情绪包围着他们，将法金身上的寒气一扫而空。这时他们才意识到，他们见证了一个历史性事件——世界上第一颗 CPU 芯片诞生了。[13]

接下来，英特尔公司将样片寄往比吉康公司，嶋正利把它装到一台内置纸带打印机的计算器上。他在键盘上敲下了一个加法算式，屏住呼吸，只听纸带打印机在一阵振动后输出了结果。嶋正利内心非常激动，这是 4004 芯片的第一个成功应用。[14]

然而，英特尔公司却没有人对此欢呼庆祝。公司内部对是否大规模销售这颗 CPU 芯片产生了严重分歧。

首先，英特尔公司当时全部的希望都寄托在存储器上，研发 CPU 只是为了解决现金紧张问题而从外面接的一项快速盈利的业务。一旦铺开销售 CPU，势必会争夺公司内有限的资源，需要分出相当多的销售和技术支持人员去服务 CPU 客户，这势必将削弱公司对存储器的支持力量。格鲁夫认为，CPU 业务会让公司"大流血"。

其次，英特尔公司的市场部门认为，4004 芯片只能用于计算器，而当时这个市场已经趋近饱和。即使能迅速地占领一成的市场份额，每年也只能带来 20 000 套芯片的销售，成长空间十分有限。[15]

最后，就算英特尔公司想公开销售 CPU 芯片，也没有这个权利，因为“4000 系列”芯片是英特尔公司专为比吉康公司设计的，后者拥有这些芯片的独家专卖权。

不过，英特尔公司的销售主管埃德·盖尔博（Ed Gelbach）极力支持 CPU 项目，并给出了一个极具诱惑性的理由：一旦客户购买了 4004 CPU，就仍需购买存储器，而这能极大地带动英特尔存储器的销售。

法金则为 4004 CPU 找到了许多应用场景，包括工厂的自动测试平台、出租车计价器、自动售货机、电梯、交通灯、医疗设备等。[16]

就在这时，比吉康公司遇到了麻烦。计算器的市场价格一路下跌，公司现金流变得紧张起来，他们开始后悔当初付给英特尔公司的高额设计费。法金从嶋正利那里侧面了解到这一情况后，立刻汇报给诺伊斯，请求收回芯片的专卖权。诺伊斯亲自前往日本谈判，承诺下调设计费，换来了销售 4004 CPU 的权利。

这样，英特尔公司公开销售 CPU 的障碍全部清除了。1971 年 11 月，英特尔公司在《电子新闻》周刊上打出占据两页纸的巨幅广告，宣告集成微电子的新时代来临。在拉斯维加斯的秋季电脑展上，英特尔公司推出了重新命名的“MCS-4”处理器。人们对这种能放在指尖上的处理器芯片非常感兴趣，就连英特尔公司的宣传手册也变得十分抢手。

就在法金测试成功 4004 CPU 一个月后，德州仪器公司也发布了一款

CPU 芯片，可惜它没有采用硅栅工艺，芯片面积较大，最终没能得到大规模应用。[17]

此后，英特尔公司开始将研究方向放到了更复杂的 8 位处理器芯片 8008 上。同样由霍夫设计架构，法金和嶋正利等人设计电路。之后又设计了升级版的 8080 CPU，大获成功。在此基础上，英特尔公司又发布了 8086 处理器，这成为 x86 系列 CPU 的起点。

1981 年，IBM 公司推出了个人计算机，并选择了英特尔公司的 8086 处理器作为个人计算机上的 CPU。个人计算机具有良好的兼容性，应用领域延伸到各个领域，使得 8086 成为最受欢迎的处理器。后来陆续有了 80286 CPU、80386 CPU、80486 CPU、80586 CPU，以及至强（Xeon）CPU 等，其辉煌一直延续到了 21 世纪。

IBM 公司在允许英特尔公司作为其 CPU 供应商时附加了一个条件，英特尔公司必须开放自己的 x86 指令集给第二家 CPU 制造商，以避免供货风险。英特尔公司选中了规模较小的超威半导体公司（简称 AMD），这家公司是仙童半导体公司的前员工杰里·桑德斯（Jerry Sanders）创立的，后来他们跟英特尔公司展开了激烈的竞争。除此之外，IBM 公司推出了 Power 系列 CPU，摩托罗拉公司推出了 68000 系列 CPU。

现在 CPU 已经无处不在。距离我们最远的 CPU 安装在太空深处的旅行者 1 号探测器上，截止到 2022 年 1 月，它位于距离地球 230 亿千米处。航天飞机上最早使用的是 8086 CPU，后来更新到了 80386 CPU。在哈勃太空望远镜上最早使用的是 80386 CPU，后来更新到了 80486 CPU。

在个人计算机领域，英特尔公司独占鳌头，成了 CPU 领域难以撼动的“领头羊”。2005 年，英特尔公司的 x86 处理器替代 IBM 公司的 Power 处理器，成为苹果公司的计算机处理器供货商。

回到1974年的一天，法金发现自己发明的“埋栅”工艺专利已获授权，然而发明人却不是他，而是主管沃达斯。当初正是沃达斯不同意这项技术，认为其没有前途，但现在他反而成了发明人。法金很生气地找到沃达斯并质问他，但沃达斯拒不承认，还找来格鲁夫为自己辩护。

法金深受刺激，决定从英特尔公司辞职。格鲁夫得知后先是劝他留下，但见法金去意已决，格鲁夫的态度为之一变，断言法金将来无论做什么都不会成功，这反而坚定了法金离去的决心。

1974年，法金创办了齐洛格公司（Zilog），并找来了嶋正利一起帮忙。他们开发了风靡一时的Z80和Z8000处理器，给英特尔公司造成了巨大的压力。

一旦昔日的员工变成了竞争对手，事情就不一样了。法金发现自己对CPU的贡献从英特尔公司的宣传资料中完全消失了，被人为抹掉了一切痕迹，而霍夫成了CPU芯片的唯一发明人。

法金当然猜得出这背后的原因，他决定凭一己之力反击。他重新找出自己当年设计的芯片，放在显微镜下，在一个不起眼的位置显示出他的名字的首字母——F.F，这是他作为发明人最有力的证据。通过不断解释和游说，法金终于为自己正名了，并在1996年跟霍夫、马泽尔一起入选了美国国家发明名人堂。

英特尔公司跟齐洛格公司的处理器在市场上竞争，两者不分伯仲。但后来8086 CPU成为IBM公司个人计算机的首选，而齐洛格公司的Z80和Z8000 CPU逐渐走向了衰落。

“最没效率的方法”，弗里曼发明 FPGA

1984 年的一天，齐洛格公司的一位工程师从加州的一所房子里走了出来，随后钻进了车里。

“这是我这辈子听过的最愚蠢的主意。”他终于憋不住心里的话，自言自语地说道。[18]

这位浓眉大眼的年轻人名叫比尔·卡特（Bill Carter），负责在齐洛格公司设计 Z8000 CPU。就在几分钟前，卡特在前任上司罗斯·弗里曼（Ross Freeman）家的厨房里跟他一起吃烤肉。弗里曼刚从齐洛格公司离职，创办了一家小公司赛灵思（Xilinx）。

卡特想追随弗里曼，于是弗里曼邀请卡特来家里一边烧烤，一边聊天。有着一头长发和一抹浓密的胡子的弗里曼坐在餐桌边，同卡特讲述了自己对未来的技术构想。

卡特没有勇气当着前任上司的面说出自己对这项技术的真实看法。当他回到车上时，仍未从刚才的震惊中恢复过来。“这真是太疯狂了！从学校到公司，我都被教导要节约芯片面积，节省晶体管。你用的晶体管越少，成本就越低，只有这样才能赢得市场。”[19] 而弗里曼的想法却正好相反，他将人们最为珍视的晶体管视为草芥，即便造成了极大的浪费也在所不惜。

卡特之所以这么想有他自己的理由。读大学时，他的偶像是模拟设计师鲍勃·维德勒（Bob Widlar），维德勒只用了极少的晶体管，就实现了很多的功能①。相比之下，“弗里曼提出的方法是我听过的最没有效率的使用晶体管的方法”。[20]

① 关于维德勒设计运算放大器的事迹，详见第 9 章。

卡特很犹豫，不知道要不要赌一把跟着弗里曼一起创业，可妻子全职在家，还有三个孩子要抚养，万一创业失败了怎么办？

弗里曼的想法是一种后来被称为 FPGA 的芯片。在讲述它之前，我们有必要先回顾一下之前的用户编程芯片，以及为什么弗里曼提出了 FPGA。

20 世纪 80 年代后，日本的通用型芯片大举“进攻”美国，尤其是存储器芯片，它们结构简单，容易设计，产量大、价格低，这直接导致许多美国半导体公司亏本甚至关停了通用芯片，转向了差异化的专用集成电路（简称 ASIC）。

但并不是每个客户都有能力支付巨额的 ASIC 设计费用的。即便客户咬牙下血本购买了 ASIC 芯片，只要芯片中存在一个小错误，整个芯片就报废了，得重新等待一两个月才能拿到新一版芯片，而此前花费的巨额资金也就打了水漂。

如何才能既满足差异化的定制需求，又免去 ASIC 的设计和制造风险呢？一个方法是，预先制造好芯片“模板”，它能同时提供多种用途以满足差异化需求。这种想法可以比喻成提供烤好的蛋糕坯给客户，从而省去了烤蛋糕的时间和麻烦。客户拿到蛋糕坯后，再添加上不同的水果和奶油，就可以满足各自的口味。

编程芯片也是类似的道理，它的内部预设了基本模块，客户拿到芯片后，对内部电路进行编程后就能使用，从而免去了版图设计和制造的过程，还节约了等待的时间。

早期，用户只能将自己的定制信息存储在可编程只读存储器（简称 PROM）里①。[21] 到了 20 世纪 70 年代，工程师开始用可编程逻辑阵列（简称 PLA）实现逻辑功能，它只需一组“与门”和一组“或门”就能实现所有可能的逻辑功能。

① 关于 PROM，详见第 8 章。

为了理解PLA的逻辑，可以看一个简单的穿衣组合的例子。如果要表示“约翰穿了白上衣 + 白裤子”或“穿了蓝上衣 + 蓝裤子”，就可以用“(P and Q) or (R and S)”，简写成“PQ+RS”：这是一种“与－或”组合（见图7-7）。

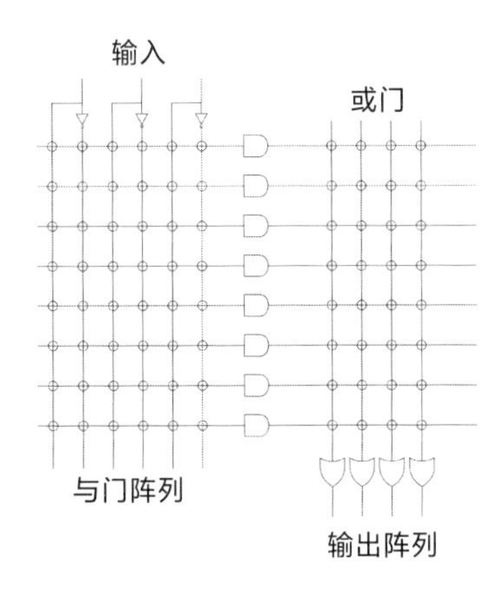

图7-7 可编程逻辑阵列

注：左边是“与门”阵列，右边是“或门”阵列，每个交叉点都代表一个熔断丝开关。

实际上，所有逻辑运算都能表示为“与－或”组合，就像任何多项式都能写成“乘－加”的组合，例如z=ax+by。然后，我们就能用一组“与门”+“或门”来实现任意逻辑功能。这就是PLA的基本原理。

美国的西格尼蒂克公司（Signetics）开发了第一个商用的现场PLA器件82S100。在现场PLA中，“与门”阵列前有一组熔断丝，将“与运算”编程；在“或门”阵列前同样有另一组熔断丝，将“或运算”编程。

然而，信号在进入“与门”和“或门”前需要经过两组熔断丝，这不仅拖慢了速度，而且增加了功耗和成本。[22]

单片存储器件公司（Monolithic Memories，Inc.）的约翰·比克纳（John Birkner）

提出，可以去掉“或门”前的熔断丝，只保留“与门”前的熔断丝用于编程。这样做牺牲了一部分 PLA 的灵活性，但仍能实现 PLA 的大部分功能，而且能换取更快的速度、更低的成本和功耗。这就是可编程阵列逻辑（简称 PAL），一经推出就大受欢迎。[23]

然而到了 20 世纪 80 年代，PAL 这条路却即将走到尽头。

让我们回到穿衣组合的例子。当约翰可挑选的上衣和裤子的种类大大增加后，会发生什么？例如，上衣和裤子种类各增加了 100 倍，那么两者的组合会增大多少呢？是 100 的平方，也就是 10 000 倍。可以把它想象成一个 Excel 表格，当横向表头和纵向表头分别扩大了 100 倍，那么表格的“面积”则扩大了 100 × 100，即 10 000 倍。

当芯片选择开关的规模以平方倍增加，随之而来的功耗与面积同样也会按平方倍增加，这必然不可持续。[24]

我们可以想象一座城市。如果整座城市采用集中布局，即住房、商场、洗衣店、饭店、理发店等都有专门的区域。随着规模扩大，不同区域之间的距离就会越来越远，这将使得人们到访不同区域的成本大大增加。PLA 和 PAL 芯片的规模问题与此同理。

弗里曼想，PAL 里的集中控制方式限制了芯片规模的扩大，他想将其改为分布式排布，便于阵列的进一步扩展。[25]

弗里曼的想法是把城市分割为大小相等的街区，变成分布式结构，每个街区都是预先设计好的“综合体”，每个街区都能提供一应俱全的住房、商场、洗衣店、饭店、理发店等。这样一来就不存在规模问题，城市可以按照这个模式一直扩张下去。街区之间采用横平竖直的街道划分，每条街道的交汇口都允许直行、拐弯或斜插，这样就能从一处抵达任何方向（见图 7-8）。

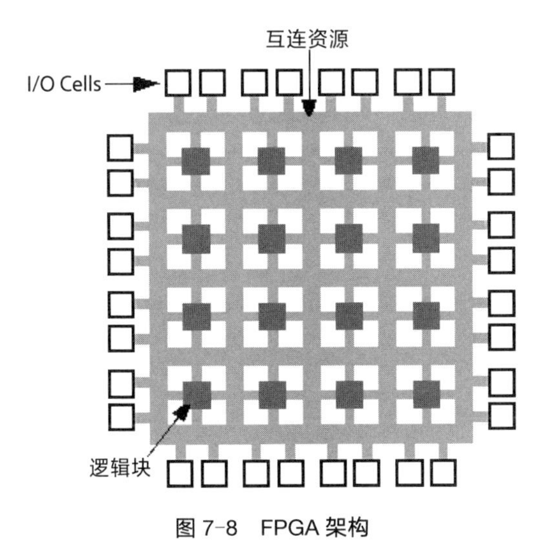

图 7-8　FPGA 架构

注：每个黑色方块中都包含了多种逻辑功能。

弗里曼的分布式结构里，每个逻辑功能模块都提供所需的全部功能：时序单元、计算单元、查找单元等，这些模块叫作可配置逻辑模块（简称 CLB），它们之间由互连模块连接起来，这些互连模块位于每个街区的交汇处，由上下左右的通路相连①。

由于消除了“与阵列”，FPGA 架构由此能自由地建造逻辑模块。只需将模块向上下左右 4 个方向扩张，就能完成芯片规模的扩张。[26]

当然，这种分布式结构也存在问题。每个街区都包含所有可能的场所，但实际上不是每个场所都会发挥作用，有些只会白白空在那里。在 FPGA 里也是如

① 实际上，弗里曼的初创公司赛灵思的英文名称“Xilinx”已经包含了 FPGA 的思想：左右两边的“x”分别代表一个逻辑模块，而中间的 lin(k) 则表示把这两个模块连接起来。

此，如果芯片只需要实现很少几种功能，那么包含各种功能的逻辑块中有许多晶体管就“浪费”了。正是这个想法挑战了当时主流的“晶体管越少越好”的观念，这也是卡特觉得这个想法很蠢的原因。

弗里曼通过一种极度“浪费”晶体管的方式，换来了逻辑编程芯片的规模增长，使其不再受功耗和面积的羁绊。这种“浪费”是值得的，因为弗里曼能看到更远的未来，他认为摩尔定律最终将打垮成本。[27]

弗里曼是在齐洛格公司工作期间产生 FPGA 的想法的。[28] 他找到上司，请求公司立项开发 FPGA 芯片，以此作为公司的第二业务来源①。

此时齐洛格公司的大股东是埃克森美孚公司（Exxon Mobil Corporation），埃克森美孚公司控制着 1 000 亿美元的资产，而这种 FPGA 芯片的市场份额可能会有多少呢？经过一番评估，结论是最多只有 1 亿美元。[29]

相似的历史再一次重演，一个颠覆性的想法遇到了一家规模庞大的企业，结果如何呢②？不出所料，埃克森美孚公司否决了这个想法。

即使许多人认为 FPGA 很古怪，弗里曼仍确信这个技术将经受住时间的考验。”[30] 不久，他就从齐洛格公司离职创业，并于 1984 年 2 月成立了赛灵思公司。同年 3 月，卡特加入赛灵思公司，他的任务是设计第一款 FPGA 芯片 XC2064。

赛灵思公司没有钱购买计算机辅助设计软件（简称 CAD），卡特只好用彩色铅笔在图纸上绘制芯片版图。与此同时，公司也没有做电路仿真的大型计算机，需要通过电话线将电路网表远程发送到别人的大型机上，并排队等待结果。[31]

---

① 法金此时已经离开了齐洛格公司。

② 可以想一想 MOS 场效晶体管和贝尔实验室、DRAM 和 IBM 公司等。

XC2064 芯片的尺寸很大，达到了 7.8 毫米，甚至超过了摩托罗拉公司 32 位的 68000 处理器，总共用了 32 000 个晶体管。[32]

1985 年 7 月，卡特拿到了第一批 FPGA 样片，总共 25 颗。但 24 颗都出现了短路，只剩下 1 颗芯片能勉强运行。[33]

卡特将配置数据输入这颗芯片。保险起见，卡特给其中的一个 CLB 只配置了最简单的反相器功能，作用只是将比特 0 翻转为 1 或者反过来。

但卡特成功了，他兴奋地给远在日本出差的弗里曼打了长途电话："我们成功地打造出了世界上最昂贵的反相器！" 这是世界上第一颗能工作的 FPGA。[34]

赛灵思公司没有晶圆厂，属于无厂设计公司。于是他们找到了日本精工株式会社（简称 NSK）作为合作伙伴，免去了自己建设工厂的费用和时间，而日本精工株式会社充分地利用了自己多余的产能，挣了额外的钱。

相对于死板的 ASIC，FPGA 充分地发挥了灵活性的优势，因为客户能将逻辑关系输入其中，并配置成任何自己想要的功能。当客户需要小规模地试验一个想法时，他们会尝试FPGA。当通信和网络领域的客户面对不断变化的标准时，他们也会尝试 FPGA。近年来，随着人工智能的发展，FPGA 又找到了新的应用场景。

1989 年 10 月 17 日，加州发生了大地震。5 天后，弗里曼因病去世，年仅 41 岁，[35] 这给赛灵思公司带来了第二场"地震"。[36]

赛灵思公司靠着 FPGA 专利和先发优势渡过了难关，但是也给后来者造成了不小的专利壁垒，使得后来者难以追赶。2021 年，赛灵思公司占据了 FPGA 全球产值的一半，阿尔特拉公司（Altera）和爱特梅尔公司（Atmel）分列第二和第三[37]。

进入 21 世纪后，甚至 FPGA 内部都集成了一个免费的微处理器，它也是一台图灵机，如此巨大的算力正是起源于图灵那个极其简单的移动纸带的想法。然而，图灵人生最后的日子却不太好过。

1952 年，图灵因为跟一位男性交往并与之同居而遭到逮捕。1954 年，图灵死于家中的卧室，年仅 42 岁。他的床头放着一颗被咬掉一口的苹果，警方在上面检测出了剧毒氰化物……

一颗毒苹果带走了一个独立的灵魂，而图灵化繁为简的思想留给时代的余温，足以令这颗拥有数千亿台图灵机的星球继续羞愧地运转下去……

本章核心要点

计算是拉动摩尔定律不断获得验证的重要动力。自动计算的历史可以追溯到莱布尼茨和布尔。布尔在 19 世纪发现，只要把数值选择限定为 0 和 1，就能把代数计算转化为逻辑计算，从而用开关来实现代数计算。图灵提出了通用图灵机的概念，使得计算机除了计算之外，还能够完成各种任务。

20 世纪以来，计算机分别采用继电器、真空管和分立的晶体管作为开关元件，体积十分庞大。

20 世纪 60 年代起，人们开始用芯片搭建计算机，伴随着 MOS 场效晶体管技术的成熟和芯片集成度的提高，到了 60 年代末，只需一颗芯片就能实现大部分计算功能。

英特尔公司的霍夫于 1969 年提出了精简的 CPU 架构，他的同事法金于 1971 年设计并做出了第一颗 CPU 芯片 4004。跟所有新生事物一样，CPU 在英特尔公司内部也险些夭折。

伴随着个人计算机和 CPU 的兴起，英特尔公司和超威半导体公司成为最重要的芯片生产商。

法金于 1974 年离开英特尔公司，成立了齐洛格公司，与英特尔公司在芯片开发与生产领域展开竞争。1984 年，齐洛格公司的弗里曼发明了一种更灵活的 FPGA 芯片，成为 CPU 的重要补充。

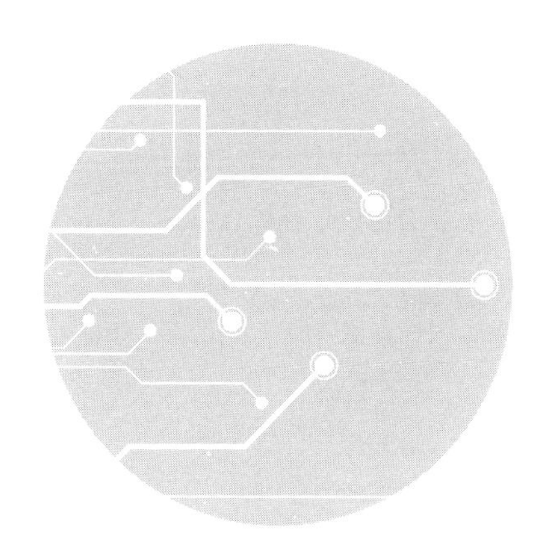

08

记忆的黏合，存储芯片

“如果没有记忆的黏合，我们的经历将分裂成很多散碎的片段。”诺贝尔生理学或医学奖得主埃里克·坎德尔（Eric Kandel）曾这样说过。[1]

时间会抹平一切，只剩下记忆做最后的抵抗。作家菲利普·罗斯（Philip Roth）曾说：“活着是一种有记忆的存在。”史铁生说：“能辨认出一个人的最可靠的方式恐怕就是他/她的记忆了。”

我们无法想象，如果没有记忆人类会怎样。同样，我们也无法想象，没有存储器、计算机或手机又会怎样。

坎德尔发现，大脑中有两种不同的记忆模式：短期记忆和长期记忆。前者负责临时记住一些信息，诸如一个短信验证码，而后者则会跟随我们数十年。

在计算机和手机中也有短期和长期两种记忆体，前者如内存（简称 DRAM），用于临时存储信息，关机后即消失；后者如闪存（简称 FLASH），可长期存储信息，不受断电的影响。

过去，我们的记忆存储在碳中，比如碳结构的神经细胞，富含碳的墨水、油墨和铅笔。

现在，我们的许多记忆保存在硅里，比如内存、闪存硬盘和 U 盘等。

尽管用硅存储信息的历史只有短短几十年，但是目前地球上一年新增的信息存储量远超人类在过去几千年中存储信息的总和。硅的记忆不会完全替代大脑的记忆，但是存储在硅中的记忆不会被时光冲淡，它会在未来的某个时刻重新激活已被我们的大脑遗忘的往事和记忆。

漏电的存储器，登纳德发明动态存储器

记忆，意味着留下痕迹。

进入 20 世纪，人类通过磁留下痕迹——磁带、磁条（银行卡）、磁盘（软盘）和机械硬盘（巨磁阻效应）。磁存储稳定耐久、成本低廉，在相当长的时间里是使用范围最广泛的存储方式。

在电子计算机刚刚问世的年代，人们发明了一种磁芯存储器（见图 8-1）。它结构简单，由纵横线和斜线交叉的导线组成，在交叉处有一颗磁芯，在脉冲的控制下可存储 0 或 1。到了 20 世纪 60 年代，磁芯存储器的成本从每比特一美元降到了每比特一美分，牢牢地占据了计算机存储市场。[2]

对磁芯存储器做出过重要贡献的是 1920 年出生于上海的华人王安，他于 1945 年到美国留学，在哈佛大学协助研发“马克 IV 型”计算机。王安发明了脉冲传输控制器技术，这是磁芯存储器技术的基石。1955 年，他将这项技术专利

以 50 万美元卖给了 IBM 公司[①]。

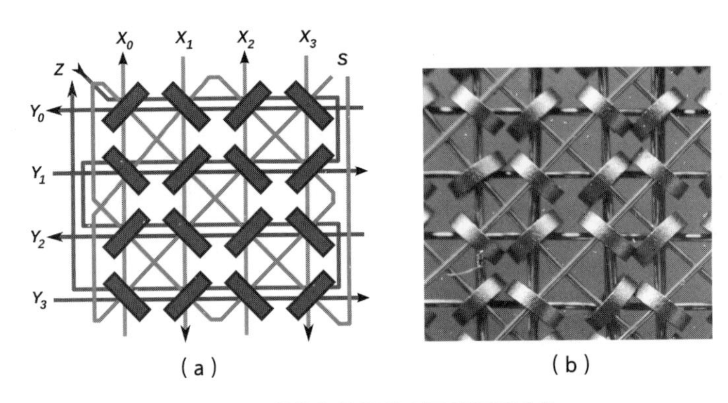

图 8-1　磁芯存储器阵列示意图及实物

1966 年秋的一天，IBM 公司磁芯存储器研究小组召开了研讨会，讨论如何进一步提高其存储密度。34 岁的工程师登纳德也参加了这次会议。

出生于 1932 年的登纳德（见图 8-2）26 岁就获得了卡内基梅隆大学博士学位，随后加入了 IBM 沃森研发中心，他所在的半导体存储器研究小组跟磁芯存储器研究小组存在着竞争关系。

图 8-2　罗伯特 · 登纳德

① 王安用这笔钱成立了后来实力足以跟 IBM 公司抗衡的王安电脑公司。不过，20 世纪 80 年代 IBM 公司的个人计算机兴起后，王安电脑公司随后在竞争中走向了衰落。

一方是初出茅庐的 MOS 场效晶体管存储器，如一匹黑马般企图入侵存储器市场；另一方是经历了十余年发展的磁芯存储器，堪称“年富力强”，哪肯轻易地放弃自己的地盘！一场存储器大战正在悄然酝酿之中。双方争夺的焦点是 1K 及以上容量的存储器市场，半导体存储器只有做到成本低于每比特一美分时才有可能赢得胜利。

登纳德觉得半导体存储器是有机会超越磁芯存储器的。而 MOS 场效晶体管在仙童半导体公司和 IBM 公司的发展也为此增加了筹码。MOS 场效晶体管便于高密度集成，正好符合存储器的要求。而且，美国和苏联在军事、航空航天等领域展开了激烈的竞争，无论是侦察卫星、洲际导弹，还是远程轰炸机，都需要安装控制计算机，这催生了对小巧存储设备的需求，从而为半导体存储器打开了一扇充满机遇的窗口。

那时，登纳德正在研究 SRAM。它是仙童半导体公司的诺曼在 1963 年发明出来的。每个存储单元包含两个首尾互连的 MOS 反相器，它能将存储状态锁定，两侧各有一个晶体管做开关。[3] 但是 SRAM 有一个致命弱点，存储 1 比特信息需要 6 个 MOS 场效晶体管，这导致了芯片面积大、成本高，当时的容量最多只能达到 1 024（1K）比特。

而 IBM 公司的磁芯存储器研究小组在研讨会上提出了目标：1M（相当于 1 024 K）比特。这个数字是 SRAM 容量的上千倍！这让登纳德感到非常震惊。[4] 如果他们真的做到了这一点，半导体存储器打败磁芯存储器的愿望将会变得更加渺茫。

会议开了一整天，结束时登纳德的头脑有点发胀。回到家中，登纳德坐在客厅的沙发上，目光落在了远处落日映照的森林公园。太阳的余晖一点点地消失，客厅的光线变得越来越暗，登纳德陷入了沉思。

难道半导体真的无法替代磁芯存储器吗？现有的每比特6个晶体管SRAM还是太复杂了，必须找到一种更加简洁的方式来降低成本、缩小芯片面积。那么，还能把6个晶体管缩减到几个呢？是4个、2个，还是1个？

登纳德意识到，单纯改进SRAM存储器是不够的，SRAM中晶体管的数量已经减少到了极限，必须提出一种新的存储原理。可是从何下手呢？

登纳德想，要想打败磁芯存储器，必须先充分了解其优点。磁芯存储器最大的优点就是结构简单，纵横两根线的交叉处放置一个磁环，如果驱动一根横线与一根纵线，那么交叉点处的磁环就将被选中，可对其进行读写。这个纵横交叉的结构无比简洁，登纳德想在半导体存储器中也采用这个结构。

登纳德想，纵横交叉的线分别对应于存储矩阵的行与列①，在交叉点设置一个电容器来存储电荷（有电荷代表1，无电荷代表0），再用一个晶体管作为开关（见图8-3）。这就像通过一根输液管把水导入瓶中，然后拧紧瓶口的开关。

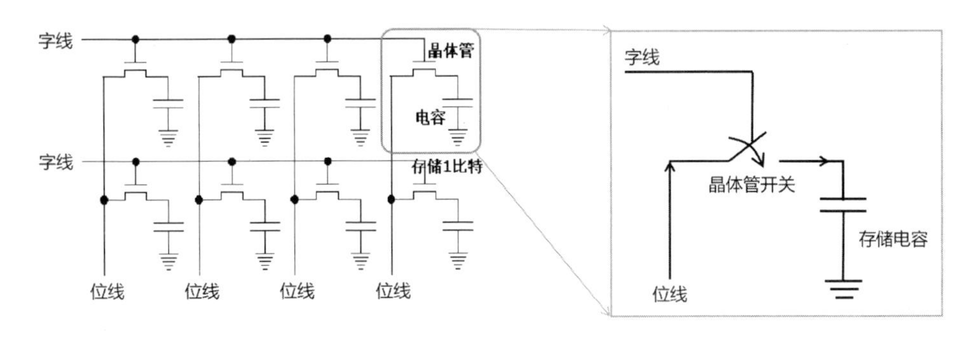

图8-3 DRAM阵列

注：每比特存储单元只需一个晶体管开关和一个存储电容器。

① 将8个存储单元并列，就组成了一个字节（Byte），然后再将字节一行行地整齐排列，就能方便计算机寻址。

至于读取数据，登纳德又增加了一个晶体管开关，把电容器上的电荷读出。这样一来，存储一比特信息只需要两个晶体管和一个电容器，从而大大地简化了电路。

登纳德非常兴奋，尽管已经是晚上 10 点了，他还是拨通了自己上司家中的电话。听完登纳德的描述，上司却提议明天到了办公室再详细地讨论。正在兴头上的登纳德感到有点失落，但仍开玩笑地说道："你的意思是让我吃两片阿司匹林就去睡吧？"[5]

上司的犹豫并非全无道理，虽然 SRAM 成本高，但毕竟技术比较成熟，运行稳定。而登纳德的想法是全新的，没有经过实际验证。

更何况，登纳德的存储器存在着一个致命的缺陷。晶体管开关一旦泄漏电流，就会导致全部数据丢失。登纳德不甘心就此放弃，想到了一个补救方法：不停地刷新补充电荷。这就像不断地打开开关给瓶中补水。由于需要不停地刷新，因此这种存储器被称为动态随机存取存储器。[6]

在 IBM 公司，有些人背地里嘲笑登纳德是个"冒失鬼"，竟然把这种漏电的电容器称为存储器。[7] 要知道，无论是磁芯存储器，还是 SRAM，都根本不需要刷新补充电荷！最终，IBM 公司没有立项研究这种新存储器。

没有得到公司支持，登纳德只能利用业余时间思考 DRAM。他暗暗地下定决心，一定要把存储器的结构简化到极致。一般人会认为把 6 个晶体管减少到 2 个已经很不错了，但登纳德的目标是减少到只有 1 个晶体管，以便将成本降到最低、集成度提高到极限。

登纳德的办公室里有一块黑板，一有了新的想法，他就会第一时间写在上面。他从来不去擦掉上面的重要内容，就一直留在那里，时不时地看一眼，直到他想到一个更好的主意后再去更新。就这样，黑板上的用于存储信息的电容器想法一直留在那里，而其他部分则不断地变化，最终变得越来越简洁。[8]

过了几个星期后，登纳德办公室黑板上的电路图渐渐地固定了下来，他有了一个突破：用一个晶体管完成写数据，然后再重复地利用同一个晶体管完成读操作，这样就又减少了一个晶体管，每比特只需一个晶体管和一个电容器即可实现。1967 年，登纳德为 DRAM 申请了专利，并于次年得到了授权。

不过，IBM 公司再一次重蹈了贝尔实验室对待 MOS 场效晶体管的覆辙，他们认为 DRAM 是一种有严重缺陷的创意，于是否决了开发计划。

新颖的发明往往会因为其显而易见的效果而立刻受到世人的追捧，而极其新颖的发明则相反，它们的理念太过超前了，很难在短期内被世人接受，最终落得个被雪藏的命运。

1970 年，英特尔捷足先登，推出了世界上第一款容量达到 1K 的 1103 DRAM，瞬间轰动了世界。人们惊奇地发现，这种漏电的存储器居然也能批量生产和销售，然而大部分人都忽略了登纳德 3 年前的发明。[9] 1103 DRAM 中，每个比特使用了 3 个晶体管；而在一年后的 1971 年，每个比特只使用一个晶体管的 DRAM 也做了出来，容量为 2K。这也意味着半导体存储器终于跨越了 1K 容量的生死线，可以跟磁芯存储器一较高下了。[10]

1974 年，登纳德提出了 MOS 场效晶体管尺寸缩小的“登纳德缩小规则”，晶体管每一代缩小 30%，面积就会减少一半①。随后，DRAM 的存储密度越来越大，远远地把磁芯存储器甩在了后面。到了 20 世纪 70 年代中期，磁芯存储器终于抵挡不住 DRAM 的攻势，退出了历史舞台。如今，DRAM 的存储密度至少是磁芯存储器的 10 亿倍！

① 关于“登纳德缩小规则”，详见第 6 章。

到了 80 年代，日本厂商后发制人。日本的半导体技术虽然落后于美国，不过 DRAM 内部结构规整，比 CPU 容易设计和制造，而且日本人擅长控制品质，DRAM 在日本得到了迅猛发展。1976 年，日本以举国之力设立了 VLSI 联合研发体攻关芯片技术，到 80 年代进入了爆发期。1985 年，日本 DRAM 厂商横扫全世界，全球市场占有率达到了 65%。

英特尔公司的摩尔和诺伊斯只能忍痛做出决定，停售 DRAM 产品。1986 年，几乎所有美国公司都退出了 DRAM 市场，仅有美光科技有限公司（Micron Technology, Inc.）幸存下来。

1985 年，美日贸易摩擦加剧，美国主导并迫使日本签署了《广场协议》，致使日元大幅升值。同时，美国发起对日本产品的反倾销诉讼，导致日本 DRAM 性价比下降，市场被蚕食，产业逐渐衰落。

到了 90 年代，个人计算机开始兴起，韩国公司趁势崛起，1996 年，三星公司率先推出了第一款 1G 容量的 DRAM。2000 年，世界上规模排名前五的 DRAM 公司中，韩国的三星公司和现代集团（Hyundai）分列第一和第三。到了 21 世纪，DRAM 的厂家经过不断地并购，最终只剩下三家较大的：韩国的三星与海力士，以及美国的美光，形成鼎足之势。

2021 年，全球的 DRAM 市场规模达到了 680 亿美元。那一年主流计算机上 DRAM 内存达到了 16G，比 1970 年增长了 1 600 万倍。在专业课堂上，老师们严肃地为学生讲授如何刷新这些漏电的电容器以保持数据不丢失，再也听不到人们嘲笑它是一种漏电的存储器了。

如今，全世界基本上人均一部智能手机，它的内部至少有一颗 DRAM 芯片。随着晶体管的开合，电荷在上百亿个电容器中进进出出，它们仍在稳健地按照登纳德设定的方式不停地刷新再刷新……

芝士蛋糕的诱惑，施敏与姜大元发明浮栅晶体管

前文已经提到，IBM 公司的登纳德构想出的 DRAM 有个缺陷，晶体管开关一旦泄漏电流，就会导致全部数据丢失，这也是停电时文档如果没有及时保存到硬盘就会丢失的原因。

1967 年，贝尔实验室的姜大元注意到了半导体存储器的潜力，预计它迟早要替代当时主流的磁芯存储器，于是他想发明一种掉电后数据还能长期保存的存储器，即非易失性存储器（简称 NVM）。

此时，距离姜大元和阿塔拉发明 MOS 场效晶体管已经过去了 7 年，阿塔拉早已离开了贝尔实验室，姜大元则有了一位新的合作者施敏[①]（Simon M. Sze，见图 8-4）。

图 8-4　施敏

① 施敏后来写了一本非常畅销的教材《半导体器件物理》（*Physics of Semiconductor Devices*），被世界上许多大学用作教材。

施敏在 1936 年出生于中国南京，1957 年毕业于中国台湾大学，1963 年在斯坦福大学获得博士学位。毕业时，施敏收到了好几份工作邀约，他不知做何选择，于是找来导师莫尔一起商量。莫尔曾在贝尔实验室工作过，他认为贝尔的研究环境很好，但它给出的年薪却是最低的。莫尔对施敏说：“不用担心，重要的是 dM/dt 的大小①，M 代表 Money（金钱）。”施敏立刻明白了，dM/dt 代表金钱的增速，于是他当下就决定选择贝尔实验室。

顺利入职后，施敏问上司自己该研究什么？“很简单，”上司说，“任何东西，只要跟硅有关，任何东西都可以。”

看来这里的研究环境真的非常好，施敏先从自己写作博士论文时研究过的热电子晶体管开始，之后又开始和姜大元合作研究非易失性存储器。

最早的非易失性存储器是只读存储器（简称 ROM），存储的数据不可修改，而且不能定制。这有点像印刷书籍，同一批次的内容完全相同。

到了 1956 年，美国保殊艾玛公司要为军方开发一种用在导弹中的存储器，不同导弹的瞄准目标不同，存储的目标位置信息也不同，这就要求能够定制信息，这样 ROM 就不适用了。

于是，保殊艾玛公司的周文俊（Wen Tsing Chow）开发了 PROM，由内部的二极管阵列的“通”或“断”代表 0 或 1，出厂时这些二极管处于全部导通状态。当客户需要写入信息时，只需在对应的二极管中接入大电流，令其晶须融化，断开通路，目标信息就可以固化在电路中，这被称为“烧录”②。[11]

① dM 和 dt 分别是金钱和时间的变化量，两者之比代表金钱的增速。

② 至今我们在将信息固化到芯片里时仍在使用这个词，虽然已不再是真正地“烧”掉某些电路连线了。

“烧录”解决了定制的问题，不过一颗存储芯片只能“烧录”一次。如果要“烧录”其他数据，只能用一颗新的空白芯片去“烧录”。这种方式有点像激光打印，可以预先定制内容，然后让激光在白纸上灼烧并留下痕迹，但无法擦除后重复使用。对于一些要反复升级程序或修改信息的场合，这不仅不够灵活，还容易造成芯片的浪费。

姜大元和施敏希望能够在无须更换芯片的情况下，在芯片中反复擦除和写入信息。这需要将电荷存储在晶体管中一个不易丢失的地方。

不过，姜大元和施敏遇到了一个困难，那就是该把电荷“藏”在哪里呢？这有点像要把家里的药片藏在孩子够不到的地方。MOS 场效晶体管是一个平面结构，像一块平坦的地板，找不到一个地方来“安放”电荷。因此，姜大元和施敏需要构造出一个安全的“藏匿”地点。

一天中午，两人一边吃着饭，一边讨论着半导体存储器。吃完饭，姜大元仍觉得饿，还想再吃些甜点，于是又点了一块芝士蛋糕。

当芝士蛋糕端到桌上时，两人却都没有动刀叉，两双眼睛齐刷刷地盯着这块有着 4 层结构的蛋糕，它看起来似乎很“有趣”。两人开始对着这块蛋糕研究起来。[12]

姜大元早已对 MOS 场效晶体管的结构了然于胸。如果盛放蛋糕的盘子是硅晶圆，那么 MOS 场效晶体管就是一块双层蛋糕，自下而上分别是一层绝缘层和一层栅极金属。栅极金属上是不可能存储电荷的，因为电荷会顺着栅极上方的导线溜掉。

但眼前的这块蛋糕有着 4 层结构，这无疑给他们带来了新的思路和灵感。

如果将 MOS 场效晶体管的栅极也变成 4 层结构，也就是在原有的一层绝缘体和一层栅极金属的基础上，再叠加一层绝缘体和一层栅极金属，那么这两层绝缘体之间就存在一个悬浮的金属层，就像悬在墙壁高处的一个壁柜。

姜大元和施敏想到，就把电荷关进中间悬浮的金属层里，从而做出一个存储器来，上下两层绝缘层就像两层隔板，将电荷稳稳地存放于中间。

于是，在这块 4 层蛋糕灵感的指引下，一种浮栅晶体管的想法应运而生（见图 8-5）。

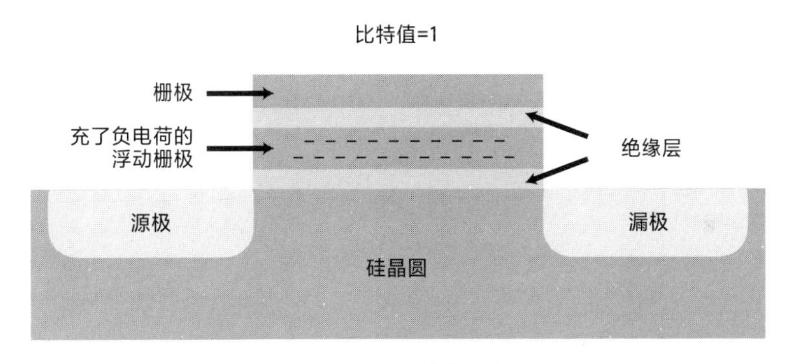

图 8-5　浮栅晶体管示意图

注：在 MOS 场效晶体管的栅极堆中额外插入一层浮动的金属栅极。

不过，这里有一个悖论，为了构造悬浮的金属层，其下方有一层绝缘体，这阻挡了下方硅晶圆中的电荷进入悬浮的金属层。

下方的电荷要怎样才能“跃”过绝缘层，“飞升”到悬浮的金属层中呢？这一次，量子力学又发挥了作用，只要绝缘层足够薄，电子就能像崂山道士那样穿墙而过，进入悬浮金属层，这叫作“隧穿”。

姜大元和施敏立刻回到实验室，准备把这个浮栅晶体管做出来。但有一个问题难住了他们，到底应该选用哪种材料作为新插入的浮栅金属呢？他们本想用钨，但是钨的熔点很高，不易加工。因此，他们需要找人请教一下。

两人翻出了实验室内部的电话簿，在上面一条条地查找，上面不仅列出了员工的姓名和电话，还标出了他们的专业特长。他们很快就找到了一位冶金专家，专家建议使用熔点较低的氧化锆，这让两人少走了许多弯路。

第一批做出了十几个浮栅晶体管，这些晶体管的一致性非常好，都能存储电荷。最成功的一个浮栅晶体管在电荷泄漏完之前，足足保存了一个小时之久[①]。

施敏写好了文章，并兴奋地去找他的上司。上司看了一眼结果只丢下一句话："这毫无用处。""怎么会呢？"施敏不解地问。

上司反问："你能想象出它能在什么地方派上用场吗？"施敏回答："我准备用它替换掉磁芯存储器。"上司冷冷地说："这根本不可能。"

施敏想，即使不能做成产品，那么总可以把这个想法发表出来吧？他提出把它发表在顶尖的《电子器件》(*IEEE TED*)专刊上，但上司觉得发表在公司内部的《贝尔系统技术》(*Bell System Tech*)杂志就够了。于是，这项半导体领域最重要的发明之一浮栅晶体管就于 1967 年 5 月 16 日发表在了一本很少人阅读的内部期刊上。[13]

又一次，贝尔实验室的魔咒降临了，这里有世界上最优秀的人才、最宽松的研究氛围、最前沿的思想，然而领导层一次又一次地将这些绝妙的点子扼杀在摇

① 这对于第一次试验已经很不寻常了，当然现在的器件能轻易地保存几十年。

篮里。上一次是 MOS 场效晶体管，这一次是浮栅晶体管。不幸的是，两次的发明人中都有姜大元。

没有浮栅晶体管，就不会有后来的可擦除可编程只读存储器（简称 EPROM）、电可擦除可编程只读存储器（简称 EEPROM）、闪存等存储器，今天也不会有手机存储卡、固态硬盘（简称 SSD）、U 盘，以及数码相机和行车记录仪的存储卡。不论是远在火星上拍照的“祝融号”，还是孩子床头的故事机，所有这些都离不开浮栅晶体管。

不过，在 2014 年闪存峰会上，施敏的努力终于得到了世人的认可，他因为发明浮栅晶体管而获得了终身成就奖，那一年全世界已经有了 10^{21} 个浮栅晶体管，平均每个地球人都能分到上千亿个。

颁奖结束后，一行人来到街对面的饭店庆祝。饭后，施敏特意点了一块芝士蛋糕。

开窗的芯片，弗罗曼发明 EPROM

1971 年，《应用物理》（*Applied Physics*）杂志的评审人收到了一篇稿件，英特尔公司的工程师多夫·弗罗曼（Dov Frohman，见图 8-6）声称自己发明了浮栅晶体管。幸好期刊评审人了解施敏的工作，并告知作者已经有人先想到了这个点子。

然而这位弗罗曼也并非等闲之辈，他在浮栅晶体管的基础上还有一个新的发明，即 EPROM，它能方便地用紫外线擦除数据。那么，弗罗曼是如何在浮栅晶体管的基础上更上一层楼的呢?

图 8-6　多夫・弗罗曼

1939 年，弗罗曼出生于荷兰的一个犹太人家庭，德国占领他父母所在的地区时他只有 3 岁。父母把他送给一个基督教家庭，被秘密地藏了起来后，他们就被德国人给驱逐出境了。战争结束后，弗罗曼先被送到了孤儿院，之后又被接回以色列。在那里读完大学后，他前往美国留学。

硕士毕业后，他面试了 3 家公司，仙童半导体公司给出的薪水最低，但弗罗曼喜欢那里“随意”的研究氛围，他最看重这一点。他一边在仙童半导体公司工作，一边在加州大学伯克利分校攻读博士学位，研究金属氮氧化物半导体（简称 MNOS）存储器。

弗罗曼清楚地记得格鲁夫给仙童半导体公司的员工开了一门半导体器件的课程。公司规定早上 8 点上班，而格鲁夫要求学员 7 点就来上课，而每次课都以小测试开始。上了一两次课后，弗罗曼就壮着胆子跟格鲁夫说：“我们早上 7 点才刚刚睡醒。”后来弗罗曼偶然间听到格鲁夫在一个大厅里跟人抱怨说：“那个从以色列来的家伙毁了我的小测试，真不知道他想要什么。”

1969年，弗罗曼博士毕业，立刻追随摩尔等人去了英特尔公司。一开始，英特尔公司没有给弗罗曼布置特别的任务，只是让他继续“玩”MNOS存储器。

当时英特尔公司正在开发代号为1101的SRAM。这款芯片是公司成立以来第一颗256比特的MOS存储器，而且第一次使用了硅栅工艺。公司对它寄予厚望，但就在产品上市前，1101存储器无法通过高温、高湿测试，使得MOS场效晶体管的输出变得不稳定。

沃达斯把弗罗曼叫了过来：“好了，不要再把时间耗在MNOS存储器上了，这儿有个真正的问题给你研究，你需要找出使MOS场效晶体管变得不稳定的根源。”

1970年，弗罗曼来到SRAM项目“救火”。经过一番详细排查，他确定“真凶”来自栅极中的金属，这些金属电子漂移到下方的绝缘体中，使其变得可导电，从而引起了短路。

这时，弗罗曼将他正在解决的问题跟他之前研究的MNOS存储器关联了起来。他想，“这些封存在绝缘体里的电荷制造了这么多麻烦，也许我能把它们利用起来并做出一个存储元件”。当电荷被封存到绝缘体中时代表存储了1，否则就是0。

一天，弗罗曼发现当结断裂时，栅极上突然累积了大量电荷。这是一个意外的惊喜，也给了他重要的启示，也许这个现象能用来存储电荷。[14]

过了一段时间，弗罗曼想到了一个方法：用一个普通的硅栅MOS场效晶体管，不连接栅极使其悬空，模拟断裂的结来存储电荷。这个结构同样是用两层绝缘层夹着一层金属来存储电荷，只比姜大元和施敏的浮栅晶体管少了最上层的栅极金属。

此外，弗罗曼打算将电子注入硅晶圆表面的沟道中，再迁移到悬浮的金属层中存储起来，因此这种器件被称为浮栅雪崩注入 MOS 场效晶体管（简称 FAMOS，见图 8-7）。

图 8-7 FAMOS：将栅极悬空，存储电子

将 MOS 场效晶体管的栅极悬空？这个点子一点都不符合多数人的直觉，连弗罗曼自己都觉得这是一个疯狂的主意。当他跟摩尔、诺伊斯、格鲁夫和沃达斯等人讲起自己的想法时，每个人都怀疑它能否保持稳定。

弗罗曼还有一个关键问题待解决，那就是如何擦除存储器中的电荷？

弗罗曼首先想到的是用 X 射线照射元件，X 射线中的高能粒子的能量会激发电荷，使其从绝缘层中逸出。但高能粒子的冲击也会让 MOS 场效晶体管变得不稳定。那么，能否找到一种破坏性较小的射线呢？弗罗曼想到了紫外线。试验后，紫外线的确起到了作用，而且没有破坏元件。

但是，又有一个很实际的问题冒了出来。芯片封装在塑胶外壳里，而为了能接受紫外线照射，必须使芯片的晶圆暴露出来，但这样会损坏芯片。

弗罗曼左思右想，觉得只能在塑胶外壳上开一个口，装一块石英玻璃，这似乎是唯一能解决问题的办法。

但是一想到生产线上的技术人员对这个开口的芯片外壳的反应，弗罗曼的担心又加重了。他甚至能想象出这些人的第一反应：就像是老派的父母看到自己的孩子把新买的牛仔裤挖了一个洞，瞬间气得头发都竖了起来，于是直接把孩子赶出门外。

一天早晨，弗罗曼正步行穿过公司大厅，迎面走来了诺伊斯。敏锐的诺伊斯停下来叫住了弗罗曼："你今天看起来忧心忡忡，是有什么心事吗？"[15]

"我无法想象人们会同意剖开 EPROM 芯片外壳并在上面装一块石英玻璃。"弗罗曼说。

"为什么不能呢？"诺伊斯反问道。

于是他们就站在大厅里讨论起来，并最终达成了一致，芯片上会有一个石英窗口，就像我们如今看到的 EPROM 封装那样（见图 8-8）。

图 8-8　带有一个紫外线擦除窗口的 EPROM

接下来，弗罗曼尝试制作了一些能存储 16 比特信息的 EPROM 样片，效果还不错，电荷能存储一天时间。然后，弗罗曼需要给英特尔公司的高层管理者演示一下这个新玩意儿，以说服他们继续支持这个项目从概念阶段转到产品阶段。

弗罗曼抱着一堆示波器、脉冲产生器和 EPROM 芯片测试板就进了摩尔的办公室。房间里除了摩尔之外，还有格鲁夫、沃达斯等高层管理者。为了便于演示，弗罗曼把芯片上的 16 比特连接到 16 颗红色小灯泡上，通过发光来展示存储的状态。弗罗曼打开脉冲发生器，示波器上显示出波形，然后小红灯开始一个个地闪烁起来，这表示信息已经存储进去了，之后他又演示了信息擦除，小红灯又一个个地熄灭了。

格鲁夫等人看得目瞪口呆，同时又疑虑重重。作为一个性急的新人，弗罗曼壮着胆说道："看起来一切都运行正常，我建议公司支持我们做一个更大的 2 048 比特的 EPROM。"

房间里一片安静，没有人开口。一旦决定将其变为产品，公司就要先投一大笔钱进去。这对于刚成立不久的英特尔公司来说不仅是一笔不小的开销，而且这是全世界第一款 EPROM，它是否足够稳定？客户能否接受？一切都是未知数。大家都拿不准这么简陋的东西能否转化为产品，他们把头转向摩尔，显然他是做最终决定的人。但摩尔跟其他人一样保持沉默。弗罗曼猜测摩尔可能会说："你们回去再多做一些工作，几个月后再说。"

大约过了 30 秒后，摩尔终于开口说道："就按你说的办吧！"所有人都吃了一惊。弗罗曼后来回忆道："摩尔发出了向前进的清晰指令。做出这个决定非常关键。要是没有他，后来的一切都没有发生的可能！"[16]

原来，摩尔不是仅仅从存储器的角度去思考，而是站在计算机行业的高度去分析。他认为，英特尔正在开发 CPU，需要定制程序，而 EPROM 正好能方便地存储程序。后来证明这一策略很成功，人们将 EPROM 跟 CPU 搭配做出了很多以前无法做到的事。工程师们也很喜欢 EPROM，因为他们可以方便地修改程序，掩盖他们的“bug”，于是他们买 CPU 时顺便会买些价格昂贵的 EPROM，这使得英特尔公司从中挣的钱比 CPU 还多。

弗罗曼对摩尔的远见非常钦佩，以前还从来没有人把处理器和 EPROM 关联起来，“当时每个人手头的工作都排得满满的，没有人认真地坐下来去整合……而摩尔总是能把握长远的技术方向”。

然而，真正要变成一款量产的产品，EPROM 还要先扫除重重障碍。最大的障碍来自英特尔公司内部的专家。许多人对其中的信息究竟能存多久心怀疑虑：阳光中的紫外线会不会意外地擦除数据？为了打消疑虑，弗罗曼把 EPROM 芯片放到了屋顶接受阳光暴晒，几个星期后，里面的信息依然完好无损。

硅谷每年都会举行一次国际固态电路会议（ISSCC），业内人士视之为集成电路设计领域的奥林匹克大赛。1971 年 2 月，弗罗曼在国际固态电路会议上展示了自己的发明。他用紫外光灯照射 EPROM，存储的比特一个接一个地擦除掉了，可最后却卡住了，剩下一个比特顽固地停留在芯片里，无论怎样都擦不掉。观众席上发出了一阵叹息和窃窃私语，“看起来不行啊”。但是 30 秒后，突然间剩下的那个比特也被擦除了，观众席上顿时爆发出了一阵热烈的鼓掌声！[17]

1984 年，摩尔接受采访时说：“回溯历史，在微处理器产业发展的过程中，EPROM 的重要性其实和 CPU 不相上下，我很高兴它们是同步发展起来的。”[18]

就像闪光灯，舛冈富士雄发明闪存

如今，我们的手机、数码相机的存储卡以及 SSD 里使用的不是 EPROM，而是闪存，2019 年全球的闪存销售额更是达到了 620 亿美元。

那么，闪存是谁发明的？20 世纪 90 年代，日本东芝公司的公关部对《福布斯》杂志声明，这个发明是英特尔公司首创的，而英特尔公司则说是东芝公司先发明的！为什么这两家顶级的半导体公司都要把这个最重要的发明推让给对方，而不是争取到自己名下呢？[19]

这还要说回 20 世纪 70 年代的日本。那时东芝公司的存储器团队先后做出了 2K 容量的 EPROM 和 1M 容量的 DRAM，使得东芝一跃成为世界领先的存储器制造商。

领导东芝公司存储器团队的是舛冈富士雄（Fujio Masuoka，见图 8-9），他于 1943 年出生，1971 年在日本东北大学取得博士学位，随后加入了东芝公司。

图 8-9　舛冈富士雄

舛冈富士雄对掉电后仍能存储数据的存储器很感兴趣，但是 EPROM 很不灵活，紫外线一次性就能把整个芯片给擦除掉，却无法单独擦除一小块区域。

1977 年，美国休斯飞机公司的伊莱·哈拉里（Eli Harari）发明了 EEPROM，无须紫外线照射，只需要电信号就能擦除数据。而且，它还能选择要擦除的单个比特，非常灵活。为了选择特定要擦除的比特，需要两个晶体管分别控制纵向的选择线（位线）和横向选择线（字线），就像用经度和纬度来确定某一点的位置。但是，它要求每个比特位上都要额外配备两个晶体管，这导致芯片面积变大、价格高昂。

舛冈富士雄想，能否在 EPROM 和 EEPROM 之间找到一个折中方案？既能有选择地擦除一块区域，又不那么昂贵。

如果要降低成本，只能尝试减少选择比特位上的两个晶体管。如果把它减少为一个，就无法选择某一个比特位单独擦除了，而只能擦除一整块区域（但不是一整块芯片）。就像用铅笔在方格本上写字，不再能单独擦除某个字，而是要擦掉一整行（但至少不是一整页）。这意味着灵活性减弱，但带来的好处是成本大大降低。舛冈富士雄觉得值得一试。[20]

1980 年 6 月的一天，舛冈富士雄跟几位工程师围坐在办公桌边。舛冈富士雄说道："我在业余时间研究了一种能用电信号一次性擦除信息的存储器，准备投稿到今年 12 月召开的国际电子器件会议上。"[21]

工程师们顿时陷入了沉默，他们没想到自己的主管平时这么忙，居然还有时间发明新东西。

"不过，我得先给它起一个好听的名字……"舛冈富士雄接着说。

“舛冈君，Flash memory（闪存）这个名字怎么样？”说话的是一位名叫有泉庄司（Shōji Ariizumi）的工程师。

“Flash?! 哦，这个名字很简洁，我喜欢！”舛冈富士雄喊了起来，“你是怎么想到这个名字的？”

“舛冈君发明的这个存储器能一次擦掉一大块数据，使我想到了照相机闪光灯。”

于是，舛冈富士雄在投给国际电子器件会议的文章里第一次公开地使用了“闪存”这个名字。他还在同一年申请了专利，并于次年得到了授权。后来，在1985年的国际固态电路会议上，舛冈富士雄正式发布了2K容量的闪存。此时，东芝公司仍承认闪存是舛冈富士雄的原创发明。

然而，在国际固态电路会议之后，一切都变了。英特尔公司在会上得知了东芝公司发布的闪存后，对它非常感兴趣，向东芝公司发出了一份正式的样片申请书。英特尔公司是当时最大的存储器厂家，也是东芝公司的竞争对手。根据舛冈富士雄的说法，东芝公司对他的态度“立刻发生了180度的大转弯”，闪存从此变成了东芝公司的官方研发产品。

英特尔公司立刻投入了300名工程师攻关研发闪存产品，而东芝公司只给舛冈富士雄配备了几位工程师。在英特尔公司大批量地抢占了闪存市场后，东芝公司这才反应了过来，开始加大研发力度。东芝公司的首批闪存应用到了福特汽车上，这让升级汽车软件变得更容易。

又过了一年，到了1986年初，美国贸易委员会突然起诉了所有的日本存储器公司，告它们侵犯了德州仪器的DRAM专利。如果败诉，日本的存储器产品将被排除在美国市场之外。那年8月，东芝公司派遣舛冈富士雄到华盛顿参加应诉。

一开始，舛冈富士雄每天的时间安排得非常紧张。早上 6 点就要到法庭，直到半夜才休庭。后来渐渐不需要每天开庭了，舛冈富士雄才有了一点闲暇时间，可以思考一下存储器的未来。

在旅居华盛顿的这段时间，舛冈富士雄把目光放到了硬盘这种大容量存储介质上。跟机械硬盘相比，闪存的成本仍要高出很多倍。舛冈富士雄心中又定下了一个目标：继续降低闪存成本以替换掉机械硬盘。

机械硬盘虽然便宜，但体积大、很笨重，运行时受到震动很容易损坏。不过，其单位存储的成本非常低。要想进一步降低闪存成本，那就得继续增大闪存的存储密度，可是每个数据比特对应一个晶体管已经到极限了。

既然晶体管数量已经无法减少，那么其他部分呢？舛冈富士雄把视线转向了晶体管之间的连线。这些导线的粗细跟晶体管几乎一样，如果大幅减少芯片中的导线连接数，就能节约导线所占的面积，从而提高闪存的存储密度。

此前舛冈富士雄发明的闪存中，相邻晶体管之间是并联关系，每一个晶体管都要跟外部电路连接，导线数量众多。由于这些并联的晶体管组成“或非门”（NOR gate），所以人们把它称为或非闪存（见图 8-10）。

舛冈富士雄想，如果把并联改为串联，让多个晶体管像糖葫芦那样彼此串成一串，只需在首尾与外部连接即可，这样就能减少内部连线，从而缩小芯片面积，降低成本。

与这种串联晶体管对应的是“与非门”（NAND gate），故而舛冈富士雄发明的第二种闪存名为与非闪存。总体上，与非闪存的存储密度比之前的或非闪存提高了 2.5 倍，成本也随之大幅降低。

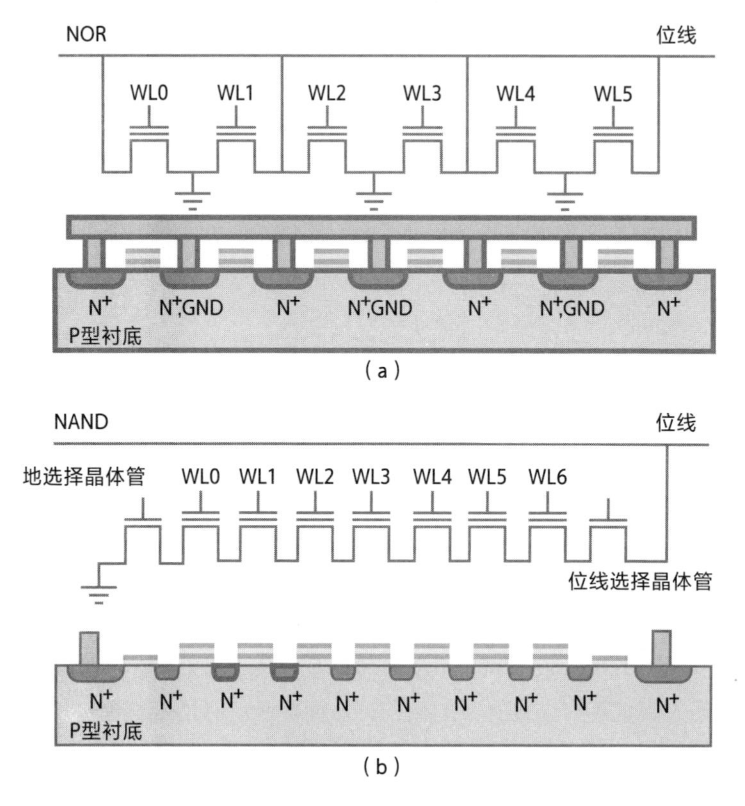

图 8-10　或非闪存和与非闪存结构对比

回到日本后，舛冈富士雄制作了一些简单的样片，然后把结果发表在了 1987 年的国际电子器件会议上。

之后他寻求公司支持，希望能获得资助开发一个容量高达 4M 的与非闪存。他首先找到了东芝公司计算机业务部，但是主管对闪存毫无兴趣，因为台式计算机对体积和重量也没有严格要求，况且 4M 的容量对于计算机硬盘来说太小了。

舛冈富士雄并没有放弃，他又找到了公司生产数码相机的消费电子业务部。听了舛冈富士雄讲述这种低成本且轻巧的与非闪存，主管认为它很适合存储数码相片。就这样，舛冈富士雄得到了一笔经费，得以继续研究大容量的与非闪存。[22]

但是，公司高层对舛冈富士雄不经同意就暗自开发与非闪存感到很不满意。1990 年，就在第一款与非闪存推出后不久，公司高层“提拔”了舛冈富士雄。名为提拔，实际上却架空了舛冈富士雄。

据舛冈富士雄自述，他在这个新位置上没有任何下属，这对于一个从事工程研究的 47 岁的人来说无异于“釜底抽薪”。在随后的 3 年多时间里，他不停地跟老板强调自己缺少人手帮忙，而老板回复说：“你不是一个称职的团队合作者，因为你不愿意遵守命令。你还是一个人去研究你自己的东西吧。”[23]

此后，舛冈富士雄和东芝公司的关系变得越来越紧张。1994 年，忍无可忍的舛冈富士雄辞职回到了母校日本东北大学当教授。

接着就出现了前文说到的匪夷所思的一幕，东芝公司宁可把闪存的发明专利让给英特尔公司，也不愿意承认这是舛冈富士雄的发明。直到 1997 年，美国电气与电子工程师协会把利布曼奖颁给了舛冈富士雄，东芝公司才改口承认舛冈富士雄对闪存研究的贡献。

到了 21 世纪初，东芝公司的存储器年收入达到了 12 亿美元，还不包括专利许可费。而自始至终，可怜的舛冈富士雄仅得到了区区几百美元的“奖励”。

舛冈富士雄忍无可忍，对前东家发起诉讼，要求其支付发明补偿。2006 年，法庭宣判东芝公司支付他 75.8 万美元，尽管这仍远远低于他要求法院判给他的金额。

随着手机、数码相机和平板电脑的普及，与非闪存以其低廉的成本得以大量地应用开来，如今闪存淘汰了软盘，磁带和音乐光盘也被手机和 MP3 播放器给替代了。

最近几年，闪存渐渐地扩展到了笔记本电脑中，使其变得更加轻盈和抗震，2021 年甚至出现了 100T 的闪存 SSD。在云存储的数据中心里，闪存 SSD 也占据越来越多的位置。

多年以来，舛冈富士雄一直在他的办公桌旁摆放着世界上第一台装有闪存的数码相机。他会给来访的客人拍照，将其存储在闪存卡里，然后在显示器上展示出来。

本章核心要点

20 世纪 60 年代，半导体存储器开始登上舞台并挑战传统的磁芯存储器。随着 MOS 场效晶体管技术的成熟，半导体存储器集成度越来越高，价格也随之越来越低。

1963 年，仙童半导体公司的罗伯特・诺曼发明了 SRAM。1967 年，IBM 公司的罗伯特・登纳德发明了 DRAM，但因漏电被公司束之高阁。

正是看到了半导体存储器的巨大前景，诺伊斯和摩尔于 1968 年离开仙童半导体公司，创立了英特尔公司，并于 1970 年推出了世界上第一款容量为 1K 的 DRAM。随着计算机的快速发展，DRAM 成了产量最大、最重要的存储器之一。

然而，DRAM 在掉电后无法保存数据。1967 年，贝尔实验室的姜大元和施敏发明了浮栅晶体管，可用于掉电后保持数据的存储器。在此基础上，英特尔公司的多夫・弗罗曼于 1971 年发明了 EPROM，其灵活的擦除功能推动了 CPU 的进一步发展。1977 年，休斯飞机公司的伊莱・哈拉里发明了 EEPROM。

相较于 EPROM 擦除时会擦掉全部数据，EEPROM 虽然灵活，但成本高昂。1980 年，日本东芝公司的舛冈富士雄发明了既灵活又低成本的非易失存储器——闪存。1987 年，舛冈富士雄进一步改进，发明了成本更低、存储密度更高的与非闪存。这成了现在的手机、相机存储卡和 SSD 的基础。但舛冈富士雄并没有因此得到东芝公司的合理回报，最终选择辞职出走。

第三部分　多样

我怀疑标准模拟放大器芯片的想法是否真的可行。

吉姆·所罗门
（摩托罗拉公司） 1966

现在，谁还关心太阳能电池呢？

美国无线电公司
研究主任 1954

人们告诉我，如果我有一个化学学位而不是电子工程学位，就会知道这么做是不可能的。一个有正常想法的人是绝不会这么尝试的。

尼克·何伦亚克
（通用电气公司） 1962

业界认为，半导体激光器的缺陷无法从根本上解决。

索尔·米勒
（瓦里安公司） 1963

中村，你还活着吗？

中村修二的同事
（日亚化学公司） 20 **世纪** 80 **年代**

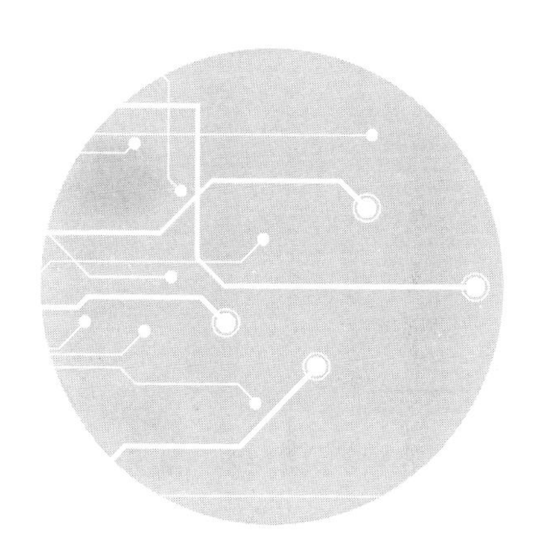

09

知而行之，
模拟世界的芯片

希腊雅典的国家考古博物馆里陈列着栩栩如生的人体雕像、精美的绘画和陶瓷，其中有件1900年从海底打捞上来的展品显得格格不入：它比手掌稍大，青铜表面被海水腐蚀，露出了圆形十字框架，它就是安提基特拉机械。

直到20世纪60年代通过X光扫描仪，科学家才发现安提基特拉机械内部有几十个精密的齿轮，由此推测它可能是世界上最早的模拟计算机，能“模拟”天空中月亮、太阳和行星的运动。只要拨动手柄，就会驱动一组齿轮，齿轮带动表盘上的指针“模拟”星体在天空中的连续变化。[1]

不光星体在连续变化，大自然里的声音、色彩、光线等都在连续地变化。

感知这些“连续”信号其实就是一种“模拟”。例如，耳膜随着声波而振动，带动听小骨和内耳的淋巴液一起振动，从而在身体内重新“模拟”和构建出外部声音的变化。而这些信号会进一步转化为神经脉冲送入大脑。

有一种芯片也能“模拟”和构建出外部信号的变化，它能检测到走廊里的脚步声，感应到自动门上射出的红外线，并对其处理，这就是所谓的“模拟芯片”。模拟芯片能将感测到的外部声光信号放大，并用电信号复现出这些外部信号的幅度变化，相当于在芯片内部重新模拟出了这些外部信号，因而被称为模拟芯片。除了放大信号，模拟芯片还能对连续变化的信号进行各种处理，包括滤波、采样保持、比较大小等。模拟芯片是 CPU 感知外界的窗口，也是 CPU 对外控制的必经渠道。

这些“模拟芯片”就像整个电子系统的眼、耳、鼻、舌、皮肤。一旦缺少了这些，电子系统就无法感知冷暖和明暗，也无法感受轻重和快慢。

“模拟芯片”不仅需要“感知”，还需要“行动”。“知者行之始，行者知之成。”行动代表着执行、驱动，意味着“模拟芯片”应能够输出功率和输出连续变化的信号。没有这些“模拟芯片”，我们就不能驱动高铁和电动汽车风驰电掣。

莫使金樽空对月，维德勒开创模拟芯片

“你们做的电路简直是胡扯！”1963 年的一天，在加州仙童半导体公司的研发部，一位前来面试的年轻人对面试官这样叫嚣道。[2]

面试官大吃一惊，他刚刚给这位年轻人展示了仙童半导体公司设计的模拟电路，以为会让年轻人眼前一亮，没承想却换来了这位桀骜不驯的年轻人的一顿奚落，这让他心里很不悦。

研发部不打算要这个“冒失鬼”，于是将他打发到应用工程部。这个被支走的小伙子就是 26 岁的维德勒（见图 9-1），是仙童半导体公司的销售经理桑德斯介绍他来面试的。

维德勒是在一次仙童半导体公司的产品推广会上遇到桑德斯的①。当时，桑德斯手里拿着一大盒最先进的2N1613晶体管，这些晶体管的价值足以抵得过一辆跑车。二人越聊越投机，于是转到酒吧里接着聊，最后维德勒成了这盒晶体管的新主人，而桑德斯并不在意，还推荐维德勒去仙童半导体公司面试。

图9-1 维德勒

喝过几杯酒后，维德勒就去了仙童半导体公司的研发部面试，于是就发生了上文提到的那一幕。幸好仙童半导体公司应用工程部的约翰·休姆（John Hulme）不顾反对，毅然收留了维德勒。

20世纪60年代，美国的反叛文化流行，仙童半导体公司非但没有订立自己的规矩，反倒容纳了一批像维德勒这样才华横溢但特立独行的人。

坊间流传着许多维德勒的故事，有人说他在办公室藏着一把斧子，主要用来砸碎有故障的元器件，甚至有人说他会连续打砸故障元件直到它变成粉末！[3]

① 桑德斯后来离开仙童半导体公司，创建了超威半导体公司。

维德勒身上放荡不羁的风格来自他的波希米亚家庭。出生于 1937 年的维德勒从小就深受父亲的影响，表现出对模拟电子技术的天赋和激情。[4]

进入仙童半导体公司后，维德勒开始设计模拟芯片。

模拟芯片小而精，与数字芯片截然不同，它不是靠晶体管数量取胜，因而也无须遵循摩尔定律。正如一个人的大脑神经元个数会随着年龄发生变化，但这个人始终只有两只眼、两只耳朵、一张嘴。模拟芯片的器件数量有限，少则几个，多则几百个，基本不发生变化。它要靠巧妙的设计来实现更高的性能。

在所有的模拟芯片中，运算放大器是当之无愧的“无冕之王”，简称运放或 OPAMP。它的功能多得两只手都数不过来：它能放大信号、滤波、输出恒定电压，进行数模转换、电压比较、采样保持、电压跟随、阻抗变换等，甚至能做加减乘除和微积分运算，这也是它的名字的由来。如果拿掉了运算放大器，那就无异于抽掉了整个模拟芯片大厦的地基。

维德勒的目标是设计一款运算放大器芯片“μA702”，以求击败当时最流行的一款真空管运算放大器“K2-W”。后者采用了两级放大，就像是运载火箭的多级推进，每一级都能将信号放得更大一些，使得它的放大倍数达到了 10 000。而且“K2-W”的价格低廉，仅为 22 美元。[5]

集成电路问世后，工程师们希望用它来击败“K2-W”，但集成电路设计没有任何方法可以借鉴，这容易导致集成电路输出误差较大，而且性能随温度变化而产生较大波动。

第一个提出模拟芯片设计方法的是华裔工程师凌宏璋（Hung-Chang Lin）。1962 年，他提出了用一个晶体管去匹配另一个晶体管，以减小误差与波动，这标志着模拟芯片第一次有了专门的设计方法。[6]

维德勒吸收了凌宏璋的思想，并参考了“K2-W”两级放大简单稳定的优点，在“μA702”中同样采用了两级放大，并使“μA702”总共只包含9个晶体管。

维德勒发现“K2-W”有个缺点——差分输入转为单端输出时会损失一半的放大倍数。他巧妙地在放大器输入级上加入了一个高增益放大器，即“放大器中的放大器”，从而解决了这个问题。[7]

“μA702”算是维德勒的一次小试牛刀，他自己设计电路、绘制版图，并参与了制造和测试。“μA702”研制出来后得到了一些潜在用户的好评。诺伊斯和销售主管汤姆·贝也意识到，这可能是一款有市场潜力的成功产品，于是他们主动来找维德勒商讨，准备把“μA702”变为一款产品。[8]

“见鬼去吧。”维德勒脱口而出，接着又说，“你们会毁了我的模拟芯片，你们不能这么做。”他觉得“μA702”的良率比较低，如果贸然发布，很可能会引起严重的不良后果。

诺伊斯深感意外，汤姆·贝则说：“这个粗鲁的家伙简直让人抓狂。”

第二天，诺伊斯和汤姆·贝又来找维德勒。维德勒回应说：“首先，你们这些家伙根本不知道自己在说什么，你们不了解这个电路，也不知道它是怎么工作的！再者，整个公司也没有人知道它该如何工作和使用，我是不会让你们毁掉我的名声的！”

又过了几天，诺伊斯和汤姆·贝再一次找到了维德勒。维德勒终于同意把它变成产品，而且提出了一个担任产品经理的人选，这个人就是当时在休斯飞机公司工作的杰克·吉福德（Jack Gifford）。此人为仙童半导体公司的模拟芯片组建了一支阵容豪华的团队，包括后来参与苹果公司创立的迈克·马克库拉（Mike Markkula）以及苹果公司首任CEO迈克·斯科特（Mike Scott）。[9]

1964 年 10 月，仙童半导体公司发布了“μA702”，标价 50 美元，然而客户实际上要付出 300 美元才能拿到货，一时引起了极大关注。

不过，“μA702”的放大倍数只有 3 000，比“K2-W”的 10 000 小了很多。它的输出驱动能力较小，几乎没有共模抑制功能，而且价格较高，最终没能获得市场认可。就这样，芯片运算放大器在跟真空管运算放大器的第一次较量中败下阵来。[10]

当时业界并不看好模拟芯片。1966 年的国际固态电路会议上有一个关于模拟芯片的分组专题讨论。摩托罗拉公司的工程师吉姆·所罗门（Jim Solomon）发言说，他怀疑标准模拟放大器芯片的想法是否真的可行，因为电路的设计要求变来变去，而用一两个标准放大器根本无法满足这些要求①。

维德勒抓起麦克风反驳说：“模拟芯片存在问题的说法纯粹是无稽之谈！只要能解决好模拟芯片中的元件匹配和温度漂移的问题，模拟芯片就可以和数字芯片相媲美，而且易于使用。”[11]

对于“μA702”的失败，维德勒的回应是，开发下一代的“μA709”放大器。

那段时间，维德勒手里经常握着一只装着酒的可乐瓶，至于里面装的是什么的酒，他从不在意。唯一能把维德勒从酒吧拉回实验室的就是一个好的电路设计想法。他一旦走进实验室就能进入忘我状态，能不间断地工作很多个小时。他从不用计算机仿真电路，而是靠自己的直觉和推理，在一张纸上用铅笔画出原理图并演算结果。设计模拟芯片需要在纷繁的电路连接中抓住本质，维德勒很享受沉浸其中的忘我状态。

---

① 不过，后来吉姆·所罗门改变了对模拟芯片的看法，并在模拟芯片领域颇有建树。1983 年，他创办了电子设计自动化公司——所罗门设计自动化公司，这家公司后来演变成了今天全球第二大的电子设计自动化公司楷登电子公司（Cadence Design Systems），详见第 12 章。

为了提高运算放大器的放大倍数，维德勒在“μA709”上增加了一级放大，变为三级放大，使整体放大倍数增加了20倍，达到了60 000，是“K2-W”的6倍。

1965年10月，28岁的维德勒在国家电子会议上宣布了“μA709”的诞生，并使其于11月正式上市。12月，仙童半导体公司就从一家客户那儿收到了10 000颗芯片的订单，这是公司此前收到的模拟芯片订单的10倍。

“μA709”刚上市时的价格为70美元，随后急速下降，并一路降至10美元以内，到1967年降至5美元，1969年只要2美元。[12] 在“μA709”的实力和价格碾压下,“K2-W”无力还击，退出了市场。真空管运算放大器的时代就此结束。

随着价格下跌，“μA709”的出货量猛增，它在市场上几乎没有什么竞争对手。随后德州仪器公司、摩托罗拉公司等纷纷推出了各种以“709”为后缀的运算放大器。正是维德勒提出的一系列新想法，让模拟芯片变成了一个标准产品，成就了一个蓬勃发展的产业。

* * *

凭借“μA709”的成功，维德勒声名鹊起，他第一次意识到自己为公司创造了多么大的一笔财富。当初休姆的眼光没有错，而桑德斯的那盒价值不菲的晶体管“花”得也很值，维德勒为仙童半导体公司带来的财富远超1 000辆跑车。因此，维德勒觉得自己理应从公司拿到合理的回报。

那段时间，维德勒经常光顾仙童半导体公司附近知名的车轮（Wagon Wheel）酒吧。在那里，工程师们暗中交换着工资的秘密和挖人的小道消息。从仙童半导体公司跳槽出来创业的年轻人则炫耀着自己手头的大把期权或股票。

1965 年末的一天，维德勒去找仙童半导体公司的三号人物查理·斯波克，要求大幅提高工资，并暗示他的目标是在 30 岁时挣到 100 万美元。这可不是一笔小数目，斯波克毫不含糊地拒绝了维德勒的要求。

碰了壁的维德勒直接提出辞职。在给休姆的辞职信上，维德勒只写了一句话："我于 1965 年 12 月 31 日辞职。"他拒绝填写离职申请表，只在离职原因一栏写了一句话："我想变富！"[13]

仙童半导体公司甚至没有意识到维德勒真正出走了，一直到 1966 年 4 月还继续给他开着工资，甚至后来也没有追回这几个月多发的工资。

维德勒去了一家小公司 Molectro，这家公司是仙童半导体公司的前员工、光刻专家吉姆·纳尔与人合伙创建的。

然而，造化弄人，维德勒加入新公司后不久，Molectro 就被美国国家半导体公司（National Semiconductor）收购了。1967 年，美国国家半导体公司从仙童半导体公司挖来了一些骨干，其中就包括了三号人物斯波克，他成为改组后的美国国家半导体公司的总经理，于是这位曾拒绝给维德勒涨工资的老板又一次成了维德勒的老板……

这一次，面对维德勒，斯波克像换了一个人，无论维德勒提出多么离奇的无理要求，斯波克都不反对，因为他知道公司十分依赖于维德勒，维德勒独自一人支撑着公司的绝大部分产品线。

有一年，维德勒和斯波克等人去巴黎参加一个技术研讨会。午饭时分，斯波克看到维德勒用大酒杯喝酒时，立马意识到会有麻烦，因为维德勒午后要做一个专题演讲。回到会场时，维德勒手里仍端着一只盛满杜松子酒的大酒杯。[14]

斯波克思来想去，唯一能做的就是请人把这杯酒偷偷地喝完，不给维德勒留下一滴。谁来担此重任呢？斯波克注意到了坐在维德勒旁边的同事彼得，于是在他耳边低语了两句。彼得只好牺牲自己，把整杯烈酒偷偷地一饮而尽。

维德勒准备开始演讲时，习惯地拿起了酒杯，却发现里面滴酒不剩，他顿时说不出一句话，竟然哭了起来。听众面面相觑，都在焦急地等待着，斯波克别无他法，只好命人重新将酒杯倒满，维德勒这才心满意足地开始演讲。尽管有些站不稳，但他的演讲一气呵成，他幽默的话语自始至终吸引着全场听众的注意力——除了可怜的彼得。[15]

在美国国家半导体公司，维德勒开始着手研发一款新的运算放大器“LM101”，以超越“μA709”。在“LM101”电路中，维德勒首次提出并实现了有源负载，简单说就是用晶体管实现数值极大的电阻，同时缩小芯片面积，如今这也成了模拟工程师的标准做法。

这个举措一举两得，不仅大幅缩小了芯片面积，而且增大了放大倍数，使得“LM101”的放大倍数增大到了“μA709”的 8.3 倍——惊人的 500 000 倍。[16]

维德勒离职后，仙童半导体公司招聘了一位不到 24 岁的英国工程师戴维·富拉格（David Fullagar），他被指派研究维德勒开发出的“LM101”芯片。

富拉格发现“LM101”用一个外接电容器实现了频率的密勒补偿，他有了一个新想法：为什么不把芯片外的电容器挪到内部？富拉格深谙工程师的本性，知道他们也很“懒”，减少一个外部接口和元件会让工程师更省事，于是他将一个 30 pF 的电容器集成在了芯片内部。[17]

结果表明，这一策略非常奏效，这款“μA741”运算放大器一经发布就受到了热烈欢迎。后来，“μA741”成为历史上最受欢迎的运算放大器芯片之一，并进入了芯片名人堂。不过富拉格坦陈，“μA741”中很多电路结构是直接从“LM101”中“抄”过来的！[18]

在美国国家半导体公司，维德勒也开始设计一种模拟电压源电路。每颗芯片都离不开一个稳定的基准电压源，但电源电压可能会随着环境温度和工艺的变化而波动，严重时还可能造成芯片不能正常运行。要使电压源保持恒定，就像在大海中让船只保持不摇晃那样困难。[19]

维德勒的思路是，找到一个恒定的、跟环境温度没有任何关系的物理常数，然后设法将电压锚定在这个常数上。维德勒发现，将 PN 结电压一直延伸到绝对零度，所有斜线都会终结于同一个点。这个点的电压是 1.2 伏，刚好是硅的禁带宽度。这个数值仅仅取决于材料本身的性质，正是维德勒想要找的不变的物理常数。

就这样，维德勒找到了用半导体禁带宽度来使电压源保持恒定的方法，它被称为带隙基准电压源①，如今已经写进了每一本模拟芯片教科书。

1970 年 12 月 21 日，维德勒持有的美国国家半导体公司的股票升到了 100 万美元，他立刻从美国国家半导体公司辞职。据说有天夜里两点，他给休姆打了一个电话，说自己终于挣到了 100 万美元。

20 世纪 70 年代后，维德勒蓄起了络腮胡，手指间夹着一支雪茄，这个硬汉的形象很容易让人想起作家海明威。正如海明威写作时喜欢用短句、维德勒在设计电路时喜欢使用尽可能少的晶体管。两人都有着一样的络腮胡子，而且都桀骜不驯。[20] 再后来，维德勒很少再端着酒杯，但酒精在他身上留下了永久的伤害，他去世时年仅 53 岁。

① 带隙就是导带和价带之间的空隙，即半导体的禁带宽度，详见第 1 章。

模拟芯片中除了运算放大器，还包括将模拟信号转换为数字信号的模拟数字转换器（简称 ADC）、将数字信号转换为模拟信号的数字模拟转换器（简称 DAC）。乔治·威尔逊（George Wilson）于 1968 年发明了威尔逊电流镜电路。西格尼蒂克公司的汉斯·卡门青德（Hans Camenzind）于 1971 年发明了“555”定时器电路，仅仅通过一个触发器、两个比较器和几个电阻器就实现了定势、延迟、产生脉冲和振荡器等功能，成为历史上应用最多的模拟芯片之一。

在此之后，模拟芯片设计向着更高频率的方向继续前进。

剪掉电话线，无线通信芯片

1973年4月3日上午9点多，纽约曼哈顿第六大道上有两个人正在边走边聊，其中一个瘦高个手上托着一个砖头大小的盒子，上面还伸出一根细长的小棍，他就是摩托罗拉公司的工程师马丁·库珀（Martin Cooper，见图 9–2），他正在为电台记者演示世界上第一次手机通话。

图 9–2 马丁·库珀

库珀一边走，一边跟电台记者介绍手里拿着的这个笨重的家伙，它是世界上第一部蜂窝移动电话，名为“大哥大”（DynaTAC），是今天所有手机的“始祖”。

库珀的大脑飞速思考着：“我应该把这个世界上第一个公开演示的手机通话打给谁呢？是上司、母亲，还是同事？”就在这时，一个“恶作剧”的念头冒了出来。[21]

他从口袋里掏出一本电话号码簿，然后找出了一个名字：尤尔·恩格尔（Joel Engel）博士，他是在美国电话电报公司旗下的贝尔实验室负责移动通信研发的工程师，摩托罗拉移动电话的直接竞争者。

恩格尔领导了一个超过 200 人的工程师团队，主攻研发车载蜂窝电话，这种电话机的外观像是普通座机电话，大约有 13.6 千克重，装在汽车上使用。

那时，美国电话电报公司是通信行业里当仁不让的领导者，垄断了长途电话通信业务。在移动通信领域，他们也是几种关键技术的引领者。

在 1947 年贝尔实验室的巴丁、布拉顿和肖克利发明晶体管后不久，香农在 1948 年发表了《通信的数学理论》（*A Mathematical Theory of Communication*），由此奠定了现代信息论的基石。同样在 1947 年，美国电话电报公司旗下贝尔实验室的杨（Rae Young）和道格拉斯 · 瑞因（Douglas Ring）创造性地提出了蜂窝移动通信的构想，一举解决了移动基站功率大、频谱占用效率低下等问题，蜂窝移动通信也成为后来的 1G、2G 乃至 5G 通信都在使用的基本通信模式。[22]

有了香农信息论、蜂窝移动通信机制和构成通信设备的晶体管，美国电话电报公司掌握了通往信息时代的最强大的三件利器。

香农信息论告诉人们，信息的传输效率跟带宽有关。因此，想要提升信息传输效率，就需要尽可能快的开关。但早期晶体管的开关频率只有 10 MHz。只有不断地缩小晶体管尺寸，才能让开关速度不断变快。直到 1994 年尺寸缩小至 500 纳米时，晶体管最大开关频率升高到 10 GHz；到了 2009 年尺寸缩小至 40 纳米时，晶体管最大频率升高到了 400 GHz。[23]

蜂窝移动通信机制能让基站高效地接入不同用户。但是，蜂窝移动通信并没有立刻发展起来，因为 20 世纪五六十年代晶体管和集成电路的发展还处于“婴儿期”，无法达到蜂窝移动通信所需的高频率、低成本和高计算水平。

美国电话电报公司选择发展车载移动通信，因为那时芯片集成度低，电路体积庞大，整个装置重达几十千克。到了 1972 年，美国联邦通信委员会准备于 1973 年春天召开听证会，向美国电话电报公司颁发唯一的移动通信许可证——如果没有人反对的话。

与此同时，摩托罗拉公司也在准备出手。作为无线通信领域的后起之秀，摩托罗拉公司想要打破美国电话电报公司在移动通信方面的垄断地位，于是决定向美国联邦通信委员会展示移动通信领域的新可能——手持移动通信设备。[24]

当时正值 1972 年冬天，而摩托罗拉公司连样机也没有，他们只有 3 个月的时间去准备。此前花了 18 个月，摩托罗拉公司还没有将寻呼机做出来，而研制手持移动电话更难，整个公司没有一个人相信能在规定期限内做出来，除了通信系统部的总监马丁 · 库珀。

库珀认为摩托罗拉公司已经拥有了手持移动电话所需的全部技术资源，他相信公司能将其迅速地整合起来。库珀先去找了工程设计部经理，让他们提出移动电话的外观设计方案。

“移动电话是什么玩意儿？”经理反问道。

库珀顺手拿起桌上的座机。“如果我拿起一把剪刀，剪掉电话线，还能一边走，一边讲电话，那我用的就是一部移动电话。”库珀激昂地继续说道，“现在，我们要跟世界上最强大的公司竞争，要向他们展示我们能做出一款移动电话，能在任何时候、任何地方打电话给任何人！”[25]

在最终提交的十多种造型中，一款像立起来的鞋盒的简洁设计脱颖而出，这就是后来的第一代“大哥大”手机的外形。

接下来，库珀又去找了研发部总监，他的反应不出库珀所料：“这根本不可能。”对方提出的反对理由是，移动电话是双向通信设备，需要接收端和发射端两套电路，整个电路非常复杂。

在接收端，移动电话要接收基站发射过来的微弱的无线信号，需要一个非常灵敏的低噪声放大器（简称 LNA）。接下来，移动电话要将接收到的高频载波信号逐级降频转成较低的音频。在发射端，要将信号发射到数千米以外的基站，移动电话至少需要发射 1 瓦信号，这就需要一个专门的功率放大器（简称 PA）。这些电路都要在 900 MHz 下工作，但摩托罗拉公司此前从未设计过如此高频的集成电路。

蜂窝移动通信的核心是“无缝切换”。当用户在不同区域间移动时，手机需要自动将信号频道切换到相邻区域的频道上。这需要移动电话内部有一个频率综合器，后者是一种锁相环（简称 PLL）电路。根据当时的改进型移动电话系统（简称 IMTS）的通信标准，频率综合器需产生数百个频道的频率，而当时摩托罗拉公司做的频率综合器只能产生 6 个频率。

如果所有这些模拟射频电路都采用传统分立元件，制造者就需要将几百个元件一个个焊到电路板上，元件的总体积远超移动电话的设计，更别说还要留出一大部分空间给巨大的电池。[26]

幸好，摩托罗拉公司早在 1952 年就参加了贝尔实验室的晶体管研讨会，一直在研究半导体器件和芯片，在模拟和射频电路研究上都积累了一些经验。

库珀提出摩托罗拉公司要做出世界上第一部移动电话，在这个诱人目标的激励下，工程师的动力被激发了出来，开始尝试用芯片实现无线通信中的大部分模拟电路和射频电路，他们要同时面对空间逼仄、功耗庞大、噪声巨大和成本高企的挑战，寻找出一种满足各方面要求的方案。

同时，摩托罗拉公司也得益于这一时期业界在模拟和频率更高的射频电路上取得的新突破。1968 年，巴里・吉尔伯特（Barrie Gilbert）发明了吉尔伯特混频器。[27] 1969 年，格里本＆卡门青德（Grebene & Camenzind）做出了锁相环芯片。[28]

在库珀的鼓动下，摩托罗拉公司所有能为移动电话做出贡献的工程师都被调动了起来，他们放下手头工作，全身心地投入这个时间紧迫的项目上来。

3 个月后，一部鞋盒大小的“砖头”电话做了出来，它长 10 英寸、宽 3 英寸，只能支撑 30 分钟的通话。整个电话重达 1.15 千克，但仍比美国电话电报公司 13.61 千克的车载电话轻得多。[29]

库珀拿着一部移动电话的样机站在纽约第六大道上，他把第一个公开演示的电话打给了前文提到的美国电话电报公司的恩格尔博士。

“你好，恩格尔，我是马丁・库珀。情况是这样的，我在用一部手机跟你打电话，这是一部真正的手机，供个人使用的、随身携带的手持移动电话。”[30]

电话另一头陷入了沉默。过了几秒，恩格尔还是反应了过来，礼貌地同库珀交谈了起来。

第二天的报纸报道说，路人看到一个人对着一个没有电缆的电话说话，无不惊讶得张大嘴巴。这次演示取得了相当不错的轰动效果。在随后的新闻发布会上，记者们纷纷拿着它打给自己国外的亲戚，把他们从睡梦中叫醒。

然而，新技术在摩托罗拉公司内部引发了严重的分歧。反对者认为，手机的成本高昂、电池续航时间短、蜂窝网络基站复杂；与此同时，固定电话在美国无处不在，通话费用只需 10 美分，这使得很多人对手机没多大兴趣。

如果摩托罗拉公司想要全力推进蜂窝移动电话研发，那就要研发全套的基站、交换和接入设备等，为此要在盈利前投入上亿美元。而到了那时，美国联邦通信委员会如果还没打算颁发无线通信许可证的话，摩托罗拉公司就要独自面对极大的风险。

此后十年间，摩托罗拉公司改进了 4 个版本的手机，每个版本的手机都比前一版本的更可靠、更便宜。与此同时，芯片集成度越来越高，1974 年，摩托罗拉公司推出了 8 位的 MC6800 处理器；1980 年，他们又推出了 32 位的 MC68000 处理器，后者比阿波罗 11 号登月使用的导航计算机还要复杂和精密得多。[31]

直到 1983 年，美国联邦通信委员会才开始颁发蜂窝移动电话业务执照，开启了后来被人们称为 1G 的第一代无线通信时代。摩托罗拉公司的第一部模拟手机上市，售价高达 4 000 美元。凭借 1G 通信技术，摩托罗拉公司成了通信界的霸主。[32]

此后，数字技术继续发展，2G 通信技术兴起，手机变得小巧，价格直线下降。这时，固守着固定电话的美国电话电报公司开始走下坡路，而发明了晶体管的贝尔实验室在经历了 60 多年的辉煌之后也逐渐走向没落。美国电话电报公司被分拆后，贝尔实验室独立出来后改名为朗讯，后来它被阿尔卡特收购，后者在 2016 年又被诺基亚收购。

早期的射频芯片多采用昂贵的III/V族半导体工艺制成。进入21世纪后，低成本的CMOS电路技术应用到了射频芯片里，但CMOS的噪声特性很差。在一代代工程师的努力下，CMOS电路的噪声不断降低，加上CMOS功耗极低，使得手机价格下降到普通民众也能买得起，待机时间也延长到了一个星期。到了20世纪90年代，业界能将接收和发射部分全部集成在一颗单一的芯片上。在2G通信制式领域，欧洲的诺基亚、爱立信和美国高通公司兴起，但他们提出的全球移动通信系统（简称GSM）和码分多址（简称CDMA）互不兼容。

到了2008年的3G时代，移动通信被分配了更多的频谱，拥有更大的带宽，使得手机能够上网浏览、收发邮件。这时半导体技术前进到了45纳米时代，可以实现更快的数据传输。但WCDMA、CDMA2000以及TD-SCDMA这几种通信制式仍不兼容，这使得通信厂商需要同时研制支持不同制式的基站和手机设备。

摩托罗拉公司在2G出现以后仍迷恋于1G通信，进入3G时代后更是被时代所抛弃，分拆后的摩托罗拉移动公司于2012年被谷歌收购。从3G通信开始，中国的华为、中兴公司在无线通信领域开始与世界同步。

到了4G时代，带宽达到了100Mbps，对无线射频芯片提出了更高要求。各种不同制式终于在长期演进方案（简称LTE）下得到了统一。这也对芯片设计提出了更高的要求，因为需要在芯片里集成多种通信模式和多个无线频率。幸好这时半导体已经进入22纳米时代，华为、高通等公司在一颗射频芯片上集成了“五模十频”，甚至“五模十七频”的功能。在4G时代，世界移动通信的舞台上只剩下了5家公司：华为、中兴、爱立信、诺基亚－西门子和阿尔卡特－朗讯（Alcatel-Lucent）。[33]

到了2019年，5G时代中的通信下行带宽达到了1Gbps，时延只有1毫秒。[34]要想拥有更大的带宽，就要分配更高的频率。5G的频率最高达到了数十GHz的毫米波频段，对芯片的功耗和噪声提出了更高要求，而 7 纳米芯片能很好地支持 5G 通信。在 5G 领域，华为贡献了最多的技术专利，成为最大的领导者。

2019 年 9 月，华为发布了全球首款 5G SoC 芯片麒麟 990，用台积电公司的 7 纳米工艺制成。后来，华为遭到美国数轮制裁，2020 年被排除在台积电的客户之外。在美国禁令生效的日期 2020 年 9 月 15 日前，台积电公司为华为加工的最后一批 5G 芯片启程运往了深圳。[35]

知者行之始，彼得森与 MEMES 传感器

2021 年 2 月 23 日清晨，一辆深灰色的 SUV 汽车行驶在洛杉矶郊外的公路上。驾驶人是美国最成功的高尔夫运动员之一泰格·伍兹（Tiger Woods），他在职业生涯中总共拿到了 15 个大满贯。

7 时 12 分，伍兹行驶到了一段长下坡路段，车速达到了约 132 千米每小时[36]。突然间，车子向左偏离行车道，迅速地越过中间隔离带，逆向飞驰数百米，撞上路边护栏并冲到了绿化带中，在侧翻了几圈后，最后撞上了一棵树，发出了一声巨响。车子侧翻在地，车头撞瘪，前盖被顶起，大灯碎片散落一地。伍兹脸上全是血。消防人员赶到后，用大钳子撬开了前挡风玻璃，将他拖了出来。

“伍兹没丢掉性命真是一个奇迹。”一名警长说，“安全气囊和安全带在关键时刻救了他。”车中残留的气囊表面沾了一些血迹，可想而知，如果没有气囊，后果不堪设想。

从 1998 年开始，美国政府要求汽车上必须配备安全气囊，而伍兹这台车上总共安装了 10 个安全气囊，除了驾驶位和副驾驶的正面气囊，还有膝盖部位以

及侧方的气囊。它们在这次车祸发生时及时启动，只花了 0.3 秒就自动弹开。[37]

伍兹的汽车遇到剧烈的冲击时，安全气囊内置的加速度传感器会瞬间检测到，并迅速地弹出气囊。这种加速度传感器用一种特殊的硅加工工艺制造而成，体积非常小巧，能嵌到安全气囊中，非常牢固可靠。

不同于普通的平面结构的硅芯片，加速度传感器是一种立体的硅器件，制作时，人们需要在硅晶圆里“雕刻”出极薄的悬臂梁，悬臂梁在外力作用下会发生轻微的震颤，从而把冲击力转换成电信号。这个信号经由模拟芯片放大后送入车载 CPU 中，从而触发气囊弹出指令。

一辆普通轿车中往往装有几十到几百个各类传感器，这些传感器负责监测车速、胎压、冷却液温度、轮子打滑状况等，是行车安全的忠实守护者。大部分传感器是基于硅制造的，同时集成了机械传动和处理电路，被称为“微机电系统”。这里的“微”指的是传感器的尺寸只有微米级别，即一毫米的千分之一，因而特别小巧，可以大规模、低成本地制造出来。

说起来，这种微机电系统的出现跟一个偶然事件有关。

1975 年，一个 27 岁的年轻小伙库尔特·彼得森（Kurt Petersen，见图 9–3）在位于加州圣何塞的一组庞大的建筑内漫无目的地游荡。这一年，他刚刚从麻省理工学院拿到了电气工程学博士学位，加入了 IBM 公司的光学研究中心。[38]

初来乍到，彼得森对这组建筑很感兴趣，好奇地在楼宇间边走边打量着。路过一个走廊时，彼得森注意到地面油毡上有一大摊黑色油污。真奇怪——这种现代办公建筑中怎么会有一摊油污，这太不合理了。彼得森停下脚步，琢磨着油污是从哪里漏出来的。接着，他看到旁边是一个喷墨打印实验室。

图 9-3 库尔特·彼得森

走进实验室，彼得森发现里面的人正在试验一种新型的喷墨打印机喷头。他们在硅晶圆上刻蚀一些孔，让墨水从这些孔中漏下来——原来地上的油墨来自这里。

好奇的彼得森跟研究人员攀谈起来，然后又站在显微镜前观察，他看到喷头上有一些又细又深的孔。这种喷头不是用普通的平面硅工艺制造的，而是通过在硅片上刻蚀一些深孔而制成。

此前业界都习惯于在平面上加工芯片，若能在立体尺度上加工硅晶圆，一定能做出许多以前从未有人想过的新器件。这让彼得森感到很新奇。

透过显微镜，彼得森还观察到了一些奇异的现象。当那些喷头里的小孔有缺陷时，就会留有一些悬空的“断桥”，但它们非常薄，比蝉翼还要薄许多。在这么薄的尺度下，二氧化硅也变得有弹性。对于彼得森来说，这无疑是一个奇妙的时刻。微观尺度下，原来硬而脆的二氧化硅变得有弹性，甚至动起来也不会折断，进而能接受机械振动，并将其转换为电信号（见图 9-4）。

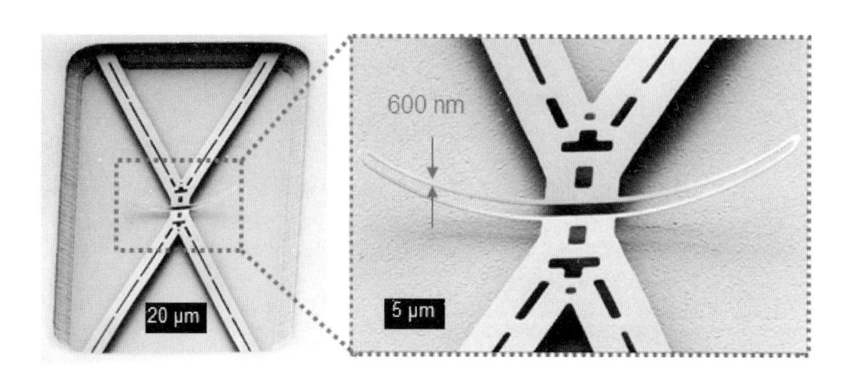

图 9-4 微机械悬臂梁示意图

注：薄片可以将感受到的振动转换为电信号。

彼得森受到启发，找到了自己未来 40 多年的研究道路。他开始阅读文献，原来已经有一小群人在做这方面的研究了，不过只有 25 ～ 30 人。他们都是各自零散地做研究，没有形成一个独立的研究领域，而且那时也没有“微机电系统”这个名词，而只有“微机械”这个叫法。

微型机械装置的提法来自物理学家理查德·费曼（Richard Feynman）。1959 年，费曼在一次物理学大会上做了一个演讲，他预计人类在未来有可能制造出一种比灰尘还要小的机械装置。为此他打了一次赌，赌金是 1 000 美金。

同样是在 1959 年，科莱特半导体产品有限公司（Kulite Semiconductor Products, Inc.）的 C. S. 史密斯（C. S. Smith）发现，半导体也会出现压阻效应，而且比金属的压阻效应强好几个数量级，这意味着硅可以作为灵敏的传感器材料，随后他们做出了第一个商用的硅压力计。1964 年，美国西屋电气公司的哈维·内桑森（Harvey Nathanson）团队制造出了第一个微机电系统器件，他们把 MOS 场效晶体管栅极改成了一个悬臂梁，从而能感受到外力振动。

但随后的十多年，用半导体制作传感器的研究一直在很缓慢地进行。到了20世纪70年代中后期，小巧的微处理器变得无处不在，但是普通传感器电路依旧体积庞大。

彼得森想，传感器电路能否搭上硅技术发展的快车呢？这样不仅可以使电路体积变得更小，还能使其与硅芯片融合在一起，充分地利用大批量硅制造的低成本优势，让传感器也变得更便宜。

彼得森觉得时机快成熟了，他有了一个大胆的想法：利用硅的高精度加工能力来制造具备高精度、高可靠性特征的机电装置，尤其是在那些需要和微处理器、模拟芯片集成在一起的传感器上，用同样的硅材料来制造微机电元件，将其平面拓展到三维立体结构，然后跟芯片集成在一起，从而组成小巧的微机电处理系统。

1982年，彼得森写了一篇关于微机械技术的内部技术报告，介绍了可能会引起IBM公司兴趣的微机械结构。他认为，一旦能将硅加工成特定的形状，就能充分发挥出硅加工的极大优势，即采取大批量、低成本的制造模式，以及实现极高的加工精度。

然而，IBM公司对此并不感兴趣。历史的遗憾再一次重演，原因很简单，这不是IBM公司的核心业务。

彼得森很失望，他修改了报告，将其改为一篇50页的综述性文章，发表在美国电气与电子工程师协会的期刊上。那时，研究芯片和研究微机械的人彼此之间互不了解，而这篇文章使这两个不同领域的研究者联系了起来，许多人都是看了这篇文章后决定去研究微机电系统的。[39]

同一年，彼得森辞职，与其他人联合创立了一家公司，他们做出了许多不同的微机电系统的元器件。1985 年，彼得森又一次创业，成立了安费诺公司（Nova Sensor），做出了高温压力传感器和用于测量血压的传感器芯片。

随后，微机电系统技术的触角开始四处延伸。1988 年，加州大学伯克利分校用微机电系统技术做出了微型电机。1992 年，德州仪器公司发明了数字光处理技术（简称 DLP），用许多微机电系统控制微小镜片，通过改变镜片角度来实现每个像素的开和关，这项技术成了数字投影仪的基础。1993 年，亚德诺半导体技术有限公司（简称 ADI）量产了第一个商用加速度计，每个加速度计的生产成本只有 5 美元，被大规模应用到了汽车的安全气囊中。

1996 年，彼得森的目光转到了生物与医疗领域，他采用微机电系统技术来加速聚合酶链式反应（简称 PCR）的速度，这种反应是基因测序的重要一步。[40]

聚合酶链式反应技术是 1986 年生物化学家凯利·穆利斯（Kary Mullis）发明的一种能快速获得大量特定 DNA 片段的方法。它需要对 DNA 样品反复地进行加温和冷却：首先，把一个 DNA 片段加热到 96℃，使其两条链彼此分开；接着，使 DNA 片段降温到 55℃～65℃，这样每条链都会与一段特定的 DNA 引物相结合；最后，使温度再次升高到 72℃，使得聚合酶发挥作用，促使 DNA 子链合成，从而完成从一条 DNA 链到两条 DNA 链的复制。如此反复 30 次后，就可以得到约 10 亿（2^{30}）个目的 DNA 片段。[41]

如果在试管中进行聚合酶链式反应，需要大量原料，而且速度慢，需要数个小时才能完成加温和降温过程。诺思拉普（Northrup）向彼得森建议，如果用微机电系统技术将加热器和反应室做得很小，将样本放进由 MEMS 工艺制成的、比头发丝还细的微流管中，就可以迅速地加热和冷却样品（见图 9-5）。

1996 年，彼得森与人联合创立了赛沛公司（Cepheid），生产 DNA 检测设备。2001 年 9 月，一封封含有微量炭疽孢子的信件被恐怖分子寄往美国国会和新闻机构，导致数十人感染、五人死亡。彼得森的公司开发了相应的检测设备，用于快速检测炭疽杆菌，很快部署到了全美的邮政系统中。[42]

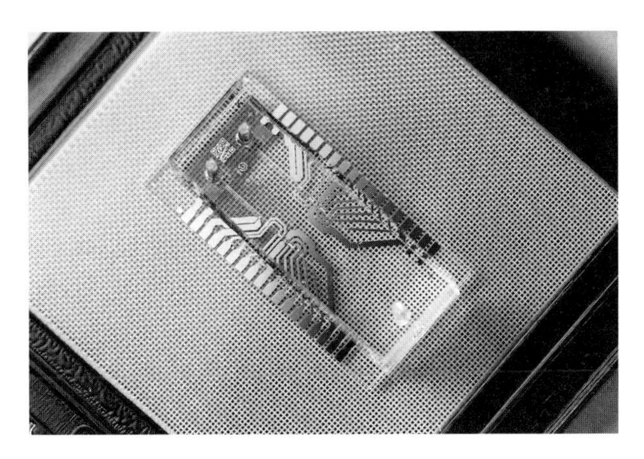

图 9-5 微流控芯片

2020 年，全球暴发了新型冠状病毒肺炎疫情，急需大规模的快速筛查设备，以摸清病毒的传播路径和规律，进而制定相应的防御措施。2020 年 3 月 21 日，美国食品药品监督管理局紧急批准了赛沛公司生产的新冠病毒核酸快速检测设备。[43]

此外，由于擦拭子得到的病毒量较小，不易检测，可能会导致较多的假阴性结果。而基于微机电系统微流控技术的聚合酶链式反应扩增法能将通过处理擦拭子获得的 DNA 样本分成若干份，然后装进不同的狭小通道里，并行处理后聚合，这样会提高阳性样本中病毒核酸的含量，从而减少假阴性结果。[44]

微机电系统技术使得微滴式数字聚合酶链式反应（简称 ddPCR）成为可能，武汉大学的一项研究发现，微滴式数字聚合酶链式反应比传统聚合酶链式反应的灵敏度最多提高了 500 倍。[45]

新型冠状病毒肺炎疫情期间，中国华大基因公司利用美国 SkyWater 技术公司提供的微流控微机电系统，开发了性能极佳的基因测序仪 DNBSEQ-T7。而后，这种快速测序仪出口到包括美国在内的世界各国以帮助快速检测病毒。[46]

行者知之成，IGBT 功率器件的发明之争

人的心脏右心房上部的一小块窦房结，会产生微弱而有规律的电流来刺激心脏跳动泵血。如果窦房结的律动变得紊乱，就会导致心脏不规则地搏动甚至颤动，从而危及生命。根据 2018 年的《中国心血管病报告》，中国每年约有 54.4 万人死于这种突发疾病。病发后的 4 分钟是黄金抢救时间，此后每过 1 分钟，死亡概率就增加 7% ～ 10%。

2019 年 5 月 16 日，一名 40 多岁的男子孙某倒在深圳体育馆运动中心运动场上。在附近跑步的张某赶了过来，他意识到孙某很可能发生了心脏骤停，立刻将双手扣在孙某胸上按压，配合人工呼吸。4 组操作过后，孙某并无反应，他嘴唇发紫、小便失禁，这是死亡前的征兆。[47]

这时保安提醒，200 米开外的场馆中有自动体外除颤器（简称 AED，见图 9–6）。自动体外除颤器会发出上千伏特的瞬时高压电脉冲电击心脏，使心肌的重要部分去极化，终止心律失常，然后再配合心肺复苏或借助窦房结的功能重新建立正常心律，就有可能让患者的心脏恢复正常。

背包大小的自动体外除颤器很快被拿过来了。当施救者为患者贴好电极后，机器会自动分析患者的心律，确认患者需要除颤之后开始放电。自动体外除颤器电击消耗的能量通常只相当于 100 瓦灯泡点亮几秒钟所需的能量，电击持续的时间非常短，但需要发出上千伏特的高压电脉冲。[48]

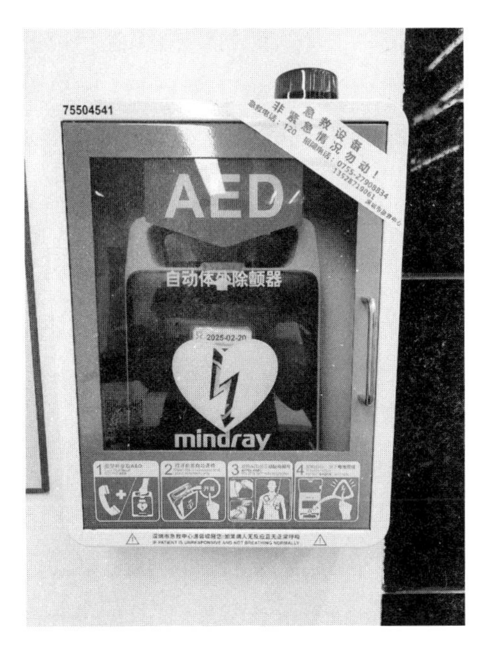

图 9-6 自动体外除颤器

自动体外除颤器的电池电压是直流电压且只有 12 ～ 16 伏特，所以需要一个逆变电路将其变为脉冲电压，继而升高到上千伏特，这要靠 4 支小巧的 IGBT 功率元件实现。[49]

经过 3 次电击除颤，急救医护人员赶到，接力救护，孙某的生命体征信号终于恢复。深圳体育馆运动中心距离深圳市第二人民医院约为 1.5 千米，如果病人发病只能等待救护车转运到医院的话，很可能已经错过了最佳抢救时间。

仅仅在 2021 年 7 月，深圳就有 4 人因自动体外除颤器而获救。根据日本消防厅 2018 年的统计，使用自动体外除颤器的患者存活率比只接受心肺复苏的高出了 3 倍，比只等待救护车的高出了 6 倍。

IGBT 器件是自动体外除颤器输出高压电脉冲的关键部件。实际上，IGBT 的用途还远不止这一项。如果有一天全世界的 IGBT 瞬间消失了，那么我们将面临高铁、地铁和电动汽车停驶，燃油车无法打火启动，太阳能和风能发电机组无法并网，空调和冰箱停止制冷，工厂的机械臂停工，银行的不间断电源失效……

IGBT 属于半导体功率器件，这一“家族”还包括功率 BJT、功率 MOS 场效晶体管和晶闸管等，它们都是电子技术这棵大树上的不同分支。其中，功率 BJT 和功率 MOS 场效晶体管都是在传统 BJT 和 MOS 场效晶体管器件上经过改进而来的，而 IGBT 则是一个新生事物。它的发明权曾引起过争议。

“我很难接受人们把发明 IGBT 的功劳归到汉斯·贝克（Hans Becke）和卡尔·惠特利（Carl Wheatley）头上。”美国北卡罗来纳州立大学的贾扬特·巴利加教授（Jayant Baliga，见图 9-7）说。[50]

图 9-7　贾扬特·巴利加

巴利加在 20 世纪七八十年代曾是美国通用电气公司的一名研究员，而贝克和惠特利则为美国无线电公司效力。

“我的文章于 1979 年 8 月 28 日就提交了。”[51] 巴利加说。而贝克和惠特利的专利申请的提交日期是 1980 年 3 月 25 日。[52]“虽然我的文章发表日期比他们申请专利早了 6 个月，但他们仍然没有引用我的文章。”

巴利加、贝克和惠特利对于 IGBT 器件的研究始于 20 世纪 70 年代一场世界范围内的严重的能源危机之后。1973 年 10 月，阿拉伯石油输出国组织成员国宣布停止向美国和荷兰供应石油，并减少对许多发达国家的石油供应，同时大幅度提高原油价格。12 月，世界原油市场供应大幅减少，石油价格从 3 美元飙升到了 11.6 美元，最终引发了世界经济危机。

第二次世界大战结束后，西方国家经历了 20 多年的经济腾飞，冰箱、空调等家电大量进入千家万户，电力机车开始普及，人们对电力的需求日益增加，而相应的功率电子技术仍很落后，能源的利用效率低下。

半导体功率器件需要处理的功率极大，因此其技术发展总是比通用半导体技术慢一拍甚至几拍。例如，1947 年锗晶体管出现，5 年后通用电气公司的罗伯特·霍尔（Robert Hall）① 发明了第一个半导体锗功率器件，[53] 他的同事何伦亚克发明了可控硅（简称 SCR），它是晶闸管的一种。[54] 1954 年，贝尔实验室发明了基于硅的 BJT，三年后出现了对应的 BJT 功率器件。1959 年，贝尔实验室发明了平面结构的硅 MOS 场效晶体管，直到十年后日立公司才推出了垂直结构的大功率 MOS 场效晶体管器件。

受到石油危机的刺激，通用公司于 1974 年重新组建了半导体功率器件研发团队。[55] 也是在这一年，来自印度的巴利加博士毕业，加入了通用电气公司。

20 世纪 70 年代后半期，美国无线电公司也进入了功率电子器件领域。领导这个项目的是资深工程师惠特利。[56]

---

① 霍尔后来第一个做出了红外半导体激光器，何伦亚克做出了第一个红光半导体激光器，详见第 10 章。

当通用电气公司和美国无线电公司开始关注功率器件时，他们发现已有的BJT 和 MOS 场效晶体管器件都有各自的优点，但也存在着一些严重的缺陷。

一方面，BJT 和晶闸管很耐高压，主要应用于工作电压在 1 500 伏特以上的高压设备，例如电力机车，所用电压高达 6 000 伏特，电流有数百安培到 1 000 安培。但是 BJT 和晶闸管的增益小，工作频率低，噪声大①。[57]

另一方面，功率 MOS 场效晶体管主要用于工作电压低于 100 伏特的低电压领域，如音响功放和小型充电器。功率 MOS 场效晶体管是从普通 MOS 场效晶体管演变而来的，从水平结构变成了垂直结构。它增益大，开关快（可达 1 MHz），但是输出功率很低。

但是，电气设备工作电压在 100 伏特到 1 500 伏特之间时，BJT 和 MOS 场效晶体管都不适用，这个领域是一片空白，没有一个器件既能输出较大功率，又能快速切换开关。需要这种器件的设备很多，包括电动汽车的逆变器、冰箱和空调的压缩机、工业机器人、不间断电源、自动体外除颤器等。

通用电气公司和美国无线电公司等企业在这一空白领域展开了竞争，一方是初出茅庐的 26 岁的巴利加，另一方是年龄几乎是巴利加两倍的资深工程师惠特利。

巴利加和惠特利的参考对象是相同的，那就是 MOS 场效晶体管，它成本低廉，控制方式简单，如果能增大输出电流，或许它能逐渐渗入大功率领域。那么，什么器件能输出大功率呢？答案是 BJT。

巴利加和惠特利几乎同时想到，把 MOS 场效晶体管的高频优点跟 BJT 输出

① 老式公交电车启动时会发出一阵“嗡嗡”声，就是晶闸管发出的声音。

电流大的优点结合在一起。1979—1980 年，巴利加和惠特利分别独立提出了融合 BJT 和 MOS 场效晶体管的器件结构。

他们认为，既然 BJT 能输出大电流，不妨用它作为输出级。BJT 驱动起来比较费力，而这正是MOS 场效晶体管所擅长的，只需一点微弱的电荷就能驱动，所以可以用 MOS 场效晶体管来作为输入端。

简而言之，就是将两者结合起来，用 MOS 场效晶体管作为输入级，利用它的电流驱动 BJT 并输出大电流，这就是 IGBT 设计想法的萌芽。IGBT 名字中的“绝缘栅”来自输入级的 MOS 场效晶体管，而“双极型”则来自输出级的 BJT(见图 9-8)。[58]

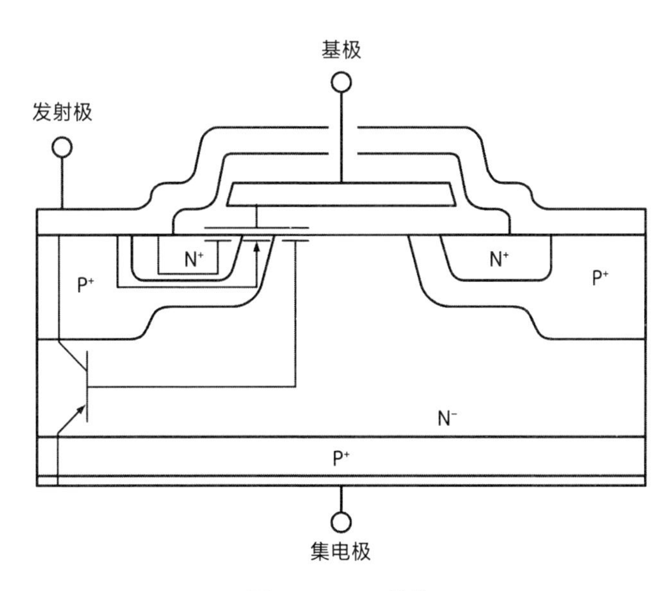

图 9-8　IGBT 结构

注：它显示了 IGBT 内部的 BJT 和 MOS 场效晶体管连接。

巴利加于 1979 年 9 月提出了 V 型槽的器件结构，而惠特利于 1980 年 3 月提交了一份关于“功率 MOS 场效晶体管”的专利申请，结构同巴克利的 V 型槽相似。

如果说巴利加有一点独特的优势，那就是他所在的通用电气公司对这种新功率器件有着具体而迫切的需求，他们的产品部门会向巴利加提出现实的问题。

1980 年 9 月，通用电气公司产品部副总监汤姆·布罗克（Tom Brock）有些心烦意乱，他向巴利加所在的功率器件研究小组抱怨说，当时通用电气公司正在开发一种用于空调和冰箱的新型压缩机，其中的功率 BJT 需要昂贵和笨重的驱动电路。[59]

在夏天时，很多人都有过这样的体验：空调的压缩机一会儿启动，一会儿停机，导致室内忽冷忽热。这是因为压缩机的转速无法调节，只能简单地通过开机 - 关机循环来达到调节温度的目的，不仅使消费者体验差，还很耗电。

通用电气公司的想法是，改变压缩机的工作频率，从而直接调节压缩机的转速，使空调在工作时无须反复开关压缩机，就能控制室内温度，并达到节能和静音的效果。这就是“变频调速”，需要借助一种大功率、高频率的器件来实现。

于是，布罗克向功率器件研究小组提出了一个挑战，问他们能否做出一种更好的功率器件。受到实际需求的激励，巴利加在一个月内想出了一种更优的 IGBT。

然而，就在同一个月，巴利加的同事 V. A. K. 坦普尔（V. A. K. Temple）也设计出了一种新器件：MOS 关断晶闸管（简称 MCT）。坦普尔指出，MOS 关断晶闸管比 IGBT 有更低的开态电压、更高的电流密度。他的观点成功地说服了一些美国科研资助机构和美国国防部，由此成立了一个专项基金来支持 MOS 关断晶闸管的研发。[60] 而巴利加失去了来自政府的资金支持。

一个月后，巴利加对布罗克说，他设计的 IGBT 能大大地提高能效、降低成本。布罗克兴奋地说：“这个器件将拯救我们的业务。我会让你得到所有你需要的支持，让它活下来。”他直接去找了通用电气公司副总裁杰克·韦尔奇（Jack Welch），请他来听巴利加汇报 IGBT 研究进展。

韦尔奇有着令人敬畏的“中子杰克”的绰号，绰号来自这样一个说法：中子弹爆发时会摧毁整栋楼里的人，但不伤及建筑本身。如果韦尔奇对一个团队不满意，他就会把他们全部裁掉，只留下空荡荡的建筑。在那个秋风瑟瑟的秋天，巴利加的职业生涯被押上了一场赌局：是留下，还是走人？

1980 年 11 月，韦尔奇听了巴利加的汇报。结束时韦尔奇说：“我们要使 IGBT 快速地转变为产品，用于通用电气公司在电机驱动、照明、医疗等各个领域的产品制造。”

半年后，第一片 IGBT 的晶圆出厂。[61] 1982 年 12 月，在向韦尔奇汇报两年后，巴利加在半导体器件的权威会议——国际电子器件会议上发表了关于 IGBT 的研究文章。[62] 同时，通用电气公司举行了 IGBT 发布会。

同年 12 月，美国无线电公司的拉塞尔·奥尔等人在《电子器件快报》（*IEEE Electron Device Letters*）上发表了一篇文章《电导调制场效晶体管》（*COMFET*），描述了一种垂直结构的 IGBT 器件。[63]

1983 年 6 月，通用电气公司正式推出了第一款 IGBT 产品，成为业界领导者。然而，通用电气公司很快就被竞争者赶超了。东芝公司于 1985 年成功地量产了 IGBT，富士公司和三菱公司也分别于 1986 年和 1987 年推出了 IGBT 产品，而且价格低得多。再后来，通用电气公司的产品中使用的 IGBT 居然要从日本进口！

1987 年，只愿做行业第一的韦尔奇决定裁撤所有的半导体业务，包括功率半导体部门。巴利加离开了通用电气公司，去了北卡罗来纳州立大学继续研究功率器件。

现在，改进的 IGBT 进入了更大功率设备的应用领域，包括高铁机车的电力驱动装置，可以让高铁开得更快。而且，它输出的平滑变化的高频信号还可以让列车行驶得更加顺畅平稳。“IGBT 的效率改善，在 1990 到 2010 年的 20 年中为全世界累计节约了 15 万亿美元，同时减少了约 35 万亿千克二氧化碳的排放。”巴利加 2013 年接受采访时说。[64]

硅基 IGBT 并不是研究的终点。如今，业界正积极地研究更有潜力的砷化镓（GaAs）和碳化硅（SiC）等宽禁带半导体材料，它们的禁带宽度更大，砷化镓功率器件的优值①比硅高 13 倍，而碳化硅功率器件的优值竟然比硅功率器中高 100 多倍！[65]

巴利加在大学里撰写了有关功率器件的专著，并研究 IGBT 在不同设备，包括自动体外除颤器中的应用。他在 2015 年出版的 IGBT 研究专著中写道：“如果在患者发生心脏骤停的一分钟内就用自动体外除颤器对其实施电击，其心肺复苏的概率将超过 90%。”[66]

---

① 优值是功率器件的一个综合指标，取决于材料的迁移率、禁带宽度和介电常数。——编者注

本章核心要点

模拟芯片起着放大信号、滤波和驱动等作用，是整个系统的眼、耳、鼻、舌、皮肤。

最基础的模拟芯片是运算放大器。1964—1965 年，仙童半导体公司的维德勒设计了集成运算放大器 μA702 和 μA709。1968 年，他又设计了集成运算放大器 LM101，并发明了带隙基准电压源。除运算放大器之外，模拟芯片还包括 ADC、DAC 等。

无线通信（从 1G 到 5G、WiFi、蓝牙、射频识别技术等）的发展促进了射频芯片（锁相环、功率放大器等）的发展，使得我们今天的上网速率越来越快，帮助我们摆脱了传输线的束缚。

模拟电路的前端，还需要能感知信号的传感器电路。1982 年，IBM 公司的彼得森发表了关于微机电系统的综述文章，使芯片领域和微机械领域的研究者汇集起来。如今，微机电系统芯片在汽车安全气囊、烟雾警报、DNA 测序、病毒核酸检测等方面有着广泛的应用。

与感知相对应的是驱动。1979—1980 年，通用电气公司的巴利加和美国无线电公司的惠特利分别发明了 IGBT 器件，现已广泛用于电动汽车、高铁、自动体外除颤器、冰箱、空调等领域。

扩展阅读

微机电系统的应用

每部智能手机中都有一个微机电系统陀螺仪，后者具有防止镜头抖动、计步、辅助导航或者游戏等功能。每年全世界要生产将近 55 亿个微机电系统麦克风，产值为 13 亿美元。

喷墨打印机也是大规模应用微机电系统的设备之一，每年全世界会为此生产 15 亿个悬臂梁。基于微机电系统的数字投影技术被用在投影仪中，如今占据了超过 50% 的前向投影仪份额和 85% 的数字影院投影份额。

在健康领域，微机电系统的应用领域包括连续血糖监测、人工视网膜、皮下植入式血糖检测等。在生物化学检测领域，微机电系统的应用包括片上实验室（Lab on a chip）、微流控技术、神经电极阵列、HIV 检测、犯罪嫌疑人 DNA 检测和血压传感器等。

汽车中也有大量的微机电系统传感器，如安全气囊中的加速度计、胎压检测、电子稳定性控制（简称 ESP）等。

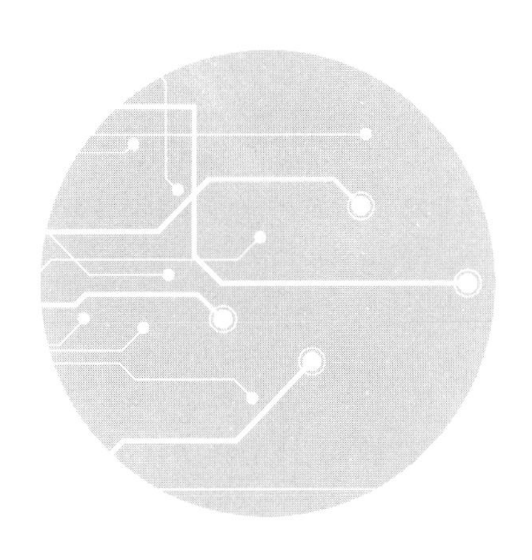

10

迅电流光，光电器件（上）

在距地球 400 公里外的近地轨道上漂浮着孤零零的天宫空间站。那里没有空气，不可能用风力发电；没有重力，不可能用水力发电；没有核能发电机，因为无法运送上去。

放眼空间站的四周，墨色几乎包裹了一切，只剩下星星无力地发出点点微光。幸运的是，每过 90 分钟，天宫空间站就能在暗夜的尽头迎来一次日出。一道明亮大圆弧划破黑暗，照亮天宫空间站修长的主体和数对细长轻盈的薄翼。这些薄翼由太阳能电池帆板组成，它们朝着太阳的方向舒展开来，如饥似渴地吸收着阳光——这是它们在太空中唯一的能量来源。

2024 年后，天宫空间站将不再孤单，它将迎来一座伴飞的太空光学望远镜“巡天号”。它的镜头将对准宇宙深处，捕捉最遥远恒星所散发出的微光，那里看上去小如芥子，实则堪比河汉。

捕捉阳光并将其转换为电力的是一种半导体光电器件，捕捉星光并将其变成宇宙图像的是另一种半导体光电器件。两者既相似，又有些许不同。而在空间站内，电力驱动半导体 LED 灯为宇航员提供了日常照明。

半导体捕捉光子生成电流，用来发电、成像，反过来，电流也可以驱动半导体发出光子提供照明，两者是一枚硬币的两面，我们称之为“光电子技术”。

百余年前，人们还在使用笨重的铅酸蓄电池，拍一张胶卷相片要感光好几分钟，白炽灯才刚刚问世。现在，轻薄的太阳能电池在沙漠里和屋顶上“开枝散叶”，数码照相元件集成在手机里，LED 点亮了房间和电子屏幕。

不过，半导体光电器件的发明过程并不顺利，直到 20 世纪 50 年代还处于黎明前的暗夜中。

贝尔的回击，半导体太阳能电池的发明

“现在，谁还关心太阳能电池呢？” 1954 年 1 月，美国无线电公司的一位实验室主任对新闻媒体这样说。[1]

同样在这年 1 月，美国无线电公司的总裁沙诺夫坐在宽大的办公桌边，面前摆着一台巴掌大小的微型电报机，它由一个比火柴盒稍长的盒子供电。他熟练地按下了电报键，就像 1912 年泰坦尼克号沉没时他坚守在纽约市沃纳梅克百货大楼顶上的马可尼电报站那样。[2]

曾经的年轻电报员已经变成了美国无线电公司的一把手，这一次，他发出的消息是：“和平利用原子能（Atoms for Peace）。”[3]

1 月 27 日，《纽约时报》的头版报道了沙诺夫手边的小盒子，它是美国无线电公司发明的一种“原子能电池”，[4] 里面装有锶 -90 同位素，该电池可将锶 -90 同位素衰变时产生的能量转变为电力输出。美国无线电公司宣称原子能电池将用

在汽车和家用电器上，根本无须更换。

《纽约时报》评论说：“沙诺夫的演示‘很有预见性’，预计这种原子能电池将能为助听器和腕表提供永久的电力供应。”[5]

但是，与美国无线电公司的那位实验室主任不同，贝尔实验室非常关心太阳能电池，此时他们的科研人员正在奋力攻关一款太阳能电池，以回击美国无线电公司。

就在两年前，贝尔实验室还没有任何开发太阳能电池的计划。当时，一个名叫达里尔·蔡平（Daryl Chapin）的工程师正在思考如何让居住在没有电力供应的偏远地区的人们也能打电话。他遇到了一个问题：在热带雨林，电话机里的干电池经常因为受潮而过早失效，他打算寻找一种可替代能源。在排除了风力发电、热电发电机组等选项后，他的列表清单上只剩下了最后一项——太阳能电池。[6]

作为一种可再生能源，太阳能早就受到了人类的关注。地球每小时接收到的太阳能比 2002 年全球所消耗的能量还多。地球上平均每平方米得到的太阳能功率约为 1 400 瓦，如果能充分利用起来，就能让一台空调正常运转。

早在 1839 年，年仅 19 岁的法国小伙子埃德蒙·贝克雷尔（Edmond Becquerel）在他父亲的实验室里有了一个偶然发现，他向一个装有氯化银酸性电解液的容器里插入了两个铂金属电极片，检测到阳光照射在电极上时，电极间的电流就会瞬间增强。[7] 1873 年，英国电气工程师威洛比·史密斯（Willoughby Smith）发现半导体硒也具有类似特性。

第一个半导体太阳能电池是 1883 年美国发明家查尔斯·弗里茨（Charles Fritts）做出来的，他在金箔上覆盖了一层硒，使电池的能量转换效率为 1% ～ 2%，而这距离能投入应用中的能量转换效率 6% 的要求还有不少的路要走。[8]

1941 年，人类首次认识到半导体 PN 结能让太阳能电池的应用成为可能。贝尔实验室的奥尔观测到，光照到硅上的 PN 结时，就产生了光电流①。

到了 1952 年，贝尔实验室的蔡平想到了使用半导体作为太阳能电池材料。他一开始使用硒作为半导体材料，效果不太理想，转化效率只有 0.5%。

蔡平虽然不是半导体专家，但是他跟半导体研究小组的杰拉尔德·皮尔逊（Gerald Pearson）来往密切。后者曾经是肖克利的晶体管研究小组的一员，参与了第一颗晶体管的发明。皮尔逊认识半导体研究部的卡尔文·富勒（见图 10-1）。

图 10-1 蔡平、皮尔逊和富勒（从左到右）用台灯模拟日光照射半导体 PN 结

我们在第 3 章提到过富勒，他发明了半导体扩散法，这种技术能大规模地将半导体变成 P 型或 N 型，能用于制造 PN 结，也可用于制造晶体管。[9, 10] 后来，

① 详见第 2 章的介绍。

肖克利在一次研讨会上听说了这种扩散技术，他问富勒，扩散技术能做多大一片晶圆？富勒开玩笑地说："只要晶圆供应充足，做几英亩①都没问题！"[11]

实际上，太阳能电池就是由一个P型半导体和一个N型半导体组成的PN结，光照射在PN结上时会激发出成对的电子和空穴，而PN结上的电场则会把它们拆散，继而使电子和空穴朝不同的方向流动，产生电流和电压（见图10-2）。

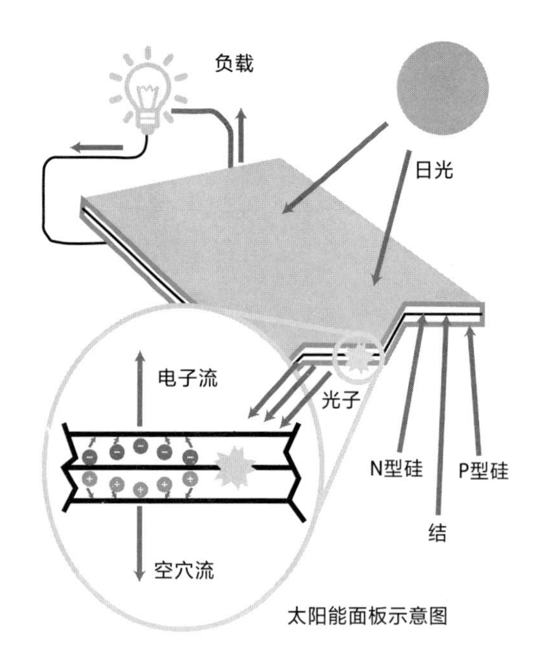

图10-2　硅太阳能电池板

1953年3月，皮尔逊来向富勒求助，希望富勒提供一些用最新的扩散工艺制作的硅PN结以便做成太阳能电池。富勒很快就做好了。[12]皮尔逊将这个元件连接到电流计上，并用台灯照射它，电流计的指针立刻晃动了起来，指到了一个很大的数值上，比当时已知的任何太阳能电池可产生的电流数值都要大。[13]

① 英美制面积单位，一英亩约等于0.405公顷。——编者注

皮尔逊立刻去找蔡平，告诉他不要在硒上浪费时间了，改用硅作为太阳能电池材料。蔡平将皮尔逊给的硅 PN 结放置在阳光下，测量发现其能量转化效率达到了 2.3%，几乎是硒的 5 倍。[14]

就这样，富勒、皮尔逊和蔡平自发地组成了一个研究太阳能电池的小组。后来皮尔逊在回忆时指出，贝尔实验室最大的优点是，它从不限制研究人员之间的合作，不需要经过主管同意，任何人都能跟其他小组的研究人员自由合作，“我们像风一样自由”。[15]

然而，蔡平发现这个硅 PN 结的能量转化效率无法继续提高。问题出在哪里呢？原来，富勒在制作 N 型硅时用的是锂，这种元素非常活跃，很容易扩散到晶圆内部，导致 N 型区变厚，使得光照产生的电子与空穴来不及转换成电流，就先复合湮灭掉了。

蔡平意识到，要想提高太阳能电池效率，应该让 N 型区越薄越好，且要使 PN结尽可能靠近晶圆表面①。于是，他也向富勒寻求帮助。富勒想，应该找一种没那么活跃的杂质元素，使其尽量地留在晶圆表面，于是他改用了磷。改造后，太阳能电池的能量转化效率提高了一倍，但离 6% 的临界点仍有一些距离。

就在这个节骨眼上，美国无线电公司出人意料地发布了原子能电池，这让贝尔实验室紧张起来。富勒也行动起来，全身心地投入攻关当中。

此后，富勒又将磷改为砷。他小心地控制元素扩散的速度，使 PN 结非常靠近晶圆表面。这一次，太阳能电池的效率终于达到了 6%。[16]

---

① 光的波长越短，频率越大，能量越强，但短波不容易穿透到硅晶体内部。如果让 PN 结位于晶圆表面，就能充分地利用这些短波长的强光，从而提高能量转化效率。

这年春天，富勒的儿子从大学回到家中休假。一天晚上，他看到父亲拿回来一个圆形的小玩意儿，跟一枚25美分硬币差不多大，上面的导线上连着一个小风车。当父亲用手电筒一照这个圆形小片，风车的叶片就开始旋转起来。看到手电光就能驱动风车转动，他兴奋不已，其实那是用于演示太阳能电池的小装置，是世界上第一个实用的半导体太阳能电池。[17]

1954年4月25日，贝尔实验室举行了隆重的发布会，并进行了现场演示。这个演示明显是对3个月前美国无线电公司演示原子能电池的精准回击。

既然美国无线电公司演示了原子能电池能驱动一台发报机发送文字信息，那么贝尔实验室就演示用太阳能电池驱动广播发射器发送语音和音乐！贝尔实验室的太阳能电池在每平方米上的输出功率为42瓦，远高于美国无线电公司的原子能电池的功率。[18]

《纽约时报》在第二天的头版做了报道，标题为“沙子制成的电池捕获了巨量的太阳能”。[19]而《时代》周刊指出，太阳能电池的发明意味着“一个新时代的开始，朝着人类最终的梦想前进——利用无尽的太阳能服务我们的文明”。[20]

1958年，美国卫星“先锋一号”升空，它是世界上第4颗人造卫星，也是第一颗装有太阳能电池的人造卫星。1968年，意大利科学家乔瓦尼·弗兰恰（Giovanni Francia）设计了第一座太阳能发电站，功率达到了1兆瓦。[21]

但是，公众的热切期待大大地超出了技术的发展速度。蔡平做过计算，理论上硅太阳能电池的转化效率能达到23%。但实际上，受到技术制约，太阳能电池的转化效率提升得非常缓慢，始终徘徊在百分之几到十几，迟迟无法达到大规模生产应用的要求。

直到20世纪70年代遭遇石油能源危机，公众又一次燃起了对太阳能的期待。

如果可以充分利用太阳能，将大大减轻人类对于化石能源的依赖。[22]

1972 年，苏联的若列斯·阿尔费罗夫（Zhores Alferov）用 III/V 族化合物做出了异质结太阳能电池①。不同于硅 PN 结，这种由两种不同的半导体材料形成的 PN 结能量转化效率更高，后来用到了苏联的“和平号”空间站上。不过由于硅的成本优势，目前 90% 以上的太阳能电池仍由硅制成。

1976 年，达夫·卡尔森（Dave Carlson）等人研发出了应用非晶硅技术的薄膜太阳能电池，进一步降低了成本。[23] 1978 年，索尼公司第一次将太阳能电池应用到了便携计算器上。

不过，当石油危机过去后，原油价格再次跌落，各方又收回了支持太阳能相关研究的资金，从而使太阳能电池的研究又“降下温来”。

1984 年，澳大利亚的马丁·格林（Martin Green）提出了改进版的“掩埋电极”太阳能电池，进一步提高了效率。格林还预测，累积的太阳能发电数每增加一倍，电力价格就降低 20%。[24] 1991 年，当时世界上最大的太阳能发电厂在美国的莫哈韦沙漠建成，功率达到了 354 兆瓦。

进入 21 世纪，环境问题越来越成为公众关注的焦点，使得太阳能变得更受重视。而多晶硅材料因为成本低廉，成为应用最广泛的太阳能光伏电池材料。

2012 年，全世界的太阳能发电功率比 1999 年增长了 100 倍，达到了 100 吉瓦。[25] 2021 年，全球 3.7% 的电力供应来自太阳能电池。[26] 2020 年，中国的光伏发电总装机容量达到了 2.5 亿千瓦，占全世界的 1/3，近 10 年来每千瓦平均成本降低了 75%。青海省海南州规划的 2 733 平方千米的光伏发电基地，装机容量相当于 7

---

① 关于阿尔费罗夫和异质结的介绍详见第 11 章。

个三峡发电站。[27]

对于太阳能电池效率来说，即便是1%的提升也是显著的进步，也需要科研人员付出巨大的努力。在这场提升效率竞赛中，中国的隆基公司2022年11月创造了硅异质结电池效率的新世界纪录，使硅异质结电池效率达到了26.81%。[28]

诺奖委员会搞错了吗，图像传感器芯片的发明

2009年10月6日，诺贝尔奖评选委员会宣布当年的物理学奖颁给贝尔实验室的科学家威拉德·博伊尔（Willard Boyle）和乔治·史密斯（George Smith，见图10–3），以表彰他们“发明了半导体成像电路——CCD图像传感器”①。

图10–3　威拉德·博伊尔和乔治·史密斯

消息传来，立刻就有人质疑诺贝尔奖评选委员会搞错了，因为发明CCD图

① 原文是“for the invention of an imaging semiconductor circuit — the CCD sensor”，其中CCD的全称是电荷耦合器件（Charge-Coupled Device）。

像传感器的不是博伊尔和史密斯，而是迈克尔·汤普西特（Michael Tompsett）![29] 提出质疑的不是别人，正是获奖人的同事尤金·戈登（Eugene Gordon）和汤普西特。

诺贝尔评选委员会在新闻发布稿中给出的获奖原因是："CCD 是数码相机的电子眼睛。它给照相技术带来了革命，使我们现在能用电子的方式而不是用胶卷来捕捉光线。而且，数码照片方便了后续的处理和传播……"[30]

汤普西特坚称，如果按照诺贝尔评选委员会的解释，博伊尔和史密斯的得奖原因是 CCD 图像传感器的发明，那么自己也应该有份。

那么，诺贝尔评选委员会真的犯错了吗？事情还要从博伊尔和史密斯说起。

1969 年，博伊尔是贝尔实验室半导体研究部的执行主任，史密斯是他的下属，领导着器件研究小组。

当时贝尔实验室的副总裁杰克·莫顿要求博伊尔的团队尽快拿出一种半导体存储器与磁泡存储器竞争。磁泡存储器掉电后其中的数据不会丢失，存储密度高于磁芯存储器，达到了硬盘的水平，但又不像硬盘那样需要高速旋转部件。贝尔实验室安排了约 60 多名科学家投入磁泡存储器的研究中。

尽管当时已经有了 SRAM，但成本高、容量小。大容量的 DRAM 虽然已被发明出来，但被 IBM 公司雪藏了。刚成立的英特尔公司还没来得及推出它的 1K 容量的 DRAM。

博伊尔和史密斯先后设计了几种半导体存储器，但效果都不尽如人意。有传言称，莫顿要从半导体研究部调出一部分研究人员，投入磁泡存储器的团队里。[31]

莫顿给博伊尔打来电话，催促他尽快找到一种半导体存储器。莫顿打的不是普通的语音电话，而是实验室新开发出的可视电话。博伊尔一点都不喜欢这个摆在他办公桌上的“大块头”，它让自己处于上司的“监视”之下。

有一次莫顿打来电话，博伊尔故意坐得很低，让自己的头处在镜头之外。莫顿在电话里大吼：“给我坐直了！让我看见你！要是你的部门没有什么新产品产出，我就砍掉你的预算！”[32]

1969年10月17日下午，史密斯特意去找了博伊尔。他说：“我们一起发明一个新器件吧！”就像他们往常做头脑风暴那样，他们站在一块黑板前，一边写，一边讨论。[33]

要做出一个能跟磁泡存储器竞争的半导体存储器，就要先借鉴磁泡存储器结构上的优点。磁泡存储器用磁场来控制存储的数据，那么对于半导体来说，应该用电场来控制电荷的存储。接下来的问题是，用什么器件来存储电荷呢？博伊尔和史密斯想到了结构简单的MOS场效晶体管器件，它可以用作电容器以存储信息。

不过还有一个关键问题，一片芯片里有大量的MOS场效晶体管器件组成的阵列，这些器件彼此紧靠在一起，要怎样才能把存储的电荷信息读取出来呢？

他们找到了一个巧妙的解决方法，让电荷通过相邻的MOS场效晶体管器件一点一点地移出来。这有点像坐在电影院中间位子的人，每次移动一个座位，一步一步地移出来：先放倒邻座的椅子，移动并坐上去，同时原来的座位自动地弹回原位，然后再放倒一个邻座的椅子，继续移动并坐上去……以此类推。

具体该如何使MOS场效晶体管器件上的电荷移动呢？首先，在电荷附近的MOS场效晶体管上施加一个电压，造成一个更低的势能陷阱，相当于放倒相邻的椅子，于是MOS场效晶体管里的电荷流动到了邻近器件中。然后，使原来那个器件的电压恢复到正常值。接着，在下一个邻近器件上施加电压，设置势能陷阱，使得电荷继续向这个方向移动，以此类推。他们把这个器件称为CCD①。

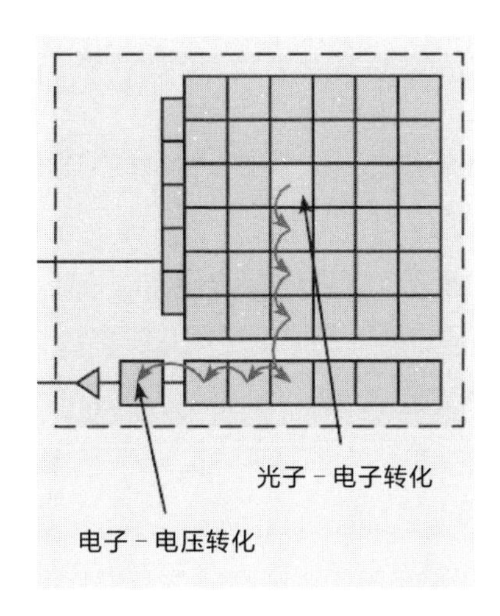

图 10-4　CCD 图像传感器：电荷在相邻 MOS 场效晶体管器件上移动

不到一个小时，博伊尔和史密斯就讨论出了上面的方法。一个星期后，他们就做出了一个存储容量仅为 3 比特的 CCD 样品，并成功地演示了电荷在不同 MOS 场效晶体管器件之间移动的过程。[34]

博伊尔和史密斯进一步设想或许可以用 CCD 来成像，只不过他们将这个想法记录在实验室笔记本上，并没有深入探究。他们仍然将 CCD 用于达到最初的目的——存储。

然而，将 CCD 作为存储器终究是一个失败的尝试。CCD 在读取信息时，总是将几个比特的信息读错，研究者们却很难找到原因。一年后，英特尔推出的

① 因为电荷是在相邻的栅极电压的控制下不断地耦合，然后移动到相邻的器件上的，所以这个器件被称为电荷耦合器件。

DRAM迅速崛起，DRAM读写速度快，成本低，不仅打败了磁芯存储器和磁泡存储器，也打败了CCD存储器。

作为存储器，CCD失败了，但它成就了数码拍照和成像。

贝尔实验室的汤普西特捡起了同事丢下的CCD研究。他提出，在半导体表面上集成PN结光电二极管阵列，每个二极管对应于一个像素点。当光线照在光电二极管上，就会激发出电荷。这些电荷存储在对应的CCD阵列上（因为CCD本身就是一个存储器），然后转移出来变成电压，最后每个像素点上的电压对应的数值合并起来，就可形成数字图像。就这样，汤普西特发明了CCD成像所需的扫描电路和成像方法。

1972年，汤普西特拍摄了世界上第一幅彩色数码相片，镜头里的模特是他的妻子——玛格丽特（见图10-5 b）。[35]

（a）　　（b）

图10-5　汤普西特（a）和他拍摄的世界上第一张彩色数码相片（b）

汤普西特于1971年申请了CCD图像传感器的专利，并将其命名为“电荷转移成像器件”（charge transfer imaging devices）。[36] 凭借这个专利，他指出，如果诺贝尔奖委员会认为 CCD 本身应当获奖，那么就应该修改颁奖词，去除掉“成像”的字眼。

然而，史密斯对此却不敢苟同。他说：“汤普西特可以称得上是一个不错的工程师，但不能说他提出了 CCD 成像的概念。”史密斯的实验室笔记本上一开始就记录了 CCD 作为图像传感器的应用方法。[37]

然而，汤普西特也有一个强有力的支持者，那就是史密斯的上司尤金·戈登。戈登认为，如果不是汤普西特实现了 CCD 在成像上的应用，CCD 很可能就永远待在博物馆里了。

可为什么诺贝尔奖委员会把 CCD 图像传感器的发明归功于博伊尔和史密斯呢？因为后来 CCD 跟存储没什么关系了，CCD 就只意味着图像传感器。不过，严格来说，两者并不完全等同，CCD 是一种电荷耦合器件，而图像传感器则用于成像。

事实上，CCD 图像传感器能对 70% 的入射光做出响应，远高于胶卷的 2%，它能呈现出以前的相机无法“看到”的东西。[38] 此外，它不需要像胶卷相机拍照那样，每拍 36 张就不得不换胶卷，甚至可能因为没有留意到胶卷已用完而让被拍者白白摆了姿势。

1976 年，亚利桑那州立大学的天文望远镜上安装了 CCD 图像传感器，[39] 此后其拍摄的星空照片相较于传统的胶卷照片有了质的飞跃，使天文学家能更快捷地观测和辨认出遥远的星系，而且无须等待冲洗胶片。

1990 年，发射升空的哈勃太空望远镜上也安装了两台数码相机，每台装有 4 片 CCD 图像传感器，这些相机拍出了“创生之柱”星云等一系列震撼的宇宙图像。哈勃清晰地捕捉到了著名的彗星撞击木星的图像，并使天文学家精确地观测到了宇宙加速膨胀的证据以及通过观测“造父变星”准确地测算出了宇宙的年龄。

除此之外，CCD 技术同样应用在医疗领域，例如，用于诊断疾病或显微手术中对人体内部组织的成像。

有了 CCD 图像传感器后，一台实用的数码相机就呼之欲出了。1975 年，柯达公司的工程师史蒂文·萨松（Steven Sasson）在 CCD 图像传感器上整合了镜头、模拟数字转换电路、数字处理电路等[40]，发明了世界上第一台数码相机。整台机器重达 3.9 千克，安装了 16 节 AA 电池，只能捕捉 10 000 个黑白像素点。[41]

然而，相似的历史再一次上演，跟许多其他新生的原创发明一样，数码相机在柯达公司遭到了冷遇，因为柯达公司认为，一旦这种无需胶卷的数码相机流行开来，会让占公司收入大头的胶卷销售收入锐减。这给了日本的数码相机厂商机会，他们后来居上，占领了世界范围内绝大多数市场。

在 20 世纪 90 年代中期之前，CCD 图像传感器占据了图像传感器绝大部分的市场份额。然而，CCD 图像传感器现在的份额却跌到了 10%，剩余 90% 的市场份额都被一种成本更低的 CMOS 图像传感器（简称 CIS）占领了，手机上集成的摄像头也用的是 CIS。

那么，这种 CIS 又是谁发明的呢？回看历史我们会发现，CIS 的前身为 MOS 图像传感器，它甚至比 CCD 图像传感器早一年问世。

早在 1968 年，赫内·韦克勒（Gene Weckler）和彼得·诺布尔（Peter Noble）等人提出了一种不同于 CCD 图像传感器的图像传感器设计思路。在 CCD 图像传感器中，所有像素点都用来作为感光区域，然后把电荷逐级转移出来，送入电路中转换成数字信号。而在 MOS 图像传感器电路里，每个像素点的感光区里都被隔出一小块区域用于放置一个 MOS 场效晶体管处理电路，从而将电荷就地转换成电压信号，这样就无须费力地把电荷一个个地转移出来了（见图 10-6）。[42]

这个想法虽好，但像素点上的 MOS 场效晶体管处理电路本身带来了很大的噪声，严重地影响了成像质量。而且每个像素点上的处理电路占用了一部分有效的感光面积，使得它采集到的光线更少，成像结果比 CCD 图像传感器的更黯淡，这是它天生的缺陷。

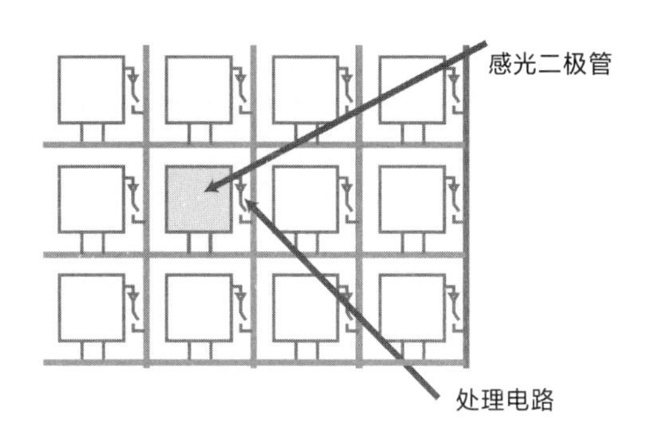

图 10-6 MOS 场效晶体管图像传感器

注：每个像素点除了感光部分之外，还集成了处理电路，无须转移电荷即可将其转换为电压信号。

一年后，CCD 图像传感器问世了，其所有的像素点都可以用来感光，噪声更小，拍出的图像更清晰，在暗光环境下表现更佳。这些优势让 CCD 击败了 MOS 场效晶体管图像传感器。[43]

到了 1980 年，日本电气股份有限公司（简称 NEC）的寺西信一（Nobukazu Teranishi）发明了一种钳位光电二极管（简称 PPD），它极大地减小了感光元件的噪声。[44] 这对 MOS 场效晶体管图像传感器来说是个好消息。20 世纪 80 年代后，CMOS 工艺越来越成熟，功耗低、成本低，为 CMOS 图像传感器超越 CCD 图像传感器打下了基础。

英国爱丁堡大学的 P. 德尼尔（P. Denyer）、D. 伦肖（D. Renshaw）与来自中国的访问学者王国裕、陆明莹瞄准了大容量、低成本的应用场景，采用无源像素电路，于 1990 年做出了第一颗单芯片 CIS。[45, 46] 在美国国家航空航天局，那里的研究者更关注图像传感器在外太空的应用，由于 CIS 比 CCD 更耐辐射，所以更适合太空场景。1993 年，美国国家航空航天局下属的喷气动力实验室的埃里克·福萨姆（Eric Fossum）发明了基于有源像素电路的 CIS。[47]

CIS 将所有的信号处理电路连同传感器都集成在同一颗芯片上，而不是像 CCD 图像传感器那样将信号处理电路和传感器分散在不同的芯片上，这样就降低了成本，减小了尺寸。而且 CIS 的功耗很低，只有 CCD 图像传感器的 1/100，这大大地延长了相机的使用时间。

CIS 的出现恰逢其时，它在 20 世纪末还赶上了一个“杀手级”应用——手机。CIS 芯片的高集成度、低成本和低功耗等优点后来又受到智能手机的欢迎。2007 年，CIS 的市场占有率第一次超越了 CCD 图像传感器，达到了 54%。[48]

如今，每一部智能手机上都集成了好几组 CIS。2020 年，全球 CIS 的出货量达到了 67 亿个。[49]

2008 年，德尼尔、伦肖、王国裕与陆明莹由于 CIS 发明的贡献获得了兰克奖。2010 年，即博伊尔和史密斯获得诺贝尔奖的第二年，汤普西特获得了美国国家技术创新奖。[50] 2017 年，伊丽莎白女王工程奖颁给了史密斯（CCD）、汤普西特（CCD 图像传感器）、寺西信一（PPD）和福萨姆（CIS），使数字成像领域最重要的几位发明人首次同时获奖。汤普西特跟其他几位获奖人凑在一起，微笑着举起手机拍下了一张自拍照。[51]

2020 年和 2021 年，携带了数十个图像传感器的美国“毅力号”火星车与中国“祝融号”火星车先后着陆火星。[52] 在这颗红色星球表面，“祝融号”也为自已拍摄了一张“呆萌”的自拍照。

群雄逐“光”，高亮度红外 LED 和半导体激光器的发明

竞争的导火索

1962 年夏天，美国东北角的新罕布什尔州凉爽宜人，白天最高气温只有 24℃～ 28℃。7 月初，新罕布什尔大学已经放暑假了，位于达勒姆小城的校园里正举行一场半导体业界的知名会议——固态器件研究会议，这一会议一般都在大学校园里召开。

远在美国南部佛罗里达海岸线约 150 千米以外的古巴则是另外一个场景，炎热的马列尔港口一派忙碌情景。来自苏联的敞口货船陆续到港，卸下了大批货物，具体物品不明。同时到达的还有许多“农业灌溉专家”和“机械工程师”。[53]

根据传统，固态器件研究会议采用邀请制，麻省理工学院林肯实验室的罗伯特·雷迪克（Robert Rediker）和同事受邀参会。7 月 9 日，雷迪克的同事凯斯（Keyes）展示了一项研究成果——第一颗高亮度红外发光二极管（简称红外 LED）。[54]

半导体发光的历史可以追溯到 1907 年，马可尼研究院的科学家亨利·朗德（Henry Round）发现碳化硅能够发出微弱的光。1923 年，苏联的奥列格·洛谢夫（Oleg Losev）也有类似发现，但那时半导体发出的光太弱了，还难以达到实用的亮度。[55]

对于一般 LED 来说，它的结构跟太阳能电池有点相似，也有一个 PN 结，不

同之处仅仅是前者把电转化为光而已。在硅太阳能电池中，光子的能量可以将 PN 结中的电子与空穴拆开，形成电流，从而发电。而在 LED 中，电流流过 PN 结时，电子会与空穴相遇并复合湮灭，使多余的能量以光的形式释放出来（见图 10–7）。

虽然这两种过程看起来刚好相反，但要使电子和空穴相遇从而发光，比拆开它们从而发电要难多了。只要能量足够大，就能把电子和空穴拆开；而“相遇”则不仅需要足够大的能量，还需要一种特殊的“安排”。

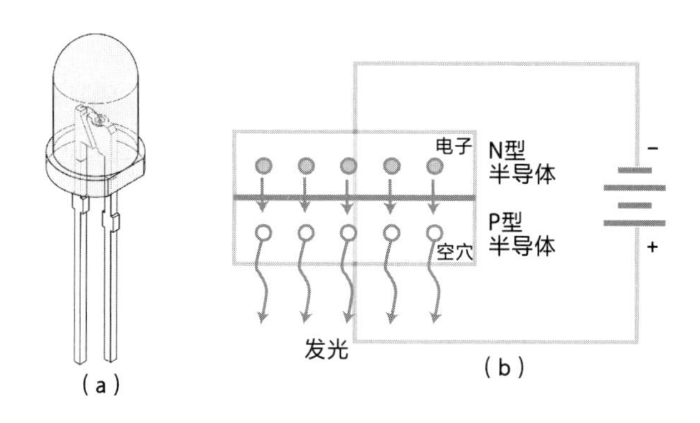

图 10–7　LED（a）；电子和空穴复合发光（b）

不妨用地动仪来做个比喻：假设龙口中含着的铜球是电子，而下方蟾蜍张开的嘴则是空穴。当铜球跌落时，如果刚好跌入蟾蜍口中，会发出“当”的一声，就对应于发光。在 LED 中，当 LED 正向导通、电流从 P 区流向 N 区时，电子从高能级跌落到低能级（从导带跃迁到价带），如果刚好落进一个“洞”（空穴）里，正负电荷就会奇妙地复合并消失，只剩下光子形式的能量被释放出来，于是就有了光。

这种“龙口”刚好对准“蟾蜍”的半导体叫作直接带隙半导体。并不是每种半导体都是直接带隙半导体，硅就几乎不能发光，属于间接带隙半导体。

龙口和蟾蜍之间的距离越大，发出的声响越大。相应地，在半导体 LED 中，电子和空穴之间能量差越大（带隙越大），产生的光的能量就越大，即光的频率越高，越趋近于紫光或紫外光。反之，则越趋近于红光或红外光。

麻省理工学院的林肯实验室采用了一种叫作砷化镓的半导体，它是一种直接带隙半导体，用它制作的LED发出的红外光强度惊人。他们用红外线调制了一个视频信号，将其通过LED从84米高的楼顶上发射到接收机上。此外，他们在一个晴朗的日子从50千米外的山上用LED朝实验室发射了信号，实验室也顺利地接收到了。[56]

凯斯报告这些成果时，会场里响起了一阵骚动。“我们测量了LED的发光效率，达到了125%。”凯斯继续讲道。

“怎么可能？！”一位美国无线电公司的工程师汉克·萨默（Hank Summer）立刻站起来反对，“这明显违反了热力学第二定律！”[57]

“我很抱歉。”凯斯面无表情地回答，似乎在说这不是他的错。

观众席爆发出了一阵笑声。等会场重新平静下来后，通用电气公司的工程师罗伯特·霍尔站起来解释说，这个结果并不意外，美国无线电公司的雅克·潘科夫（Jacques Pankove）也通过采用砷化镓制作LED得到了很高的发光效率。

这位名为霍尔的工程师在通用电气公司位于斯克内克塔迪县的实验室工作，他的团队从事半导体二极管的研究。此外，他的同事尼克·何伦亚克也受邀参会，何伦亚克在通用电气公司的雪城（Syracuse）实验室工作。

霍尔和何伦亚克此前了解过一些半导体LED，但是它们的发光效率不到0.01%，而麻省理工学院所发明的高亮度红外LED发光效率竟如此高，这让他们感到异常振奋。[58]

麻省理工学院的成果就像是一剂催化剂，在这个不大的研究领域搅动起一股春潮。许多人意识到，只要增大 LED 的发光功率，并且让其发出的光子之间频率和相位同步，就能制造出神奇的半导体激光器！

激光可是那个时代最热门的话题，普通民众对激光充满了期待，不论是科幻小说里的“死光”，还是太空大战的武器，都令人着迷。1958 年，美国物理学家汤斯等人提出了实现激光的可能性。1960 年，休斯飞机公司的西奥多·梅曼（Theodore Maiman）用红宝石制作出了世界上第一台激光器，引起了轰动。[59]

对于霍尔和何伦亚克来说，从研制出高亮度红外 LED 到研制出激光二极管只有一步之遥。但是，他们也立刻意识到，这个机会是对所有人都敞开的，一场竞争在这个会场上悄无声息地拉开了序幕。

坐在台下听麻省理工学院报告的还有一位德裔科学家赫伯特·克勒默（Herbert Kroemer），这个话题虽然引起了他的一些兴趣，但跟他当时的工作不太相关。会后，他回到了位于加州的瓦里安公司（Varian），并把这件事抛在脑后，但他是推动半导体激光器技术发展的关键人物之一。我们会在下一章再来讲他。[60]

这次麻省理工学院的报告会上还少了一位重量级的参与者，那就是 IBM 公司。此前，IBM 公司已经研发出了普通的红宝石激光器。

事实上，麻省理工学院、通用电气公司（霍尔与何伦亚克）和 IBM 公司 3 家机构的 4 个团队，在会议后的 3 个月中展开了一场研发半导体激光器的竞争。

先机与后觉

麻省理工学院的林肯实验室已经在这场竞争中抢占了先机。林肯实验室成立于 1951 年，那一年雷迪克刚好从麻省理工学院获得博士学位，留在了林肯实验室，工号为 80。[61]

雷迪克以前没有了解过半导体，实验室安排他去伊利诺伊大学参加了巴丁的半导体课程①。他学习的教材是肖克利那本著名的《半导体中的电子与空穴及在晶体管电子学中的应用》（*Electrons and Holes in Semiconductors with Applications to Transistor Electronics*）。" [62]

雷迪克回到麻省理工学院林肯实验室后，选定了砷化镓作为半导体材料。他最初的目标是做出一个高速开关二极管。[63] 雷迪克知道砷化镓这种材料会发光，所以想测试一下用其制作的二极管的发光情况。当雷迪克等人搬来光谱仪，连接上二极管时，仪表的指针一下子指向表盘的最大数值。在 7 月的固态器件研究会议后，麻省理工学院团队用新方法重新测量了这种高亮度红外 LED 的发光效率，将其修正为 85%[64]，依然非常高。

《时代》杂志在报道红外 LED 传送电视信号实验时这样说："如果你们将来为家里有 1 000 个电视频道而感到厌烦，那都要怪这种微小的半导体！" [65]

开完会回到麻省理工学院后，雷迪克团队被通信实验中的一些技术问题分散了注意力。他们以为自己已经抢占了先机，对手应该不会那么快追赶上来。然而，恰恰是这个小疏漏，给对手提供了赶超的机会。

* * *

IBM 公司的团队是后知后觉的。固态器件研究会议结束后，一张《纽约时

① 那一年巴丁刚刚来到伊利诺伊大学。多年后，雷迪克和巴丁加入了一个只有他们两人的委员会。雷迪克开玩笑地说："在这个委员会里，平均每个人都得过一次诺贝尔奖。" 因为巴丁一人得了两次诺贝尔奖。

报》摆到了公司的研究员马歇尔·内森（Marshall Nathan）的桌上时，他才得知麻省理工学院成功研发出了高效率的红外 LED。

虽然 IBM 公司是最后得到消息的，但在 1961 年，他们公司的彼得·索罗金（Peter Sorokin）等人就做出了四能级激光器。

1962 年 1 月，内森的上司罗尔夫·兰道尔（Rolf Landauer）邀请他在哈佛大学就读时的室友萨姆纳·梅伯格（Sumner Mayburg）来实验室做一个关于砷化镓半导体 PN 结发光的讲座。梅伯格说砷化镓的发光效率理论上能接近 100%，因为砷化镓可以直接将电转化为光，而白炽灯绝大部分能量都通过热量消耗掉了。梅伯格甚至计算出了砷化镓会在 -196℃下发光，波长为红外波段 880 纳米。

不过，内森觉得自己没有激光的知识基础，并没有将此放在心上，直到麻省理工学院林肯实验室在固态器件研究会议上发布了他们的红外 LED 后，兰道尔拿着一份《纽约时报》兴奋地在项目组会议上介绍了麻省理工学院的成果，[66]指示研究小组立刻制作一个砷化镓二极管。然而，内森的测试结果令人沮丧，他们制作的二极管发光效率只有 10%，这使他们的研究又陷入了低谷。

内森找到了公司第一个做出激光器的索罗金。但是索罗金不懂半导体，无法理解内森的问题，而内森又不懂激光。一来一回，二人始终无法讨论出一个可行的方案。[67]

在内森看来，这就像是一场不知输赢的赌博，他本想消极对待，但兰道尔兴致不减，每周都来找内森了解进展。每当内森讲到砷化镓时，兰道尔的眼睛就放出光芒，仿佛在说："啊！你仍在为此而工作，太棒了！"最终，内森还是积极地参与了研究。[68]

但是团队里没有一个人知道怎么做出一个激光器中的谐振腔。8 月，IBM 公司的团队依然没有取得突破性进展。

在这个 8 月，从古巴逃到美国的难民跟情报人员说，他们看到一些卡车运送着巨大的管状物品，但外面覆盖着帆布。8 月 9 日，美国中央情报局局长约翰·麦考恩（John McCone）给肯尼迪总统写了一封备忘录，他怀疑苏联正准备将弹道导弹引入古巴。

红光与红外光

通用电气公司的霍尔和何伦亚克在固态器件研究会议后立刻投入了激光器的研究。何伦亚克跟霍尔属于通用电气公司的不同实验室，不过两个实验室都位于纽约州，相距不太远。[69]

霍尔打算继续研究他熟悉的砷化镓器件，用它做出红外激光器。在返回纽约州的火车上，霍尔就开始了计算。[70] 初步结果显示，只要载流子个数达到每立方厘米 10^{18} 个，就能产生足够多的电子空穴对，从而引发受激辐射。[71]

霍尔预见到一种令人激动的前景。只要使砷化镓的 PN 结中产生足够强的光子辐射，让光子来回地反射，就能不断增强，最终发出红外激光。回到实验室后，霍尔组织了一个五人小组，在摸索中蹒跚前进。霍尔估计："我们成功的可能性也许只有 1/5。"[72]

如何将光子困在谐振腔里并来回反射呢？这是最棘手的问题。器件很小，难以在其中单独做出一个谐振腔。于是，霍尔想到了一种巧妙的方法：将晶体的两个外侧面磨光，相当于设立两面相对而立的镜子，它们能与一个谐振腔起同等作用。这就像站在镜廊里，两侧的镜面会来回反射我们的身影。

霍尔决定尝试一下，他高中时对天文学很感兴趣，为了做出一台直径 6 英寸的望远镜，他自己打磨镜片，这对他来说简直是小菜一碟。他亲自动手打磨半导体晶体，没有请别的公司帮忙，这也为他赢得了宝贵的时间。

截至 1962 年 8 月，霍尔团队已经在这个项目上投入了一个月。他们制备好了砷化镓红外激光器件，准备测试一下它的红外性能。

可是，这批器件一通电就短路了，有些甚至在电路通过大电流时直接破裂了。

* * *

通用电气公司的何伦亚克（见图 10–8）走出固态器件研究会议的会场时想，在砷化镓高亮度红外 LED 的基础上做出红外激光器是自然而然的选择，一定有许多人这么做。所以，他决定另辟蹊径，去研究能发出可见光的红光激光器，因为只有他能做出红光 LED，他要赶在其他人之前做出红光激光器。[73]

图 10–8　何伦亚克

何伦亚克喜欢创造新玩意儿，当他还是个小男孩时，口袋里经常揣着一把小刀，他觉得他能做出任何自己想要的东西。[74]他在伊利诺伊大学获得了博士学位，指导老师是发明了晶体管的约翰·巴丁。[75]1954年，何伦亚克进入了贝尔实验室工作，在那里，他跟随约翰·莫尔等人研究新型半导体器件。

来到通用电气公司后，何伦亚克开始用砷化镓做可以高速开关的隧穿二极管①。不过，这种器件的研究后来失败了，何伦亚克的上司梅尔威胁他赶紧将主要工作转到硅晶体管的研究上来，否则就取消他的研究经费。[76]

何伦亚克得赶紧找到一个新应用方向来挽救他的二极管研究。砷化镓能够发光，于是何伦亚克转而研究如何用砷化镓做出LED，但是砷化镓只能发出红外光，后者肉眼无法看到。

何伦亚克想做出能发出可见光的LED。红光的频率高于红外光，要做出红光LED和激光器困难更大。[77]

何伦亚克想，在砷化镓中掺杂磷可以提升整体的带隙，这相当于在地动仪中提升龙口的高度，从而让铜球跌落下来的声音更响亮，对应到半导体，效果则是发出更高频率的光，使发出的光从红外光变成红光。但他没有现成的材料，需要自己合成磷砷化镓（GaAsP）。

何伦亚克去找公司的晶体生长工程师，提出想做磷砷化镓，却遭到了嘲笑。何伦亚克说：“人们告诉我，如果我有一个化学学位而不是电子工程学位，就会知道这么做是不可能的。一个有正常想法的人是绝不会这么尝试的。”[78]

---

① 1956年，当时在肖克利晶体管实验室的诺伊斯曾经独自提出过隧穿二极管的机理，但是相关研究被肖克利喊停了。详见第3章。

何伦亚克甚至对自己产生了怀疑："我懂半导体物理，但是我真的懂晶体生长吗？而且还是 III/V 族化合物的生长！为什么我不回去继续研究硅，以避免被公司辞退？"[79]

不过何伦亚克还是喜欢研究高亮度红光 LED，并在尝试设计新的晶体外延生长法。但是，磷这种元素很不稳定，何伦亚克做实验时发生了爆炸，眼睛受伤，差点失明。

何伦亚克想，别人都在用砷化镓，而他像个外星人一样非要尝试这种磷砷化镓。没有人做出过这种合金，工艺太难了，这些化学材料把事情搞得一塌糊涂。他想："我搞砸了，进了死胡同，看来我并不像自己想的那么聪明。"[80]

不过，何伦亚克没有放弃，他最终尝试出一种方法，用气体运载和输运元素，将三种元素淀积在生长基座上，终于使完好的磷砷化镓晶体长出。[81]

但是，何伦亚克做出的磷砷化镓二极管发出的光很黯淡，无法实际运用。他又有了新的担心：对通用电气公司来说，其重点业务是功率元件，而不是这些用于显示或发光的 LED。即便成功了，公司也不一定会重视它并继续给予经费支持。

直到 7 月的固态器件研究会议上，何伦亚克才看到了这种合金半导体的新的应用方向——激光器，他立刻将红色激光二极管①作为自己新的攻关目标。

夺冠与垫底

时间来到 1962 年 9 月，传言得到了证实。9 月 8 日，在夜色掩护下，射程

① 本书中的激光二极管即指半导体激光器。

达 2 000 千米的苏联中程弹道导弹秘密运抵了古巴的港口。

霍尔的研究有了新进展，新一批二极管制备出来了，霍尔马上将二极管两侧打磨好，等待测试。

9 月 14 日星期五晚上，小组成员冈瑟・芬纳（Gunther Fenner）得到了一些看起来很有希望的结果。9 月 16 日星期日，芬纳把电流增大到 12 安培时，编号为 L-52 的二极管发出的辐射急剧增加，红外仪的屏幕上显示出一条明亮的线，表明这是激光特有的受激辐射。芬纳非常激动，立刻打电话给主管罗伊・阿普克（Roy Apker）并让他过来看一下。[82]

接下来，霍尔团队疯狂地做实验、补充数据、撰写论文。在此期间，霍尔没有对任何人提及此事，不仅没有跟何伦亚克说，甚至连隔壁办公室的同事都不知情。

1962 年 9 月 24 日，《物理评论快报》（*PRL: Physics Review Letters*）收到了霍尔的文章。这是第一篇关于半导体激光器的文章，然而却不是这四个团队在 9 月投出的唯一一篇。

* * *

IBM 公司的研发团队到了 8 月仍迟迟做不出谐振腔，他们决定放弃通过制作谐振腔来研制激光器。因为小组成员比尔・杜姆克（Bill Dumke）经过计算发现，如果输入电流密度足够大、发光效率足够高，LED 就能产生足够大的受激辐射，这样一来就无需谐振腔了。

9 月 21 日，内森直接用仪器产生脉冲电流，并将电流通入二极管。他逐渐加大电流，二极管开始发热，似乎有点不妙了。他不得不缩窄脉冲宽度，以免器件发烫烧掉。当电流密度增加到 3 000 安培 / 平方厘米时，他简直不敢相信，光谱线收窄了，从 12 纳米缩到了 9 纳米，光子频率趋于一致，这是发生激光的前兆！[83]

内森继续增大电流，以收窄脉冲。最后，他成功地将谱线宽度降到了 3 纳米。[84] 内森停了下来，叫来了杜姆克，并将这一现象演示给他看。那时是周五晚上 6 点，他们的上司兰道尔（Landauer）已经下班离开了，但是他们觉得有必要给兰道尔打个电话并告知他这一好消息。

周末，内森和同事把谱线宽度从 3 纳米缩窄到了 0.2 纳米，实验不得不停下来，因为这是频谱仪能达到的测量精度的极限。内森感觉自己已经飘在云端了。[85]

内森的团队以最快的速度整理结果并写成文章。为了不在邮递上耽搁时间，9 月 28 日，内森登门亲手将稿件交到了《应用物理快报》（*Applied Physics Letters*）期刊的编辑部，这个日期只比霍尔的交稿日期晚了 4 天。巧的是，这两篇文章都被安排在 11 月 1 日刊出。[86]

* * *

在通用电气公司的雪城实验室里，何伦亚克试图做出光谐振腔。一开始，他打算在半导体两侧包裹一层反光膜以形成谐振腔。

8 月，霍尔来访，他跟何伦亚克透露了一个秘密，那就是不用额外做一个谐振腔，半导体晶体本身就是谐振腔，只需打磨晶体两侧，由光滑的侧面来回反射光子。[87]

何伦亚克如梦方醒，这是一个多么巧妙的主意呀！不过他转念一想，霍尔已经想出了这个方法，他不应该照搬，而应另外想一个办法。他想到将晶体劈裂以形成光滑的侧面，他觉得这应该也能行，于是他按照自己的方法尝试了起来。

从 8 月开始一直尝试到 9 月，何伦亚克并没能成功。10 月初的一天，他接到了霍尔的上司罗伊·阿普克打来的电话："霍尔已经做出了激光器！"[88]

"现在，停止用劈裂法做谐振腔，赶紧打磨它们！"阿普克说道。

"霍尔可真是个聪明绝顶的家伙！"何伦亚克后来回忆道。他立刻改用打磨法，10 月 9 日，他的二极管终于发出了红色激光。[89]

第二天，何伦亚克驾车去霍尔的实验室测量这个激光器。晚上，何伦亚克去霍尔家中吃晚餐。霍尔问他："你怎么知道你做的新器件能发出红光？"

"当你进入一个未知领域时，你怎么可能知道什么能行呢？"何伦亚克反问道。

分别时，霍尔对何伦亚克说："你已经赢了我，做出了第一个红光半导体激光器。"他敦促何伦亚克尽快写出论文投稿。

10 月 17 日，《应用物理快报》编辑部收到了何伦亚克的文章，然而 11 月这期杂志的组稿已经结束，他的文章只能等到 12 月那一期再发表。这是何伦亚克一生中感觉最漫长的一个月。

10月 18 日这一天，美国的"U-2"侦察机拍摄的照片被送到情报人员处分析，他们得出了结论：古巴正在建造进攻性导弹基地。其中一些发射场几天后竣工，那时美国的导弹预警时间将被压缩到 2 ～ 3 分钟。一旦开战，几分钟内从古巴发射的携带核弹头的导弹就会呼啸着飞抵美国各大城市。美国空军参谋长强烈主张肯尼迪总统下令军事进攻古巴，武力清除那里的导弹发射台。

* * *

现在，让我们重新回到林肯实验室。

固态器件研究会议结束后，麻省理工学院林肯实验室的所有人被一个通信实验的技术问题缠住了，等他们终于脱身的时候，时间已经不早了。实验室的赫布·蔡格（Herb Zeiger）建议，将半导体晶体两侧打磨光滑，就像通用电气公司的霍尔做的那样。

然而，林肯实验室无人知道怎么打磨，他们四处寻找能帮他们打磨晶体的公司，直到 9 月才正式开始打磨。

10 月 12 日下午，小组成员奎斯特（Quist）用光谱仪观察二极管时发现屏幕上出现了一条非常强烈的细线，这正是他们寻找的激光现象。

林肯实验室完成突破仅仅比通用电气公司的何伦亚克晚了 3 天，但很遗憾的是，他们是 4 个研发半导体激光器团队中最后成功的一个。显然，他们已经输掉了，他们第一个起跑，却最后一个撞线。后来雷迪克回忆道："我们当时严重低估了竞争对手。"[90]

10 月 23 日，《应用物理快报》收到了麻省理工学院投稿的文章。雷迪克的文章也和何伦亚克那篇一样被安排到了 12 月那一期出版。

10 月 24 日，180 艘美军舰艇被派往加勒比海，装载着核弹的"B-52"轰炸机在空中不间断地巡航，第一装甲师出发前往港口，美军开始全面封锁古巴的外海。

尘埃落定

1962 年 10 月 25 到 27 日，第八届国际电子器件会议在华盛顿特区举行，3

家机构都派来代表参会。会议所在的希尔顿酒店距离白宫的直线距离仅仅 2 000 米，那里的总统和美国国防部的高官们正密切地监视着苏联和古巴的一举一动。

而通用电气公司、IBM 公司和麻省理工学院，也在紧张地关注着彼此的一举一动。通用电气公司的霍尔和 IBM 公司的内森的文章都将在 11 月 1 日的期刊上正式发表，但他们担心对方会在会议上突然公布成果，所以不得不提防着对方。

IBM 公司的内森担心麻省理工学院有可能会在演讲时宣布其研制出了激光二极管，所以在出发开会前内森又向会议组委会额外提交了一篇文章。[91] 而麻省理工学院的雷迪克也另外携带了一篇“备胎”论文来参会。[92]

麻省理工学院的雷迪克提交论文后不久，IBM 公司的内森就得到消息了，因为他是期刊的审稿人之一。而当通用电气公司的霍尔提交论文后，麻省理工学院的雷迪克也知道消息了，因为他被期刊邀请评审霍尔的论文。

在会议期间，麻省理工学院的雷迪克在会议室前厅偶然碰到了 IBM 公司的内森，雷迪克走上前对内森说：“听着，要是你们公布结果，我们也会公布！”[93]

就在国际电子器件会议召开的第一天——10 月 25 日，第一艘苏联船只在古巴外海被美国军舰拦截下来。同一天，在联合国安理会上，美国代表被苏联代表激怒，当众掀掉了一块幕布，露出了导弹发射场的放大照片。10 月 26 日，第一座导弹发射场即将建好并做好发射准备。10 月 27 日，赫鲁晓夫发出公开信说，如果要求苏联撤离导弹，北约应先拆除土耳其境内的导弹基地！

10 月 27 日下午，在国际电子器件会议结束时，没有人公布红外激光二极管，他们都只讲了各自准备的第一篇论文。雷迪克舒了一口气，不过他心里还有一个谜团，何伦亚克是否也做出了激光二极管？

会后，雷迪克受邀去参观何伦亚克的实验室。何伦亚克把一个浸在液氮里的磷砷化镓二极管拎了出来，并通上了电流。二极管立刻被点亮，发出了明亮的红光。他似有所指地问雷迪克：“你觉得还需要些什么就能做出一个半导体激光器？”没等雷迪克回答，何伦亚克又继续说道：“你看这个二极管的光是多么明亮……”

过后，何伦亚克收到了雷迪克的一封信，上面说：“我觉得跟你在通用电气公司的雪城实验室一起玩哑谜游戏非常有趣。”信封中还附上了他们的激光二极管的手稿！[94]

10 月 27 日，一架美国“U-2”飞机在古巴上空被击落。白宫的紧张气氛达到了顶点。美军参谋长认为此时不能示弱，力主空袭并入侵古巴，几乎所有美国高官都认为除此之外别无他法，只有肯尼迪总统不这样认为。一位参加完会议的五角大楼官员在返回办公室的路上感叹，不知还能看到几次华盛顿的日落……

IBM 公司的内森从小道消息得知通用电气公司的霍尔先于他们向《物理评论快报》投稿，情急之下，他将所有手头上的结果立即投稿到了公司的内部期刊《IBM 研发期刊》（*IBM Journal of Research and Development*）上。[95]

10 月 28 日上午 9 点，莫斯科电台突然播发了一条即时消息，宣布将拆除古巴的进攻性导弹；当天下午 1 点，美国特遣舰队接到命令，停止登陆以及一切武器展示——世界又恢复了原来的样子。

然而，世界也变得有些不一样了——10 月 31 日，通用电气公司和 IBM 公司各自召开了新闻发布会，发布了红外激光二极管，他们受到了媒体同等的重视和报道。

“我们是朋友，而且一直保持着朋友关系。”雷迪克后来回忆 4 个团队的关系时说。[96]

12 月，通用电气公司开始销售红光 LED，每个售价 260 美元，而红色激光二极管的价格更是高达 2 600 美元！[97]

没有人预计到红外激光二极管要等 20 年才能迎来第一个大规模应用：1982 年索尼公司和飞利浦公司推出了 CD 播放器，后者广受年轻人的青睐①。再往后，激光打印机出现在办公桌边，“光猫”（光调制解调器）进入客厅取代了铜缆……

笼罩在古巴上空的紧张气氛渐渐消散了。在霍尔的红外激光二极管文章正式发表前，它的预印本经过一位教授之手辗转送到了一位苏联科学家手上。为什么苏联人这么急于读到这篇论文？这会是又一场大国竞争的前奏吗？

① 红外激光二极管通过发射出的激光照射到光盘表面，从而将数据读取出来。

本章核心要点

半导体的奇妙之处在于它不仅能导电，还能发光或吸收光线的能量。

当半导体把光的能量转换为电能（电压或电流）时，它可以应用于太阳能电池或者图像传感器（数码相机的感光元件）。前者较为容易，贝尔实验室的富勒、皮尔逊和蔡平在 1954 年就发明了硅太阳能电池。1969 年，贝尔实验室的博伊尔和史密斯发明了 CCD，两年后他们的同事汤普西特发明了 CCD 图像传感器。但诺贝尔物理学奖却只颁发给了博伊尔和史密斯，这引起了汤普西特的不满。

如果把光和电转换的过程反过来，让半导体的电流激发出光子，我们就有了 LED。1962 年，麻省理工学院的雷迪克等人在红外 LED 上取得突破后，一下子捅破了最后一层窗户纸，创新接踵而来。3 家研究机构的 4 个团队开始了激烈竞争，在一个月内相继取得突破，通用电气公司的霍尔第一个做出了红外半导体激光器，通用电气公司的何伦亚克等首次做出了红光半导体激光器。然而，接下来 LED 技术的发展之路却并不平坦和顺利。

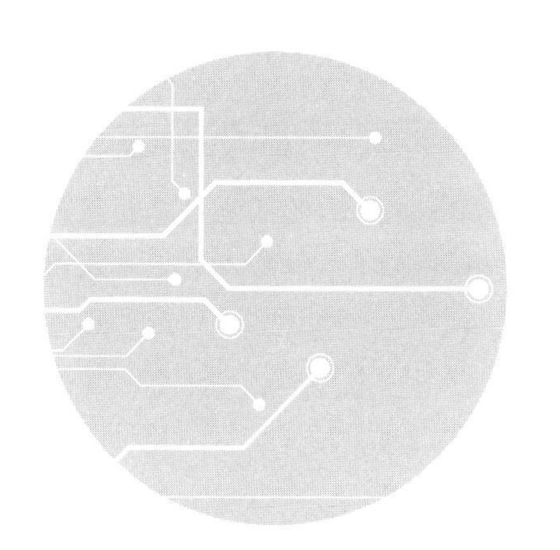

11

点亮东西方，光电器件（下）

“这是一个无与伦比的器件，也是一种全新的物理器件。”苏联约飞物理技术研究所的一位研究员读完一篇刚拿到的论文后兴奋地说。[1] 这位研究员名叫若列斯·阿尔费罗夫，他通过一位教授辗转拿到了通用电气公司的霍尔于 1962 年写的关于红外激光器的文章的预印本。

1962 年底，通用电气公司的何伦亚克收到了来自世界各地的明信片，都在向他索要关于红光半导体激光器的文章的副本。其中一张明信片来自一位苏联科学家，他提出了一个大胆的请求，希望能访问何伦亚克的实验室。

那时，美苏仍处在“冷战”之中，这个访问请求非同寻常。何伦亚克不知道该不该邀请对方，不过他对苏联的科研进展很感兴趣，也很想跟苏联同行交流。[2]

于是何伦亚克试着发出了邀请。双方来来回回地磋商，甚至惊动了美国中央情报局。苏联于 1963 年秋正式派遣了一支代表团访问美国，参观了刚刚搬到伊利诺伊大学的何伦亚克的实验室。代表团里有一位来自约飞物理技术研究所的物理学家，他的助手就是阿尔费罗夫。

在极度紧张而脆弱的美苏关系背景下，两国科学家拉开了科学交往的序幕。

标新立“异”，半导体异质结的发明

创建于1918年的约飞物理技术研究所位于列宁格勒（现称圣彼得堡）。18世纪以来，在彼得大帝的推动下，这座城市就有同西欧各国进行文化、科学交流的传统。

约飞物理技术研究所的创始人是约飞教授，他前瞻性地将物理基础研究与工程技术研究结合起来。研究所气氛宽松，学者之间乐于分享和交流，颇有贝尔实验室的风气。20世纪二三十年代，爱因斯坦、玻尔、狄拉克和海森堡等人都曾访问过约飞物理技术研究所。[3]

1939年，约飞物理技术研究所的鲍里斯·达维多夫提出了一个理论，解释了金属与半导体之间单向整流的现象①。1956年，约翰·巴丁在诺贝尔奖致辞中提到发明晶体管有三个基础，其中一个就是这个理论。[4]

出生于1930年的阿尔费罗夫从小就对约飞物理技术研究所心生向往，他在1953年大学一毕业就加入这里，并跟其他新同事一起受到了最高级别的欢迎。

阿尔费罗夫接到的第一个任务是做出苏联第一个锗晶体管，这来自苏联最高领导层的指示。阿尔费罗夫很自豪地完成了这一任务。

20世纪60年代初，苏联的新一代年轻科学家成长起来，他们不像50年代的人那样只是重复效仿美国人的工作，而是想同美国人竞争，发明自己的新器件，并想要在质量和速度上与美国一较高低。[5]

① 同一时期提出这一理论的还有德国的肖特基和英国的莫特，详见第2章。

1962 年，阿尔费罗夫读了霍尔的论文后，注意到红外半导体激光器的一个缺点，它只能在低温下发出断续的脉冲，这将严重地限制激光的应用。阿尔费罗夫开始思考如何实现关于室温下连续工作的红外半导体激光二极管的构想。

在美国，瓦里安公司的科学家克勒默（见图 11-1）参加了 1962 年夏天举行的固态器件研究会议，听了麻省理工学院报告的高亮度红外 LED，当时他并没有在意。

（a）

（b）

图 11-1　阿尔费罗夫（a）和克勒默（b）

第二年春天，在公司例行研讨会上，克勒默的同事索尔·米勒（Sol Miller）跟同事们报告了他在固态器件研究会议上了解到的红外 LED 以及半导体激光器方面的研究进展。米勒说，尽管研究者用 PN 结做出了半导体激光器，但存在一个致命缺陷，即无法在室温下连续工作，业界认为这个缺陷是不可能从根本上解决的。

研究部主管好奇地问，为什么说是从“根本上”无法解决的？米勒列举出了业界面临的好几个难题。

就在这时，克勒默突然坐不住了，一个解决方案突然涌上他的心头。

从答案寻找问题

克勒默 1928 年出生于德国魏玛，从小天资聪慧，却让老师们很是头疼，因为他经常在课堂上弄出动静，影响其他人。“哈，你又来了！”数学老师经常这么说他，但又找不到问题难倒这个聪明的家伙。后来，老师跟克勒默达成了协议，只要他在课堂上保持安静，即便不听课也没关系，而且到了期末老师还给他最高等级的成绩。[6]

第二次世界大战后，德国分裂成两个国家，住在东德的克勒默非常渴望去西德的哥廷根大学。后来，他设法爬上了一架返回西德的飞机，但此时哥廷根大学的申请期限已经截止。他直奔校园，在各个教授的办公室之间游荡，其中一位教授问他，为什么镜子会让人左右颠倒而不是上下颠倒？他仔细地思考起来，并给出了自己的观点，于是被破格录取了。[7] 24 岁的克勒默在哥廷根大学获得了博士学位，去到德国邮政下面的电信研究院工作。

1953 年，肖克利代表贝尔实验室访问了克勒默所在的德国邮政电信研究院。“我跟他待了两个小时，”克勒默回忆道，“我们度过了一段美妙的时光。”[8] 克勒默兴奋地跟肖克利分享了自己的研究，他说自己正在思考提升晶体管工作速度的方法。

晶体管一般采用一种半导体材料（硅或锗）制成，尽管能带在不同区域会发生弯曲，但是禁带宽度（价带和导带的间隔）不变。克勒默设想，如果让晶体管的禁带宽度从发射极到基极和集电极逐渐地变小，则可以让晶体管更快地开关

（见图 11-2）。聪明的肖克利立刻明白了这背后的含义，因为早在 1948 年，他就曾对此深入思考并提交了一份专利申请。[9]

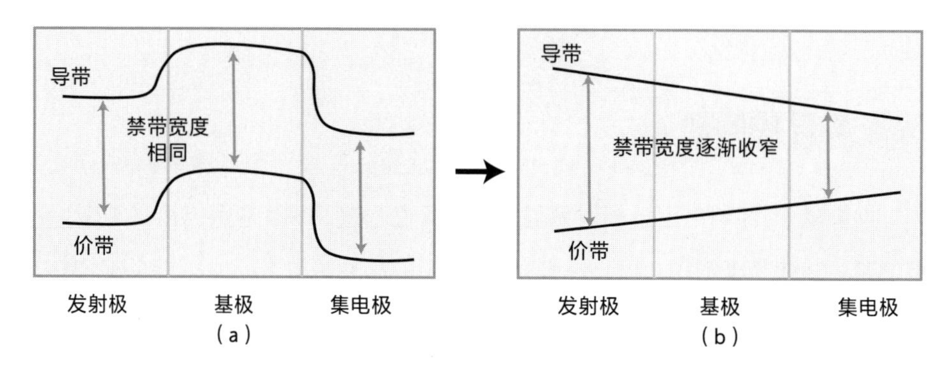

图 11-2　结型晶体管的能带图（a）与克勒默和肖克利设想的逐渐缩窄的能带图（b）

注：结型晶体管的制造一般采用一种半导体材料，价带和导带之间的间隔（禁带宽）是没有变化的。

不过时间有限，他们没有继续就这个技术问题深入地展开讨论，克勒默更关心另外一个问题：他想去美国工作，问肖克利能否引荐他到贝尔实验室。[10]

克勒默后来如愿地拿到了贝尔实验室的聘书。就在即将成行时，他的朋友对他说，如果去了贝尔实验室，他就只能活在肖克利的阴影下，而在美国无线电公司，他可以自由地做自己想做的研究。就这样，克勒默改变主意去了美国无线电公司。[11]

在美国无线电公司工作期间，克勒默又想起了跟肖克利讨论过的那个改变晶体管中不同区域的禁带宽度的想法。不过，半导体材料的禁带宽度是固定的，不能随意改变。[12]

克勒默想，能否用两种不同禁带宽度的半导体拼合起来呢？这样一来，禁带宽度在结合处就会有突然的阶跃变化（见图 11-3）。克勒默将自己的想法发表在公司内部的《美国无线电公司评论》上，不过没有什么人读过这篇内部刊物上的文章，这个想法在克勒默的头脑也封存了起来。[13]

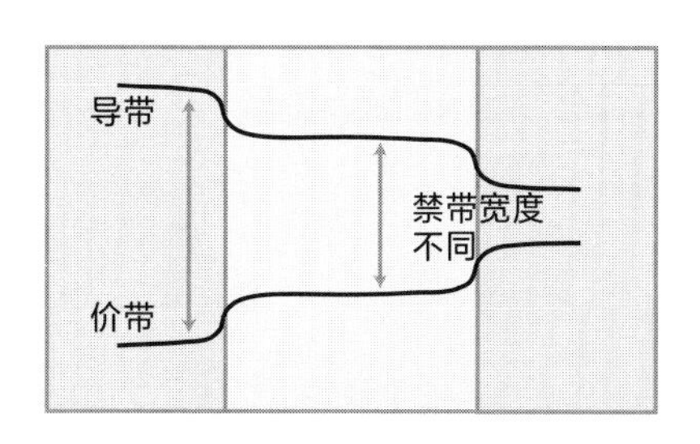

图 11-3 克勒默关于将两种不同能带宽度的半导体材料拼合的构想

注：克勒默设想将不同半导体材料黏合起来，导带和价带之间的禁带宽度就会随材料变化逐渐变化。

克勒默离开美国无线电公司后，来到了一家小公司瓦里安。1963 年春天，他听了同事米勒的分享报告，米勒在报告中说能在室温下连续工作的激光器是根本做不出来的。

米勒解释说，要想激光器发光，要使半导体内的电子刚好掉到空穴里，但是电子会从 PN 结附近逃逸，因此很难实现这一操作。如果把电子比作田野里的兔子，空穴比作陷阱，兔子四散奔逃，不一定会掉到陷阱里。唯一的办法就是用大电流不断地供给电子，增大电子落入空穴的可能（见图 11-4）。但是，大电流会令半导体温度急剧上升，故而不得不用液氮冷却。即便如此，温度上升速度仍然很快，激光器只能发出短暂的脉冲以避免烧毁。

一直没有出声的克勒默突然变得很激动，他打断了米勒，大声说道："这种论断简直是一派胡言！"在座的工程师们呆呆地看着这个一向说话直来直去的同事。[14]

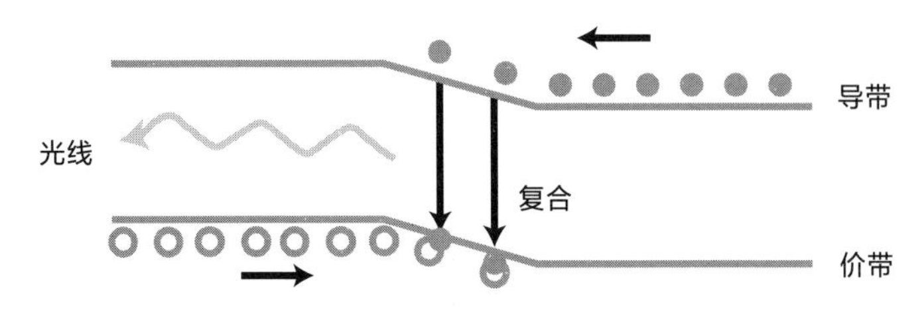

图 11-4　由 PN 结构成的激光器的缺陷

注：PN 结处的电子可能逃逸，只有加大电子供应，才能让足够多的电子掉入空穴中发光。

克勒默脑中之前一直沉睡的想法突然涌了出来，此前他曾用不同的材料来改变禁带宽度，使其逐渐变窄。现在只要稍作改变，让中间的禁带窄、两边宽，就能造成一个陷阱，将电子和空穴封存在中间，使电子无法向旁边逃逸，只能乖乖地掉进空穴里，与之复合，从而源源不断地发出光子，产生激光。这种方法根本不需要极大的电流，也无需冷却装置。

同事们无不惊讶于克勒默能在短短几分钟内就想到这个主意。实际上，这个答案已经在克勒默的脑海里“潜伏”了 6 年，当米勒说根本无法解决这个问题时，正好将他以前的思考激发了出来，撞上了早已有的答案。

实际上，克勒默不是先有了问题才去找答案，而是有了答案才去寻找问题。一颗有所准备的头脑中的灵感被激发出来，提出了双异质结的想法。

克勒默是幸运的，这一次连大自然也站在了他这一边，因为这个新结构还有一个额外的优点：中间禁带宽度较窄的半导体对应的光线折射率较大，这样就形成了一个天然的反射面①，让光子封存在其间并来回反射，无须打磨半导体的两侧做出谐振腔。[15]

① 电子和空穴复合产生的光子一旦要逃离中间层，就会被分界面反射回来，从而在两个半导体界面之间来回反射、逐渐同步，最终使激光的亮度得以不断增强。

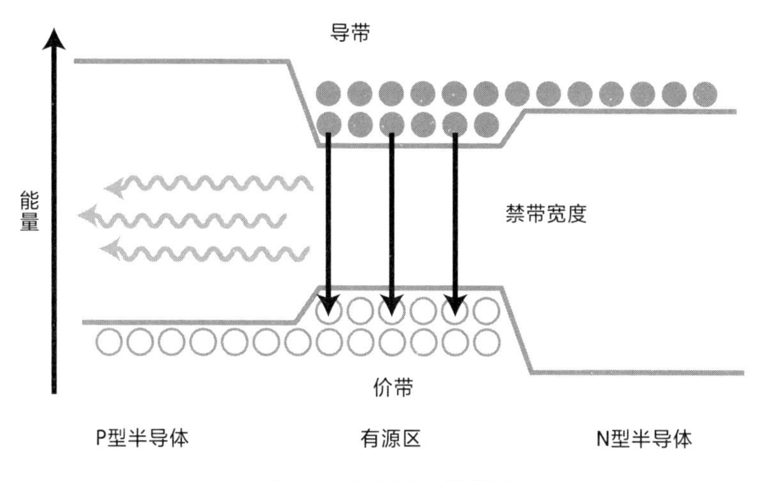

图 11-5　双异质结能带图

注：双异质结中间的禁带窄、两边宽，造成了一个陷阱，将电子和空穴封存在中间。

跨国竞争与合作

然而，克勒默并不是唯一一个想到这个方法的人。在同一时间，约飞物理技术研究所的阿尔费罗夫也产生了类似的想法。

阿尔费罗夫向苏联的专利局提交了异质结的专利申请，比克勒默向美国专利及商标局提交申请只早了一周。这项技术为研究可以在室温下工作的半导体激光二极管打下了基础。

半导体异质结器件是晶体管诞生以来的又一次重大突破。传统的晶体管只采用一种半导体材料制成，而异质结则是用两种或两种以上的半导体材料构成的。打个比喻，之前的半导体器件就像饼干，只有一种主要成分——小麦，但是异质结半导体则是用两种及两种以上的材料来制作器件，就像是奥利奥夹心饼干，它是小麦粉和夹心奶油两种材质的混合体。

不过，这个异质结的想法并不受欢迎。在约飞物理技术研究所，实验室主任对阿尔费罗夫说："异质结没什么大不了的。"[16]

在克勒默的公司，领导认为异质结没有任何应用前景，拒绝资助他继续探索这个想法。如果说公司提出的理由是异质结技术太难了，克勒默还有机会抗辩，但是"没有应用前景"这个大帽子盖下来，克勒默根本无法反驳。

有了异质结的想法还不够，下一步要做出半导体双异质结更难，因为要跨越材料这一难关。

我们还是用奥利奥饼干的例子来解释。为了实现制作夹心饼干的设想，就要选择合适的夹心材料，从而保证两者能牢固地粘合起来。这就要求两种半导体内的原子间隔要足够相似，就像乐高积木，凸起和凹槽的尺寸要匹配才能组合在一起①。[17]

克勒默选择了砷化铝镓，但不幸的是，他手头上的资料里给出的晶格系数的数值是错误的，以至于他认为这种材料无法与砷化镓的晶格系数匹配。[18]

1967年，阿尔费罗夫的同事偶然在一个抽屉里发现了一个遗弃很久的砷化铝镓样品，好几年过去了都没有变质，这说明它的化学性质很稳定。这种材料的禁带宽度较窄，适合放在夹心层，两侧由砷化镓包裹。经过试验，他们得到了非常完美的异质结界面。[19]

同一年，IBM公司也有了同样的发现，他们在1967年11月的第一届半导体激光会议（拉斯维加斯）上公布了这一结果。[20]

① 在半导体研究领域，这叫晶格系数匹配。

＊＊＊

接下来就剩下最后一步了——整合工艺和材料，做出可以在室温下连续工作的激光器。

这时 IBM 公司退出了这项竞争，因为其主要研发人员辞职了。不过，贝尔实验室加入了竞争行列。贝尔实验室的主管约翰·高尔特（John Galt）听了 IBM 公司的报告，认为应该解决室温下激光器无法连续工作的问题，以便将激光器应用于通信领域。他召集了化学家莫顿·潘尼施（Morton Panish）和物理学家林厳雄（Izuo Hayashi）一起攻关。[21]

从 1968 年初开始，约飞物理技术研究所和贝尔实验室你追我赶，先是在 80 K 的低温下实现了激光二极管连续工作。[22] 接下来，要让激光二极管在室温下连续工作，就要降低所需的电流密度，这样才能减少器件发热。

约飞物理技术研究所一马当先，将室温下的电流密度降低到了 10 000 安培（按每平方厘米计算，下同）。贝尔实验室也追了上来，在 1968 年 12 月将室温下的电流密度降低到了 10 000 安培。[23]

1969 年 9 月，阿尔费罗夫在美国开会期间访问了贝尔实验室，他向林厳雄透露他们已将电流密度降低到了 4 300 安培，这令林厳雄大感惊讶。贝尔实验室奋起直追，并于同年 12 月将电流密度降低到了 5 000 安培～ 8 000 安培。[24]

1970 年 5 月，阿尔费罗夫成功地将电流密度降低到了 2 700 安培，第一个实现了可以在室温下连续工作的半导体激光器！ 6 月 1 日，贝尔实验室将电流密度降到了 2 500 安培，比约飞物理技术研究所晚了不到一个月。[25] 兴奋的主管买来香槟，不顾实验室禁酒的规定，开瓶庆祝。[26]

阿尔费罗夫于1970到1971年访问了何伦亚克的实验室，并做了半年的访问学者。在美国期间，他被授予了富兰克林金质奖章，比他获得列宁勋章还早一年。谈及与美国研究人员的竞争，阿尔费罗夫觉得那是一种“公开竞争的典范”，虽然激烈，但很友好。他们彼此开放实验室，坦诚交流。[27]

1973年，半导体激光器的寿命延长到了2 000小时。1977年，贝尔实验室用分子束外延（简称MBE）制作出了效率更高的双异质结，使激光器的寿命达到了10年。[28] 1977年，贝尔实验室在芝加哥街道下铺设了第一条商业光纤线路，使用的光源正是异质结激光二极管。从此，光纤开始连接起不同的城市、国家，甚至大洋两端的大陆①。

克勒默于1982年在日本出差时，索尼公司和飞利浦公司推出了世界上第一台CD机，上面的激光读取头正是用异质结做的，他立刻买下了一台CD机。[29]

2000年10月9日晚，克勒默像往常一样按时上床睡觉。凌晨，电话铃声突然响起，将克勒默惊醒。妻子先接起电话，随后递给了他：“是斯德哥尔摩。”克勒默很惊讶，因为他觉得自己做的是工程研究，而不是基础物理研究。来电者也邀请了克勒默的一位好友加入电话，向他证实这不是一个玩笑。[30]

那年的诺贝尔物理学奖也颁给了阿尔费罗夫，用于表彰他和克勒默在“发展半导体异质结在高速电子技术和光电技术方面的贡献”②。阿尔费罗夫70岁时，仍记得自己10岁时读的《船长与大尉》里的一句话：“奋斗，追求，不达目的，誓不罢休！”[31]

① 自从1966年高锟证明了高纯度的光纤能使光线传播到20千米以上，人们就对光纤通信充满了期待。高琨由于对光纤通信的研究做出巨大贡献而获得了2009年的诺贝尔物理学奖。

② 同年获奖的还有发明芯片的杰克·基尔比。

异质结半导体开启了一系列新研究领域，包括量子阱、低维电子气和量子点技术，将器件维度缩小到了二维、一维甚至零维。崔琦和霍斯特·施特默（Horst Stormer）在异质结基础上发现了分数量子霍尔效应并由此获得了1998年诺贝尔物理学奖。

如果没有异质结，电唱机又尖又细的唱针就不会变成CD/DVD读写头上的一束柔软的光，密纹唱片就不会变成闪亮的光盘，光纤就不会取代铜缆，LED灯就不会取代白炽灯和荧光灯。

在获得诺贝尔物理学奖后的讲座中，克勒默回忆了自己最初提出异质结想法时被公司认为没有应用前景的往事。他引用了戴维·默明（David Mermin）的一句话——“我期待有一天人们能记住：你不可能先决定你想要的东西，然后再去发现它。这不是科学发现所遵循的模式。”由此，克勒默提出了一个“新技术引理”——“任何一个有足够创意的发明的主要应用点，过去是、将来也必定是由这种新发明本身创造出来的。”[32]

灯火阑珊处，蓝光LED的发明

1962年，LED的色彩家族中有了第一种颜色——红色。实际上，何伦亚克不只是发明了红光LED，他还开创了一条制作其他颜色LED的通用道路——合金之路。[33]沿着这条道路，人们只要不断地尝试着在III/V族化合物中加入不同元素以形成新的合金，就有可能做出黄光LED甚至蓝光LED。[34]

1972年，何伦亚克的学生乔治·克劳福德（George Craford）在磷砷化镓化物中掺杂了氮，发明了黄光LED。[35]接下来，由彩色LED构成的画面中只剩下了最后一块拼图——实用的蓝光LED……

2014 年，诺贝尔物理学奖颁发给了蓝光 LED 的三位研究者。消息传来，何伦亚克很震惊，他说：“我已经是个老头了，但我觉得这个决定简直是对我的侮辱。”在他看来，诺贝尔奖评选委员会忽略了之前所有的开拓性研究。

他所在的伊利诺伊大学工程学院院长说，这个结果“非常令人困惑、让人倍感失望”，“我不禁想问，为什么诺贝尔奖评委会把蓝光 LED 的研究单独拎出来颁奖？”[36] 在何伦亚克之后，异质结和蓝光 LED 的发明者都相继获得了诺贝尔物理学奖，唯独最早的红光 LED 没有获奖。那么蓝光 LED 研究凭什么获奖呢？

绝望中的希望

事情要从日本名古屋大学年轻的研究助理天野浩（Hiroshi Amano）说起。

1989 年的一天，29 岁的天野浩参加了一个学术会议的审稿会，他眼睁睁地看着自己的文章被拒。事情是这样的，那年早些时候，天野浩在研究蓝光 LED 时有了一个发现，他兴冲冲地写好摘要并提交到了一个学术研讨会。天野浩的导师赤崎勇（Isamu Akasaki）是会议评委会成员之一，但评委会开会那天他临时有事，无法参会，让天野浩代为参加。

评审到天野浩的论文时，一位委员提出：“这个研究没意思，不应列入发表内容中。”就这样，天野浩的文章被否决了。[37] 然而，事情就是这么巧。评审会要结束时，一篇本应发表的文章临时撤销了，空出来一个名额。评审委员长放出话来：“有想发表论文的，可以举手。”天野浩本不好意思推荐自己的文章，但又觉得不发表有点可惜，于是就羞涩地举起了手。

委员长对众评委说：“在海报上发表还是可以的吧？”于是这篇关于 P 型氮化镓（GaN）半导体的文章被发表了出来。

为了实现蓝光 LED，天野浩选取的材料是一种当时很冷门的 III/V 族半导体——氮化镓，这就是他的文章一开始被拒的原因。

自从 20 世纪 70 年代以来，世界上绝大部分研究机构都认为研究氮化镓是一条死胡同，纷纷停止，转到了硒化锌（ZnSe）研究方向上。如果要请全世界的氮化镓研究者吃顿饭，只要预定一张圆桌就够了。

而在日本有一位孤独的研究者，他就是天野浩的导师赤崎勇。出生于 1930 年的赤崎勇在第二次世界大战时遇到了空袭，他藏身的房子被烧毁，侥幸逃出后又遭到战斗机的机枪扫射，于慌乱中捡回了一条命。

1973 年，在松下实验室工作的赤崎勇决定开始研究氮化镓。1981 年，他在一次国际会议上展示了氮化镓的研究成果，但是台下的观众对此毫无回应。赤崎勇心里想："我独自一人走进了这荒野之地。"他在心里暗暗发誓，绝不停止研究氮化镓。[38]

同年，他转到了名古屋大学，后来招收了天野浩等学生。1989 年，天野浩发现，用电子射线照射氮化镓晶体后蓝光增强了，这是制作 P 型氮化镓的关键一步。

1989 年 9 月，天野浩去参加了研讨会。会场里驻足观看天野浩海报的寥寥无几。在 300 多人参加的会议中，这篇 P 型氮化镓的文章没有激起任何"水花"。

不过，还是有人注意到了天野浩的研究，那就是在德岛县阿南市日亚化学公司（Nichia Chemical）工作的中村修二（Shuji Nakamura，见图 11-6）。那时，他刚刚从美国佛罗里达州立大学回来，时年 35 岁。

（a）

（b）

（c）

图 11-6　赤崎勇（a）、天野浩（b）和中村修二（c）

中村修二仔细地聆听了天野浩的讲解。他的心越来越沉，看来这个叫天野浩的研究者已经在氮化镓的研究上走得很远了，解决了做出蓝光 LED 最关键的一步——制备 P 型半导体。如此一来，天野浩用不了多久就能制作出 PN 结二极管，并使其发出蓝光。

中村修二原本想加入氮化镓的阵营，就是看中了这个领域几乎没有人研究。他想第一个做出氮化镓蓝光 LED，让自己一鸣惊人。

听完天野浩的讲解后，中村修二感到绝望正一点点地吞食自己残留的希望，他的心沉到了谷底，只问了一个简单的问题：氮化镓中单位体积的空穴数量是多少？

天野浩认真地回答后，还坦诚地告诉中村修二，实际上用他自己提出的电子辐照法做出来的氮化镓晶体的质量并不是特别好。[39]

“哦，是吗？”中村修二的脑子快速地转了一下，电子辐照法虽好，但只适合在实验室里小规模地使用。中村修二的内心又燃起了一丝新的希望。

在返回阿南市的路上，中村修二觉得，自己也许可以提出一个能大规模地制造高质量 P 型氮化镓的方法。就这样，一场无声的竞技赛开始了。

立刻停止研究氮化镓

中村修二 1954 年出生于日本爱媛县一个偏僻的小渔村。[40] 小时候，他讨厌死记硬背，喜欢久久地凝视着山海。“我什么都不做，只是呆呆地看着。从小我就不知疲倦。对我来说，发呆的状态，就是暂时停止判断的时间带。”[41]

1979 年，中村修二在德岛大学获得电子工程学硕士学位。他的老师多田修教授认识日亚化学公司的小川信雄（Nobuo Ogawa）会长，于是带他去那里面试。面试那天，车子穿过一大片稻田，停在了一座工厂前，一股浓烈的硫黄气味扑面而来。中村修二心想，这肯定就是日亚化学公司了。

几天后，中村修二接到了小川信雄的电话。小川信雄问他是不是真的想来日亚化学公司：“我们是一家乡下的企业，说不定哪天就倒闭了，你要好好想清楚！”[42]

照明业务是日亚化学公司的主攻方向，公司主要生产用在日光灯中的荧光剂。不同于白炽灯的发光原理，日光灯是用高电压电离灯管里的水银发出紫外线，继而激发荧光粉发出白光，这是继白炽灯之后又一种被广泛使用的照明光源。

但是，日光灯中 80% 的能量被过滤掉了，效率不太高。而 LED 可以直接将电能转换为光，效率高出很多。小川信雄给中村修二定下了研究目标：半导体 LED。

一天，日亚化学公司的研发部响起了一声巨大的爆炸声，即使在公司外面100米外的停车场都能听得到。受惊的员工们寻声望去，实验室的一角升起了一股白色浓烟，爆炸的一刹那火星四溅，浓烟笼罩了实验室。惊慌的同事们急忙朝着爆炸的角落飞奔而去。

“中村修二，你还活着吗？”同事们在白烟外围站定，探头朝里面望去。随着烟雾慢慢地散去，一个人影显现出来，他站在原地，头发上、衣服上沾满了白色粉末。[43] 中村修二拍打掉身上的粉末，朝同事们摆了摆手，表示自己没事，同事们这才转身散去。

原来，为了制作红光LED，中村修二需要合成磷化镓，但白磷是易燃品，一旦空气进入反应试管后就会发生爆炸，使石英管碎片四溅，很容易扎伤皮肤。

没过多久，实验室又发生了一次爆炸。幸运的是这次中村修二很谨慎，他自制了一个挡板，预感到要爆炸时，就提前钻到挡板后面。如此炸了五六次后，同事们都懒得跑过去问了，只会在听到响声时嘟囔一句：“中村修二这家伙，又来了！”

在日亚化学公司的前8年中，中村修二做出了红光LED和红外LED。但是在市场上，客户都纷纷表示怀疑：“日亚化学公司这种小公司生产的东西质量有保证吗？”也有人说：“如果半价的话还可以考虑。”

这让中村修二非常委屈。自己辛苦看文献，照着别人的方法做出来的东西，只因为公司规模小就被别人拒绝了。[44] 每次出差喝完酒，上司和市场部的负责人就开始教训中村修二：“我们辛辛苦苦地制造荧光剂挣来的钱，就被你这么挥霍了，你还是趁早辞职吧！”[45]

中村修二认识到，沿着别人的方法，照着已有器件去做，即使做出来也无人问津。他下定决心，一定要靠自己做出独特的器件来。中村修二注意到，当时已经有了红光 LED 和黄光 LED，如果再有了蓝光 LED，就能实现白光照明了。1988 年的一天，中村修二去了小川信雄会长的办公室，提出要研究蓝光 LED，需要 3 亿日元（约 300 万美元）经费，这笔钱占公司年销售额的 2%。说完，中村修二等着会长的问询。然而，小川信雄只是简单地说了一句："如果你觉得那是你非常想做的事情，那就去做吧。"[46]

中村修二愣住了，相关人士稍微调查一下就会发现世界上最优秀的大学和研究机构 20 多年来都没有做出蓝光 LED，而一个只有几百人的乡镇企业却敢去冒险，简直是"癞蛤蟆想吃天鹅肉"。如果是在别的公司，研发蓝光 LED 的提议经过中高层经理层层审议后，最后的结果只能是无疾而终。

中村打算花 2/3 的经费购买制备 LED 所需的设备，主要是一种叫作金属有机化学气相沉积（简称 MOCVD）的晶体生长设备，剩下的钱用于建设超净间①以及他个人学习使用 MOCVD 的费用。

当时公司没有人会用 MOCVD，中村修二从他的大学同学酒井四郎（Shiro Sakai）那里打听到美国佛罗里达州立大学有这种设备。

1988 年 3 月，中村修二启程赴美国，来到佛罗里达州立大学，准备用一年的时间学习使用 MOCVD。这时恰好他访学的实验室准备买零件再搭建一台 MOCVD，中村修二主动请缨帮忙组装，从早到晚都泡在机器旁。

同事们一开始对中村修二很客气，问他是否有博士学位，中村修二回答说没有。有人又问他是否在写论文，中村修二回答说也没有。这两个"没有"说出来

① 超净间（Clean Room），一种严格限制空气中微尘颗粒数目的房间，主要用于半导体器件制作，亦称无尘室或洁净室。——编者注

后，实验室的人态度大变，他们不再把中村修二当作研究伙伴和同事，只是把他当作一个低级技术员。[47]有什么研究会议也不叫他参加，只是在设备有故障时找他来维修。中村修二觉得自己受到了莫大的歧视。

带着这股屈辱的感觉，中村修二在佛罗里达州立大学待了一年后回到了日亚化学公司。他发誓自己要做出蓝光 LED，让那些只看重论文的人目瞪口呆。

他需要做出的第一个决定是采用什么材料来制备蓝光 LED，是冷门的氮化镓，还是众人趋之若鹜的硒化锌？任何一个进入蓝光 LED 领域的研究者都不难发现，成千上万的人都在研究硒化锌，这是一条安全而保险的研究路径。

实际上早在十多年前，贝尔实验室和美国无线电公司就已经停止研究氮化镓了。1969 年，25 岁的赫伯特·马鲁斯卡（Herbert Maruska）在美国无线电公司第一个成功地使蓝宝石基座上生长出了氮化镓晶体。1971 年，他的同事雅克·潘科夫做出了金属－绝缘体－半导体（简称 MIS）结构的蓝光 LED，但是它的光很微弱。如果要使 LED 发出更明亮的光，必须采用 PN 结二极管才行。但是 P 型氮化镓极难制备，潘科夫的团队卡在了那里，项目由此被砍掉了。[48]

但是，中村修二偏要用氮化镓。他想起自己在日亚化学公司前 8 年辛辛苦苦地做出红光 LED 来却无人问津，心里暗自较劲，就算用硒化锌做出来蓝光 LED，又能怎样？还可能因为日亚化学公司不是大公司而被客户拒绝！

下定决心后，中村修二找来了自己的学长、已经在德岛大学做教师的酒井四郎，希望能一起合作，用 MOCVD 制备氮化镓。出乎意料的是，这位推荐他学习使用 MOCVD 的学长却拒绝了。学长的理由是，要想通过大学的考核，他必须不停地发表论文，而研究氮化镓很难发论文。在大学里，只有选择那些主流的研究，才有可能通过考核。就这样，中村修二一个人踏上了氮化镓的研究之路。[49]

就在中村修二去美国这一年，日亚化学公司的小川信雄已经76岁了，卸下了社长之职，将其交给了女婿小川英治（Eiji Ogawa），自己只担任会长。一次，一位研究蓝光LED的著名教授到访日亚化学公司，在新社长面前，他断言氮化镓没有出路。紧接着，中村修二的办公桌上就出现了一张纸条："立刻停止研究氮化镓！"下面是新社长的签名。[50]

这是世界上最好的晶体

对于天野浩来说，他之所以选择氮化镓也有自己的一番考虑。1982年，他在选择本科毕业设计题目时看到列表中有氮化镓蓝光LED，内心很激动。他天真地以为制备氮化物应该比较容易，而且如果做好了，还能够应用到壁挂式电视和漂亮的电脑显示器上。[51]

然而，氮化镓非常坚硬，很难生长成晶体，已经被美国无线电公司和贝尔实验室等判定为是"死胡同"。而硒化锌则较软，容易生长出晶体，背后有庞大的研究阵营，包括布朗大学、普渡大学、索尼公司、东芝公司和IBM公司等。

但是天野浩注意到，硒化锌晶体非常不稳定，没法大规模应用。他研究的目的不是发文章，而是为了应用。氮化镓虽然难以制备，但它很稳定。单凭这一点，天野浩认定了制作蓝光LED非氮化镓不可。

有一年，天野浩参加了日本国内的一个学术会议，氮化物方面的文章只有两篇，天野浩的文章排在后面。前面的人讲完离场后，会场里除了主持人和天野浩，只剩下一位听众。天野浩讲完后，这位唯一的听众勉强提了一个问题，听完天野浩的回答后，他感慨地说道："真是很难啊！"[52]

天野浩的导师赤崎勇采用了金属有机物气相外延生长设备（简称MOVPE，类似 MOCVD）来生长晶体。[53] 当时他们手头只有 300 万日元的经费，买不起设备，只能自己研制。因此，天野浩用“土方法”——绕感应线圈，用煤油喷灯加热铜丝，缠绕在啤酒瓶上。为了将反应管抽成真空，他们需要一台泵，而实验室那台老旧的泵用了几次后传送带就断了，他们只好向隔壁实验室借了一台。3 个月后，他们自制的 1 号机做好了，但是抽真空装置每周都会发生一次泄漏，导致晶体无法生长。

中村修二回到日亚化学公司后，同样需要手工改造生长晶体的设备，幸好他在佛罗里达州立大学学习期间就已经对 MOCVD 机器了如指掌，并磨炼出了匠人般的手艺。有了问题，他能自己摸索出对策来。如果他像其他研究机构那样买现成的设备，一出故障就打电话叫厂家来维修，他永远也不知道如何改装设备来满足自己特殊的需要。

* * *

制备氮化镓晶体的第一步是选择一种有效的基底。这就像是在拼乐高积木，首先要有一大块基板，然后在此基板上拼出图案来。基板的凸起跟乐高积木块的凹槽要刚好匹配上才行①。除此之外，基板要能耐 1 000℃以上的高温，故红宝石是理想的基板材料。

这时，天野浩遇到了第一个挑战，红宝石跟氮化镓的晶格系数不太匹配，而且氮化镓非常坚硬，无法直接在红宝石上生长。

天野浩想到，可以先找一种能在红宝石上生长的、晶格系数比较匹配的材质作为较软的缓冲层。[54] 1985 年 2 月，他用多晶形态的氮化铝作为缓冲层，成功生长出了氮化镓晶体。

---

① 即基板原子之间的间隔要跟其上生长的氮化镓之间的原子间隔非常接近才行，这也是前文提到的晶格系数匹配。

天野浩为此申请了专利。当时他还只是一个普通学生，拿不准专利申请能否获批，在权利申明中他只描述了用氮化铝作为缓冲层。[55]

然而，天野浩这个保守的决定给了中村修二在夹缝中突围的机会。1989 年，中村修二制备氮化镓晶体时也遇到了同样的问题，他想出用多晶形态的氮化镓作为缓冲层，获得了成功。中村修二也申请了专利，“仅排除氮化铝”，用氮化铝和氮化镓的混合晶体作为低温缓冲层，也得到了批准。

中村修二放出话来：“氮化铝缓冲层已经不管用了，必须使用氮化镓！”听了这话，天野浩心里很不是滋味。[56]

有了缓冲层，氮化镓晶体就能在基板上生长了，这需要把包含氮和镓两种元素的气体吹到红宝石上方。如果能完美地生长出晶体，红宝石上方的晶体应该是完全透明的。然而，天野浩得到的却是灰蒙蒙的一片……天野浩发现，气体还没有吹到基板就会反弹起来在上方打转，就是不贴近基板。原来，红宝石基板被加热到了 1 000 ℃，导致上方气体对流、四处飞扬，根本无法落在基板上。

这时，天野浩就快要硕士毕业了，要面临找工作的问题。可他发现，别的小组的同学手握好几份录用通知，而自己在人才市场上根本找不到与氮化镓相关的工作。导师主动对他说：“你留下来读博吧。”

为了解决气流的问题，天野浩参观了东北大学的实验室，他发现东北大学的设备里气流很快。于是，他灵机一动，想到了吹生日蜡烛时缩小嘴巴开口，会加速气流。最终，他缩小了孔径，流速一下子增大了 100 倍，可以使气体顺利到达基板上！

1985 年 2 月，天野浩又做了一次晶体生长实验，但实验结果是红宝石上面什么都没有。奇怪，难道忘记添加反应气体了吗？哦，不！是结晶非常透明，几乎看不到！大阪大学的伊藤进夫教授是晶体测试专家，他看到 X 射线的结果说：“这是世界上最好的晶体！”[57]

1990 年，中村修二每天忙碌于利用 MOCVD 进行研究，他不参加公司的会议，甚至不接电话。中村修二完全沉浸在自己的世界里，从早到晚仅跟助手说几句话，变得越来越沉默。不过，他仍然每天晚上 8 点准时回家陪妻子和孩子吃饭。这是他多年来的习惯，在他看来，绝不能把身体搞垮了。

面对晶体生长的问题，中村修二想到了一个“土方法”。除上方的进气口外，在侧面再增加一个进气口。这使得气体进入基板附近时，被上方的气体压制住，无法形成对流，只能“老老实实”地停留在基板附近。中村修二将其称为“双流法”，[58] 这是他的独门秘籍。

1991 年 8 月的一天，上午 11 点多，中村修二照例打开反应炉，拿出生长出来的透明晶体。他切割下一小块并测量半导体迁移率，结果比天野浩的最好数值还高了将近一倍。“这是我人生中最激动的一天！”他后来回忆道。[59]

黯淡的蓝光

有了良好的氮化镓晶体，接着就是做出 P 型氮化镓，在此过程中要掺入一些特定类型的杂质原子，使得纯净的半导体变成带正电荷的 P 型半导体。

当时有论文认为，P 型氮化镓是做不出来的①。那时天野浩在大学里当助教，在阅读一本教材时，他发现掺杂镁到氮化镓里更容易做出 P 型半导体。[60] 但是镁

① 美国无线电公司的氮化镓资深研究者潘科夫曾认为，虽然向氮化镓掺入锌杂质可形成空穴，但同时也会产生相反类型的杂质提供电子，两者抵消，空穴最终消失，无法形成 P 型半导体。

很贵，而且要进口，他等待了 8 个月才收到镁。天野浩将其掺进氮化镓里，但半导体没有发光。

天野浩这时去了日本电报电话公司（简称 NTT）实习，那里有一种电子辐照设备，他把氮化镓晶体放到电子辐照设备下照射，终于做出了 P 型半导体。于是就有了本节开头的一幕，天野浩把研究成果投稿到了 1989 年的研讨会。

为什么电子辐照会让半导体变成 P 型的？天野浩并没有完全弄清楚背后的原理。①

1991 年冬天，中村修二发现，反应物受到电子辐照时的温度升高了，他大胆猜测：也许只需加热也能制作出 P 型半导体？他试着加热掺杂镁的氮化镓，果然得到了 P 型半导体。中村修二的加热法简单易用，比电子辐照法更适合大规模生产。[61]

于是，中村修二又放出话来："电子辐照法不管用！"听了这样的说法，天野浩心里不太舒服。不过，他也意识到加热这么简单的方法谁都想得到，而自己用复杂的电子辐照法的确有点绕远路了，谁让自己没有早点开窍呢？他感到有些沮丧。[62]

* * *

有了 P 型半导体，接下来就是最关键的一步，制作出 PN 结，使 LED 发光。1989 年，天野浩和同事一起做了上千次实验。除了新年休息一天外，天野浩其他时间都在做实验。他每天晚上从实验室出来，在星光下骑着小摩托车回宿舍时都在想，也许明天会有不错的结果。

① 后来人们才知道了原因，研究人员在晶体生长过程中使用了氢气作为运载气体，而氢原子会导致镁原子失效，从而使氮化镓无法转变成 P 型半导体。而电子辐照会去除氢原子，使镁原子恢复活力。

一天，天野浩制作好包含 PN 结的氮化镓晶体，发现通上电流后，晶体发出了一丝微弱的蓝光。这是世界上第一个 PN 结型蓝光 LED！[63] 天野浩兴奋地请导师来观看。年近 60 岁的赤崎勇眯起眼来仔细地观察了半天后问，是什么地方发光了？原来，那时他们制作的蓝光 LED 发光效率只有 0.2%。[64]

1991 年 8 月，中村修二用氮化镓 PN 结做出了一个蓝光 LED，器件发出了紫蓝色的光，而且很稳定，整个下午都在持续发光。中村修二第二天回到实验室时，它仍然亮着！中村修二兴冲冲地直接去找会长。小川信雄抓起相机，跟着中村修二来到了实验室。“哈，这有什么大不了的？！”小川信雄看到 LED 发出了黯淡的蓝光。中村修二连忙把实验室的所有灯光都关掉，会长仍然摇着头说：“太暗了，这样的产品根本卖不出去。”[65]

没过多久，中村修二得到了一个坏消息：美国的 3M 公司用硒化锌做出了蓝绿色激光器。这意味着他们已经做出了对应的普通 LED，如此一来，3M 公司的蓝绿光 LED 就可以大规模地应用了。

这对中村修二来说无疑是个沉重的打击，他感到很绝望，这意味着他 4 年多的努力——远渡重洋求学、日复一日地做实验，都打了水漂，他甚至都不想继续做研究了。

不久，中村修二参加了日本的应用物理学年会。有关氮化镓研究的会场只安排了一个小房间，稀稀落落地坐着 5 个人，他不禁心虚起来。[66]

有关氮化镓研究的会议议程一结束，中村修二立刻起身赶到了硒化锌的发布区，那里能坐 500 人的大讲堂已经挤不进去了，他只能站在后面听别人演讲。中村修二前面站着一位著名教授，他谈论起了氮化镓，振振有词地说：“听说有人还在研究氮化镓，他们真的相信用氮化镓能制造出 LED 和激光吗？真是笨蛋！”[67]

白炽灯时代终结的序幕

不久，中村修二收到了一封来自美国伊利诺伊大学哈比斯·莫鲁克休教授的信，邀请他参加于圣路易斯举办的第一届氮化镓会议，并做特邀演讲。中村修二有点受宠若惊，估计是此前他的有关“双流法”的文章发表到《应用物理快报》上，引起了大家的关注。

中村修二向新社长请示出国开会，却被拒绝了，很可能是他偷偷发表论文这件事让公司有所不满。后来，中村修二一上班就看到桌上摆着一张纸条：“没有公司许可，不准发表论文。”

中村修二告知莫鲁克休教授自己无法前往，对方则直接发传真到了新社长那里，力陈中村修二出席会议的必要性，中村修二直到最后一刻才获得准许。[68]

这次会议也邀请到了名古屋大学的赤崎勇和天野浩。其实就在这次会议召开前几个月，也就是 1991 年 12 月，赤崎勇受邀参加了在美国波士顿举办的材料研究协会会议，那时他的团队做出了较为明亮的蓝光 LED，但由于还没申请专利，所以他不便在会议上公开演示。在会议间隙，赤崎勇走到蓝光 LED 研究先驱——第一个用金属 - 绝缘体 - 半导体结构做出氮化镓蓝光 LED 的马鲁斯卡面前，约定晚上 9 点到酒店房间找他，准备将一样东西展示给他看。

“咚咚咚”——马鲁斯卡听到一阵敲门声后打开了门，赤崎勇站在门口，把一小块电路举到身材高大的马鲁斯卡眼前：“看看这个！”电路发出明亮的蓝光。马鲁斯卡惊讶地叫道：“老天，这蓝光 LED 真是明亮！”“你说得没错。”当马鲁斯卡还想再仔细看一下时，赤崎勇已经收起了他的蓝光 LED，转身消失在走廊尽头。马鲁斯卡回想着刚才的演示，仿佛做了一场梦！[69]

在圣路易斯举办的这次会议也邀请了 3M 公司。在会上，他们演示了采用硒化锌做的激光二极管。中村修二发现这种激光发光时间很短，只有 0.1 秒，而且发光条件是必须在液氮低温下。他悬着的心稍微放松了一些。

中村修二鼓起最后的勇气走上了讲台。他说自己研制的氮化镓虽然发出的光很弱，但是能在常温下连续工作 1 000 个小时以上。他的演讲收获了比 3M 公司更多的掌声。令中村修二意外的是，听众们纷纷说："你的 LED 更优秀。""你的 LED 虽然暗，但寿命长，氮化镓也许能行！"[70]

赤崎勇团队也发布了他们做的蓝光 LED，此时他们已经在氮化镓领域坚守了近 20 年。自从 1989 年做出第一个发蓝光的氮化镓 LED，每一年他的团队都会做出比前一年更亮一些的 LED，这一次他们的蓝光 LED 发光效率达到了 1%。[71]

赤崎勇演讲结束后，中村修二想上前认识一下他。碰巧赤崎勇在跟一位美国同行交谈，于是中村修二耐心地在一旁等待。当机会到来时，中村修二立刻上前，拿出准备好的名片，双手捧上前说："我叫中村修二。"但是，赤崎勇仍在跟其他人交谈，好像没有听到一样。[72]

赤崎勇在氮化镓领域是元老级人物，来自日本的一流大学。而眼前这个三年前才冒出来的来自日本一家无名企业的 30 多岁的不知名工程师却在这次会议上抢了他的风头，这自然让他心里有点不爽。不过，这还不是最大的原因。

前一段时间，天野浩经常被一个德岛大学的研究者酒井四郎"纠缠"，详细地追问氮化镓实验的细节。这让名古屋大学的团队提起了警惕之心。这个酒井四郎是谁呢？他是中村修二的大学同学，那么会不会是中村修二派他来打听细节的呢？

赤崎勇团队不知道一开始酒井四郎就不看好氮化镓，拒绝了跟中村修二合作。后来，酒井四郎看到有人用氮化镓做出了蓝光 LED，自己也转而研究起氮化镓，只是没有脸面再去找中村修二合作了，更不可能向他泄露秘密。

* * *

圣路易斯会议后，赤崎勇团队和中村修二的新一轮竞赛要开始了。然而，就在这一年，赤崎勇教授 63 岁了，达到了日本公立大学规定的退休年龄，他没有别的选择，只好关闭名古屋大学的实验室。紧接着，他拿到了私立的名城大学的聘书，他可以把实验室搬过去，但无法马上实现，这导致他的团队在近一年的时间里都没法好好做实验。

中村修二会赶上并实现超越吗？也没那么容易。最大的阻力恰好来自日亚化学公司内部。研发出蓝光 LED 后，新社长急于将其变为产品进行销售。这时，中村修二的办公桌上又出现了新的纸条："立刻开始推动蓝光 LED 的商品化"。

然而，中村修二知道，这么微弱的光还无法投入实际运用中，他决定把产品研发放一放，先研究新的 LED 结构。中村修二觉得自己这么做是为了公司的长远利益考虑，但是日亚化学公司的领导觉得中村修二这个家伙不听话，我行我素，"烧"着公司的钱，却不肯为公司赚取利润。就这样，中村修二和公司的关系滑到了危险的边缘。

要想让氮化镓发出更明亮的蓝光，就需要掺杂进更多带隙较小的半导体杂质[①]。III 族的铟是一种理想的杂质。中村修二和天野浩都准备在氮化镓中掺进铟，做成氮化铟镓（InGaN）。但是，晶体里多了一种元素，就让工艺变得非常复杂。

---

① 氮化镓发出的光不够亮，是因为它的带隙（又叫禁带宽度）比较宽，发出的光的频段位于紫外波段，人眼看不到。但如果氮化镓中掺了一些带隙较窄的杂质，就能降低发光频率，这时器件就可发出蓝光。

此时，天野浩只能去一家合作企业做实验。而中村修二则开始发力，他拿出了独门秘籍“双流法”，成功做出了氮化铟镓，把蓝光 LED 的发光效率提升到了 3%。[73] 天野浩只能眼睁睁地看着中村修二如入无人之境，取得一个又一个的突破。

1992 年 9 月，中村修二做出了双异质结 LED，[74] 双异质结的概念最早是阿尔费罗夫和克勒默在 1963 年提出的。中村用氮化镓和氮化铝镓夹住中间的氮化铟镓，使得相应的 LED 发光效率达到了 10%。[75]

1993 年 11 月的一天，64 岁的赤崎勇接到了日亚化学公司 81 岁的小川信雄打来的电话。小川信雄小心翼翼地透露了一星期后即将发布的大新闻。[76]

11 月 27 日，日亚化学公司正式对外公布了第一个实用的蓝光 LED 产品，发光亮度超过 1 坎德拉。[77]“在一片黑暗之中，那蓝色的光芒就像一只巨大的萤火虫，那点儿光芒，就是我的梦想。”这一天，中村修二的梦想实现了。

消息一出立刻震惊了世界，一家日本不知名的化学企业竟然第一个做出了实用的蓝光 LED。美国产业界在惊讶之余默默地将沮丧吞到了肚子里。[78] 讽刺的是，那个曾经说氮化镓研究者“真是笨蛋”的日本教授，后来也转到了氮化镓研究者的行列。

赤崎勇团队在名城大学建立的新实验室终于可以正常运转了，他们要奋力追赶。1995 年，赤崎勇和天野浩团队做出了基于量子阱的 LED。

同一年，中村团队将蓝光 LED 和黄光 LED 组合起来，并在外面涂上磷光剂，做出了第一个用于照明的白光 LED。[79]

1996 年 1 月，中村修二团队在柏林发布了可发出紫色 - 蓝色激光的器件，他们制作的半导体达到了惊人的 26 层，而天野浩做的半导体只有 5 层。[80]

克勒默，这位曾经提出了双异质结的学者就在现场，他观看了中村修二的演示后心想，“明亮的光线绝对令人震惊，很明显这是一种质的突破”。克勒默低头对旁边的朋友耳语道：“我们此刻见证了白炽灯时代的终结。”[81]

1997 年底，中村修二做出了能在室温下连续工作的激光二极管，预期工作寿命达到了 10 000 小时。[82] 1998 年，中村修二在法国斯特拉斯堡举行的学术会议的主题演讲中断言，蓝光 LED 的研究竞赛已经结束。

一个偶然的机会，中村修二碰到了美国加州大学圣芭芭拉分校研究半导体的史蒂文·丹巴斯（Steven DenBaars）。后者问中村修二：“搞出这么大的发明，你一定成为亿万富翁了吧？”中村修二很尴尬，因为他只从公司得到了 180 美元奖励，仍然是一个普通的上班族。丹巴斯教授惊叹道：“这不就跟奴隶一样吗？！”从此他有了一个绰号——“奴隶中村”。[83]

1999 年 12 月 26 日，中村修二向领导递交了辞职信，口里只说了一句：“明天我就不来公司上班了。”随后，他接受了丹巴斯教授的邀请，去加州大学圣芭芭拉分校当教授。

2000 年，日亚化学公司起诉中村修二，控告其将公司机密泄漏给了美国科锐公司（Cree）。而中村修二则反诉日亚化学公司，称自己对日亚化学公司的巨大贡献没有收到应有的回报。2005 年，中村修二赢得了 810 万美元的补偿。[84]

21 世纪 10 年代，白光 LED 每瓦的光通量达到了 300 流明，是白炽灯的 20 倍、荧光灯的 4 倍。[85] 随着蓝光 LED 和蓝光激光器的普及，大密度的 DVD 和蓝光碟成为可能，LED 照明从城市扩展到了乡村。此外，手机屏幕和电脑屏幕也换成了更节能高效的 LED。

赤崎勇一直保留阅读文献的习惯。2014 年 10 月初的一天，晚上 6 点，85 岁的赤崎勇在办公室整理文献，电话铃响了，是从斯德哥尔摩打来的……距离他从 1973 年决定研究氮化镓已经过去了 41 年。后来，他接受采访时展示了一幅书法：吾道一以贯之。[86]

天野浩实验室的灯每天依然亮到很晚，包括节假日。一次，蒙古国教育部部长访问他的实验室时说："有了 LED 台灯和太阳能电池，从此草原上蒙古包里的孩子也能在夜晚阅读和写作业了。"[87] 2014 年 10 月的一天，天野浩出国开会时在法兰克福转机，突然一大堆标题为"祝贺"的邮件涌进他的电子邮箱。由于赶飞机，他没有及时查看，当他最终在十多个小时后抵达巴西里约热内卢机场时，大批日本记者挤在出口对着他挥手大喊。[88]

中村修二是在睡梦中被诺贝尔奖评选委员会打来的电话叫醒的，他喜欢这种叫醒方式。可惜小川信雄会长没机会与他共同分享喜悦①……当初他把三亿日元拨给中村修二后说："中村修二这家伙虽然爱吹牛，但做起事来毫不含糊。"[89]

中村修二一直保留着儿时的一个习惯，那就是——发呆。"不断地重复实验时，我也会在实验的间隙一边看着乡下的山、水田、白云，一边发呆。在这种时候，实验的相关资料、文献和其他学者的意见等外在的判断都会被我抛在一边。我能够不被这些东西左右，逼近事物的本质……"[90]

① 小川信雄已于 2002 年去世。

本章核心要点

发明红光半导体 LED 后，业界朝着半导体激光二极管以及蓝光 LED 的方向迈进，但困难重重。激光二极管刚诞生时只能在液氮低温下发出断断续续的脉冲，无法实用化。

1963 年，苏联约飞物理技术研究所的阿尔费罗夫和美国瓦里安公司的克勒默分别独立提出了半导体异质结的想法，但是克勒默的想法被认为没有应用前景。

此后，约飞物理技术研究所和贝尔实验室展开竞争，阿尔费罗夫于 1970 年 5 月用异质结首先做出了可以在室温下连续工作的半导体激光二极管。如今，光纤通信、CD 和 DVD 等都离不开激光二极管。

有了红光 LED 和黄光 LED，实现照明还需要蓝光 LED。但是用于制备蓝光 LED 的氮化镓晶体很难生长，于是，世界上绝大部分研究者都转向采用硒化锌材料制备蓝光 LED 的研究方向。

只有日本名古屋大学的赤崎勇和天野浩仍在坚持。1989 年，他们做出了世界上第一个 PN 结型氮化镓蓝光 LED，闯出了一条新路，但该 LED 的亮度不高。同年，日亚化学公司的中村修二也开始了氮化镓研究，但在公司领导那里遭到冷遇。1993 年，中村修二采用阿尔费罗夫提出的异质结想法，第一个用氮化镓做出了实用的高亮度蓝光 LED 产品。

所有这些努力终于有了结果，拉开了 LED 照明的序幕，使得人类继发明白炽灯和日光灯之后又完成了一次照明革命。LED 还进入并占领了显示领域，手机、电脑和电视屏幕也都采用了轻薄的 LED。

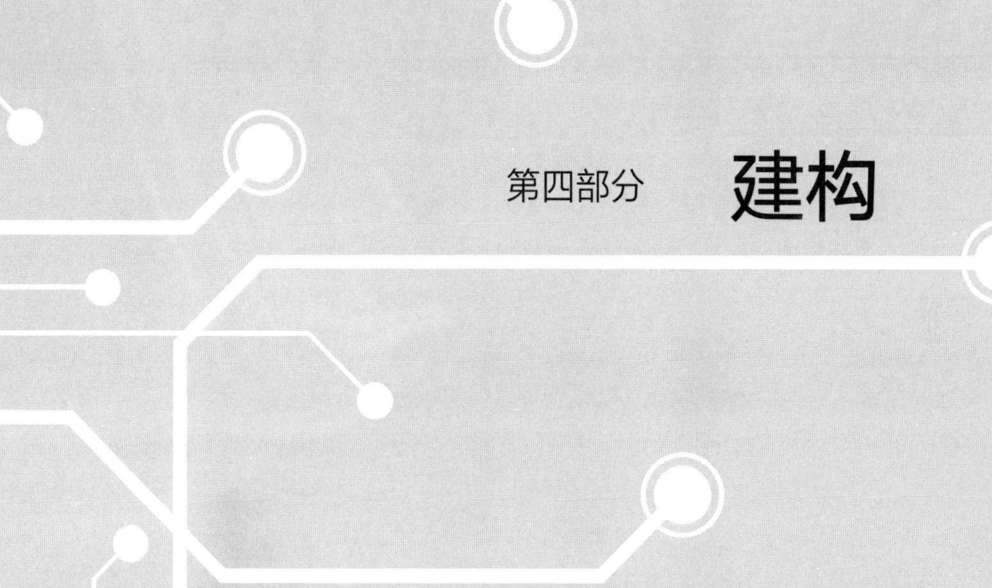

第四部分 建构

康韦提出的λ设计规则的理念非常重要，因为它将“按比例缩小”的理念融入其中，而不是一个固定的尺寸。

卡弗·米德
（加州理工学院）2009

可怜的吉姆，这个家伙放弃了他伟大的职业生涯，这可能是他在经历所谓的中年危机吧！

乔·科斯特罗
（美国国家半导体公司）
1983

这是一个无法拒绝的邀请，就像电影《教父》里的情景。

张忠谋
（台积电公司）1985

X射线可用——在牙医诊所里。

林本坚
（IBM公司）20世纪80年代

我感觉自己有必要让摩尔定律继续运行下去。

胡正明
（加州大学伯克利分校）
1995

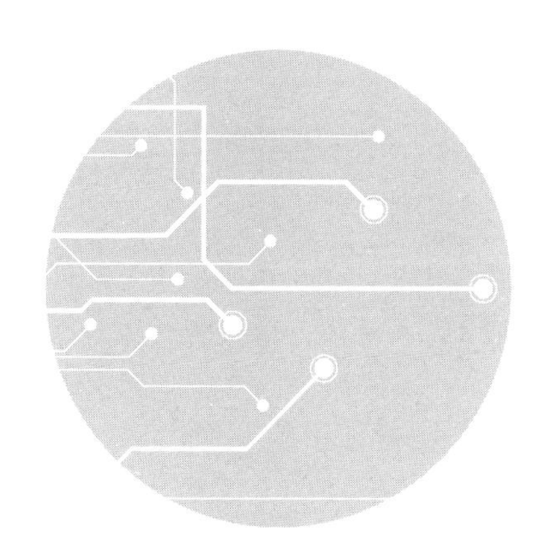

12

破除悖论，芯片设计

芯片是怎么设计出来的?

也许你的第一反应是人们用电脑设计出了芯片，但别忘了，电脑的主要部件CPU和内存都是由芯片构成的呀！这里我们遇到了一个悖论：是先有芯片，还是先有电脑呢?

如果说芯片出现在先，那么没有电脑，芯片又是如何设计出来的？难道用纸和笔就能设计芯片？如果将一颗CPU芯片里的1 000亿个晶体管画在纸上，每个晶体管有小五号字体那么大，需要3万多册《现代汉语词典》才能画得下，那么这些纸摞在一起将有6个埃菲尔铁塔那么高[①]！

如果说电脑出现在先，那么把电脑主板上的芯片一颗颗抠下来，这样的电脑是否还能工作？难道我们要退回到真空管计算机的时代去设计芯片？要知道在那个时代，即便是预测24小时后的天气状况所需的计算时间都不止24小时……

这个“芯片和电脑谁先出现”的悖论可用一幅画形象地说明。荷兰艺术家毛

① 按商务印书馆2016年第七版的《现代汉语词典》计算，全书共约321万字，厚约6.5厘米。

里茨·埃舍尔（Maurits Escher）所画的《画手》，画中有两只手各自握着一支素描笔，彼此描画着对方，不知道是哪只手先画出了另外一只手。

那么，“芯片和电脑谁先出现”的悖论是怎么形成的呢？这需要先了解芯片是如何设计出来的，为此，我们就不能将目光放在现在，而需要向过去回溯，回到 20 世纪 60 年代，才能看出一些端倪。

5 美元的赌注，SPICE 电路分析仿真程序

1966 年，加州大学伯克利分校的唐纳德·彼得森（Donald Pederson）教授跟毕业生乔治·海恩斯（George Haines）打了一个赌。

那一年，海恩斯在费城举办的美国无线电工程师协会年会上遇到了彼得森。海恩斯抱怨说，自己设计了一个模拟放大器电路，工作起来不稳定。他认为当初学校教的手工分析电路的方法太简单，忽略了二极效应，从而造成了误差。

彼得森当然不同意这个说法。他觉得计算电路不复杂，在纸上手工推导计算就够了，整个计算过程一个信封背面就写得下。为此，两人打赌，赌金是 5 美元。[1]

彼得森的想法具有普遍性，当时放大器电路中只有不到 10 个晶体管，手工计算并不太麻烦，仙童半导体公司的维德勒设计运算放大器采用的就是手工计算方法。而且，那时的计算机都是大型机和中型机，价格昂贵，一般的学校和小公司都用不起。

当时，只有像 IBM 这样的大公司会利用计算机来辅助计算。IBM 公司既不

缺乏计算机资源，也不缺开发程序员，他们开发了最早的电路分析仿真程序。有了这一工具，工程师就能提前知道设计的电路能否正常工作，可以修改设计直到满足设计指标，设计效率大大提升。遗憾的是，IBM 公司的仿真程序只供内部使用，不对外开放。[2]

在学术界，人们还没有强烈的动力来用计算机仿真电路。

美国无线电工程师协会年会结束后，彼得森把海恩斯的电路设计带回学校，和自己的一个学生来来回回地讨论了 3 个月，发现确实误差是手工计算过于简单造成的。彼得森承认自己搞错了，给海恩斯寄去了一张支票。[3]

到了 20 世纪 60 年代后期，芯片上的元件数量已经达到了数百个，手工计算也越来越耗时且不准确。一开始，工程师们找到了一个替代办法——做一个面包板电路来验证纸笔计算的效果。但是如果电路越来越复杂，这种方法也会较为麻烦。

尽管芯片规模增大导致手工计算难以为继，但反过来，大容量的芯片有助于提升计算机的分析能力，减轻设计师的负担，使其能应对复杂芯片的设计。

我们不妨想象，在一张空白的纸上，埃舍尔的手画出了一只“芯片之手”，当它变得越来越精巧复杂时，埃舍尔就停笔了。紧接着，“芯片之手”自己动了起来，开始描画“计算机之手”。之后，“计算机之手”变得越来越强大，开始描画“芯片之手”。就这样，两只手彼此描画起来，形成良性循环，两只手都变得越来越强大。

到了 60 年代末，彼得森决定开发一个通用的计算机分析仿真程序。他希望这种仿真程序能算出电路各处的电压和电流，以及随时间变化的轨迹，还能计算出电路的噪声和频率响应特性等。[4]

但开发这种程序并非易事。电路中的每个内部节点都需要至少设置一个方程。随着电路规模的扩大，计算机要求解的方程数量也急剧增加。

恰好在 1969 年秋，一位加州大学伯克利分校的校友罗纳德·罗勒（Ronald Rohrer）回到母校工作。罗勒在仙童半导体公司时曾开发过一个电路分析软件，因此他想开设一门电路分析的新课。但他觉得与其让学生被动地听讲，不如让他们一边做、一边学，这样才能做出一个真正的研究项目。

罗勒对学生们说："最后将由系主任彼得森来评判你们的项目成果，如果他喜欢，那么你们每个人都能得 A，否则你们都得再考一次口试！"[5]

达成协议后，有 7 位学生全然投入进来。他们在学校的一台 CDC 6400 电脑上编程，用打孔卡纸带输入数据。白天，他们能使用的内存大小仅为 256KB①，用其中一个学生拉里·内格尔（Larry Nagel）的话形容："这就像把 46 码的大脚硬塞进一只婴儿拖鞋里。"[6]

学期结束时，学生们推举内格尔作为代表向彼得森汇报成果。他们做出的名为 CANCER 的电路分析程序②包含了 6 000 多行代码，集成了直流、交流和瞬态分析功能，还能分析噪声和敏感度。学生们使用一种稀疏矩阵算法，一举将求解速度提高了数百到数千倍。

这么一个看起来粗糙的课堂项目已经初步具备了一个电路仿真器的大部分功能。他们采用了 Fortran 语言编程，这样该程序无须修改就能在其他规格的计算机上运行。

---

① 当时的电脑只能共享使用，因白天使用者众多，所以可用的内存很小。

② CANCER 的全称是 Computer Analysis of Nonlinear Circuits, Excluding Radiation，即"非线性电路计算机分析，不包含电磁辐射仿真"。

汇报完后，彼得森发自内心地给予了肯定，所有 7 位学生仅一次就通过了考核。接着，内格尔选择罗勒作为硕士指导老师，课题仍是 CANCER。

CANCER 成了加州大学伯克利分校本科生和研究生的电路仿真工具，不过当时它只能仿真很小规模的电路，最多包括 25 个双极型晶体管和 50 个节点。

1970 年，罗勒打算离开大学并再一次进入工业界。他把 CANCER 的后续开发委托给了彼得森教授。罗勒认为 CANCER 是学校主导开发的，公司可以使用它们，但得支付费用，以支持 CANCER 的后续开发。

而彼得森则坚持开源，他觉得向学术界和工业界的研究者分享成果一直都是半导体产业持续发展的关键。彼得森提出了一个条件：重写 CANCER，以区别于现有的版本，随后将其开源。罗勒同意了，改写任务落到了内格尔身上。

首先要修改的不是别的，而是 CANCER（“cancer” 本身的意思是癌症）这个名称。内格尔想到了一个名称：SPICE（Simulation Program with Integrated Circuit Emphasis，意为集成电路仿真程序），“spice” 本身的意思是香料，令人过目不忘。

1971 年，在费城举办的国际固态电路大会上，罗勒发表了第一篇介绍 SPICE 的文章。1973 年 4 月举办的第十六届中西部电路理论会议（Midwest Symposium on Circuit Theory）上，彼得森教授正式发布了 SPICE，第一个开源电路仿真程序由此诞生。[7]

SPICE 开始被大学生们用于完成课程设计，并且很快普及到其他学校。后来，不断地有新的学生将其作为研究课题，为其添加新的功能。由于 SPICE 是开源、免费的，学生毕业后会向学校要一个免费副本，在工作单位继续使用。这样，SPICE 就在工业界迅速推广开来，彼得森的开源计划起作用了。1981 年，

SPICE 2G6 版本变成了美国国家工业标准！[8]

在此基础上，许多公司开发出了自己独有的 SPICE，包括后来广泛使用的 HSPICE。一些 EDA 公司也在 SPICE 基础上开发出了性能更强的电路仿真程序，例如，楷登电子公司的电路仿真程序 Spectre 和明导国际公司（Mentor Graphics）的 Eldo。1989 年，SPICE 3 发布了，它用 C 语言编写而成，代码达到了 13 500 行，能够分析大型电路。

为了进一步提高 SPICE 电路仿真精度，彼得森意识到，应当利用晶体管参数建立器件模型，并将后者集成到电路仿真器 SPICE 中。在彼得森的推动下，加州大学伯克利分校的胡正明和高秉强（Ping Ko）等人于 1984 年开发出了伯克利短沟道 MOS 场效晶体管模型——BSIM。此后，经过不断更新，BSIM 成为业界通用的器件模型。[9]

有了器件模型，电路设计者就不需要掌握器件的细节，而是直接利用其结果，他们只需专注于电路，这样电路设计者就和器件工程师实现了分工，电路设计师的门槛也大大地降低了，使得更多人才能进入这个领域，缓解了设计人才短缺的困境。

“玩具”设计方法，康韦与米德的 VLSI 设计革命

在英特尔公司手工设计出第一颗 CPU 芯片的法金，被称为“瘦高人”（tall thin man），他从底层的工艺和器件到中层的逻辑电路，再到上层的计算机系统全都精通。在设计芯片时，他既要计算电路参数、搭建电路原理图，又要在纸上绘制版图。

设计师将 CPU 芯片装进机箱中，组成更强大的电脑，而电脑又帮助设计师设计出更强大的芯片，从而形成良性循环，帮助我们走出了破解“芯片和计算机谁先”的悖论的第一步。

但是随着芯片规模的增大，手工设计芯片变得越来越困难。而要想再找到大批像法金那样既懂器件和工艺，又懂电路设计的人才几乎不可能，这种设计模式不再具有可持续性。

业界对此的解决之道是分工，把法金掌握的能力分解给千千万万个“小法金”，让靠一己之力变为集众人之力。

电路设计技能可以由自动设计软件替代，器件知识转变成了标准单元库，版图绘制工作则由自动版图生成程序来承担……芯片设计这个庞大的工作被拆分成多个模块，使每人只需专注于一个模块，这有助于降低设计门槛，让更多的人才进入设计领域。

20 世纪 70 年代初，芯片设计中最费力又容易出错的是用纸笔绘制版图，这一工作急需改用计算机完成。但那时计算机内存很小，连“所见即所得”都无法实现。

一些计算机公司抓住这一“痛点”，推出了专门用于计算机辅助设计的图形工作站，并为其配备大内存，优化其图形处理能力，使之能够实时交互，令设计者可以直接在计算机上绘图。这个领域规模最大的三家公司是计算机视觉公司（Computer Vision）、阿波罗公司（Appolo）和卡尔玛公司（Calma），由此产生了最早的 EDA 公司①。[10]

① 可惜这几家公司都没有存活到今天，因为当初用汇编语言写的软件很难移植。只有卡尔玛公司提出的一种版图存储格式 GDS 延续了下来，后来成为业界通用的版图数据格式。

不过，这些图形工作站并没有完全解决问题。设计师仍需要手动在计算机上绘制出版图上的细节，而绘制一个电路往往需要几个月时间。

到了 1975 年，芯片上的元件数量破万，几年后将进入 VLSI 时代。这就带来了另一个问题，芯片规模越大，设计时间越长，芯片更新换代就越慢，进而导致计算机能力提升的速度越慢。长此以往，芯片设计将停滞不前。

加州理工学院的卡弗 · 米德最早意识到了这个问题：芯片的设计时间也将随着摩尔定律预计的元件数量翻倍不断地翻倍，它将因自己的规模增长而陷入停滞。这显然是让人无法接受的。米德发现，已有的设计方法都不能解决这个问题，业界急需一种自动绘制版图的方法，否则芯片规模的增长将被设计瓶颈所阻碍。

到了 20 世纪 70 年代中后期，由个人计算机引起的新浪潮兴起。米德想，计算机终将释放出越来越大的威力，那么能否用计算机自动绘制大规模集成电路的版图呢？

那时，米德所在的加州理工学院成立了计算机学院，他被院长伊万 · 萨瑟兰（Ivan Sutherland）招致麾下。巧的是，院长的兄弟威廉 · 萨瑟兰（William Sutherland）在施乐公司（Xerox）担任研发主管。施乐公司的研究中心位于加州，是计算机研究的引领者，其发明了世界上第一个图形交互界面和鼠标。[11]

1976 年，在萨瑟兰兄弟俩的牵线下，加州理工学院和施乐公司联合起来，组建了研究团队以解决 VLSI 的设计问题。施乐公司派出了林恩 · 康韦（见图 12-1）加入设计团队。

那时的计算机已经能帮助设计者完成绘制电路原理图和逻辑仿真。[12] 由此诞生了最早一批专门提供电路原理图编辑和逻辑仿真服务的厂商，例如黛斯

（Daisy）、华乐（Valid）和明导国际等公司。[13] 设计者绘制完原理图，就要开始绘制版图，这时真正的挑战也随之而来。

（a）

（b）

图 12-1　米德（a）与康韦（b）

如果说原理图是房子草图，那么版图就是详细施工图纸。电路原理图中只画出了晶体管之间的连接关系；而版图有着丰富的细节，包含各种晶体管的尺寸、间距等。设计者希望有一种快速设计版图的方法，这也是加州理工学院和施乐公司团队要解决的问题。

施乐公司的康韦发现，半导体公司在版图设计中的规则和限制非常多。例如，两根走线之间的间距大小、某根金属线的宽度等，都有严格的规定。全部规则能写满 40 页纸，而当时的计算机根本没法同时检查和处理这么多规则。

虽然现实如此，但康韦仍觉得有这些复杂的版图规则好过没有规则可循，后者在现实世界中更常见，而她就曾因为那些隐藏的规则而丢了工作……

故事还要从她在 IBM 公司工作期间说起。确切地说，那时的“她”应该是“他”。康韦从小很内向，长大后发现自己更想做一名女生，因此被自己的性别认同所折磨着。1968 年，康韦找到了当时最好的可以做变性手术的医生。当时的社会还不太接受“变性人”的身份，康韦觉得还是先跟公司人力资源部打声招呼。

没想到，IBM 公司的 CEO 小托马斯·沃森得知此事后，担心公司形象受损，下令解雇了康韦。[14] 康韦不仅失去了收入来源，甚至还受到了加州的社保机构向她发出的威胁：如果她试图探望自己的孩子，就会被下令禁足。后来几经辗转，康韦加入了施乐公司。

施乐公司是一个“幻想乐园”，最有创意的想法在这里层出不穷。在面对版图设计规则复杂的问题时，康韦突然灵光一闪。她想起了小时候自己喜欢收听伦敦的电台。广播里传来的第二次世界大战的空袭警报声、爆炸声，给她一种身临其境之感。无线电波经过调制后变得非常复杂，但阿姆斯特朗发明的再生式收音机只用几个元件就能把电波解调并还原出来，它的极简结构给康韦留下了深刻的印象。想到这儿，她恍然大悟，解决复杂版图设计的关键是：极简！

如何实现极简设计呢？让我们以乐高积木为例。乐高积木所有尺寸都是 0.8 毫米的整数倍。例如，一个拼块的长和宽均是 8 毫米，是 0.8 毫米的 10 倍。这让元件彼此兼容。康韦要设计的就是这样一套极简的规则，适用于所有的半导体公司。

康韦由此想到了实现极简思路最关键的一点：将版图中所有的尺寸都规定为某个数值的整数倍（见图 12-2）！

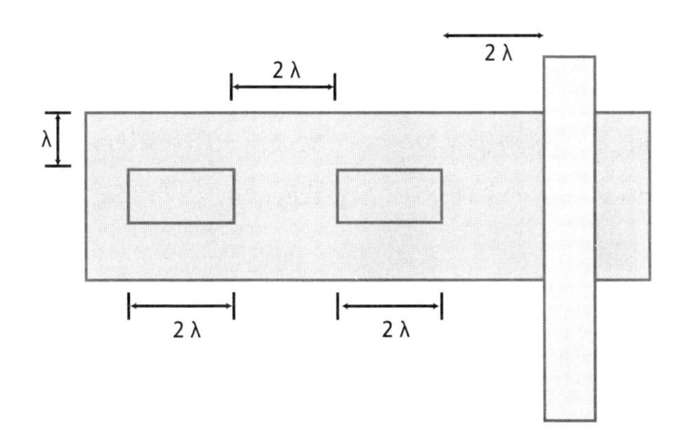

图 12-2　版图中所有尺寸都是 λ 的整数倍

理论上这是可行的。不过，还有一个问题。乐高积木的尺寸一旦定下来，就永远也不必改变了，而芯片的尺寸每隔两年就要随着工艺升级而缩小，以前定好的数值就得被推翻。

所以，康韦需要找到一个变量，能够跟随工艺的变化而变化。当工艺升级时，这个量也会自动跟着改变。

那么这个量会是什么呢？晶体管尺寸中最关键的量当然是特征尺寸——晶体管栅长，它是光刻机能加工出来的最小线宽。[15] 每次晶体管升级，最小线宽都会缩小为上一代的 70%，这是一个随着工艺升级而变化的量①。

康韦由此恍然大悟，只需将最小线宽的一半规定为版图的最小尺寸单位，版图中的所有尺寸都将是它的整数倍。她将这个数值记作希腊字母 λ。

只要确定了工艺尺寸（即栅长或线宽），λ 数值也就自动确定了，而版图中的尺寸就都是 λ 的整数倍。未来，当工艺演进到下一代时，这些尺寸乘以一个系数后仍然可以直接使用。[16]

这是简化到不能再简单的规则，却能覆盖所有的情况。它们全都能统一到这个简单的 λ 规则中。

当康韦在施乐公司会议室里的白板上写下这条 λ 规则时，米德教授的下巴都快要掉下来了。[17] 米德后来评论说："康韦提出的 λ 设计规则的理念非常重要，因为它将'按比例缩小'的理念融入其中，而不是一个固定的尺寸。"[18]

这样一来，设计与制造就能清晰地分开了，两者之间的接口是一套无比简洁

① 这是 IBM 公司的登纳德提出的按比例缩小规则，详见第 6 章。

的规则。康韦就像是一个权威词典的编纂者，一举统一了所有的拼写规范。她提出的 λ 设计规则是如此简洁，将 40 页的版图规则说明压缩到了 2 页！由此，米德和康韦团队开发出了自动版图设计工具。

然而，就在施乐公司所在的园区，质疑的声音却越来越大，那些有经验的设计者纷纷用怀疑的眼光看着这个刚刚问世的“玩具”设计方法。[19]

1977 年，康韦决定写一本书来系统地介绍这种设计方法。她想表达的是，如何用一套简单的规则设计各种复杂的结构，就像描述一座中世纪大教堂的建筑结构，是如何由尖拱、扇形肋穹顶、薄壁和飞拱构成的。这本书就是《超大规模集成电路系统导论》，由康韦和米德等共同撰写。由于康韦只是一个无名之辈，所以米德被列为第一作者。[20]

这时康韦的主管威廉·萨瑟兰加入了麻省理工学院，他给康韦提出了一个挑战：秋天去麻省理工学院开设一门 VLSI 设计的课程。康韦既兴奋又紧张。她最大的担心是自己的身份会不会由于更多的曝光而被人口诛笔伐，但威廉·萨瑟兰给予了她坚定的支持。

备课时，康韦想到了一个主意：把课程压缩到半个学期，剩下的时间留给学生们自行设计一个电路，然后将学生们设计的多个芯片拼起来，放到一块晶圆上一起流片，回来后切割、引线并封装起来。这样学期结束时，学生们就能得到自己设计的芯片的测试结果。学生们因这种边学边做的教学方式而兴奋不已。

1977 年 12 月 6 日，康韦将学生们的设计发送给施乐公司的同事，将 19 颗芯片的版图合并到一起，再送往惠普公司制造。晶体管的最小栅长为 6 微米，λ 是栅长的一半，即 3 微米。1978 年 1 月 18 日，封装好的芯片寄回了麻省理工学院。[21] 一名学生设计了一个完整的 LISP 处理器，一通电就能运行。

1979年，介绍VLSI设计方法的书籍出版后，许多大学的教授开始打听如何教授这门课程。然而，当时最大的困难不在于设计工具，而在于没有晶圆厂能提供加工芯片的业务。

康韦有了一个大胆的计划。她通过美国国防部的网络阿帕网（ARPANET）将所有计划教授这门课程的大学“集中”起来，分发讲义，收集学生设计的芯片版图，最后拼成一个大版图，发送到施乐公司生产。[22] 这就有点像一家杂志社接收不同作者的稿件，然后完成排版并印刷出来。这种芯片制作方式就是后来的多项目芯片（简称MPCs，见图12-3）。[23] 这个VLSI课程项目则被命名为“MPC79”。[24]

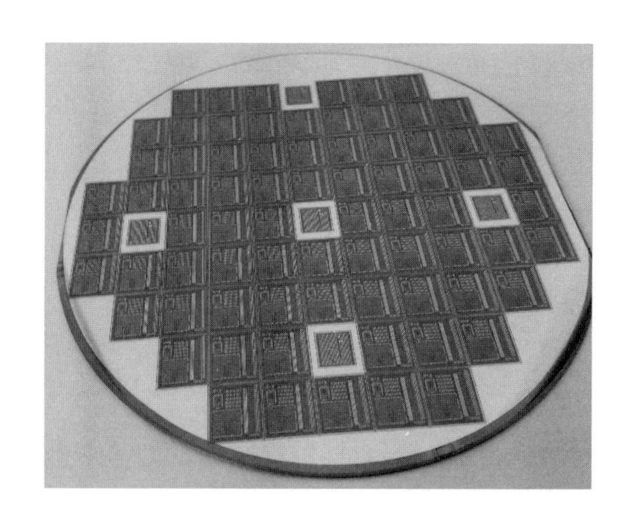

图12-3 多芯片项目（简称MPC或MPW）：在一片晶圆上集成多种不同的芯片设计

与此同时，反对者的声音也越来越强。“他们是谁？”在这些人看来，米德不过是一个器件物理学家，却时不时地对计算机设计发出一些狂妄的预言；而至于那个康韦，她又是从哪个地缝里冒出来的？兴许是米德的跟班？

在一些人看来，MPC79项目像是一场“赌博”。有教授称“康韦疯了”，MPC79项目不合理，而施乐公司将由此陷入尴尬的境地——除非取消它。

最终，有 12 所大学决定加入计划，大多数学生在规定的时间内完成了芯片设计。这些年轻的学生一定没有意识到，他们刚刚经历了一场“范式转移”，今后人们再也无须按照老式的方法设计芯片了。

两年后，MPC79 又演化成范围更广的晶圆加工服务（简称 MOSIS）。参加米德－康韦课程的大学数量扩大到了 120 所，这些方法随后被大学毕业生带到了工业界，掀起了一股“米德－康韦”VLSI 设计的革命浪潮。[25]

20 世纪 70 年代末开始，米德与康韦的“设计革命”开始辐射到各个领域。

VLSI 设计工具开始涌现。1979 年，两名麻省理工学院毕业生开发了设计规则检查工具 DRC 和电路原理图提取工具。加州大学伯克利分校开发了版图工具，为后来 ECAD 和楷登电子公司的商用工具研发打下了基础。

新型芯片也因此而诞生。加州大学伯克利分校的戴夫·帕特森（Dave Patterson）等用 VLSI 创建了精简指令集（简称 RISC）的 RISC-1 和 RISC-2 架构①。斯坦福大学的约翰·轩尼诗（John Hennessey）等人发展了 MIPS 架构②，并用 MOSIS 流片服务制作出了 VLSI 芯片。[26]

MOSIS 的流片服务模式随后扩散到了世界各地，后来又出现了专门的商业化公司来提供此类多项目晶圆代工（Multi-project wafer，简称 MPW）服务。米德教授造了一个词“Foundry”，指专门提供芯片加工的代工厂，他们专为那些没有生产设备的设计公司制造芯片。[27]

这一切都来源于康韦最初的设想：λ 法则。

---

① 这成了如今广受欢迎的 RISC-V 开源芯片的前身。

② 轩尼诗后来担任了斯坦福大学校长和谷歌母公司 Alphabet 的董事会主席，并获得了 2017 年度图灵奖。

2020 年 10 月，IBM 公司的 1 200 多名员工出席了一场线上会议，IBM 公司高级副总裁向康韦诚恳地道歉，这距离她被开除已经过去了 52 年。[28] 康韦强忍住奔涌的泪水，她承认 IBM 公司的解雇让她变得更坚强。通过改变无数人的生活，82 岁的康韦为改变自己命运的事件画上了句号。

IBM 公司研究中心的主任向康韦颁发了终身成就奖，“是她为我们今天设计电脑芯片铺平了道路，并且永远改变了微电子、电子设备和我们的生活”。

画不尽意，硬件描述语言的发明

20 世纪 70 年代，一个叫菲尔·摩比（Phil Moorby）的学生到曼彻斯特大学求学。

曼彻斯特大学有着自己研发计算机的传统。1948 年，艾伦·图灵来到这里，发展了最早的存储程序计算机，他曾想象有一种与人类大脑媲美的计算机。

不过，即使在摩比求学的 70 年代，图灵的那个梦想看起来依然十分遥远，因为当时芯片上最多只有几万个晶体管，CPU 的算力不够强、内存不够大。

增加 CPU 算力的途径就是继续扩大芯片规模，但这受制于芯片设计。工程师设计芯片的方法跟建筑设计师类似，他们要先在电脑上绘制原理图和版图，然后将晶体管互连起来组成电路，最后把不同的电路模块拼成芯片。

但随着芯片规模的扩大，图形规模已远远地超出了设计师和计算机能掌控的极限，这种方法走到了尽头。让我们举个例子，早期人类在拉斯科岩洞里的石壁上描绘了野牛、鹿和熊等野生动物，虽然很壮观，但能画出的内容还是很有限。

直到后来出现了文字，人们才从纷繁的绘画中解脱出来。一旦有了文字，我们就能描写出图画中所没有的东西，正如《小窗幽记》卷六“景”中所说的：“绘花者，不能绘其香；绘风者，不能绘其声；绘人者，不能绘其情。”文字之所以比图形更强大，是因为文字能描述更精微的含义，传递更深刻的思想。

将图形转化为文字的方法是抽象，正如《说文解字》中所说的：“黄帝之史仓颉，见鸟兽蹄爪之迹，知今之可相别异也，构造书契。”从图画中忽略细枝末节，抽象出骨架结构，就得到了象形文字。如此一层一层地抽象演变下去，就得到了现代文字（见图 12-4）。

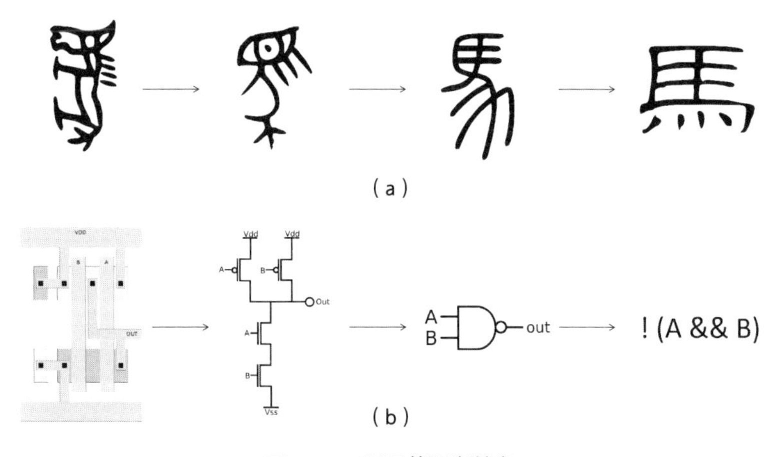

图 12-4　图画的逐渐抽象

注：“马”字的逐渐抽象：从甲骨文中的“马”到金文中的“马”，再到小篆和隶书中的“马”（a）；“与非门”电路的逐渐抽象：从其版图到其原理图，再到其逻辑模块和代码语言（b）。

同样，如果人们能将电路图抽象并去掉细节、抓出特征，构造出一种描述硬件电路功能的文字，就可以构建出一个包含海量电路元件的复杂世界。

从版图开始，逐层抽象，我们就得到了原理图、逻辑模块，最后就是代码语言。越往后，细节丢失得越多，但也变得越简约，越容易描述大规模电路。

例如，一个由 4 个晶体管组成的“与非门”电路的版图，需要包含栅长、线宽等细节。经过第一层抽象后，就只剩下了呈现内部晶体管连接关系的原理图。再经过进一步抽象，就只剩下了只包含外部接口的逻辑模块，接着就能抽象成为逻辑语言符号。最后，我们的抽象之旅就抵达了终点：硬件描述语言（简称 HDL）的一行代码。

有了硬件描述语言，人们才能设计出更复杂的芯片，突破设计者在电路图上能画出来的最大极限，从而推动芯片规模按照摩尔定律继续扩大。

世界上约有 6 500 种人类语言，然而芯片设计使用的硬件描述语言用一只手就数得过来，其中使用最广泛的是 Verilog。而发明 Verilog 的就是菲尔·摩比。[29]

在攻读硕士学位期间，摩比选择了一个既包含硬件，也包含软件的研究项目，这让摩比同时熟悉了编程和硬件。之后，他加入了一家开发逻辑仿真系统的初创公司，放弃了博士论文写作。

1983 年，摩比到美国参加学术会议，遇到了王安公司的普拉布·戈埃尔（Prabhu Goel），戈埃尔正在创办一家新公司捷威（Gateway）。在这年圣诞节期间，摩比来到了美国，加入了捷威公司。

戈埃尔成立捷威公司的最初目的是实现“逻辑综合”。所谓综合，是指一种自动设计电路的方法。打个比喻，这就像是某种写作软件，接收到一些关键词和要求，它就能谋篇布局、遣词造句，生成一篇像模像样的文本。[30]

那时逻辑综合的概念还很新，主要局限在学术圈里的讨论。如果要用计算机来自动生成电路，计算机更擅长处理文本而不是画电路图，所以用文字描述的方式来实现电路自动设计更加合适。

这就要求研究人员发明一种能描述逻辑电路的语言，换句话说，发明一种描述“硬件”的“软件”。有了语言，计算机就能发挥其特长——分析处理能力，设计者也不用再拘泥于电路的具体形状，而是将其逐层抽象，删繁就简。

对于摩比来说，他只需要数十名“老兵”足矣——26 个字母、10 个阿拉伯数字符号和一些特殊符号。他要将这些无形的符号深深地嵌入有形的电路中去，就像人类的语言深深地融入大脑而后者浑然不觉一样。

人类的文字虽然浩如烟海，但是它的基本元素只是一小群“老兵”，它们数量不多，却永不退役，只要稍微变换队列，就能让我们从开怀大笑变成泪水涟涟，或者让我们从亲如手足变成反目成仇。

芯片也是如此。所有的逻辑芯片都受制于硬件描述语言。这种语言规定了芯片的每一种行为，构造了它内部的每一个结构。

如何通过语言来表达芯片的功能和结构呢？摩比用一部分语言描述模块的结构（接口类型、连接关系等），而用另一部分语言描述模块的逻辑功能和行为（如果……那么……）。最后，将两者合在一个模块里，这个模块就“活”了，既有“形”，又有“行”。[31]

摩比和同事密切合作，没日没夜地工作。1984 年 1 月，新语言成型了。一年后，当仿真器和 Verilog 语言的编译器都开发完成时，捷威公司准备将其推出上市。戈埃尔来找摩比商量这款编译器的名称，摩比把 Verification（验证）和 Logic（逻辑）这两个词拼在一起，组成了“Verilog”。[32] 随后，摩比开发出了对应的逻辑仿真器 Verilog-XL。它竟然比当时最大的逻辑仿真器提供商之一的黛斯公司的产品还快 3 ～ 4 倍。由此，Verilog-XL 变成了芯片仿真的“黄金仿真器”。[33]

就在这时，Verilog 的竞争对手出现了。美国国防部召集了几家半导体大公司开发了另一种硬件描述语言 VHDL。从一开始，VHDL 就是开放使用的，因此立马获得了极大的市场占有率。而 Verilog 只是捷威公司的私有语言，这显然不利于 Verilog 的推广。1991 年，Verilog 开放给业界使用，成了美国电气与电子工程师协会标准中的一种语言。[34] 1996 年后，Verilog 扩展了功能，引入了模拟电路部分 Verilog-A 以及混合电路语言 Verilog-AMS。

如今，不论是英特尔公司和超威半导体公司的 CPU，还是移动端的 ARM 芯片，都是研发人员用硬件描述语言写出来，然后使用计算机软件自动地“综合”出逻辑原理图和版图的。对此，20 世纪六七十年代的芯片设计者一定很惊讶，现在的数字芯片竟然是用代码设计出来的！

蚕食鲸吞，EDA 之争

捷威公司推出 Verilog 后，新思科技公司（Synopsys）成了 Verilog 的主要客户。捷威公司由此获得了一大收入来源，而新思科技公司依靠捷威公司的 Verilog 推出了自家的逻辑综合工具。然而，几年后，捷威公司却被新思科技公司最大的竞争对手楷登电子公司收购了。这是怎么回事呢？

实际上，这次收购只是两家 EDA 巨头——新思科技公司和楷登电子公司的一系列收购行动的序幕。EDA 的发展史就是一部吞并史，这是一场从未停歇的盛宴，已经上演了几十年。

如果你见过棕熊在阿拉斯加的溪水边捕鱼的场景，你就能明白 EDA 公司是如何壮大起来的。每年夏季，成群结队的棕熊会站在湍急的溪水里，盯着水花飞溅的水面。洄游心切的鲑鱼忽地从激流中跃出，却直接将自己送进了棕熊张开的大嘴里。在 EDA 行业，初创 EDA 公司就像鲑鱼，而 EDA 巨头则是棕熊。

为何 EDA 公司要不停地吞并呢？因为摩尔定律预言芯片上元件数会不停地翻番，自然地，用 EDA 设计的晶体管数量也要不停地翻番，这就要求 EDA 工具的效率要不断地提升。所以，客户就要求 EDA 厂商能提供一条龙的设计工具——无论是前端原理图设计，还是后端版图设计，他们可以全部在一个平台上高效地完成。这样一来，系统公司也能绕开设计公司，从头到尾自己设计芯片，从而提高效率、降低成本。

如果没有 EDA，全世界连一颗现代芯片都设计不出来，无论是生产智能手机的工厂，还是生产汽车的工厂都将停转。作为对比，如果缺少 EUV 光刻机，我们将只是造不出最高端的芯片、用不上最新款的手机而已。EDA 行业 2020 年销售额仅为 108 亿美元，却撬动了销售额比它高 40 倍（4 390 亿美元）的芯片产业。

EDA 技术非常复杂，既包括原理图、逻辑综合等前端设计，又包括物理版图等后端设计，一家公司不可能在短时间内将全流程的设计工具都开发出来，于是 EDA 公司合并的大幕就拉开了。

20 世纪 80 年代初，EDA 领域的“三巨头”是黛斯公司、明导国际公司和华乐公司，合称为“DMV”，它们可以提供逻辑仿真、版图设计等服务。[35] 这三家厂商都将 EDA 软件与工作站捆绑在一起，打包出售。

随着芯片产业的发展，硬件（芯片）越来越便宜，计算机功能越来越强大，人们发现用个人计算机也能完成设计和仿真任务。明导国际公司痛下决心，将 EDA 软件与阿波罗工作站解绑，专注于发展 EDA 软件。而坚持将计算机捆绑软件进行销售的黛斯公司和华乐公司则走向了衰落，黛斯公司于 1990 年倒闭，华乐公司于 1991 年被收购。

“三巨头”中唯有明导国际公司保留了下来，另外两家被新思科技公司和楷登电子公司所取代。

新思科技公司成立于1986年，并在1987年从北卡罗来纳州搬到了硅谷的山景城。正如“Synopsys”名字中所蕴含的寓意——synthesis（综合）与optimization systems（优化），新思科技公司以逻辑综合起家。这种工具主要用于芯片设计的前端，它将高层次的硬件描述语言转化为低层次的门电路，以及更低层次的晶体管，自动地生成晶体管的逻辑连接图，即电路网表。[36]

说起新思科技公司的逻辑综合工具，离不开SPICE的发明人之一罗勒。罗勒离开加州大学伯克利分校后，先去了工业界，后来又去了卡内基梅隆大学，在那里招收了硕士研究生阿特·德吉亚斯（Aart de Geus）。罗勒去了通用电气公司后，将德吉亚斯也招聘了过来，他们一起开发了逻辑综合工具。

德吉亚斯后来创立了新思科技公司，推出了用于前端设计的逻辑综合工具设计编译器（Design Compiler，简称DC）。借助于Verilog语言，设计编译器能将设计效率提升10倍以上。

然而，新思科技公司的后端设计比较薄弱，尤其是缺少把电路网表转换成版图的自动布局布线工具，而这方面的“领头羊”是楷登电子公司。

楷登电子公司由两家公司于1988年合并而成，它的起家本领是芯片设计后端的物理布线。[37]这种布线工具有点像自动排版软件，能把标准单元模块布设在最佳位置上，同时尽可能地减小模块占用面积。1991年，楷登电子公司收购了业内排名第三的华乐公司，一跃坐上了EDA领域的头把交椅。[38]然而，在前端的逻辑综合上，楷登电子公司先天不足，它的弱点正是新思科技公司的优势所在。

楷登电子公司和新思科技公司各有攻守，但都无法提供从前端到后端的全流程设计工具。两家公司都渴望能攻入对方的领地，而最直接的方法就是收购有相应技术的公司。

2001年，新思科技公司不惜花费7.8亿美元收购业界排名第四的阿凡提公司（Avant!），也被称为先驱微电子公司，这是当时EDA行业最大的一次收购行为。通过收购，新思科技公司补足了物理版图设计上的劣势，一举成了全流程EDA供应商，竞争的天平开始朝着新思科技公司倾斜。[39]

新思科技公司为什么要收购阿凡提公司？这还要从楷登电子公司开始说起。

楷登电子公司的前身是电子计算机辅助软件公司（简称ECAD）和所罗门设计自动化公司（简称SDA）。ECAD公司由格伦·安特尔（Glen Antle）和黄炎松（Paul Huang）在1982年创立，他们发明了领先的版图设计规则检查工具Dracula。

所罗门设计自动化公司成立于1983年，创始人吉姆·所罗门在加州大学伯克利分校取得硕士学位，他的导师唐纳德·彼得森曾极力劝说他留下来读博①。但所罗门坚持去工业界，他先加入了摩托罗拉公司，之后在美国国家半导体公司从1970年工作到了1983年。[40] 用他的同事乔·科斯特罗（Joe Costello）的话说，所罗门“在模拟设计领域就像是上帝般的存在”。[41] 那时，经验丰富的设计人员在公司的地位就像“国王”，而那些搞计算机辅助设计的顶多是“二等公民”，只能做一些“卑微”的事情。

然而，1983年的一天，所罗门突然宣布从美国国家半导体公司辞职并决定

① 加州大学伯克利分校曾开发出了SPICE以及其他的一些仿真程序，是EDA技术的发源地之一，详见第12章。

开办一家计算机辅助设计公司时，同事们都极为震惊。在举办欢送宴时，他的同事科斯特罗想："可怜的吉姆，这个家伙放弃了他伟大的职业生涯，这可能是他在经历所谓的中年危机吧。"[42]

但所罗门并不这么认为。他意识到，集成电路规模不停地翻番，业界急需自动化设计工具。他与加州大学伯克利分校保持着紧密的联系，在了解到理查德·牛顿教授（Richard Newton）和阿尔贝托·圣乔瓦尼－温琴泰利教授（Alberto Sangiovanni-Vincentelli）在版图设计算法研究方面有了突破，所罗门就打算将他们的研究成果开发成物理版图软件，并创办了所罗门设计自动化公司。后来科斯特罗被所罗门说服，加入了公司。

加州大学的教授们认为，EDA 工具的应用需要一个全流程设计框架，从而使得各种工具能彼此统一协同，实现端到端的无缝连接。在这种思想指引下，所罗门设计自动化公司开发出了一个能有效地整合各种 EDA 工具的设计平台，这为他们后来将收购的技术纳入统一的框架奠定了基础。

到了 1987 年，所罗门设计自动化公司准备上市，时间定在了 10 月 19 日星期一。但就在前一个交易日，股市突然急速下跌了 600 点，所罗门设计自动化公司紧急终止了上市计划。周一，道琼斯指数一天之内下跌了 22.6%，全球股市震荡，这天被称为"黑色星期一"。

而 ECAD 公司则没那么幸运，它在一个月前上市，每股股票价格从十几美元跌落到 3 美元。这年年底，ECAD 公司派人来接洽所罗门设计自动化公司，希望两家能携手渡过难关。ECAD 公司的产品和所罗门设计自动化公司的产品结合起来，将能提供完整的布线功能，并集成到所罗门设计自动化公司的统一设计平台下。

1988 年，所罗门设计自动化公司与 ECAD 公司合并，成立了楷登电子公司，科斯特罗担任 CEO。新公司急需补足原先缺失的前端设计，尤其是逻辑综合。楷登电子公司很快就发现了“猎物”：捷威公司和新思科技公司。前者可以提供用于逻辑综合的硬件描述语言，而后者拥有逻辑综合软件。

在 1989 年的设计自动化会议上，科斯特罗找到这两家公司的 CEO 并直接提议说：“让我们把三家公司合并吧。”捷威公司的 CEO 回答得很干脆：“让我们行动吧！”然而，新思科技公司的 CEO 并不同意。结果是，楷登电子公司收购了捷威公司，得到了 Verilog 语言和 Verilog-XL 仿真器，[43] 但失去了逻辑综合工具。日后，不甘心被合并的新思科技公司成了楷登电子公司最大的竞争对手。

正当楷登电子公司逐渐拼起自己的商业帝国版图时，却不料“后院起火”。20 世纪 90 年代初，亚斯公司（Arcsys）成立，推出了强大的版图布局布线功能，威胁到了楷登电子公司的地位。[44]

科斯特罗感觉到如芒在背，他派出了自己的得力大将——芯片设计部总经理徐建国（Gerald“Gerry”C. Hsu）去阻击亚斯公司。他们成立了一个专门打击亚斯公司的项目组“AK-47”，目标是在 47 周内“杀死”亚斯公司！

在“AK-47”的凌厉攻势下，亚斯公司于 1993 年亏损了 220 万美元，眼看就要支撑不下去了。然而就在这时，楷登电子公司却发生了内讧。徐建国跟公司元老吉姆·所罗门发生了严重的争执，科斯特罗选择支持所罗门。徐建国意难平，将一封辞职信递到了科斯特罗面前。“你打算去哪里？”科斯特罗问。“也许去海滩待几天，也许待几个月，也许再也不工作了。”

然而，徐建国转身就去了亚斯公司。“AK-47”的主将竟然投靠了自己的竞争对手！后者自然求之不得，热烈欢迎，并许以 CEO 之位。[45]

此后，亚斯公司有如神助，不但起死回生，还成功上市，并改名为阿凡提公司。它收购了从 VLSI 技术公司中分离出来的康帕斯公司（Compass），并迅速跻身业界第四。

1995 年的一个周五下午，一名工程师迫不及待地来找科斯特罗，声称一定要亲自见他。原来，他在客户那里看到了匪夷所思的一幕，客户使用阿凡提公司的版图软件时，计算机界面弹出了一个错误警告："Error a: color not found in this file.（错误一个：在文件中没有找到颜色）"很明显，其中的冒号和"a"位置弄反了，这是一个简单的拼写错误，然而竟错得和楷登电子公司所研发的软件里的一模一样，现在它出现在了阿凡提公司的软件里！这让科斯特罗全明白了，曾经的那些担心、疑虑，现在都变成了现实！[46]

科斯特罗立刻报警，警方搜索了关键证据，一位被收买的楷登电子公司工程师在笔记本上留下了每一笔偷窃代码的记录。1995 年 12 月，楷登电子公司正式起诉了阿凡提公司，在长达 6 年的诉讼结束后，阿凡提公司的多位高管被判有罪。法院判决阿凡提公司赔偿楷登电子公司 2.65 亿美元，这个数字使得楷登电子公司当年的收入几乎翻了一番！[47]

这时，一直按兵不动的新思科技公司出手了，它不仅收购了阿凡提公司，还支付了罚款。新思科技公司补足了版图布线方面的不足，同时收获了阿凡提公司的核心技术团队，可谓坐收渔翁之利。"它吹散了笼罩的乌云，开启了新的时代。"新思科技公司的 CEO 德吉亚斯评论说。[48]

此次收购前，楷登电子公司是行业第一。而新思科技公司收购阿凡提公司后开始冲击原属于楷登电子公司的第一宝座。楷登电子公司自然也不肯善罢甘休。为了补足在逻辑综合方面的劣势，楷登电子公司又接连收购了两家提供逻辑综合工具的公司。

新思科技公司也"胃口大开"，在他的"食谱"里有一家名为 Co-Design

Automation 的初创公司，后者主要提供芯片系统级验证服务，它能帮助新思科技公司解决芯片验证耗时过多的问题①。

这家初创公司的首席技术官不是别人，正是菲尔·摩比。原来，捷威公司被楷登电子公司收购后，摩比跟同事离职并创办了这家公司。摩比进一步将硬件描述语言的抽象层次提高到了更高的系统层，开发出了 Verilog 的超集：Superlog。被新思科技公司收购后，Superlog 改名为 SystemVerilog，逐渐成为使用最广泛的系统描述语言之一。[49]

在这场大战中，明导国际公司置身事外，以奇制胜，开发出了物理验证工具 Calibre，并将可测性设计（简称 DFT）功能融入其中，牢牢地占据了物理验证领域。到了 2017 年，明导国际公司被西门子公司以 45 亿美元收购，成了西门子公司的 EDA 部门。

到了 2021 年，业界第一的新思科技公司年营业收入为 42 亿美元，占整个 EDA 行业的 1/3（见表 12-1）。历史上，由新思科技公司发起的收购多达 90 多起，而楷登电子公司也进行了 60 多起并购。[50]

表 12-1　主要 EDA 公司数据

	成立年份	年收入	员工数
新思科技公司	1986 年	42 亿美元	16 361 名
楷登电子公司	1988 年	30 亿美元	9 300 名
明导国际公司（现为西门子 EDA 公司）	1981 年	12 亿美元	5 968 名

数据年份：楷登电子（2022），新思科技（2021），明导国际（2017）

① 例如，一个简单的 32 位逻辑比较器，如果用穷举法验证它的 2^{64} 种可能的结果，需要几千年！而如果免去了这一验证过程，芯片一旦失效，就会全部报废。摩比提出的 SystemVerilog 能有效地解决这个问题。

一旦有了从前端到后端的全流程 EDA 工具，像苹果这样的系统公司就完全可以自己从头到尾快速设计出一款芯片，从 2010 年开始，苹果公司自行设计了第一款手机芯片 A4，并将其用到了 iPhone4 和 iPad 上；从 2020 年开始，苹果公司的 Mac 电脑也用上了公司自己设计的 M1 芯片。这些系统公司更理解客户的需求，因而它们可以绕过芯片设计公司自行设计芯片，彻底地改变了英特尔公司等传统 CPU 厂商主导的芯片设计生态。[51]

共赢模式，ARM 处理器的 IP 授权之道

进入 21 世纪第一个十年，越来越多的手机厂商，甚至软件和互联网公司也纷纷开始自己设计研发芯片，这当然离不开 EDA 工具的支持。但如果他们没有电路 IP，自研芯片这事多半也成不了。

我们可以将电路 IP 理解为文档的模板。早在 20 世纪 80 年代，VLSI 技术公司的 EDA 部门创建了许多标准单元库。但每次从头设计电路非常耗费人力，于是设计公司开始将一些标准化的接口电路、通信电路等打包变成了一个个标准模块，这样就可以反复使用，或者将其卖给需要的公司，这时标准电路 IP 出现了。这种数字形式的 IP 可以是版图或电路网表，用户拿到后可直接使用或在稍微修改一下后使用。[52]

随着芯片功能进一步扩大，片上系统（简称 SoC）出现了，它可以将各种功能（信号放大、模数转换、数字处理等）集成在一起。芯片设计公司将主要精力放在了差异化功能的开发上，因其可以从别处购买并直接使用标准化功能的 IP 模块。

现在世界上最大的集成电路 IP 公司是安谋（简称 ARM），它将 ARM 处理

器内核做成标准模块，授权给其他公司。[53] 全世界几十亿部手机、平板电脑上安装的都是 ARM 处理器。从 2010 年起，ARM 处理器渗透到了一直由英特尔公司 CPU 占据的个人计算机甚至服务器领域。

创造这种独特的处理器的不是来自美国的大公司，而是来自英国的一个小团队。安谋公司创立之初只有 12 位工程师，办公地点在剑桥大学附近的一座谷仓里。

要讲述安谋公司的故事，我们要先回到 20 世纪 80 年代初的英国。

那时，英国广播公司提出要订购一款为全英学校设计的 Micro 电脑，数量达几十万台。所有的英国电脑制造商都对这个合同虎视眈眈，当然也包括安谋公司的前身艾康电脑公司（Acorn）和英国最大的电脑制造商辛克莱公司（Sinclair）。

1981 年 2 月的一天，它们同时得到了英国广播公司公开招标的消息。艾康公司总裁克里斯·柯里（Chris Curry）立刻赶到了英国广播公司总部，夸口说自己的公司能很快给出符合英国广播公司要求的样机。英国广播公司说他们要在 4 天内就看到样机。柯里拍着胸脯答应了，但那一天已经是周日，这意味着在下周五上午之前就要准备好样机。

柯里这个牛皮吹得太大了，此前公司的两位技术人员罗杰·威尔逊（Roger Wilson）和史蒂夫·弗伯（Steve Furber）已经讨论过英国广播公司提出的关于 Micro 电脑的苛刻指标，还没有理出头绪。而要在短短 4 天时间里做出实物，简直是白日做梦！晚上，柯里去见了他的合作伙伴赫尔曼·豪泽（Hermann Hauser），商量怎么才能说服威尔逊和弗伯。

豪泽拿起电话机，拨通了威尔逊的电话号码，电话线另一头传来了非常果断的声音：“这不可能！”

罗杰·威尔逊出生在英国的一个小村庄，后来改名为苏菲·威尔逊。少年时的威尔逊常常同自己的兄妹围在桌前跟父母一起亲手打造一件家具，或者组装一件电器。在这个家庭里，从无到有、用双手一点一点地打造出各种物品是理所当然的事。之后，威尔逊到剑桥大学读书，认识了史蒂夫·弗伯（见图 12-5），他们毕业后又一起加入了艾康公司。

豪泽又拨通史蒂夫·弗伯的号码，得到了同样的回答：不可能！豪泽故作惊讶地说："是吗？你这么说真让我意外，因为威尔逊刚刚说还是有可能做出来的……是的，他的语气听起来很笃定。要不我跟他说你不同意？哦，好的，先不告诉他，明天见！"

豪泽再次拨通了威尔逊的电话："嗨，又是我。是这样，刚刚弗伯说他觉得可以做到，他的语气听起来非常自信……不，我刚才没有把你觉得不可能这事告诉他。你要我打电话告诉弗伯说你觉得这不可能吗？哦，好的，明天见！"

（a）

（b）

图 12-5　罗杰（苏菲）·威尔逊（a）和史蒂夫·弗伯（b）

周一一早，威尔逊和弗伯立刻开始了工作，他们要打造一台有 100 颗芯片的电脑，仅绘制电路原理图就花费了两天时间。此外，他们需要一颗 DRAM 芯片，而唯一满足这一要求的是一款日立芯片，整个英国仅有 4 颗，开发团队立刻将这 4 颗芯片买了下来。[54] 接下来，他们又挖到了最快的“绕线手”，把 100 颗芯片装到电路板上，周三开始绕线，周四晚上完成。

但在最后一个夜晚，他们发现组装好的电路无法工作，直到周五凌晨两点仍然没有调试成功。所有的逻辑都是对的，系统没有理由不工作。再过 8 个小时，英国广播公司就要来验收了。豪泽命令成员拔掉连在处理器上的仿真器，让处理器独自运行。所有人都觉得他疯掉了，然而结果证明豪泽是对的，系统居然“活”了过来！

一大早，威尔逊回到公司，看到团队成员在地板上凑合着过了一夜。在剩下的两个小时里，他需要安装操作系统，启动编程语言并安装一个解释程序。约定好的 10 点快到了，威尔逊仍在飞快地敲击着键盘，英国广播公司的汽车按时到达了公司楼下。柯里和豪泽下楼迎接，他们绅士般地同英国广播公司人员在走廊和楼梯之间边走边谈，尽量拖延他们进入实验室的时间点。

就在一行人终于进入实验室，来到威尔逊的电脑样机前的那一刻，一切都准备好了！艾康公司击败所有对手并赢得了英国广播公司 Micro 电脑的合同！之后，这款电脑大受欢迎，在英国卖出了惊人的 125 万台。

怒火中烧的辛克莱公司老板决定强力反击，开发性能更好的电脑。为了迎接挑战，艾康公司要打造下一代更快的电脑。当时的主流电脑——IBM 个人电脑上用的 CPU 是 16 位的 8086 处理器，但其无法同时满足速度快和价格便宜这两个要求。[55]

弗伯和威尔逊决定自己设计一款芯片。他们发现加州大学伯克利分校发表的一篇文章提到了一种精简结构的 RISC 架构，它能简化系统复杂度，同时保持高效率。弗伯和威尔逊相信自己能做出一款这样的处理器。他们想越过英特尔 16

位的 8086 处理器，直接开发 32 位的 RISC 处理器。

随着项目推进，威尔逊和弗伯发现 RISC 的优势充分地发挥了出来，运行速度比原来英国广播公司 Micro 电脑上的 6502 处理器还快得多。经过 18 个月的努力，这颗 32 位处理器设计完成，其只包含了 25 000 多个晶体管，比英特尔公司 16 位的 8086 处理器含有的 29 000 个晶体管还要少。

1985 年 4 月 26 日，制造好的芯片回来了。一通电，处理器就能正常工作，操作系统顺利启动！随后就是“砰砰”的香槟开瓶声。

设计这款处理器的一个重要目标是低成本，团队为此不得不选用价格低廉的塑料封装，这意味着芯片的功耗必须降到 1 瓦以下才能避免散热不畅的问题。没想到，这一限制带来了一个意想不到的好处：芯片功耗极低。弗伯用万用表测试芯片，指针竟然没有任何摆动，他以为芯片坏了，后来才发现原来芯片仅靠着一点漏电流就能工作，功耗不到 1/10 瓦。

当时弗伯和威尔逊没有意识到低功耗有什么好处，不过后来正是这个特点使得这种芯片大批量地进入移动设备。

就在弗伯和威尔逊等人投入地开发芯片时，艾康公司的经营状况却变得越来越糟。英国广播公司 Micro 电脑所面对的校园市场很快就饱和了，而公司生产的下一代电脑 Electron 足足有 25 万台堆积在库房卖不出去。这时一家“天使”公司出现了。苹果电脑公司使用了艾康公司的处理器后，提议合资创立一家新公司。1990 年，苹果、艾康和 VLSI 技术公司共同投资成立了安谋公司。

1991 年，安谋公司聘用了一位 CEO 罗宾・萨克斯比（Robin Saxby）。当时安谋公司的手上只有 150 万美元和 12 名工程师，萨克斯比知道仅凭安谋公司自己的实力不足以撼动那些拥有雄厚实力的大公司的地位，因此只能以奇制胜。

萨克斯比注意到，许多面向应用的公司想拥有自己的芯片，但传统的处理器没法根据客户需求来修改。而如果他们从头开始设计一款芯片，又需要大量时间，无法赶上紧迫的产品上市期限。

如何破解这一困局呢？萨克斯比也意识到，芯片的基础架构都是类似的，只有顶层的应用不同。如果安谋公司能授权客户使用芯片的基础架构，客户在此基础上自由修改，其产品就能很快生产、上市，安谋公司也可以获得授权收入，达成共赢。于是，他提出安谋公司不直接出售芯片，而是授权别人使用安谋公司的设计。

1993 年，安谋公司与德州仪器公司合作，开启了这种独特的 IP 授权模式的应用。1994 年，安谋处理器进入了诺基亚公司的 6110 手机，而后凭着低功耗的优势在手机市场得到大规模应用。[56]

至今，安谋公司不用生产一颗芯片，就在人们鼻子底下不知不觉地“占领”了全世界。截至 2020 年，安谋公司已经签发了 1 910 个授权许可，全世界已生产了 1 800 亿颗安谋芯片，人均 22 颗，每秒钟就有 842 颗安谋芯片问世。[57] 2020 年，“世界上最快的超级电脑”的桂冠由日本的“富岳”夺得，它的处理器也基于安谋内核。

1994 年，罗杰・威尔逊做了变性手术变成了苏菲・威尔逊，而没有变的是她的长发，以及父母教给她的从零开始打造一件属于自己的物品的观念。

回顾过去几十年的芯片设计发展趋势，一条明显的路径是，硬件不断地“软件化”，软件持续地“开源化”。从 20 世纪 60 年代到 80 年代，DRAM 问世、CPU 诞生、SPICE 发布、VLSI 设计方法提出、Verilog 语言发明、安谋芯片问世、FPGA 芯片出现，芯片设计方法与高性能芯片交替接力更新，使得芯片设计跟上了摩尔定律预言的发展节奏。

随着人们将设计步骤一点点地从图纸转移到了电脑上，一个“闭环”逐渐形成：手工设计的芯片构成了电脑，电脑设计出更强大的芯片，更强大的芯片则组成了更强大的电脑……最终促进了芯片行业不可或缺的 EDA 产业的发展。

本章核心要点

EDA 工具是设计芯片必需的工业软件，涉及前端设计（电路分析、原理图设计、逻辑仿真）和后端版图设计（布局布线、一致性检查、规则检查等）。EDA 联结着研究者的器件模型、电路设计者的工具库和制造厂的工艺库，可谓牵一发而动全身，关系到全产业链条。从事 EDA 工具设计的人既需要懂微电子，又需要懂算法，而且还要能够将 EDA 工具与设计、制造和测试等流程匹配，十分稀缺。因此，EDA 工具也成为工业软件上一颗难以企及的明珠。

为了利用早期的计算机替代手工完成一些电路分析，研究人员发明了最早的开源计算机辅助设计程序 SPICE。1969—1970 年，加州大学伯克利分校开发出了电路分析仿真程序，彼得森排除异议，将其开源，成为所有商用电路仿真程序的鼻祖。

接下来进入了 VLSI 时代，业界将原理图设计和逻辑仿真工作搬到了计算机上进行，瓶颈转移到了版图绘制上。1977 年，施乐公司的康韦提出了 λ 设计规则，引发了新的设计革命。为了提高逻辑电路的设计效率，1984 年，捷威公司的摩比发明了 Verilog 硬件描述语言。

EDA 技术众多，企业并购成了获取技术最快捷的方式，很多企业由此将流程的前端和后端打通，使得设计效率提升水平与摩尔定律相匹配。21 世纪初，全球绝大部分 EDA 技术都被“三巨头”把控。

芯片设计除了全流程的 EDA，还需要一套设计模板，这就促使相关公司产生了使用标准集成电路 IP 的需求。1985 年，艾康电脑公司的罗杰·威尔逊和史蒂夫·弗伯开发了第一款 ARM 处理器。在此基础上，安谋公司开创性地提出将处理器的 IP 授权给客户，使得 ARM 处理器成为移动设备上使用最广泛的处理器。

扩展阅读

早期芯片的手工设计流程

手工设计芯片的过程有点像设计房子的水电管路，芯片对应于房子，门电路对应于房间，互连线对应于水电管路。[58]

首先是芯片总体设计，它确定了芯片架构包含哪些功能模块等，就像设计一幅水电布局草图。

其次是具体的电路原理设计，设计者需要将每个模块的功能转换为逻辑表达式，进而用逻辑门搭建起对应的电路，最后将逻辑门转换为更具体的晶体管①（见图 12-6）。这一步对应于水电管路设计过程中要确定的具体事项：从配电箱里引出多少组线，热水器与各房间热水管的连接关系。

再次是把电路原理转换为芯片版图，绘制出晶体管和走线的图案。对于水电

① 详见第 7 章介绍的布尔逻辑。

管路设计来说，则对应于绘制走线图。手工设计者用直尺在标有方格的绘图纸上画出一个个晶体管，以及它们的连线。当这些线路彼此交叉时，设计者要打过孔将其中一条从上层或下层穿过去，就像“造”立交桥。这些线路都要符合关于线间距、粗细的规则，只要有一处出错，芯片就报废了。版图完成后，设计者要将一大张纸铺在桌上，伏案逐条检查线路，确保万无一失。

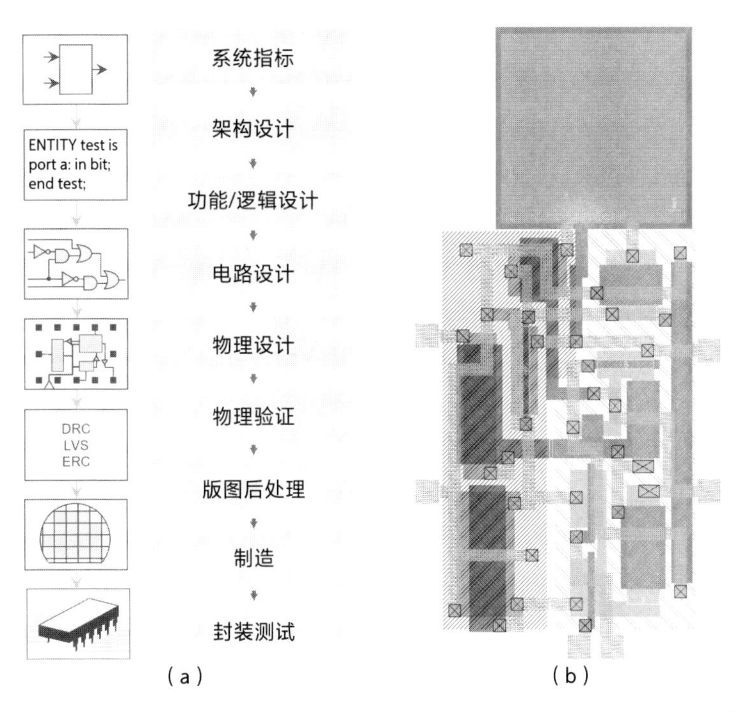

图 12-6 芯片设计与制造主要流程（a）和一个模拟运算放大器的手工版图（b）

最后是设计者用美工刀把纸张上粘连的一层薄薄的透明红宝石膜切割下来拿去拍照，按比例缩小几百倍，制成玻璃上的掩膜版。

设计者会将设计好的版图保存为 GDS 数据格式，存储在磁带里，然后交给制造部门生产，所以流片叫作“tape-out”。制造部门拿到掩膜版后，会完成光刻等工序，最终制成芯片。[59]

EDA 流程

EDA 的终极目标是把一个想法变成硅片上的图案。在这座多层玛雅金字塔中，“想法”在最顶层，而版图则在最底层，中间隔着功能模块、寄存器传输级（简称 RTL）、门电路和晶体管。每从上往下“走”一层，细节都会增加不止 10 倍，所以细节丰富度从顶层到底层可能增加了 10 万到百万倍。从最顶层一步抵达最底层的想法固然好，但我们至今仍无法做到，我们只能将中间的寄存器传输级转换为物理版图。

如果我们给出了寄存器传输级的电路，EDA 工具能将其分解为对应的门电路、寄存器和连线，然后继续分解为晶体管网表。这就是所谓的前端设计。之后，我们需要引入自动布局布线工具，它们能自动勘察“地形”、决定模块位置（布局）、设置好“分叉路口”（逻辑设计优化）、铺设好“线路”（布线），最后给出“施工图”（版图），这属于后端设计。算法会选择最优线路，使得芯片面积最小、传输时延最短、功耗最低。

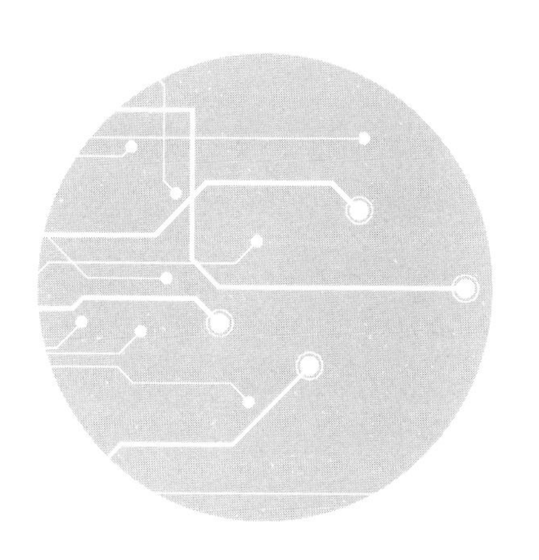

13

精雕细刻，芯片制造

1987 年半导体产业没有发生什么影响世界的大事。如果非要找的话，也只能找到一些不起眼的小事，比如：一家工业技术研究院分化出一家制造企业，后者融资时遇到了一些困难；一位 IBM 公司的研究员在国际光学工程学会（简称 SPIE）上做了一场关于光刻技术的报告，不过连他自己也清楚这种技术一时半会儿还无法应用在大规模生产中；一家荷兰的小公司在光刻机上配备了新的 i 线镜头，使最小线宽降到了 0.8 微米。

一切都在按照摩尔定律预言的节奏前行，跟周围的世界一样，并没有显出什么特别。然而，在这表面的平静下面，隐约出现了一种趋势——芯片设计与制造的分离。

为这种分离提供动力的是无形的 EDA 工具和有形的代工厂，前者将创意从坚硬的硅片中释放出来，变成轻盈的字符，而后者则推动了先进技术跨越传统制造的极限。

代工厂独立出来，扩展出一种新的生态——代工厂模式（Foundry）与无厂模式（Fabless）的共生形态。无形的设计方法和工具越灵活，有形的代工厂就越专注和强大。在这个过程中，价值不断地朝着顶端的系统公司和底端的晶圆代工厂转移，前者掌握了设计能力和客户的需求，后者则代表着最高的制造水平。

这一系列变革的结果是，原处于产业最低端的制造业反而成了制胜的高地，这就是芯片代工厂的神奇之处。而它的崛起离不开一位华裔企业家。

水利万物而不争，代工逆袭

即便许多年过去了，张忠谋（见图 13-1）仍将自己在博士入学资格考试时的失利当作人生最大的幸运。

图 13-1　张忠谋（拍摄于 2017 年）

事实上，张忠谋不是失败了一次，而是失败了两次。1954 年 2 月，张忠谋第一次在麻省理工学院机械系的博士入学资格考试中失利，教授多给了他一次机会，允许他第二年再尝试一次。整整一年，他都在用功复习，秣马厉兵，然后又一次信心百倍地走进了考场。然而，成绩揭晓后，张忠谋站在榜前盯了半天也没有找到自己的名字。[1]

按照麻省理工学院的规定，两次通不过，即永远失去申请资格。此时的张忠谋已经成家，父母在美国经营着一家小店维持生计，而他又是独子。如今，十几年的寒窗苦读却被突然叫停，张忠谋深受打击。随后的一个星期，他食之无味、夜不能寐。

张忠谋不敢相信，自己竟然会在学业上受挫。尽管他的童年和少年都在战火和颠簸中度过，但学业并没有完全中断过，而且他一直成绩优异。在他 6 岁时，全民族抗日战争爆发，日军轰炸广州，他跟着家人逃到中国香港念书。4 年后太平洋战争爆发，日军占领中国香港，他又逃亡到内地求学。他花了 50 多天穿越火线，去往后方的重庆。一路上，他或步行，或搭卡车，夜里投宿小店或寺庙。乘火车闯潼关那一晚，日军的火力点刚好位于黄河对岸，有时会对着火车乱射一通。行至这段，火车会熄灭所有灯光，开足马力，不顾一切地往前冲。挤满了人的破旧车厢里，所有乘客屏息凝神，在黑暗中只有火车轮发出的“哐当”声传入耳中。直到火车放慢速度、重掌灯火时，车厢里顿时欢声雷动。此后，张忠谋进入了重庆南开中学，每天吃榨菜和粗糙发黄的米饭，学习桐城派古文。抗战胜利后，他到上海读商学院，并在解放军到来前再次到中国香港，申请到哈佛大学就读。在哈佛大学的头一年，他沉浸在“流动的盛宴”中，流连于荷马、莎士比亚、萧伯纳和波士顿交响乐队的滋养中。之后因为要读理工科，张忠谋又转学到了隔壁的麻省理工学院。

在麻省理工学院这座世界一流的理工学府，张忠谋投入了 5 年的青春年华。如今，一切都结束了：查尔斯河边的机械博士梦碎了，他与这座“十分敬、五分爱”的高等学府的缘分也尽了。实际上，这次失利不只是他个人最大的幸运，也是中国台湾科技产业的幸运，甚至是苹果、超威半导体、高通和联发科等世界一流科技公司的幸运，因为张忠谋阴差阳错地进入了陌生的半导体行业。

他先在希凡尼亚半导体公司（Sylvania）工作了 3 年，后来又在德州仪器公司做了 25 年，位至副总裁。后来，他结束了在美国 36 年的生活，来到中国台北郊外的一片“处女地”——新竹工业园。[2]

1985年，张忠谋接任中国台湾工业技术研究院院长。上任第一天，前一任院长方贤齐拿着一张清单来找他，上面列出了该院的优先待办事项。[3]

在来新竹之前，时任台湾地区“经济部长”的李国鼎曾数次邀请他，但张忠谋一直没有下定决心，直到后来李国鼎提出，张忠谋可以用他在德州仪器公司的经验来帮助台湾地区将科研成果转化为工业经济增长。这让张忠谋动心了：“这是一个无法拒绝的邀请，就像电影《教父》里的情景。”[4]

方贤齐的清单里有一项建立一家晶圆制造厂的规划。他叮嘱张忠谋，李国鼎对此事非常重视，可能过几天就要来当面商谈。李国鼎被誉为“中国台湾科技教父”，制定了台湾地区的科技发展策略，还担任着应用技术发展小组召集人一职。

果然，张忠谋很快就接到了李国鼎的电话，李国鼎邀请他参加会议讨论。李国鼎对他说：“我们计划大力推动半导体技术的发展。你有丰富的半导体业务管理经验，我们希望你创办一家新的半导体晶圆制造厂。”李国鼎希望张忠谋回去后想一想，拿出一份可行的计划书，期限是一个星期。[5]

回到工业技术研究院的办公室，张忠谋开始思考。在半导体行业，当时，台湾地区能够拿得出手的，几乎没有什么——既没有优秀的芯片设计公司，也没有广阔的市场。

在德州仪器公司工作多年的张忠谋清楚，半导体是全球产业，只有做到世界一流，才可能有立足之地。当时美国实力雄厚，欧洲紧随其后，日本异军突起，而台湾地区基础薄弱，没有任何积累，一家新成立的半导体公司要想开拓出一片天地，何其困难！

唯一可能的一条路就是，扬长避短。而台湾地区有什么长处呢？只有一些中低端的制造业，当时最大的制造企业是台塑。

那么，制造业会是半导体产业的未来吗？20世纪六七十年代，台湾地区的工厂替代了日本，开始为欧美企业加工成衣和玩具，从中收取微薄的加工费。制造业在人们心目中一直都是一个低端行业。人们用“微笑曲线”描绘制造业的地位——高附加值部分集中在“嘴角”，分别是研发和市场；而低附加值部分则在向下弯曲的部分，那里是制造业。

但如果张忠谋也这么想，那就不是那个多年前推掉福特汽车公司的聘书，转而选择一家名不见经传的半导体公司的张忠谋了。

那还是1955年，即张忠谋博士资格考试失利的那一年，他四处找工作，拿到了福特汽车和希凡尼亚半导体等4家公司的聘书。他本来已经拿定主意去福特公司，那里的岗位不仅跟他的机械专业对口，而且工作稳定，这对刚刚结婚和作为独子、需要赡养父母的张忠谋来说很有吸引力。

福特公司给出的月薪是479美元，比希凡尼亚半导体低了一美元。张忠谋拨通了福特公司人事经理的电话，希望福特提高一下起薪。但面试时还谈笑风生的人事主管正色说道：“我们不讲价，如果接受就来，不接受就请便。”年轻气盛的张忠谋感到被羞辱。恼羞成怒之后，他开始反向思考，是去干一份四平八稳的工作，还是去半导体领域冒险？他最后的决定是：去希凡尼亚半导体公司！[6]就这样，区区一美元之差改变了一切，张忠谋随后的人生轨迹也因此完全转向。

现在，张忠谋来到了中国台湾新竹，他又要面临一个选择：是像德州仪器公司那样开办一家传统半导体公司，还是去做别人不敢做的事？

张忠谋选择了后者，他将目光聚焦到了芯片制造领域。这一选择不仅可以帮助公司避开设计和 IP 等短板，而且可以发挥自己在制造方面的长项。他 1958 年加入德州仪器公司时，就是从制造入手做出成绩的。那时，公司接到了 IBM 公司的一笔晶体管订单，但是制造出来的成品良率几乎为 0。而张忠谋负责的 NPN 型晶体管制造难度更高。张忠谋每天一直干到午夜第三班才下班，第二天早上 8 点又回到公司，最后将 NPN 型晶体管成品良率一举提高到了 20%，甚至超过了更容易制造的 PNP 型晶体管成品良率。[7]

如果他创立的公司，也就是台积电公司以芯片制造为主业，那么客户是谁呢？在 20 世纪 80 年代，几乎所有的半导体公司都遵循着所谓的“垂直模式”，即集成器件制造模式（简称 IDM）。换句话说，它们自己设计、制造，搞定全流程，不需要别人插手。[8] 那个时候，业界都深信超威半导体公司的老板桑德斯说过的一句名言：“好汉都有晶圆厂（Real man has fabs）！”

1985 年，纯做设计的芯片与技术公司（Chips and Technologies）去找投资，却屡屡碰壁，原因是风投公司对一家半导体公司竟然没有自己的晶圆厂感到困惑！

“半导体公司一定要有自己的晶圆厂吗？”张忠谋问自己。尽管他此时已年过半百，年轻时的意气用事都已从他身上消退，但他的字典里绝没有“不可能”这个词。当初他从机械专业进入半导体行业，从头自学肖克利的经典著作《半导体中的电子与空穴》，最终成功地进入了这个新领域。

张忠谋想起在德州仪器公司期间读过的卡弗·米德于 1979 年写的一本书①，作者在书中断言，芯片设计应该跟制造分离。也就是说，当设计独立出来时，应当有与之配套的制造企业。于是，一个念头从张忠谋的脑中闪出：这会不会成为一种可能的半导体生态呢？[9]

① 即第 12 章提到过的米德和康韦写的《超大规模集成电路系统导论》。

虽然当时没有任何一家专门的半导体制造厂，但张忠谋知道没有人做并不等于不能做，他在这方面曾有过教训。1958 年，他刚加入德州仪器公司时，常在下午 5 点左右去走廊喝咖啡，经常遇到一位跟他同期加入的新员工。两人会一起聊聊天。张忠谋听到这位身高 2 米的同事说他自己正在把几个晶体管、电阻器和电容器集成到一个硅片上时，觉得不可思议。过了几天，“高个子”告诉他，自己已经做出了一个样品，公司大老板对此很重视。张忠谋为同事感到高兴，但依旧满心怀疑：制造一个晶体管都如此费力，将这么多元件集成在一起岂不是更困难，而且这玩意儿能有什么用处呢？这位新同事就是发明了集成电路的杰克·基尔比。[10]以当时张忠谋的眼光来看，集成电路这个新东西离实用还远得很呢。然而，事情发展比他预计的快得多。8 年后，集成电路成为德州仪器公司最重要的产品。

现在，张忠谋要创办一家纯代工的晶圆厂，这样的工厂在世界上还没有先例，但这一次他可不准备用别人的看法来决定自己的行动。代工会是未来的趋势吗？张忠谋还不能完全确定，但有一个很重要的因素一直在背后发挥着作用，那就是“摩尔第二定律”或“洛克定律”。[11]

1968 年，诺伊斯和摩尔创办英特尔公司时，他们找到了曾经资助过他们创办仙童半导体公司的风险投资人洛克，他们只需筹集数百万美元就能拥有自己的芯片生产线。而到了 20 世纪 90 年代，这笔费用上升到了一亿美元。为什么会有这么大的差别呢？

“洛克定律”指出：半导体晶圆厂的成本每四年就翻一番。尽管增长速度比摩尔定律预计的翻倍速度慢得多，但它也符合指数定律，随着时间的增长，它的威力就会逐步地显现出来。当开办一家传统半导体公司的费用变得很高时，芯片设计的创新就会受到影响。

张忠谋想到，他在德州仪器公司时曾见过许多有创业想法的芯片设计者，但他们都苦于筹集不到足够多的资金来开办晶圆厂。既然个别设计公司已经迈出了与制造分离的第一步，为什么不成立一家公司为设计公司提供制造服务呢？

早在20世纪60年代，仙童半导体公司就开创了将芯片测试和封装外包的模式，他们在人力和土地便宜的中国香港、日本等地设立了封装测试厂，将加工好的芯片运过去。70年代，张忠谋曾陪同德州仪器公司总裁来台湾地区考察，并在那里设立了加工厂。他们看中的就是台湾地区土地便宜、人力成本低廉，这不正是巨大的优势吗？

张忠谋把整个计划的前前后后都想清楚了，四天后，他向李国鼎提议：设立一家纯代工的晶圆制造厂——不是为自己制造芯片，而是为别的半导体公司，即那些只做芯片设计的公司。

计划很快就得到了批准，但行政部门只能出一半的资金（1.1亿美元），剩下的一半需要张忠谋自己去筹集。凭借着自己在半导体行业工作30多年的资历，张忠谋去找了自己的老东家德州仪器公司以及当时可能会出钱的英特尔公司等大公司，请求它们入股。

当年张忠谋在德州仪器公司做副总裁时，曾帮助英特尔公司的诺伊斯解决了硅晶圆短缺的问题。但这一次当张忠谋向对方寻求帮助时，他得到的答复却是："Morris（张忠谋的英文名），我们喜欢你，但这件事不行。"

最后，张忠谋找到了唯一一家愿意投钱的大公司——荷兰的飞利浦公司。飞利浦公司买下了台积电公司28%的股份，剩下的22%则由李国鼎等人动员一众私人中小企业凑齐。[12] 飞利浦公司在半导体行业里算不上顶尖，就在一年前，飞利浦还创办了一家制造光刻机的小型合资公司阿斯麦尔（先进半导体材料光刻公司）。

经过两年筹备，56岁的张忠谋于1987年创建了世界上第一家纯晶圆代工厂——台积电公司。

但是，台积电公司的代工模式存在着一个致命的缺陷：缺少稳定的市场。

如果台积电公司去找设计公司接订单，当时全世界的设计公司的数量只有两位数，大部分都是初创企业，他们的订单总额全部加起来都无法与台积电公司自身的运营成本相抵。于是台积电公司去找欧美半导体行业的大公司，请求它们在旺季时把一部分订单交给自己来做。但在生产淡季时这些公司只会将订单留给自己的加工厂，台积电公司只能当一枚“备选棋子”。[13]

那么，台积电公司选择制造业作为芯片产业的突破口，是否选错了方向？事实是，张忠谋还是将希望寄托在了无厂设计公司身上，例如赛灵思公司、阿尔特拉公司和芯片技术公司，它们只负责设计，不生产芯片。

一开始，初创的无厂设计公司会去寻找那些有多余产能的半导体公司，利用淡季订单少的空档来为自己加工芯片。晶圆厂也乐意这么做，以避免机器设备空闲，白白折旧。赛灵思公司就找到了日本精工来制造自己设计的 FPGA。

不过，当越来越多的无厂设计公司涌现出来时，他们的担忧日益加剧：如果晶圆厂在旺季无法给自己加工芯片，他们该怎么办？显然，市场需要一种更加稳定的制造供应。

这时，台积电公司这种纯代工厂的优势就显示出来了。代工厂不为自己生产，不存在所谓的生产淡季、旺季，比传统半导体晶圆厂更愿意放下身段。代工厂也尊重客户的 IP，认同一切设计都是客户的。后来的实践证明，正是这种稳定性和尊重“黏”住了许多客户。

代工厂自己不设计产品，与客户之间不存在竞争关系。而且，代工厂能帮助设计公司走向成功，其自身也能随着设计公司的发展而一起壮大起来。这正是“水利万物而不争”，张忠谋认为这种商业模式行得通。

不过，台积电公司的理念虽然说得过去，公司的技术起点却不高。早在 20 世纪 70 年代，中国台湾工业技术研究院就引进了美国无线电公司的 7 微米生产线，但那只是一条试验线，没有实现产品量产，比当时主流技术落后了一代。到了 1985 年，主流技术又前进了一代半，而中国台湾工业技术研究院仍守着以前的技术，当台积电公司成立时，它们已经比当时最先进的技术落后了两代。[14]

在如此落后的情况下，台积电公司如何追赶？

就在台积电公司成立的 1987 年，EDA 巨头新思科技公司搬到了加州，主打逻辑综合工具，次年楷登电子公司成立，提供布局布线工具。这两家 EDA 公司能提供完整的从前端到后端的设计工具。有了 EDA 工具，无厂设计公司和系统公司就能自行完成设计，将版图发给台积电公司，然后等着收货就好了。一个简洁的产业链条就这样诞生了。它绕过了专用芯片设计公司，也绕过了传统半导体制造公司，让客户和芯片成品之间只剩下最短的一跳。

1988 年，英特尔公司 CEO 格鲁夫一行访问了台积电公司，并答应把一些订单交给台积电公司来做。台积电公司拿到英特尔公司的订单后，有越来越多的公司找上门来。[15]

四年后，台积电公司的技术与世界领先水平的技术差距缩小到一代。十年后，台积电公司赶上了除英特尔公司之外的其他晶圆厂。[16]看似低端的代工想法，让台积电公司逐渐成了世界上最先进的半导体制造企业。

1993 年，英伟达公司（简称 NVIDIA）① 成立时，开办一家带晶圆厂的半导体公司需要筹集上亿美元，而英伟达公司募集到的资金远远不够。“我第一次听说台积电公司和张忠谋时非常激动，”创始人黄仁勋回忆道，“我立刻写了一封信

① 英伟达公司现在是世界上最大的图形处理器（简称 GPU）芯片公司。

给张忠谋，这是我当时唯一能联系到他的方式。一天，他给我打了电话。制造芯片和实现梦想的障碍就这样消失了。台积电公司发明的模式很纯粹，只有我们成功了，他们才会成功……”[17]

成立于1995年的Marvell公司同样因台积电公司的代工模式而受益，Marvell公司副总裁陈若文（Roawen Chen）说：“张忠谋的代工模式释放了无数工程师的创造力，让无数人梦想成真。”斯坦福大学工程学院的院长詹姆斯·普拉默（James Plummer）说：“张忠谋完全改变了半导体行业的生态结构，他使得人们只需几百万美元就能成立创业公司，而不是几千万美元。”[18]

进入21世纪，晶圆厂的成本继续飙升。2002年，英特尔公司CEO保罗·奥特利尼（Paul Otellini）估计建设一个晶圆厂要花费20亿美元。到了2006年，三星公司的晶圆厂成本为40亿美元，而2014年三星公司建设存储器晶圆厂的费用达到了140亿美元。[19]

在成本压力之下，不断有半导体大公司退出芯片制造领域，转成了无厂模式。就连那位曾经说过“好汉都有晶圆厂”的超威半导体公司总裁桑德斯，也关停了公司的加工业务，转而将其交给一家代工厂，后来这家代工厂演变成了世界第二大代工厂格罗方德（Global Foundry）。

此外，一些半导体公司，如德州仪器公司，虽然没有完全退出芯片制造领域，但也把相当一部分业务外包出去，只保留了一小部分不需要用最新工艺来实现的模拟芯片制造业务。这些公司成了所谓的轻晶圆厂（fab-lite）。

在芯片的130纳米时代，全球有22家半导体公司有最先进的晶圆厂；而到了22纳米时代，全球只剩下7家半导体公司有最先进的晶圆厂：英特尔、三星、IBM、台积电、格罗方德、联华电子和中芯国际。[20]到7纳米时，只剩下台积电、三星和英特尔。2020年5纳米芯片量产时，赛道上只剩下了台积电和三星。[21]

21 世纪第一个十年，台积电公司开始与 EDA 厂家、IP 提供商组建联盟并开发了加速设计流程的工具。台积电公司还与阿迪森公司（Artisan Components）合作，为客户提供设计中需要的标准单元 IP。

2020 年，无论是苹果手机和笔记本中的最新 CPU，还是英伟达公司的 GPU、高通公司的 5G 芯片，都是由台积电公司生产的。随着芯片制造复杂度越来越高，制造业成了整个产业链条中最艰难的一环。没有人预计到，在全球集成电路份额方面，代工厂所占比例从 1987 年的 0% 增加到了 2020 年的 84%，[22] 完全碾压了传统的半导体垂直整合制造厂商。当年英特尔公司拒绝投资台积电公司，不看好代工模式，而到了 2021 年，英特尔公司也宣布开始做代工……

此外，张忠谋也早已圆了博士梦。1961 年，德州仪器公司总经理召见张忠谋，提出资助他全职读博，条件是学成后继续服务该公司。这一次，张忠谋通过了资格考试，进入了心仪的斯坦福大学，并投到莫尔教授门下①。三年后学成，33 岁的张忠谋从加州返回得克萨斯，一路驾车驰骋，迎接他的是广袤的草原和望不到边的未来……

酪乳薄饼，光刻的发明

芯片行业有一个关于摩尔定律的定律："每两年，相信摩尔定律已'死'的人的数量就会翻一番。"[23] 这句话听起来像个玩笑，不过也并非无中生有。摩尔定律即将"寿终正寝"的传言越来越盛。

如果换成人，摩尔定律已经年近花甲，他患有各种"慢性病"，也不排除出

① 约翰·莫尔还收了一位比张忠谋高一届的博士生，就是第 8 章里提到的发明浮栅晶体管的施敏。

现临时“突发症”的可能。在过去 30 多年里，每隔几年，摩尔定律的“病情”都会加重一层，好在这些问题都被顽强的工程师们一个个地克服了。

而摩尔定律有一个一直挥之不去的阴影，就是光刻，它就像是一个顽疾，去了又来，反反复复。让我们先回顾一下半导体光刻技术是如何起源的。

在第二次世界大战期间，当德军轰炸机和战斗机发出“嗡嗡”声并出现在伦敦上空时，英军的高射炮开始狂吼，然而炮弹的命中率却很低。丘吉尔下令务必找到一种解决方法。于是英国物理学家开始研制一种近炸引信，里面装有真空管做的感应电路，当炮弹接近飞机时就起爆，并通过弹片击中敌机。

与此同时，美国国家标准局的戴蒙德军械引信实验室也在做类似事情。[24] 1952 年，刚从麻省理工学院毕业的杰伊·莱思罗普（Jay Lathrop）加入了戴蒙德军械引信实验室，研究如何让炮弹引信变得更小。

在设计炮弹时，引信通常是最后一个要考虑的因素，留给它的空间很小，因此往往难以装进狭小的炮弹空间。当时电路小型化做得比较好的是中心实验室，集成电路的发明人杰克·基尔比曾经在那里工作。

而莱思罗普想把晶体管的管芯和其他元件集成在一块印制电路板上。为此，他要先制造出一种极小的晶体管。

莱思罗普和一名化学家同事詹姆斯·纳尔（James Nall）一起工作，他们打算做一个较容易实现的 PNP 型晶体管，这需要先在 P 型半导体上扩散出一个 N 型区域。这就像在一张纸的特定区域上喷涂颜料，需要先将其他区域覆盖起来。常见的做法是在锗晶片上滴一滴黑蜡油，盖住大部分区域，只留下一块 0.25 × 0.1 毫米的空白区域。它的宽度只有 2 根头发丝那么窄，而滴蜡的大小和形状很难控制。[25]

如果不用黑蜡油，还有其他什么选择呢？纳尔从飞机制造中得到了启发。机翼上需要焊接许多铆钉，为了精准地确定铆钉洞的几何尺寸，需要用到一种光阻剂。

光阻剂里有一种化学物质，对光照，尤其是短波长的紫外线很敏感。受到照射时，光阻剂发生化学反应而变硬，不会被后续的酸液腐蚀，可以保护其下的铝质机翼。

如果紫外线透过一层照相底片照射下来，底片上铆钉孔图案部分透过的光线会照到光阻剂上，光阻剂变硬，从而可以保护对应区域不被腐蚀。而不受光照的那部分光阻剂不会发生化学反应，并会在后续的酸液腐蚀中被去除。这样，底片上铆钉洞的图案就转移到了机翼的铝材上。

纳尔想到，底片上图案的线条比手动滴的黑蜡形状精细多了，也许可以将这个方法用在晶体管制造上，以此来确定晶体管的精细形状。他给生产光阻剂的柯达公司写了一封信，不久就收到了样品。他们反复试验，发现光线确实能使光阻剂形成图样（见图 13-2）。这种光阻剂就是我们现在说的“光刻胶”[①]，涂在晶圆片上时，越薄越好。

尽管利用光刻胶制造晶体管在理论上是可行的，但是他们还无法做出晶体管基极那么小的图案，原因是底片上的图案较大，如果光线 1:1 透过底片照射到晶圆上，形成的图案也很大。

莱思罗普和纳尔需要一组透镜将底片上较大的图案缩小并聚焦到晶圆上，以在晶圆上生成较小的图案。他们想到了显微镜，它本来的作用是放大图案，但由

---

① 光刻胶分为正胶和负胶两种，负胶受光照后变硬，不易被酸液腐蚀；正胶则相反，受光照的部分变软，容易被酸液腐蚀。正胶的精度更高，因此应用范围更广。

于光线是可逆的，只要调转光的方向，就能缩小图案。

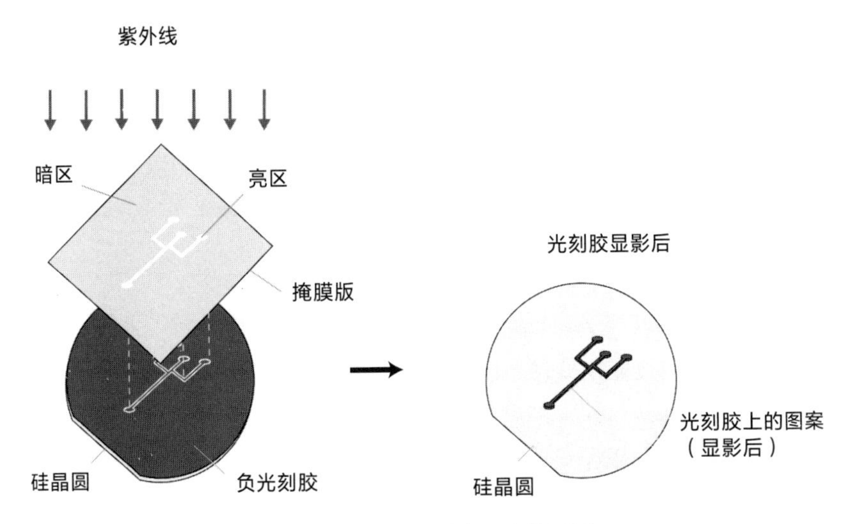

图 13-2　利用光形成特定图案的原理

注：光透过掩膜版照射在光刻胶上，可使其对应区域变硬，不被酸液腐蚀，从而形成图案。

他们找来一台三目显微镜，顶部的目镜本来接收的是底部发射出的光线，但他们将它反过来，并从顶部发射光，同时在光线经过的镜筒中部插入一张底片作为掩膜版，使光线透过后形成图案，再经过凸透镜聚焦到下方观测台上，后者上面放着涂了光刻胶的晶圆片，最后在晶圆上得到了缩小的图案①。[26]

就这样，一台三目显微镜变成了一台最原始的光刻机（见图 13-3）。

1958 年，在华盛顿特区举办的美国无线电工程师协会电子器件组的会议上，莱思普罗和纳尔发表了一篇文章，他们创造了一个新词："光刻"（photolithography）。但实际上，准确的说法应该是"光腐蚀"才对，但是纳尔觉得"光刻"这个词听

① 此外，他们还会插入一块红色滤光片以保证在对焦时不发生意外曝光。

起来更有“高科技”感，于是，业界就这样将错就错一直叫到了今天。[27]

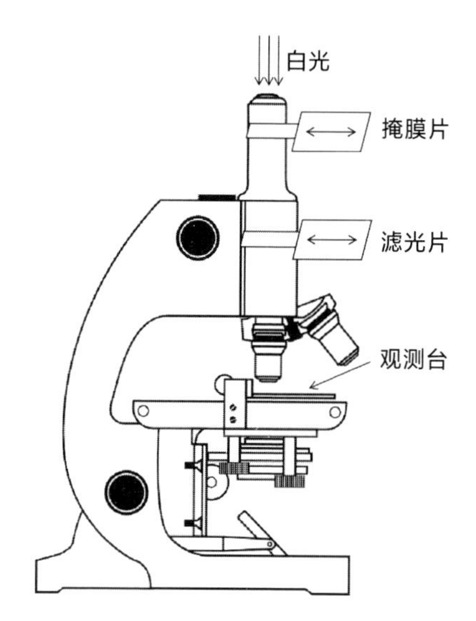

图 13-3 改造后的用于光刻的显微镜

有趣的是，类似的想法在贝尔实验室也出现了。1954 年，肖克利有了一个想法，他招募了一位职业画家朱尔斯 · 安德勒斯（Jules Andrus）作为助手，并给他分派了一项任务，去柯达公司弄一瓶光阻剂，然后学习研究它，看能否用于晶体管制造。[28]

早期的晶体管是一个一个地制作出来的，效率低下，肖克利想找到一种方法，确定多个晶体管在晶圆上的位置，然后用扩散工艺大批量地将晶体管加工出来。当时有一种金属栅格和石蜡刻蚀的技术可以区分出不同的晶体管，但用于生产的效果并不理想。肖克利想到了利用飞机制造中用的光阻剂，于是派安德勒斯去学习。

1955 年，安德勒斯和瓦尔特·邦德（Walter Bond）研究出了现代光刻技术（见图 13-4）的雏形，申请了专利，1964 年获得正式授权。[29]

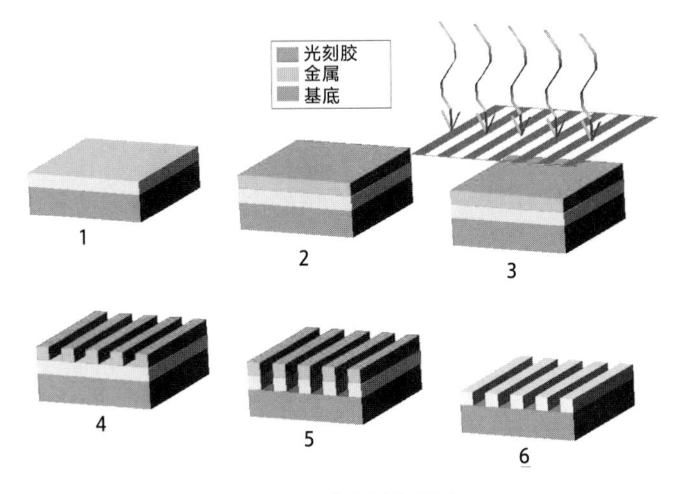

图 13-4 “光刻”原理

注：紫外光透过掩膜版照在涂有光刻胶的晶圆上，利用酸液腐蚀未受光照的光刻胶及其下方金属，从而在晶圆表面的金属上形成栅状图案。1. 表面覆盖金属的晶圆；2. 涂上光刻胶的晶圆；3. 紫外光透过掩膜版照射光刻胶；4. 用酸液腐蚀未受光照的光刻胶区域，使光刻胶上形成栅状图案；5. 酸液腐蚀掉暴露的金属层区域；6. 洗掉光刻胶，留下带栅状图案的金属层。

说回莱思罗普和纳尔。两人参加了 1958 年在比利时布鲁塞尔举办的世博会，并做了演示。巧的是，肖克利也在现场，并对他俩的发明很感兴趣，于是邀请他们参观自己在加州的肖克利晶体管实验室，但两人都听说过肖克利的管理风格，后来都心照不宣地没有应邀前往。[30]

莱思罗普和纳尔继续着他们的欧洲之旅，他们先后去了德国、瑞士、法国，最后一站是英国的皇家雷达研究所。在那里，他们遇到了杜默，后者于 1952 年首次提出了集成电路的构想，但因为缺乏必要的工艺技术而一直没能实现①。

杜默瞥了一眼莱思罗普做的微型电路，随口说道：“这个元件只是缩小了体积，并不能安装到别的电路上面。”在回程的军用飞机上，莱思罗普和纳尔聊天

① 关于杜默的集成电路构想，详见第 4 章。

打发时间，他们调侃说：“至少我们还做出了一件能演示的东西，而杜默连一件东西都拿不出手！”[31]

1958 年的夏天结束之时，莱思罗普辞掉了戴蒙德军械引信实验室的工作，加入了德州仪器公司。[32] 一天，他正在为用于操作光刻流程的暗房添置设备，上司威利斯·阿德科克叫他到楼下的实验室观看一个演示。

莱思罗普下来时，那里已经围了一大圈人。他认出来了，这些可都是公司的高层领导，甚至总裁哈格蒂也在场①。莱思罗普心想，这一定是个不同寻常的演示。[33]

莱思罗普站在人群后面，只看到中间有一个高个子工程师正在实验台前忙碌着。莱思罗普看不清“高个子”手上的东西，只能看到桌上的示波器显示的波形。突然间，它从一根水平直线变成了波浪状的正弦波，在场的人无不发出赞叹。

当这批人参观完并退到后面时，莱思罗普才有机会凑到这个“高个子”面前，他手边有一只微型“昆虫”，它的几条“腿”被细细的金线固定在一个有机玻璃板上。当“高个子”用示波器探头触碰金线时，屏幕上就出现了上下翻滚的正弦波。

这位“高个子”就是基尔比，他手边的小“昆虫”就是杜默梦寐以求的集成电路。而就在几个月前，莱思罗普在回程的飞机上还跟纳尔调侃杜默什么也没有做出来！

现在，这样一块小巧的集成电路就展现在莱思罗普眼前，恍如一场梦。这块被德州仪器公司称作“固态电路”的东西比莱思罗普几个月前做出的微型电路还要小得多。只可惜此刻正在创造历史的不是莱思罗普，而是基尔比！

---

① 关于这部分实验演示，详见第 4 章。

德州仪器公司总裁当场决定："我们必须投钱做下去，为基尔比建立一个研究团队。"而第一个被指定当基尔比助手的就是莱思罗普，他的光刻技术正好能完美地发挥作用。[34]

那么，莱思罗普的同事纳尔呢？四个月后的1959年初，他跳槽去了仙童半导体公司，帮助诺伊斯和拉斯特等人用相机镜头制作了一套光刻系统①。

于是，世界上最早研制集成电路的两家公司有了各自的光刻团队，再加上霍尼发明的平面工艺，集成电路真正地走上了大规模"化学印刷"的道路。

莱思罗普于2009年接受采访时说，他不认为他和纳尔采用的光刻技术是一项发明，而只是一种应用。尽管他和纳尔为此获得了专利授权，但它依然不是一项发明。[35]

他还说，正如酪乳薄饼也不是一项发明，它们之所以出现，是因为有个人做薄饼时手边没有牛奶，只有酪乳，于是试着加了酪乳发觉效果还不错，而他们试着将光阻剂涂在了晶圆片上，恰好发现它能派上用场而已……

只是，自那以后全世界都开始这么用了！

叫停一艘"航母"，林本坚发明浸没式光刻

晶体管尺寸的不断缩小，对光刻技术提出了新的要求。到了2002年，光刻技术的最短光波长缩短到了193纳米。下一代光刻机的波长规划为157纳米，但

---

① 详见第4章。

遇到了很棘手的问题。157 纳米的紫外光在空气中被氧分子吸收，无法有效地照射到晶圆上。摩尔定律再一次遇到了挫折！

这时，台积电公司的光刻专家林本坚（Burn-Jeng Lin，见图 13-5）出手了。

图 13-5　林本坚

如果说张忠谋在麻省理工学院博士入学资格考试中失利是他一生最大的幸运，那么林本坚没有达到博士入学资格考试及格线的那场误会险些成为他一生最大的不幸，也差点成为 30 多年后张忠谋的遗憾。因为这关系到台积电公司能否成为世界第一的代工厂，甚至摩尔定律能否按照既定的节奏继续向前推进 7 代。

林本坚 1942 年出生于越南，是一位中国侨民，1963 年从中国台湾大学电机系毕业后到美国俄亥俄州立大学电机系留学。[36] 在得知自己的博士入学资格考试成绩时，林本坚怎么也想不通，明明自己发挥得很好，怎么会不及格呢？在同学的鼓动下，他鼓起勇气去找了系主任。

系主任拿出成绩单，成绩单上的分数由四个部分组成，各部分由不同的教授打分，其中网络部分林本坚的得分很低。林本坚就更困惑了，偏偏这道题他感觉答得最好。系主任找出了原始试卷，前前后后检查一遍后突然明白了，负责对网络部分打分的教授标注的方式跟其他人相反，他标注的是扣去的分数，而不是应得的分数。误会消除了，林本坚的博士资格失而复得。[37]

在博士阶段，林本坚跟随博士导师研究全息光学，1970 年毕业后，他去了 IBM 公司的沃森研发中心，在那里找到了他一生专研的领域——光刻技术。

光刻原理跟洗相片的原理有点相似。洗相片是把图案从底片转移到相纸上，而光刻是将图案从掩膜版转移到晶圆表面。掩膜版就是一种特殊的底片。

林本坚小时候就对照相感兴趣。他家里有一台折叠式 120 底片的相机，不能自动对焦，拍照时只有两种光圈和两种快门可选。父母很爱惜这个“大件”，不轻易让林本坚碰相机。母亲还为这台相机缝制了一个红色丝绒套。直到林本坚 14 岁那年，他才被允许使用这台相机。

林本坚的朋友有一台更高级的相机，他们俩把相机后盖打开，装上了一块放底片的纸皮板，后面装上电灯泡作为光源，然后将镜头打开，使相机变成了一台相片放大机。林本坚将一张父亲头像的底片叠加在一张只有胡子的底片上，显影出了一张大胡子父亲的相片。

影响成像效果的一个关键因素是景深，即相机焦点前后能清晰呈现被摄物体的距离范围。如果要突出人像并虚化背景，就要让景深变浅，只清晰显示人脸前后的图像即可，此时太近和太远的物体位于景深之外，形成虚化效果。对于光刻来说也是如此，为了清晰地将图像聚焦在晶圆上，务必让晶圆处于“景深”范围内，而“景深”则跟光刻的分辨率密切相关。

早在 19 世纪，英国的瑞利（Rayleigh）勋爵就知道了分辨率的极限主要取决于两个因素：一个因素是透镜的数值孔径（简称 NA），但提高透镜的数值孔径会改变“景深”；[38] 另一个因素是光的波长。从 1975 年到 21 世纪初，晶体管一直按照 70% 的比例一代代地缩小特征尺寸，为此，光刻所用到的紫外光的波长也不断地缩短 ①。

早期光刻机使用的是水银灯发出的紫外光，波长为 436 纳米（称为 g 线）。到了 20 世纪 80 年代，g 线技术已无法满足应用需求，这时发出波长为 405 纳米（h 线）和 365 纳米（i 线）的紫外光的技术出现了。[39] 但 i 线激光发展遇到了瓶颈，只有 70% 的光线能透过镜头，剩下的则转换为热量，导致图像畸变。最终，人们找到了一种新的玻璃材料，这种材料能让 99% 的 i 线透过。[40]

但随着波长缩短，“景深”也在变得更浅。[41] i 线镜头的“景深”只有 500 纳米，这就要求晶圆必须非常平整，因为后者稍有凸凹就无法准确地对焦，会导致诸如人像摄影时焦点落到鼻子上，而眼睛十分模糊的情况。于是，业界又发展出晶圆平整化技术。

随着晶体管特征尺寸从微米级进入 400 纳米以下，制造工艺应用的紫外光波长逼近了普通紫外光的下限。

为了能制造更小的晶体管，林本坚和专研光刻胶的同事韦恩·莫罗（Wayne Moreau）合作，研制出了使用 245 纳米紫外光的多层光阻系统和近场成像技术。论文投稿时，同事建议他们给这项技术起个名字，于是就有了 DUV 这个名称。[42]

林本坚的研究激发了人们对 DUV 的兴趣：相应的准分子激光光源被发明出来，与之配套的光刻胶也被发明出来，使得感光速度提高了 10 倍。

接下来的光刻之路该怎么走？有三种可能的路径，除了利用紫外光，还可考虑利用电子束和 X 射线进行光刻。这三种方法 IBM 公司都在研究，但投入经费

---

① 在这段时间，晶体管的特征尺寸是栅长，对应于栅极线宽，即能加工制成的晶圆金属层最小宽度。

和人员最多的是利用 X 射线进行光刻的相关研究。

X 射线光刻技术的研究计划可谓雄心勃勃，因为 X 射线的波长小于 10 纳米，是 DUV 的 1/20，甚至更短。如果研制成功，就能一举将光刻精度推进到 10 纳米以内。但林本坚觉得利用 X 射线进行光刻，在光源、材料等方面存在难以攻克的技术难题，于是坚持采用 DUV 方案。

研发 X 射线光刻技术的主管也是整个光刻研发团队的领导，自然更重视 X 射线光刻技术的研发，X 射线团队可谓兵多将广。而林本坚的 DUV 研究小组人数寥寥，不被领导看好。

有一次，X 射线光刻技术团队在光源方面取得了重大突破，光刻部门的负责人开庆祝会，亲自给每位出席者颁发了一件纪念 T 恤，上面还印上了“X 射线可用”的字样。自然，林本坚也从这位意得志满的负责人手中接过了一件，不过回到办公室后，他用白板笔在这行字后面加了几个字，将后者变成了“X 射线可用——在牙医诊所里”，并挂在了文件柜的显眼位置，路过他办公室的同事都会看上一眼。[43]

1992 年，50 岁的林本坚从 IBM 公司提前退休，创办了自己的公司 Linnovation，他的客户之一正是台积电公司。2000 年，他接到了台积电公司副总蒋尚义的邀请，加入了台积电公司。

在台积电公司，下属们都喜欢称林本坚为“Burn 爷爷”，“Burn”是他的英文名。这位“Burn 爷爷”的记性很好，对数字尤其记得牢：他 14 岁时第一台相机的光圈是 f/16 和 f/11，快门是 1/75 秒和 1/25 秒，高三时学校食堂每月供应一次的红烧肉的大小是 9 × 7 × 0.5 厘米。[44]

当时，光刻技术卡在了 157 纳米，这个波长的紫外光在空气中会被氧分子吸收，无法完成光刻。尽管人们尝试了各种方法克服困难，例如在光刻机中注入氮气，并研制基于二氟化钙晶体的镜头，但收效不大。

早在 1987 年，林本坚在国际光学工程学会主办的一次会议上就曾提出浸没式光刻的可能性，即用水替代空气作为镜头与晶圆之间的介质。由于紫外光在水中的折射率是 1.44，光线在水中的波长也会随之变小，因此能将光刻精度提高 1.44 倍。但那时的器件尺寸都是微米级别，远大于紫外线波长，那时光刻根本无须用这种先进的方法。而到了 21 世纪，当在利用波长为 157 纳米的紫外光进行光刻的阶段遇到无法逾越的障碍时，林本坚觉得时机到了。

在 2002 年 2 月召开的国际光学工程学会主办的光刻研讨会上，林本坚做了主旨发言，再次提出浸没式光刻的想法（见图 13-6）。在当年 9 月召开的另一个光刻研讨会上，林本坚受邀发言，详细阐述了利用波长为 193 纳米的紫外光透过水进行光刻的好处。[45]

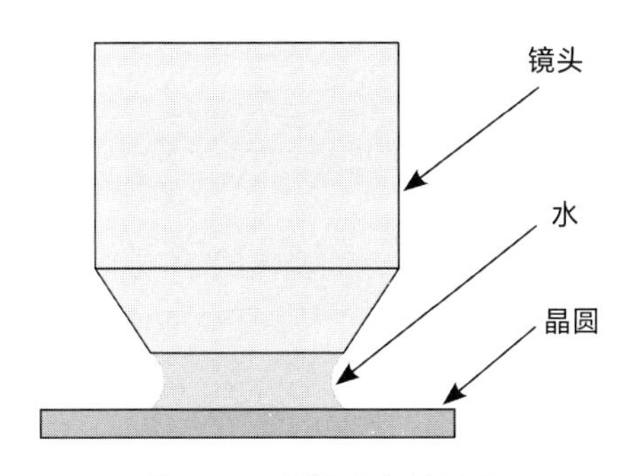

图 13-6　浸没式光刻原理

如果波长为 193 纳米的光在水中透射，波长会缩短至 134 纳米。[46] 这比 157 纳米光刻技术还要超前，不仅可以直接跳过 157 纳米光刻技术发展阶段，而且也能一并跳过与之相关的镜头问题、氧气衰减问题。全体与会人员为之一振！

但是业界的疑虑依然存在，如水会污染晶圆，水中的细小气泡也会影响光的通路。这些林本坚都仔细地研判思考过，并一一提出了彻底的解决对策。“像下棋一样，要先想好后面的棋路，把所有可能尽力考虑到。”

工业界的反应很复杂。尽管浸没式光刻听起来不错，但此时工业界已在157纳米光刻系统上投入了数十亿美元，如果改换浸没式光刻，这些投资就都打水漂了。一家光刻机厂商告知台积电公司副总蒋尚义：“请设法阻止林本坚搅局！”

“他一个人站在一艘‘航空母舰’前叫停。”中国台湾新竹交通大学校长张懋中曾如此形容林本坚的行动。[47] 此后一年多，林本坚在世界各地飞来飞去，去荷兰、德国、美国和日本作报告，说服厂商加入浸没式光刻系统的研发。他说，只需在镜头和晶圆片之间敷上一层薄薄的超纯水就可以，而超纯水是晶圆厂最常用的材料。

荷兰光刻机制造公司阿斯麦尔听从了林本坚的建议，开始研发浸没式光刻机。2003 年 10 月，阿斯麦尔给林本坚展示了用浸没式光刻系统做出来的晶圆，效果很好。

从 45 纳米工艺节点开始，全球就开始切换到了浸没式光刻技术，一直到 7 纳米工艺节点，将摩尔定律成功推进了 7 代。到 2012 年，台积电公司 47% 的收入是通过浸没式光刻机生产的芯片获得的。2017 年，阿斯麦尔的收入中有 74% 来自浸没式光刻机。阿斯麦尔也成长为光刻机的行业“领头羊”。[48]

2003 年，台积电公司的首席技术官参加了 ITRS 会议，他看到一位参会者演示了一张幻灯片：一堵红砖墙拦住了半导体的发展道路，而高高地越过这堵墙的是一匹马，上面标注着两个字：“浸没。”[49]

这位首席技术官叫胡正明。

鱼鳍结构，胡正明发明 FinFET

彼时，在胡正明心里也有一匹马，只不过这匹马还在沉睡，它跃起的时机还没有到来。胡正明在等待，他等待的时间有些长。实际上，这匹马 1995 年就出生了，但它还要到若干年后才能精神抖擞地抬起前蹄，腾空跃过另一堵红砖墙。

2001 年，在这匹马沉睡之时，胡正明（见图 13-7）暂时离开了当时任教的加州大学伯克利分校，加盟台积电公司。[50]

图 13-7　胡正明

胡正明 1947 年出生于北京豆芽菜胡同，小时候喜欢拆卸闹钟，对他价值观影响最大的人是孔子。他喜欢开心果冰激凌和古典音乐，还会拉小提琴。[51] 1968 年，英特尔公司成立那一年，胡正明从中国台湾大学毕业，次年留学美国，并于 1973 年在加州大学伯克利分校获得博士学位，加入了唐纳德·彼得森的研究团队。

胡正明心里的马是一种新结构的晶体管，他希望能帮助摩尔定律跨越 25 纳米工艺节点发展的障碍。然而，这也仅仅只是一个希望。

1960年以后，MOS场效晶体管在30多年中几乎没有什么变化，它一直都是平面结构。即便业界按照摩尔设定的时间表“瘦身”，光刻所用的紫外光从近紫外光进入DUV波段、晶圆厂建立成本从几百万美元上升到了上亿美元、EDA软件从纸带输入进化到了自动布局布线，MOS场效晶体管仍然固守着最初的平面结构。

原因很简单，平面结构是它的优势和骄傲所在。它无须改变自身的平面结构，这是化学“印刷”最有利的特点。唯一要改变的是尺寸，然后一切就都有了：速度变快、性能提升、成本下降。从20世纪60年代到90年代，那还是“一招鲜，吃遍天”的黄金年代，晶体管的栅长缩小了两个数量级。

时间来到了90年代中期，随着尺寸不断缩小，晶体管开始无法完全关断，即使在关断状态下也会泄漏电荷，就像拧不紧的水龙头偶尔还会滴下水滴，虽然微小，但显而易见。

当晶体管的尺寸缩小到350纳米时，电荷泄漏已变得很严重，以至于晶体管在关断时泄漏的电荷比正常开通时还多，这就像你收到的电费账单里超过一半的费用来自电器关闭后休眠时消耗的电力。

泄漏电流的能量会转为热量堆积起来。学术界预测，当晶体管的尺寸缩小到100纳米时，晶体管将变得像火箭喷火口一样烫！摩尔定律将止步于此。此外，当晶体管尺寸缩小到35纳米，绝缘层厚度如果等比例缩小到0.5纳米，将只有一个硅原子的大小，受量子效应影响，电子将发生隧穿，导致晶体管失效。[52] 工业界宣称，半导体行业正在输掉一场“战争”。

人们开始感到不安。1995年，美国国防部的高级研究计划局发布了悬赏令，目标是找到一种方法将晶体管尺寸缩小到25纳米以下。

胡正明从他的同事那里听说了美国国防部高级研究计划局的计划，马上跟同事们碰头，准备申请这一研究计划。但他们只有一周的时间来提交研究计划，而且一两天后胡正明还要去日本出差。[53]

就在飞往日本的航班上，胡正明画出了两幅草图，一赶到下榻的酒店就传真给同事，其中的一幅草图变成了今天的 FinFET。

“我感觉我有必要让摩尔定律继续延续下去。”胡正明后来回忆道，“我们不只是为了发表论文，也想解决工业界的问题。”[54]

现在，一个真实的问题就摆在了胡正明面前：晶体管越小，就越难关断。

假如你的面前有一条浇菜园用的橡皮水管，为了切断其中的水流，你可以用脚使劲地踩住它，直到将它踩扁。但如果橡皮管变得越来越细，你一踩它，它就陷进了松软的土里，你怎么踩也切不断里面的水流。这就像 100 纳米以下的晶体管在应用中出现的问题。在这个例子里，水管对应于晶体管的导电沟道，而鞋对应于控制栅极。

问题的症结在于平面结构，陷进泥土里的橡皮管跟土壤处于同一平面上，致使你的鞋用不上力。平面晶体管也有这种缺陷，晶体管越小，人们想要控制栅极就越力不从心。

尴尬的是，工艺越先进的晶体管漏电越严重；电源电压的下降趋势在放缓，功耗下降的速度开始跟不上摩尔定律预言的节奏；绝缘层变得越来越薄，电子在量子效应下会发生隧穿，引起更多的漏电……[55]

在飞往日本的万米高空上，胡正明的大脑也和飞机发动机一样在高速地运转。他的思路是改变晶体管的结构，让栅极重新靠近导电沟道。[56] 为此，他要让晶体管的导电沟道竖立起来，而不是埋在下方的硅里，就像设法使水管凸出来，使得鞋底能重新贴近水管壁（见图 13-8）。

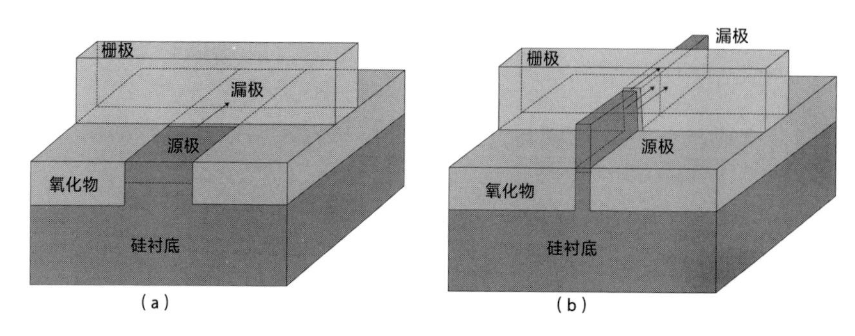

图 13-8　平面晶体管结构（a）和 FinFET 结构（b）

对于越来越细的水管，如果有了一个带凹槽的鞋底，就能刚好卡住并夹断水流。而对于导电沟道，将其立起来后，用一个倒 U 型的栅极“卡住”导电沟道，就能施加电场将其“夹断”。

这种竖立起来的导电通道就像鱼背上竖起来的鳍一样。有了“鳍”（fin），晶体管就从平面结构变成了立体结构，就像扁平的比目鱼长出了背鳍。这种竖直的鳍式结构使得晶体管能排布得更紧凑，从而进一步提高了元件密度。此外，制造 FinFET 并不需要额外的掩膜版，所以成本可控。[57]

提出想法只是第一步，胡正明和团队接下来花了 4 年时间，将这种晶体管的工作机制研究清楚，并做出了实物进行验证。在 2000 年的一篇文章中，这种立体晶体管被命名为 FinFET。[58] 它能将漏电流减少一半甚至更多，这对移动设备来说至关重要。[59]

但接下来的 11 年，什么都没有发生……在 11 年的等待中，胡正明从 53 岁变为 64 岁。

在此期间，胡正明去台积电公司做了三年的首席技术官，2004 年又回到加州大学伯克利分校任教。他创办了一家名为思略科技（Celestry）的 EDA 公司，后来被楷登电子公司收购。[60] 他开发了 FinFET 的器件模型 BSIM-CMG。[61] 他曾预计业界将在 65 纳米工艺节点开始应用 FinFET，但实际上并没有。[62]

平面晶体管一路缩小到原来的 1/10，尺寸达到了 28 纳米，在各种补救技术的支持下顽强地挺了过来。而胡正明心中的马仍在沉睡。

美国国防部当初的高级研究计划命名为“25 纳米”，这似乎很有先见之明：一旦尺寸到达 25 纳米以下，平面晶体管也将出现无法忍受的严重漏电问题。

2011 年，英特尔公司率先在 22 纳米工艺节点上引入了 FinFET[63]，自那之后，风向标开始转变，随后其他半导体公司纷纷跟进采用了 FinFET 结构。

从 22 纳米开始，14 纳米、10 纳米、7 纳米、5 纳米和 3 纳米①，整整六代工艺都是 FinFET 器件在支撑。[64] 英特尔公司称 FinFET 是过去 50 多年来半导体技术最深刻的变革。[65] 胡正明先后获得了 2014 年美国技术创新奖和 2020 年美国电气与电子工程师协会最高荣誉奖，他被誉为“FinFET 之父”。[66]

在 2011 年到 2022 年这 11 年间生产的绝大多数手机和电脑都使用了 FinFET，包括苹果公司的 iPhone 6s 到 iPhone 13 一系列产品，以及 2020 年排名世界第一的超级计算机“富岳”…… 在这些产品中，FinFET 构成了 CPU、内存、闪存、FPGA、DSP 和 GPU 芯片。

马在奔腾，无处不在。

---

① 2022 年，台积电公司在 3 纳米工艺上仍在使用 FinFET，而三星公司在 3 纳米工艺节点切换使用了下一代的 GAAFET。

本章核心要点

采用“无厂模式”的专门做设计的芯片公司苦于没有自己的晶圆厂，而张忠谋所在的中国台湾工业技术研究院缺少先进的芯片设计能力。于是，张忠谋发挥自身和公司在制造领域的长处，于1987年创造了一种晶圆代工模式，专门为纯设计公司提供芯片制造服务。晶圆代工模式使得设计公司和代工厂都能专注于自己的特长，这逐渐演变为主流的芯片设计制造模式。

芯片制造最大的突破之一在于光刻技术的发明。光刻技术起源于飞机制造中使用的光阻剂，利用光阻剂，贝尔实验室（安德勒斯和邦德）和戴蒙德军械引信实验室（莱思罗普和纳尔）于20世纪50年代分别发明了光刻技术，而后者的第一台“光刻机”实际上是从一台显微镜改装而来的。

随着晶体管尺寸不断地缩小，光刻采用的紫外光波长也需要不停地缩短。进入21世纪，193纳米光刻技术一直无法推进至下一代157纳米光刻技术。2002年，台积电公司的林本坚又一次提出浸没式光刻技术，但遭到了业界质疑。不过在台积电公司和阿斯麦尔公司的推动下，浸没式光刻机问世，将摩尔定律成功地推进了7代，工艺节点从45纳米演进到7纳米。

随着晶体管尺寸缩小，漏电变得严重，沿用了40多年的平面晶体管结构越来越无法满足应用需求。1995年，加州大学伯克利分校的胡正明提出了三维立体结构的晶体管，发明了FinFET。2011年，在22纳米工艺节点，FinFET正式替代了平面晶体管成为主流，而后一直沿用到了3纳米工艺节点。

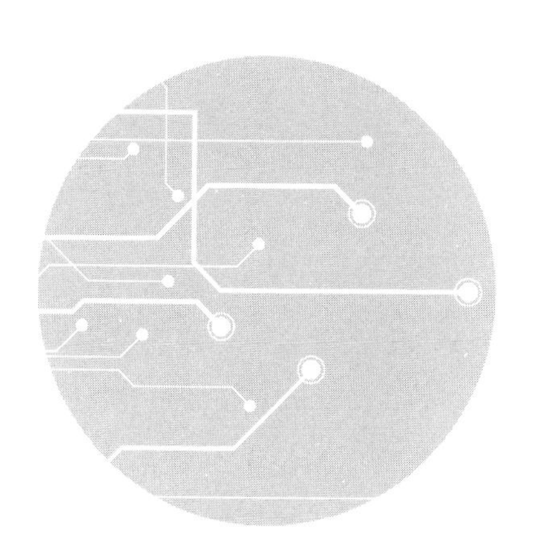

14

全方位挑战，不只是芯片

摩尔定律是一匹奔腾的骏马，任何困难都无法阻挡它向前的脚步。它就像一个“甜蜜定律”，持久且令人沉迷。

在过去的几十年，晶体管工艺节点从几十微米延伸到了 1 微米以下，又沿着 500 纳米、350 纳米、250 纳米、180 纳米和 130 纳米一直延续到了 100 纳米以内，进入了 90 纳米、65 纳米、45 纳米和 32 纳米。进入 21 世纪第一个十年，摩尔定律又从 22 纳米工艺节点开始，14 纳米、10 纳米、7 纳米和 5 纳米，继续得到验证。

之所以罗列这些数字，是因为它们很有规律，每个都约为前一个的 0.7 倍。这意味着每前进一步，晶体管的面积就缩小一半（即 0.7 的平方）；或者说每更新一代，芯片上的元件数量就翻一番。摩尔定律前进的脚步坚定而稳健。

然而，21 世纪以来，摩尔定律先后被几堵“高墙”拦住：功耗、内存、开关功耗极限及算力瓶颈等。

先是晶体管放慢了栅长缩短的脚步，内部热量达到了难以忍受的程度，接着开关频率停止了增长，半导体厂商更新换代的周期也变得越来越长。

半导体厂商在这几堵高墙前受挫，他们攻不下真正的 10 纳米、7 纳米工艺节点，就自行宣告其技术已是 10 纳米、7 纳米。这些所谓的“技术节点”的数值已经不代表任何真实尺寸，而沦为一种幻觉。

摩尔定律预测的翻倍节奏放缓已成为不争的事实。更重要的是，目前的晶体管正逼近物理极限，这一障碍与以往的技术障碍不同，谁也无法回避量子力学的限制，现在到了打破幻觉、面对全方位挑战的时候了。

逼近极限，摩尔定律之困

摩尔定律的终结是一件无须辩论的事情，我们不必急着朝它飞奔而去，那一天终究会降临，人们争论的只是哪一天。

早在 1990 年，惠普实验室的科学家斯坦利·威廉姆斯（Stanley Williams）就预测摩尔定律将终结于 2000 年，理由是二氧化硅绝缘层届时将失效。到了 2000 年，他再次预言新的期限将会是 2010 年，那时最大障碍是高企的制造成本。到了 2017 年，尽管还有人说 5 纳米工艺太昂贵、太耗电，无法持续使用下去，但威廉姆斯决定再也不预测了，因为他发现自己没法赢过那些意志坚定且充满创意的工程师们！[1]

1972 年，加州理工学院的米德教授计算得出，晶体管栅长的极限将是 150 纳米。[2] 然而在 2001 年，业界已经突破了 130 纳米。1993 年的一篇文章提出，传统晶体管将在世纪之交达到最小尺寸的极限，[3] 然而 21 世纪已经过去了 20 多年，我们仍然行进在缩小晶体管尺寸的路上。2010 年技术节点走到 32 纳米时，英伟达公司副总裁比尔·达利撰文说：“摩尔定律预言的 CPU 缩小之路已经死亡。”[4] 十年后，人们造出了 5 纳米的晶体管，并规划了直至 1 纳米节点的技术路径。

摩尔定律诞生之初，人们就已断定：任何以指数增长的定律迟早都会碰到天花板。现在，它已经越来越逼近极限了。

MOS 场效晶体管尺寸不断缩小的终极限制来自量子力学。当晶体管尺寸缩小到一定程度时，量子隧穿效应将变得非常显著，大量电荷会穿透绝缘层泄漏出来，让晶体管的开启与关闭的界限模糊，继而失去作用。我们可以通过海森堡的不确定性原理估算出这一极限，对应的晶体管最小栅长是 4 ～ 7 纳米。[5] 据国际器件与系统路线图（简称 IRDS）预计，人们能制造出来的最小晶体管半节距（half-pitch）[①] 将在 2030 年达到 7 ～ 8 纳米的极限。[6]

但是且慢，业界不是在 2020 年已经在量产 5 纳米的芯片了吗？难道它超越了物理定律？

坦率地说，业界宣称的所谓 10 纳米、5 纳米“技术节点”都不是真实的，对应的晶体管中根本没有任何一个特征尺寸是 10 纳米或 5 纳米。例如，在台积电公司的“10 纳米工艺节点”中，晶体管的栅间距为 66 纳米，而金属间距是 44 纳米，即使是它的一半也有 22 纳米，远远大于半导体厂商“虚标”的 10 纳米！

如果真的像半导体厂商宣称的那样，未来几年的工艺节点将推进到 1 纳米甚至 0.5 纳米，届时又会是一番怎样的情景呢？要知道，一个硅原子的直径是 0.5 纳米，届时晶体管将只有 1 ～ 2 个原子大小。在这么小的尺寸下，海森堡不确定性原理将起作用，原本确定的 0 和 1 之间的界限将变得模糊，晶体管开关将彻底失效，而其上的计算芯片大厦也将轰然倒塌！

那半导体厂商为什么会完全无视物理定律设下的极限，固执地要将工艺节点推进到 1 纳米及以下呢？让我们先来回顾一下 20 世纪以来摩尔定律节奏的变化，

① 关于半节距的解释，详见本章扩展阅读。

从历史中给出解释。

在20世纪70年代到90年代的这20多年里，晶体管缩小的节奏平稳，每升级一代，晶体管的特征尺寸缩减30%，即缩小为上一代的70%。这时，晶体管技术节点的定义为栅间距的一半，叫作半节距，近似等于晶体管的栅长①。

到了20世纪90年代中期，随着Windows操作系统的推出，个人电脑开始快速普及。为了在竞争中获胜，半导体厂商变得更为激进，他们将晶体管栅长做得比预期的更小，这样做出的CPU速度更快、性能更强，每一代晶体管的特征尺寸都比上一代缩小了40%（而不是30%）。

于是，半导体厂商开始改用栅长作为新的技术节点的定义，而这一招也埋下了隐患，因为到了2005年左右，晶体管栅长缩短遇到了瓶颈。

缩短栅长本来能提高晶体管开关频率，但栅长缩短到65纳米左右时，晶体管开关频率增加导致芯片功耗增加、温度急剧上升。同时，栅长缩短导致漏电流剧增，这些电能也会转化为热量。这两个问题叠加起来，让芯片散热问题进一步恶化。一旦芯片的热密度达到核反应堆的两倍（$200W/cm^2$），任何散热措施都将于事无补。摩尔定律在这里遭遇了“功耗墙”。于是，工程师不得不放缓栅长缩短的速度，甚至连每一代缩短30%的速度都难以维持②（见图14-1）。

但是，所有人都已经习惯将栅长当作技术节点，他们没法接受技术节点停止更新。于是，半导体厂商一不做二不休，不论栅长实际上缩短了多少，都将现有技术节点乘以0.7作为下一代的节点名称。例如，65纳米的下一代是45纳米，再下一代

① 对于传统工艺制造的晶体管，这一点近似成立；对于先进工艺制造的逻辑器件，这一点则不成立，栅间距会更大。

② 半导体厂商转而增加CPU的内核数目，以此增加晶体管的数量，维持摩尔定律对芯片内晶体管数量的增长预期。

是 32 纳米。一直到 10 纳米、7 纳米、5 纳米和未来的 3 纳米、2 纳米，都是按照这种“逻辑”来命名的。

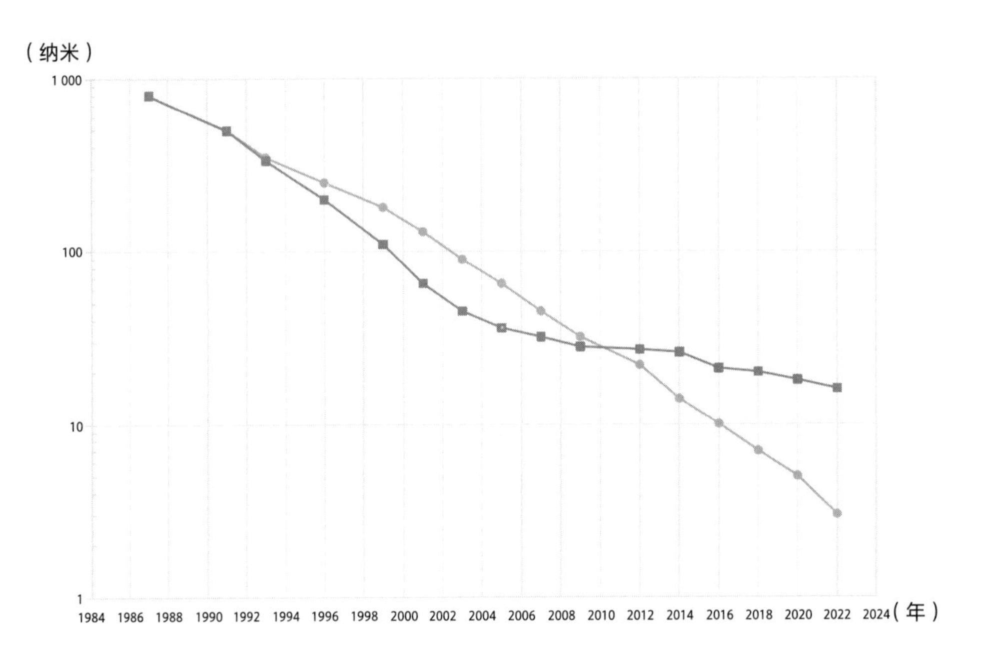

图 14-1　晶体管栅长和技术节点随年份的变化

注：晶体管栅长的缩减速度先加快，再放缓，现在的晶体管栅长实际远大于技术节点宣称的尺寸。[7, 8]

这些节点尺寸远小于实际晶体管栅长，技术节点跟晶体管的真实尺寸日渐脱节，直到最后，两者之间变得没有任何关联，技术节点沦为一个标签。实际上，技术节点从 10 纳米到 7 纳米，晶圆的金属间距仅仅缩小了 10%，远小于之前的 30%。

那么问题来了，晶体管的栅长缩短速度放缓，如何才能让芯片内的元件数量继续按照摩尔定律的节奏增加呢？

晶体管的面积不仅取决于栅长，也取决于晶体管的栅间距（G）和金属间距（M），两者合围成的长方形决定了晶体管的面积。当无法继续缩短栅间距时，人们还可以缩短金属间距。例如，台积电公司的 7 纳米工艺，栅间距和金属间距围成的长方形为 54 × 40 纳米。

但一般人根本记不住这么一组由 G × M 组成的数据，而且不同厂商对它的定义各不相同。它们一点都不像10纳米、7纳米、5纳米那样清晰而有力！所以，尽管业界都知道“技术节点”只是一组标签，但仍然在广泛使用。

如果说技术节点的命名还只是业界在玩文字游戏，那么经济成本的飙升则是实实在在的痛。在洛克定律①的作用下，芯片制造成本每四年翻一倍。晶圆厂的创办成本从 20 世纪 60 年代的几百万美元飙升到了 21 世纪第一个十年的上百亿美元。2018 年，英特尔公司第二季度的收入为 170 亿美元，仅够建一座采用 5 纳米工艺的晶圆厂。

抵抗晶圆厂成本上升的一个方法是，扩大单片晶圆尺寸（见图 14-2），在一片晶圆上尽量塞进更多的芯片，以摊平成本。为此，业界希望将晶圆尺寸从 12 英寸扩大到 18 英寸，这样一片晶圆将能容纳 1 490 颗长和宽均为 1 厘米的裸芯片，远高于 12 英寸的 640 颗。[9] 阿斯麦尔公司等厂商成立了 18 英寸晶圆的开发联盟，共同推动研发。但后来由于技术和投资回报等原因，18 英寸晶圆的制程迟迟无法推出。[10] 2013 年，阿斯麦尔公司暂停了 18 英寸晶圆光刻机的研发，开发联盟名存实亡。

即使是无须维护晶圆厂的“无厂模式”型设计公司，也明显地感受到了成本的负担。在 65 纳米技术节点，设计一款主流处理器芯片的费用为 2 400 万美元，到 14 纳米时升高到了 1.48 亿美元，而到 5 纳米时更是攀升到了 4.76 亿美元。高企的成本将无数小公司挡在了市场之外。[11]

① 关于洛克定律，详见第 13 章。

如果说2005年以后摩尔定律走向“衰老”出现了前兆（即晶体管栅长缩短速度变慢、CPU的工作频率不再增加），那么到了21世纪第一个十年，摩尔定律最根本的成本魔力也开始失灵。换句话说，为了提升芯片性能，我们必须付出高昂的成本代价，“免费午餐”的时代结束了。①

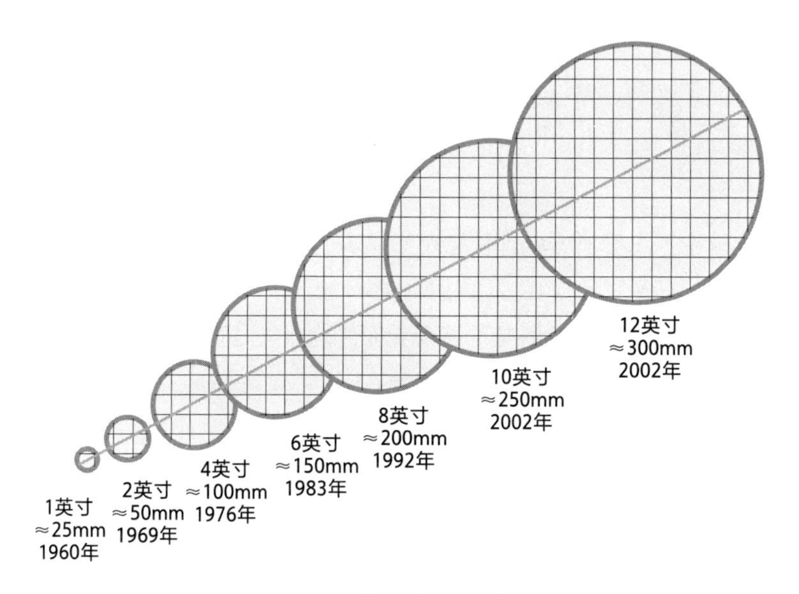

图14-2 晶圆直径在不同时期的演变

应对挑战，三条路径

半导体产业面临的挑战日益严峻，我们该如何应对？

① 将来，即使摩尔定律失效了，学习曲线仍会起作用。我们在第6章提到过学习曲线，随着晶体管总量增多，成本就会成比例地下降。由于学习曲线中没有时间维度，这意味着尽管将来芯片规模翻番的速度会越来越慢，学习曲线向右下角延伸的速度变慢，但学习曲线本身仍有效。
从经济角度来看，如果某一天，这条直线中成本下降的速度开始低于通货膨胀率，那么将晶体管成本换算成名义价格，实际数值会开始增加，那时摩尔定律面临的挑战将会更大。

如果把晶体管比作粮食，我们可以参考解决粮食危机的方法，来说明应对芯片挑战的三种思路。

第一，最直接的就是继续提升主要粮食的单位面积产量，这对应于提高芯片中晶体管的密度，这被称为“延续摩尔”（More Moore）。

第二，是扩展其他粮食种类，提高丰富程度，这意味着除了 CPU、内存等数字芯片之外，还要大力拓展模拟、射频、电源、显示、柔性芯片等的用途，以及通过 3D 芯片将各种功能集成在一起，这叫作“扩展摩尔”（More than Moore）。

第三，也是最长远的，是开发全新的粮食品种，这对应于探索 MOS 场效晶体管以外的新型晶体管，例如碳纳米管场效晶体管（简称 CNTFET 或 CNFET）、阻变式存储器（简称 RRAM）、相变随机存取存储器（简称 PCRAM）、隧穿场效晶体管（简称 TFET）等，这条路径叫作“超越摩尔”（Beyond Moore）。

“延续摩尔”

半导体业界继续缩小晶体管尺寸，提高芯片里晶体管的密度，是“延续摩尔”路径的主要目标。

当工艺节点从 5 纳米进到 3 纳米和 2 纳米时，FinFET 遇到了一个老问题，晶体管无法有效关断，漏电流飙升导致发热严重。尽管 FinFET 已经变成了立体结构，可通过凸起的三个侧面去关断导电沟道，但仍无法完全关断。

2003 年，研究人员提出了更大胆的“纳米线”（Nano-wire）结构。在这种结构中，晶体管的导电沟道变成纳米粗细的一根“线”，完全被一个环形的“栅”

给全方位地环绕，就好像一只“手”握着橡皮水管。在“手”上施加电压，能更好地关闭晶体管，减小漏电流。

虽然这种结构解决了晶体管关断的问题，但也对晶体管开启后通过的电流大小造成了影响：细细的纳米线对电流的阻碍作用极大。

为此，2006年法国原子能委员会电子与信息技术实验室（CEA-Leti）的研究人员提出纳米片（Nano-sheet）结构。这类晶体管又叫GAAFET（见图14-3）。在这种结构中，连接晶体管开关两侧的不再是细细的“线”，而是薄而宽的“片”，这样全包围的结构更利于关断晶体管，而多个薄而宽的片又提升了导电能力。[12] 2017年，IBM公司展示了这种堆叠的纳米片晶体管。2021年5月，IBM公司采用纳米片成功突破2纳米技术节点，在一个指甲盖大小的芯片上集成了500亿个晶体管。[13]

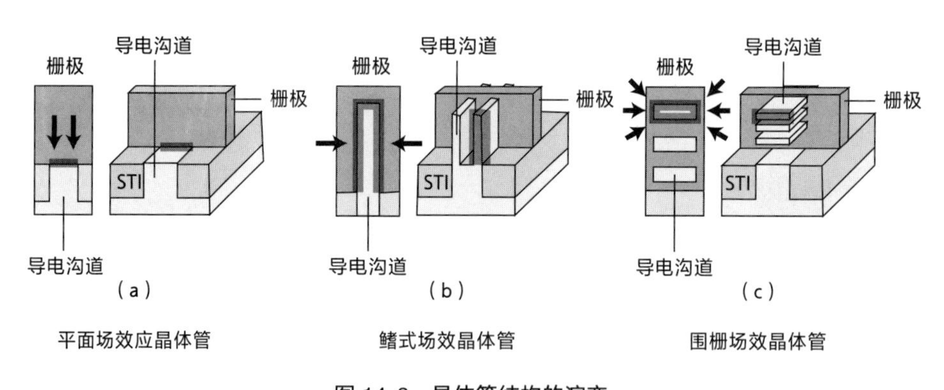

图14-3　晶体管结构的演变

IRDS预测围栅晶体管将用于3纳米、2纳米及以下的技术节点。[14] 三星公司准备在3纳米技术节点时切入围栅晶体管，而台积电公司准备在2纳米技术节点时迁移过来。

在随后的1纳米和0.7纳米技术节点，单个晶体管的尺寸将再一次面对挑战。

IRDS 预测那时业界将把水平放置的围栅晶体管竖立起来，以进一步减小“占地面积”。再进一步，业界还可能将围栅晶体管堆叠起来，做成 3D 结构。芯片将通过堆叠的方式继续向上“生长”，就像一层层的空中花园，以便继续提高单位面积可以容纳的晶体管的数量。

尽管有了好的晶体管结构设计，但能否将其制造出来则又是另外一回事。

制造晶体管的最大瓶颈仍然是光刻机。光源为 193 纳米的浸没式光刻机可以加工的最小栅间距约为 34 纳米。要知道，193 纳米的紫外光（经过水折射后变成 134 纳米）本身无法用来加工这么小的尺寸，它需要经过多次曝光，分次加工线条的不同边缘，才能达到所需的精度。

然而，加工尺寸越小，紫外光进行多重曝光所需的掩膜版数量也就越多，到了 7 纳米技术节点就需要几十层掩膜版。掩膜版越多，加工步骤越多，所花费的成本和时间也就越多。10 纳米工艺制造的晶圆比 14 纳米工艺制造的晶圆贵了 32%，而在 7 纳米的技术节点又比 10 纳米贵了 14%。[15] 如果到 5 纳米技术节点时再不采用下一代 EUV 光刻机，光刻所需的步骤将达到 100 多步。[16]

EUV 光刻机（见图 14-4）的光源波长是 13.5 纳米，仅为浸没式光刻机的 1/10，是解决这一问题的希望。然而，EUV 光刻机的问世时间却一次次地推迟。早在 1994 年，半导体业界的几家公司就联合起来启动了 EUV 光刻机的工业化进程。阿斯麦尔公司于 2006 年交付了一台光刻胶的扫描样机，但之后却卡在了激光光源这一障碍上，波长 13.5 纳米的 EUV 光太难产生了。

直到 2011 年，美国加州的西盟半导体设备公司（Cymer）提出了一种产生极紫外激光的方法。阿斯麦尔公司的一位光刻专家阿尔贝托·皮拉提（Alberto Pirati）评论说：“我第一次听到这个主意的时候，觉得它很疯狂。”[17] 这个主意是将金属锡高温熔化，把极其细微的液滴均匀地喷洒在一个空腔里，然后用大功率二氧化碳激光器发出一束强光，以每秒 5 万次的频闪照射这些液滴，并将其转变为类似太阳中的等离子体，从而激发出 13.5 纳米的 EUV。

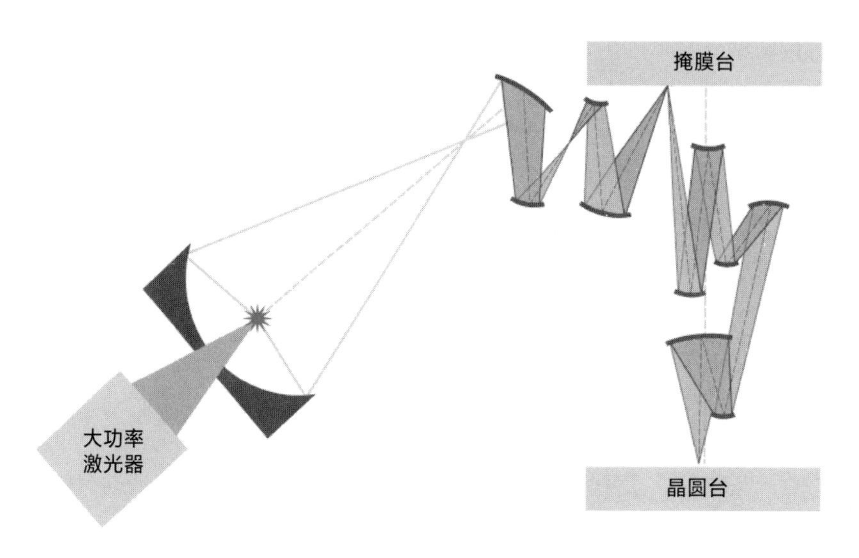

图 14-4 EUV 光刻机原理示意图

然而，这种方法的效率却异常低下，激光器需要 20 千瓦功率的输入（可为 100 台冰箱供电），却只能得到 11 瓦（相当于一盏 LED 台灯的功率）输出，远小于光刻所需的 250 瓦，其余 99.945% 的能量都变成热量耗散掉了。

不得已，西盟半导体设备公司找到了一个变通方法：用一束低功率的先导激光照射滴液颗粒，将其“压扁”成薄饼形状，增大受光面积，接着再用高功率激光照射，以激发出更多的 EUV 光。2013 年，输出的光源功率提高到了 55 瓦，2016 年达到了 200 瓦。[18] 2018 年终于达到了实际工作所需的 250 瓦。

尽管 EUV 光源有了，但新的问题又冒了出来。EUV 光无法在空气中传播，因为这么短波长的光会被空气吸收掉。为此，机器内部的光传播路径和晶圆加工台所在区域要抽真空。

更麻烦的是，玻璃透镜也会吸收 EUV 光，人们不得不放弃使用了几十年的透镜，改用反射镜。然而，普通的反射镜也会吸收 EUV 光。为此，阿斯麦尔公司发明了一种特殊的镜子，表面交替涂有硅和钼的薄层，每层只有几纳米厚。利用两种材料不同折射系数的布拉格效应，每个交界面处都可以反射一部分 EUV 光。

EUV 光在到达晶圆台前要经过 12 个反射镜，每次反射损失 30%，最后只有约 1% 的光线能照射到晶圆片上。[19] 本来 250 瓦的光源，照到晶圆上只剩下 2 瓦。[20]

如此微弱的光线需要光刻胶极其敏感，但高灵敏度的光刻胶又会引起加工精度的波动……技术难题层出不穷，解决完一个，又冒出一个。

经过多次延迟，阿斯麦尔公司最终克服了难以想象的困难，制造出了人类历史上最精密的光刻机，每台成本高达 2 亿美元。

2018 年，阿斯麦尔公司开始向客户交付 EUV 光刻机。每台机器的部件需要 4 架波音 747 飞机运送。[21] 运抵晶圆厂后，那里会有准备就绪的上百名工程师，他们负责安装和调试。光刻机占地约 80 平方米，其中激光部分占了 20 平方米。整个机器像一座冰山，因为大量管道和线缆埋在地下 10 米深处，然后才是露出地面的部分。

2020 年，经过 17 年的研发，EUV 光刻机终于开始用于 5 纳米节点的工艺制造。它在未来面临着新的挑战。1 纳米及以下的技术节点需要更高的分辨率。这时，就需要高“数值孔径”的 EUV 光刻机，而后者所需的光源功率还要再翻一倍，达到 500 瓦才行。[22]

然而，EUV 光刻机很快也将达到极限。IRDS 预计，2028 年半节距将达到极限的 8 纳米①。[23] 那将会是“悬崖边缘”，再往前就是量子力学的不确定性统治的世界了。当光刻精度达到极限后，晶体管尺寸将无法继续缩减。

唯一有可能继续增加晶体管密度的方法，就是将多层芯片在垂直方向上堆叠，这就像是将一层平房变成高层楼房，以提高晶体管密度。实际上，在 EUV 光刻机之前的工艺上，人们制造成本敏感的存储器时就已经开始使用 3D 堆叠技术，这样就无须采用最先进的光刻机，也能很好地控制成本。目前，存储器已经实现了数百层的堆叠。[24]

除了以上困难，CPU 性能提升也变得越来越缓慢。20 世纪 90 年代，CPU 性能每年可以提升 52%，到了 21 世纪前十年每年只能提升 23%，从 2011 到 2015 年，这个数值又下降了近一半，只有 12.5%，而在 2015 年到 2018 年几乎停滞，只有 3.5%。[25]

而且，CPU 和存储器之间的“内存墙”也越来越难以逾越。冯·诺伊曼计算机要先从内存中调取数据，再送入 CPU 中计算。但是，CPU 处理能力显著提高后，计算机从内存调取数据的速度并没有等比例提高，于是 CPU 和内存之间就形成了通道瓶颈。

CPU 很快将“腹”中的数据“消化完毕”，而新的数据却迟迟不能从内存“喂”过来，CPU 不得不处于“饥饿”状态。据估计，计算机从内存将数据搬运过来的时间比 CPU 处理时间至少长 10 倍，CPU 只能将宝贵的时间和资源浪费在等待上。[26]

造成 CPU 和内存之间存在“高墙”的原因有多方面，其中之一是 CPU 和内

① 此外，尽管 X 光和电子束的波长比 EUV 更短，但是由于 X 光需要占地面积很大且昂贵的同步辐射源，而电子束的串行写入会导致效率低下，被认为不适合大规模芯片制造。

存的距离，它们位于不同的芯片，容易造成信号延迟。为了缩短这段距离，人们提出将 CPU 与内存封装在同一颗芯片内，分别放置在不同层，然后堆叠成一颗三维芯片，层与层之间通过硅通孔相连，以缩短信号传输距离。然而，即使 CPU 和内存在同一颗芯片内的不同部分，互连线上的时延也越来越严重。

彻底解决“内存墙”问题的方法是改变 CPU 从内存中调取数据的方式，不再以计算单元为中心，而改为以存储为中心，发展计算、存储一体的“存内计算”。这种全新的计算机架构有可能改变“80 岁高龄”的冯·诺伊曼计算机架构的统治地位。

“扩展摩尔”

随着“延续摩尔”遇到的障碍越来越大，人们开始寻找其他解决路径。2005 年，ITRS 提出了“扩展摩尔”的概念。这条路径追求的不是缩小单个晶体管的尺寸，而是增加系统功能的多样性，在一个芯片上集成和实现丰富的功能。

这条路径关注的不是 CPU 和存储器这些需要最先进工艺的数字芯片，而是模拟、功率、传感以及数模混合芯片，它们不需要最小的晶体管，但能实现丰富的应用场景。

“扩展摩尔”根据顶层的应用与需求来拉动技术的发展，其中一个最大的需求就是物联网。过去几十年中，个人电脑和手机先后普及，但数量已经趋近饱和，将来的数量至多再提高 3 倍。而未来的物联网设备，包括智能家居、健康监测、自动驾驶汽车、环境监测等，还会增加 3 个数量级，构成一个无处不在的物联网世界。

例如，自动驾驶汽车里需要激光测距雷达、超声波传感器、加速度计等多种传感器；医疗领域需要可穿戴式的生理信号监测设备，以及为了抑制癫痫发作的植入式传感器和电流刺激芯片等；环境监测领域需要能探测各种二氧化碳、硫化物等污染物的传感器芯片。这些传感器需要跟 CPU、存储器等集成在一起，从而实现丰富的功能。

此外，我们也需要高效的电源，想要实现极低的功耗，满足便携或移动设备的要求。我们同样需要用高信噪比的传感器和模拟电路来感知或采集微弱的生理信号、危险气体的浓度等。我们也需要满足各种频段的无线射频电路，实现更多样的无线连接。

另外一个有“扩展摩尔”需求的是能源领域。与硅相比，氮化镓和碳化硅等半导体材料的性能更优异，用它们制成的功率器件可以在相同的耐受电压下提供更高的开关频率，或者在相同的耐受电压和开关频率下有更低的导通和开关损耗。[27]

此外，人们也将对能量收集技术产生极大的需求，因为许多传感器安置在露天环境中，没有市电供电，也不方便更换电池。而能量收集的途径可以是机械振动、冷热温差或者无线电波、光线等，这将大大地延长芯片的工作时长。

最后，柔性电子将在基于织物的可穿戴设备、折叠屏幕、薄膜太阳能电池等方面发挥作用。未来相当一部分柔性电子设备将通过打印在柔性基材上的方式制造出来，但这需要业界在有机材料和碳基材料上取得进一步突破。

从 2017 年开始，一种叫作小芯片（Chiplet）的技术引起了业界，尤其是超威半导体公司的兴趣。以往，人们尽量将不同的电路模块集成到一颗芯片上，以降低成本。但是人们发现，加工的芯片面积越大，芯片良率（晶圆片上性能良好的裸芯片的比率）越低，进而推高了成本。反之，将大芯片拆成小芯片则能提高良率，降低成本。

于是，一种相反的趋势出现了：将大芯片拆解成尺寸较小的单个芯片，分别制造，然后再通过封装技术合成在一起（见图 14-5）。这有点像先制造小块的乐高积木，然后将其拼成一个更大的整体。例如，将一颗面积为 360 平方毫米的芯片拆成 4 颗小芯片分别制成，它的良率将提高两倍多。[28] 在这一趋势下，未来 CPU 中的内核会越来越多。超威半导体公司的一款“霄龙”处理器（简称 EPYC）中有 8 个小芯片，每个小芯片中又有 8 个内核，总共有多达 64 个内核[29]。

小芯片技术为芯片系统增加了一个自由度，即每个小芯片的制造都可以自由地采用最佳性价比的工艺，CPU 和内存采用先进工艺以提高算力，而模拟和射频等则采用较为低价的成熟工艺，以降低整体成本。[30]

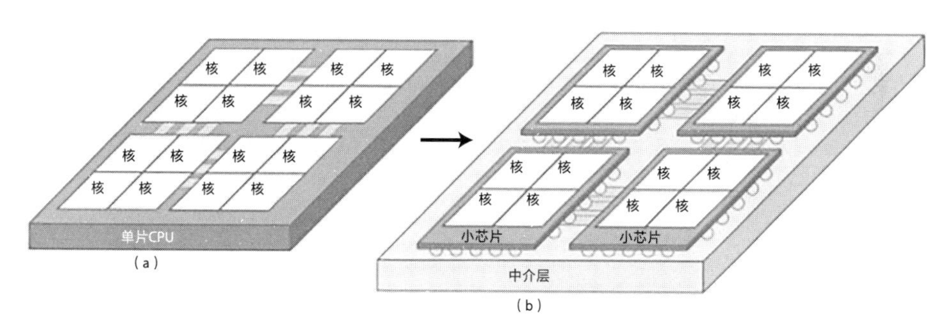

图 14-5 将单一芯片（a）拆分为小芯片（b）分别制成，并通过下方基板互连起来

1958 年到 1959 年基尔比和诺伊斯发明集成电路时，他们分别解决了集成和互连的问题。现在 60 多年过去了，我们仍然走在追求如何更好地集成和互连的路上。集成的方式从平面走向了三维，从单芯片走向了多芯片，从单一电路互连走向了数字、模拟、射频、传感器等多种电路的集成，从硅集成走向了硅、碳、锗等元素的共同集成，从平面互连走向了立体互连。

“超越摩尔”

大数据、物联网、人工智能和超级计算等新技术的计算需求对芯片性能和能效提出了更高的要求，于是就有了第三条路：“超越摩尔”，又叫“超越CMOS”，即在主流的CMOS技术之外寻找更好的可能。

硅晶体管中的漏电流一直是科学家的心头大患。为此，人们发明了TFET（其结构见图14-6）。它利用导带与价带之间的量子隧穿效应，控制晶体管的开与关，使漏电流更小、导通电流更大，突破了传统晶体管中的麦克斯韦-玻尔兹曼统计限制，使得亚阈值摆幅低于60 mV/dec的下限。不过，TFET的源极与漏极不再像MOS场效晶体管那样同为P型半导体或同为N型半导体，而是一边为P型半导体，另一边为N型半导体，这对器件制造和应用提出了新的挑战。

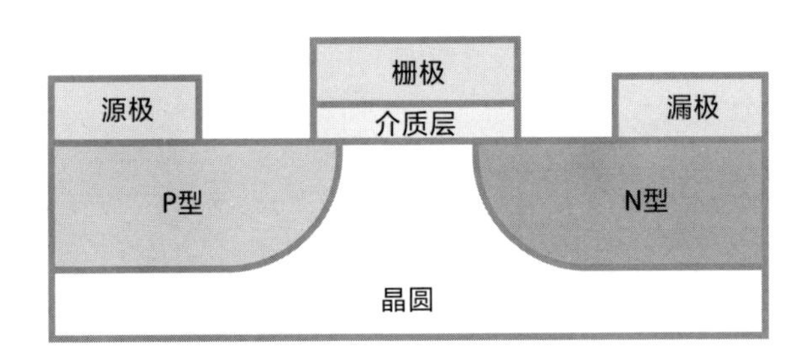

图14-6　TFET的结构

硅材料虽然适合大规模生产，储藏丰富，还有一个天然稳定的绝缘氧化层，但它也有难以克服的缺点：电子迁移率低，导致开关速度不高；散热特性一般，限制了芯片的工作频率。这些问题都让“延续摩尔”之路变得困难重重。

而碳材料则在迁移率、小尺寸和散热特性方面具有优势。在实验室中，研究者已经用碳纳米管制成了CNTFET（见图14-7），结构类似于硅MOS场效晶体管，只是将中间的导电沟道换成迁移率更好、散热性更好、尺寸更小的碳纳米管。目前，人们仍在解决大规模制备方面的挑战。

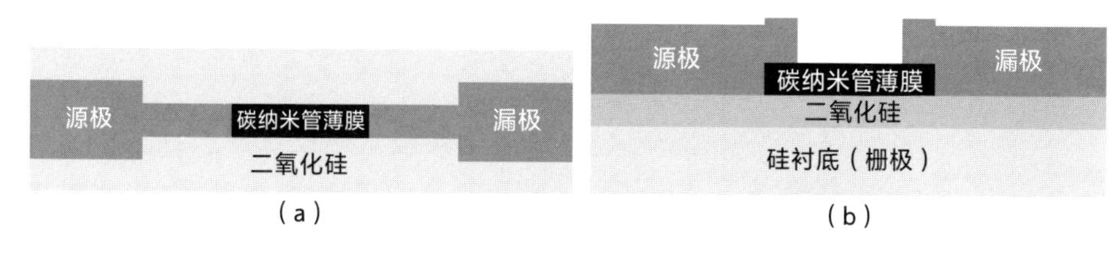

图 14-7 CNTFET

注：俯视图（a）和侧视图（b）。

无论是 BJT，还是 MOS 场效晶体管等器件，都是用电子作为信息处理的媒介，创新的思路则是采用速度更快的光子。光子没有散热问题，不受电子噪声影响，而且光信号延迟小、通信带宽远高于电信号。此外，用硅材料就能做出各种光处理器件（光波导、光滤波器和光连接器等），它们很容易就能集成到 CMOS 芯片中，从而大大地降低成本。制造光互连处理器已经开始变得可能。不过，硅光电子仍需要突破一些技术瓶颈才能进入实际应用。

1970 年，加州大学伯克利分校的蔡少棠（Leon Chua）教授发现，当时已有三种基本元件：电阻器，负责关联电压和电流；电容器，负责关联电压和电荷；电感器，负责关联电流和磁通量。但电荷与磁通量是否可以有直接关联呢？蔡少棠提出，或许存在第四种基本元件能将电荷和磁通量直接关联，他将其命名为忆阻器（memristor）（见图 14-8）。2008 年，惠普实验室威廉姆斯领导的团队做出了单器件结构的忆阻器，仅仅由两端的金属和中间的氧化物构成。

忆阻器具有电阻记忆效应，掉电后能维持电阻数值，在脉冲信号的激励下能改变电阻值，就像大脑的突触在神经元脉冲的刺激下改变连接强度，能作为人工电子突触模拟大脑中的化学突触，实现学习记忆功能。忆阻器的尺寸可以做到纳米级，但是在制备良率以及器件一致性方面仍有较大的改进空间。

除此之外，人们在自旋场效晶体管（简称 Spin-FET）、PCRAM、RRAM、磁阻式随机存取存储器（简称 MRAM）、柔性薄膜晶体管（简称 FTFT）等方面也展开了研究，但由于传统器件成本低、产量大，这些新型器件的优势还无法体现出来，不能在短期内替代现有器件。

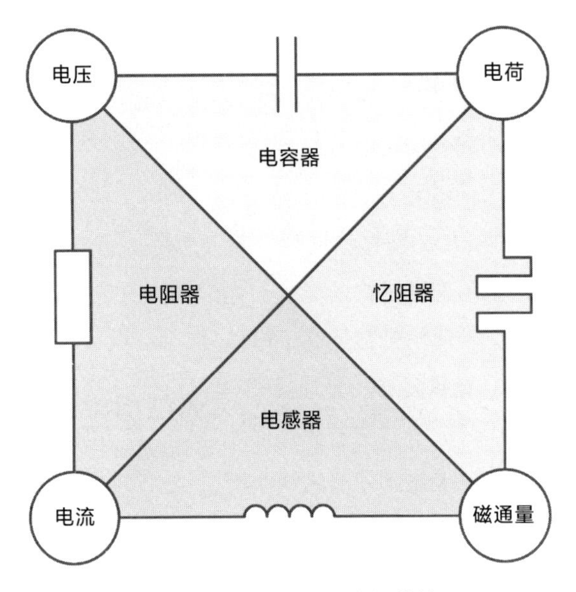

图 14-8　四种基本元件之间的关系

注：图中呈现了三种基本元件（电阻器、电容器和电感器）和蔡少棠设想的第四种基本元件——忆阻器彼此间的关联性。

不过，“危”中藏“机”。晶体管缩小之路的终结也许是一个好消息，因为此前业界的绝大部分经费和人力都投到了硅 MOS 场效晶体管器件的相关研究中，以维持其按照摩尔定律预测的速度前进。现在，MOS 场效晶体管尺寸缩小之路的结束将为非 MOS 场效晶体管器件的发展让出一条路。

在芯片设计的 EDA 领域，随着芯片中数字、模拟、射频等电路融合在一个系统中，电磁干扰将更加复杂，散热问题与性能退化需要更小心地应对，不同电路之间的接口也变得更加复杂。最近几年，人工智能开始用于解决芯片布线问题，以寻找最优解。[31]

在应用层面，为了满足不同场景下的计算需求，人们正在研究高带宽存储器（简称 HBM）、存内计算、近存计算、神经形态计算、近似计算和集感存算为一体的芯片技术。

这些设想将来都能实现吗？我们目前还无法确知，但它们未来一定会以一种我们从未看到过、听到过，甚至从未想象过的方式出现，打破我们曾深信不疑的论断。也许这里应借用计算机科学家艾伦·凯（Alan Kay）说过的一句话来回答："预测未来最好的方式就是把它发明出来。"[32]

不只是芯片，彼此依存的世界

如果说芯片产业是一棵大树，那么这棵大树起源于一颗很小的种子。这棵树的根是物理、化学和材料等基础学科，树干是半导体技术，各种器件和芯片组成了它的枝叶，这棵树不断地向上、向外扩展。

我们现在已经抵达高高的树冠。微风拂过，细枝颤动，在枝丫的末端，最新的嫩芽刚刚萌发。

为了生长，大树需要将水分和养料从根部"泵"到如此高的枝头，同时它还需要在地下朝着几乎与树冠相近的深度继续扎根下去。芯片产业也是如此，它也要向更深的基础科学扎根，吸取养分；而有创意的应用会在顶端萌芽冒出，带动下面的营养物质向上输送。

当芯片产业的种子刚从地面冒出一个尖时，驱动它的是来自地下的力量，即基础科学。而今，芯片产业作为一棵大树，则是器件和芯片的更新需求拉动"下方"的基础学科和半导体技术发展。

过去，蓬勃发展的新技术驱动着器件和芯片创新，这是一种自下而上的创新。而后来，应用侧的需求从上往下拉动着技术创新。这些应用侧的需求包括应对气候变暖、治理环境污染、与疾病斗争、探索宇宙和生命等，无不与人类的福祉息息相关。

为防止气候变暖，我们需要进一步扩大低碳能源的应用比例。但风能和太阳能因自身的特点只能间歇性发电，造成电网波动，这就要求我们用传感器、智能芯片和大数据技术来控制和平衡电网。同样，我们需要发明低成本、高效率的太阳能电池，这使我们需要找出更高效的太阳能材料，如钙钛矿等。

恶劣天气威胁着我们的生命，而污染则影响着我们的长期发展。我们需要时时监测气象信息，发现污染源头，要做到这些，离不开卫星上的高清红外图像传感器和可见光图像传感器的帮助。同时，我们也要研究如何抵御来自太空的宇宙射线的辐射，防止数据丢失。

健康是人类永远的关注点。我们要研究疾病的成因、研发疫苗、预测蛋白质结构、测定基因序列、研究合成新药的方法，这些都离不开算力更强大的计算机和芯片。

探索宇宙一直都是拉动芯片发展的重要动力。在征服了火星之后，人类的下一个目标是金星，但它的表面温度高达 476℃，现有电子设备无法在如此高温下开展工作。而碳化硅半导体能抵抗 500℃的高温，它能安装在金星着陆器上。[33]

相较于解决具体技术问题的困难，也许更难的是省察自身。我们也要考虑为了解决问题而消耗的能源和产生的热量，反省对环境产生的不利影响。制造芯片要消耗大量的水和电力，每制造一颗芯片，需要消耗一加仑（约 3.8 升）的水。而且，废弃的芯片无法自行降解，需要经过额外的步骤处理，才能不对环境造成污染，否则我们将被电子垃圾包围。

半导体制造虽然以硅为主要原料，但实际上为了造出最尖端的芯片，人们已经将元素周期表中的一半元素都已经应用在芯片中，其中一些元素有极大的毒性，在制造过程中不能外泄。早在仙童半导体公司和英特尔公司刚刚成立的年代，人们还没有意识到这个问题，一些有害元素就这样进入了土壤层。现在，人们正尽可能地减少有害元素的排放。

目前，人工智能、云计算需要大量 CPU 和 GPU 芯片，消耗的电力和产生的热量惊人，许多服务器机房不得不建在了寒冷或电力充沛的地方。如果我们不对微电子器件的功耗做出改善，那么到 2030 年，全世界 1/4 的电力将消耗在各种微电子器件上。而考虑到目前全球的电力仍主要由化石燃料供应，这将对碳排放控制造成巨大的压力。[34]

* * *

进入 21 世纪，以台积电和中芯国际为代表的亚洲半导体制造企业兴起，包揽了全球一大半的芯片制造业务，而美国的芯片制造业从 20 世纪 60 年代开始尝试外包以来，制造份额从 90 年代开始逐渐下降，降到了约 10%。欧洲的制造份额也在不断下跌。

2020 年以来，美国正积极地让芯片制造回归，并通过了专门的“芯片法案”（CHIPS）。而欧盟也提出到 2030 年将生产全球 1/3 的芯片。

2019 年 5 月 15 日，特朗普宣布美国进入紧急状态，制裁华为并停止给华为供应芯片。世界的目光聚焦到华为身上。因为在不到 20 年的时间里，华为从一家只能设计交换机上的简单芯片的小公司变成了世界上仅有的几家能用最先进的工艺设计 5G 通信芯片的行业先锋。

16 日深夜，华为海思公司总裁何庭波给全体员工发了一封信：“多年前，公司做出了极限生存的假设，预计有一天，所有美国的先进芯片和技术将不可获得，而华为仍将持续为客户服务。为了这个以为永远不会发生的假设，数千海思儿女，走上了科技史上最为悲壮的长征，为公司的生存打造'备胎'。数千个日夜中，我们星夜兼程，艰苦前行……今天，是历史的选择，所有我们曾经打造的'备胎'，一夜之间全部转'正'……今后，不会再有另一个十年来打造'备胎'然后再换胎了，缓冲区已经消失，每一个新产品一出生，将必须同步'科技自立'的方案。"[35]

台积电公司的态度决定了华为能否挺过芯片断供这一关，因为华为海思是一家"无厂模式"设计公司，自己只负责完成芯片设计，要依靠台积电公司等晶圆代工厂来实现芯片加工。一个星期后，台积电公司评估后表示，自己的技术中来自美国的部分少于25%，没有违反出口管制规范，会继续为华为海思制造芯片。

第二波制裁在一年后到来。2020年5月16日，美国援引"长臂管辖"原则，要求全世界范围内使用美国技术的公司，都不准给华为供货，否则一并制裁。台积电公司由此受到限制，华为的高端芯片面临彻底断供。台积电公司赶在4个月缓冲期限内将代工的最后一批芯片交付华为，从此"麒麟"高端芯片成了绝响。[36]

8月7日，华为终端总裁余承东表示："很遗憾，在半导体制造方面，在需要重资产投入的领域和产业，华为没有参与，我们只是做了芯片的设计，没搞芯片的制造。对我们来说，制裁是很痛苦的，但同时又是一个重大的机遇，逼迫我们尽快地（实现）产业升级。"[37]

然而，美国没有给华为的产业升级留下时间，第三波制裁于8月17日到来，制裁范围扩大到了软件与服务领域，华为的38家关联公司也被列入"实体清单"，华为被断绝了所有后路，岌岌可危。9月，余承东在华为开发者大会的背景墙上打出了一行大字："没有人能够熄灭满天星光。"11月，华为不得不割爱出售自家的荣耀手机品牌以自救。[38]

2021 年 3 月，新上任的拜登政府宣布对华为进行第四轮制裁，导致 5G 射频模组的供货渠道被封锁，华为之前囤积的“麒麟”5G 芯片被废掉“武功”，只能当成 4G 芯片来使用。

11 月，美国再次出手，拜登签署了《2021 年安全设备法》，以“确保像华为和中兴这样的公司的不安全装备不会再进入美国的通信网络”。美国威胁各国，如果不禁用华为，就停止共享情报。

2021 年，华为的消费者业务下降了近 50%，手机市场份额骤降到个位数。华为海思公司跌出了全球十大设计公司之列，位列 25 名之后，营收大跌 81%。[39]

美国的制裁清单越来越长，其中不仅增加了海康威视、浪潮、中芯国际等企业，还添加了同济大学、西安交通大学、哈尔滨工业大学、天津大学、四川大学、北京航空航天大学、北京理工大学等 20 所中国高校。

由于美国打压造成供应链持续紧张，很多厂商人人自危，不自觉地囤积了一两年的货，再叠加上 2020 年开始的全球新型冠状病毒肺炎疫情，造成汽车、家电等行业长期缺芯，欧洲、亚洲的各大厂商因为不能向华为等实体清单上的公司供货，损失高达数百亿美元。一切变得史无前例的混乱。

* * *

每一种重大发明都可以将人类带往更安全舒适的角落，芯片也不例外。回过头来看，由于有了芯片和信息技术，短短几十年间，我们已经从信息匮乏时代进入了信息过剩时代。

不过，我们有时候也会在技术的助力下冒进，缩到一个远离大自然和亲友的偏僻角落里，缩在一个只有自我的信息茧房里。我们生产了海量的数据，而且新数据仍在以指数级增长，过去十多年中增加的数据超过了人类历史上所有数据的总和。但这些数据如何才能转化为有效的信息？我们如何才能在海量的信息中坚定自我，避免被其淹没？我们的隐私如何在大数据时代得到保护？

我们需要停下脚步反思一下，技术带来的一切是否都是甜蜜与福祉？技术能否消除所有的不平等和偏见？如何保证新技术不被滥用，尤其是不被别有用心的人利用，成为奴役别人的工具？为此，我们还能做些什么？

尾声

在故事的最后，我们又回到了最初的起点——那些叛逆的年轻人，如玻尔、海森堡和薛定谔等人曾经站立过的起点。

一百多年前，这群不愿受束缚的年轻人创立了量子力学，让偶然替代了必然，让不确定性统治了确定性，从而颠覆了人们的直觉。

之后，又有一批年轻人抓住了接力棒。他们迅速地接受了这种令人不快的不确定性，并驯服了它，使之成为一种能够按照人类意愿改变的、确定的“0和1”。他们巧妙地操控着量子效应，让概率小于百万分之一的量子跃迁变得可控，让半导体内的电子按照人类设定的逻辑流动，由此构造出了晶体管和芯片的雏形。

如今，我们再一次遭遇了挑战，最小尺寸的晶体管逼近了它的物理极限，量子效应正变得不可操控，不确定性再次变得强大，即将从晶体管日益紧缩的束缚中挣脱出来。我们习以为常的尺寸缩小之路马上将逼近它的大限，未来将会怎样发展？

也许我们已经有了一些更好的设想。毕竟，我们已经从半导体发展中吸取了经验、得到了教训，我们不再幼稚，知道了不能再对提出叛逆想法的年轻人指手画脚，不能再只用 180 美元奖励做出重大发明的人，不能再对看不到应用前景的想法说“不可能”……

然而，我们真的能做到吗？我们真的能摆脱历史的循环吗？

未来，当某个年轻人提出一种看上去有潜力的新器件，但它的性能却远不如当前最先进的晶体管时，他会不会像当年提出 MOS 场效晶体管的阿塔拉那样，不被准许发表论文，想法被弃于一旁？或者，未来的某个人发明了一种更新的器件，但找不到一个合适的应用场景时，他的研究会不会像克莱默那样被上司拒绝？又或者，未来的创新者会不会像中村修二那样在办公桌上收到老板写的纸条：“立刻停止研究 CNTFET（硅光电子、TFET、忆阻器……）！”

我们真的无法保证，尽管有人曾在那里栽过跟头。如果我们没有真正地从中吸取教训，未来可能还会在同样的地方摔倒。

未来的新技术必然带来新的分裂。因为新技术会带来新的产品形态和工作模式，而已经适应原有模式的人必然会抗拒新的变化，进而跟试图创造新模式的人产生矛盾。当矛盾越来越大，支持传统模式的人不愿意被支持新模式的人取代，但前者拥有更多的资源和权力，会试图控制和挤压新技术的空间。而新技术的发明者或支持者要么出走，要么在有识之士的支持下，继续完善新技术并寻找新的应用场景。

更大的挑战在未来，那里有我们还没有踩过的坑，我们如何才能避开呢？

当未来的发明不再靠一两个人，而是要靠上千人的团队和上千亿元的投入时，单枪匹马地奋斗是否还有机会？当研发机构一个接一个地掉队，宣布放弃时，当购买技术比自主研发容易得多的时候，坚持下去是否还有意义？当现有技术的极限正步步逼近，而新技术却无法接过接力棒时，我们该如何权衡和抉择？当我们陷入焦虑和恐慌并将合作的链条斩断的时候，失去的信任该如何重建？

在重大危机和事故中，人类往往能展现出团结一致的一面，但在反反复复、不断升级的危机中，我们是否会变得疲倦不堪、被无力感控制，从而在一次次的绝望中断言“不可能”呢？

芯片领域的发展离不开创新与合作。创新与合作就像太阳内部的核聚变反应，抵消着自身重力引起的坍塌。当创新与合作衰亡之时，半导体行业将像老去的恒星那样收缩、坍塌……

如果说晶体管的偶然发明是“一日新”，随后晶体管和芯片的发展是目标笃定的“日日新”，那么在危机之下，何时才会出现更彻底的“又日新”？

本章核心要点

伴随着晶体管尺寸从微米级别缩小到纳米级别，摩尔定律的提出已经有近60年的时间。

曾经让半导体开关成为可能的是量子物理学，而如今让晶体管失效的也是量子物理学。在极小尺寸下，量子隧穿将占主导作用，使得逻辑计算所依赖的0和1之间的界限变得越来越模糊。由此，晶体管尺寸的缩小之路即将走到尽头。

但是人们并未甘心，他们仍在辗转腾挪，设法拖延这一天到来的时刻，这就是“延续摩尔”这条路径的策略。除此之外，人们还在设想将各种不同功能的芯片集成起来，形成功能更丰富的应用，这是“扩展摩尔”之路。当然，人们也在探索MOS场效晶体管以外的新型器件，这是“超越摩尔”之路。

在芯片技术之外，人类面临着环境、疾病和能源等方面的各种挑战，这些都对芯片技术提出了新的需求。芯片并不是一项孤立的技术，它与人类和环境共同构成了一个彼此依存的世界。

变化永远存在，而新的疑问也会不断地涌现，如何摆脱过去的束缚，寻找明天的突破，仍是一代又一代人努力的方向。

扩展阅读

晶体管技术节点的演变

在20世纪70年代到90年代，半导体技术节点的定义为晶体管的半节距。

为了理解它，我们先看一个书店里摆放书架的例子。为了增大书架的密度，书店经理可以把书架的厚度变薄（假设书籍开本也相应变小）。假设书店员工会穿墙术，能自由地穿越书架，那么一旦书架变得更密集，书店员工穿越书架的时间将变短，或者说他们的穿越速度会更快。

现在，我们把芯片比作书店，晶体管则是成排的书架。每一列书架对应于一个晶体管的栅极，书架间的空间则是晶体管的源极和漏极部分。那么，书架的厚度就对应于栅极长度（即线宽），而书架的间隔就是晶体管的节距（见图14-9）。

为了提升晶体管的密集程度，就要缩短晶体管的栅长，这相当于让书架变得更薄。同时，栅极缩短后，晶体管栅极下的电流就能更快地通过，于是开关更灵敏，这相当于书店员工以更短的时间穿越书架。

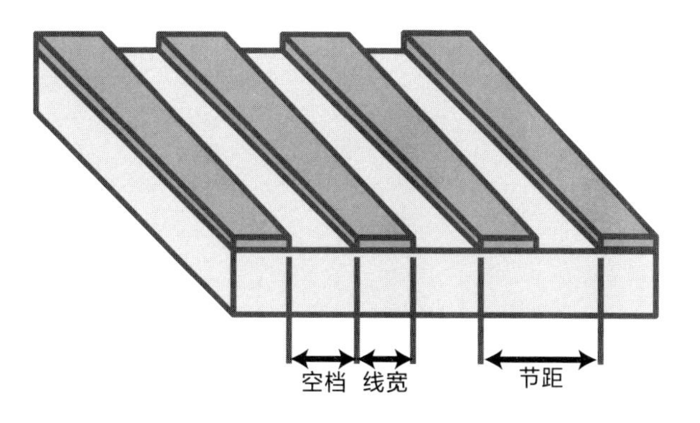

图 14-9 并列晶体管示意图

注：每一条代表着一个晶体管的栅极。

书店经理希望有更多的书架，也希望员工的移动速度更快，他只需要知道一个数据就能同时了解这两个指标，那就是“书架间距”。

同理，半导体厂商只需用一个参数就能反映出晶体管的密集程度和开关速度，那就是栅间的节距（CGP），业界用这个数值的一半——半节距，定义技术节点。

到了20世纪90年代，半导体厂商发现，如果书架的厚度和空档宽度差不多，那么书架厚度就近似等于书架间隔的一半。如果类似的假设成立，那么晶体管中的栅长就近似等于栅极间隔的一半，即半节距。于是，半导体厂商用栅长替换了半节距，作为对技术节点的定义。

到了21世纪，晶体管的栅长缩短速度放缓，人们无法实现每一代都缩短约30%，业界就提出用栅间距和金属间距的乘积来表示晶体管所占的体积。除此之外，还可以用单位面积上的晶体管密度来比较不同的工艺的集成度。

后记

在我的智慧终结处启程

2020年6月9日下午3点多，我坐在电脑前，突然间一个想法击中了我的内心。那一刻是一个起点，两年后有了这部书稿。

“芯片简史”是个宏大的题目，也是个巨大的挑战。如果没有那一刻的激情，单凭理性，我是不可能说服自己将如此庞杂的芯片发展史写出来的。但反过来，如果仅有那一刻的激情，我写出来的也将只是皮毛。

在随后的两年时间里，我逐渐将当时的激情转换成一种理性，将其建立在数百篇文献以及对过去百年芯片发展史的思考之上。

书稿写就，回顾当初，我才恍然明白2020年6月那一刻产生想法背后的原因。就在产生想法的一个月前，华为遭遇芯片彻底断供，这件事在我心里催生了一个愿望，希望能向公众更好地介绍芯片。

那个夏天，我开始着手收集资料，起点是我讲过的一门课的绪论，介绍了微电子的发展历程，当然这只是起始的一小步。

10 月份，我写出了一章。16 日下午，我收到行距文化的黄一琨先生发来的信息："汪老师，作品写得引人入胜。我读这样的作品，竟然非常享受。您辛苦了，真的很用心。"其实，我那时只给他发了一份有 22 页的简陋样章，收到这样的评价，深感意外。

三天后的中午，我收到了行距文化的刘诗瑶女士发来的消息，她说跟黄老师沟通了，建议我"按照科技史的思路来写，让读者了解为什么会出现这样一门学科、科学家为什么会这样思考，讲芯片这个领域的来龙去脉"。如果没有这个建议，我难以想象这本书会是现在这个样子。

每写好一章，我就发给刘诗瑶女士，内心忐忑。当时一些出版机构对初稿的反馈并不乐观，但我总能收到她热情洋溢的鼓励、毫无保留的打气，以及她从我那平凡的文字中找到的一处处微弱的闪光点。

写作过程中，行距文化的毛晓秋老师给我分享了她对非虚构写作的理解，让我找到了合适的叙事方法，为我的写作提供了持续的源泉。后续，她又对初稿提出了详细的修订意见。

* * *

随着写作的推进，我越来越感受到自己的无知。我发现自己处于一片处女地中，大部分发明人都从未得到过关注，不仅公众不了解他们，甚至连业界也不知晓。这让我变得诚惶诚恐，我既不是历史学家，也不是科学史专家，能写好这本书吗？真是无知者无畏。

改变是在不知不觉中发生的。当我沉浸在历史之中，跟那些遭到拒绝或抵制的发明人待在一起时，我全然忘记了自己是怎么被“引诱”上写作的道路的。我在时间长河里与这些发明人相遇，得以近距离观察他们，窥得一二真容。我沉浸在他们的生命当中，与他们共同经历。他们或是被拒绝发表文章，或是孤寂地去世，或是被褒奖和追忆。我时而为他们的遭遇而唏嘘垂泪，为他们被人误解而感到悲伤；时而为他们的经历而好奇心萌发，为他们的发明感到喜悦，欣欣然而忘己。

阅读他们的故事，我也好像与他们共同经历了一生中最精彩的数年，可谓不虚此行。他们是世界上最不按直觉思考的一类人，也是最不擅长表露情感的一类人，能够走进他们的内心，我深感荣幸。在写作过程中，我寻找过，感受过，记录过，如此甚好。

集成电路的发明人之一基尔比曾说，他并没有建造出一座“大水坝”，只是构想出了建造“水坝”的方法。另外一位发明人诺伊斯说，他并没有独自提出关于集成电路的想法，只不过是把已有的想法整合起来了而已。光刻技术的发明人之一莱思罗普说，他认为他采用的光刻技术不是一项发明，而只是一种应用。

我想象不出还有谁比他们更谦逊。我不准备将这些先驱塑造成神一样的人物，他们只是更好奇、更独立而已。除其中极少数天资聪颖的人外，他们的成功大都来自不懈追求、与人合作以及包容的环境。

我希望向读者展示这些开创者在当时的社会和技术背景下、在个人的具体境遇下是如何抉择以及行动，如何质疑和背叛传统的，同时传达出他们的科学精神和态度。

我希望能在芯片领域和大众之间架起一座桥梁，因此在写作时我做了以下努力：

一是高度还原历史中的创新过程，展现曾经盛行的观念和技术，以及新的技术是如何萌芽并与旧的传统斗争和最终突破的。

二是突出作为创新者的个体，他们是大潮来临前的一朵朵浪花、圈圈涟漪。本书将历史的聚光灯打在实验台前的科学家和工程师身上，展现了他们内心的渴望、追求、困顿、嫉妒和欣喜，他们也是有故事的人。

三是将发明面世那一刹那的火花清晰地呈现出来。在本书中，知识的"剂量"被压缩，但我希望这个最小知识集合能激起你智识上的兴趣，它的惊险程度不逊于一部小说。作为"侦探故事"中的必要"物证"，本书展现了新知被创造出来的过程。

尽管书稿经反复考证、校订，但芯片涉及领域众多且个人识见肤浅，书中定有尚未消除的错误和瑕疵，还望赐教指正。您可以发送邮件到 wangbo.i@qq.com 或者在公众号"偶遇科学"上留言，订正信息将会在公众号和 www.wangbo66.com 上更新。

我在写作中也有很多收获。这两年的大部分时间里，我都沉浸在一种波长极广、以年为周期的心流状态中，有内心的宁静，也有奋笔的艰辛。日复一日，唯求自慊。当然，这些都离不开所有帮助和鼓励我的人。

＊＊＊

感谢行距文化的黄一琨、刘诗瑶、毛晓秋和刘庆余等诸位老师，他们为了这部书稿费尽了心思，做了各种尝试，尤其是克服了疫情期间居家隔离的种种困难，无以为谢。感谢湛庐文化和出版社的编辑团队。同样特别感谢杨运洋先生在写作初期提出的改进建议。

承蒙多位业内人士审阅了部分书稿，他们是（以姓氏笔画为序）：牛刚（西安交通大学）、邓雨春（概伦电子）、刘美华（北京大学）、张立宁（北京大学）、张兴（北京大学）、张昭宇 [香港中文大学（深圳）]、张敏（北京大学）、陈春章（鹏程实验室）、林信南（北京大学）、金玉丰（北京大学）、金鹏（北京大学）、周航（北京大学）、赵晓锦（深圳大学）、郭建平（中山大学）、唐仙（清华大学）、焦海龙（北京大学）、鲁文高（北京大学）和潘权（南方科技大学）。诚挚感谢他们在与作者讨论过程中给出的专业意见和鼓励。感谢所有上过我的课的学生，从他们的眼神中我读到了内心的光和未来的希望。

感恩父母对我的理解，他们支持着我自求学至今一路走过来。无论是品性的养成还是专业道路的选择，他们的影响如空气般难以察觉却无处不在，无形中滋养着这部作品。感谢我的妻子，感谢她的理解和宽容。2021 年 9 月 24 日晚，她跟我视频通话时说：“现在我明白了你写作背后的原因，那不是为了追求别人眼中的成功，而是为了实现自身独特的价值。”我很欣慰她能如此深入地理解我，令我心无旁骛地投入写作。

感谢我的女儿触发了我的灵感。写完初稿后的一个寒夜，我呆坐在床边，想着臃肿的章节、晦涩的技术内容，为接下来的修改而“头大”。不知何时，女儿坐到了我身边，亲了一下我的脸颊，然后靠着我静静坐着。内心涌动着暖流的我问自己，虽然我把基因传给了女儿，但我能把书稿内容传给她吗？不能。而女儿却把爱和温暖神奇般地传给了我。一刹那，我心头一亮，想到了修改的方法。

最后，我还要感谢我目前居住的深圳市，这里开放包容的氛围、对创新的鼓励、对阅读的重视，也在悄然影响着这部作品的风格。

普鲁斯特曾说：“在作者智慧结束的地方，正是我们智慧的开始之处。”希望本书能成为你认识和思考芯片的起点。

2022.7.5

附录

芯片群英谱

重要人物汇总

贝尔实验室：

凯利（主管）
巴丁（晶体管）
奥尔（硅 PN 结）
姜大元（MOS 场效晶体管、浮栅晶体管）
莫尔（晶体管）
香农（信息论）
富勒（扩散、太阳能电池）
塔嫩鲍姆（硅晶体管）
蔡平（太阳能电池）
博伊尔（CCD 器件）
肖克利（晶体管）
布拉顿（晶体管）
阿塔拉（MOS 场效晶体管）
施敏（浮栅晶体管）
安德勒斯（光刻）
莫顿（主管）
何伦亚克（PNPN 器件）
罗斯（外延工艺）
皮尔逊（晶体管）
史密斯（CCD 器件）

汤普西特（CCD 图像传感器）
潘尼施（连续室温激光二极管）
林严雄（连续室温激光二极管）

仙童半导体公司：

诺伊斯（集成电路）
拉斯特（集成电路）
纳尔（光刻）
萨支唐（CMOS，平方律公式）
格鲁夫（MOS 场效晶体管）
迪尔（MOS 场效晶体管）
沃达斯（MOS 场效晶体管）
维德勒（模拟 IC）
斯波克
罗勒（EDA）
摩尔（摩尔定律）
霍尼（平面工艺）
诺曼（SRAM）
万拉斯（CMOS）
斯诺（MOS 场效晶体管）
法金（MOS 自对准工艺）
弗罗曼（MNOS）
桑德斯
富拉格（运放 IC）

英特尔公司：

诺伊斯
格鲁夫
沃达斯
马佐尔（CPU）
摩尔
法金（CPU）
霍夫（CPU）
弗罗曼（EPROM）

德州仪器公司：

蒂尔（硅晶体管）
哈格蒂
张忠谋（制造）
基尔比（集成电路）
谢泼德
莱思罗普（光刻）

IBM 公司：

登纳德（DRAM）
库尔特·彼得森（MEMS）
内森（红外激光二极管）
林本坚（光刻）

通用电气公司：

巴利加（IGBT）
何伦亚克（可控硅、红光激光二极管、红光 LED）
坦普尔（MCT）
韦尔奇
霍尔（红外激光二极管）
罗勒（EDA）
德吉亚斯（EDA）

美国国家半导体公司：

维德勒（模拟集成电路）
斯波克
所罗门（模拟集成电路）

美国无线电公司：

克勒默（异质结）
惠特利（IGBT）
韦伯斯特（MOS 场效晶体管）
斯坦利（MOS 场效晶体管）
马鲁斯卡（蓝光 LED）

斯坦福大学：

莫尔（MOS 场效晶体管）
皮尔逊（晶体管）
肖克利（晶体管）

伊利诺伊大学：

巴丁（超导）
萨支唐（晶体管）
何伦亚克（LED）

加州大学伯克利分校：

唐纳德·彼得森（EDA）
罗勒（EDA）
内格尔（EDA）
胡正明（BSIM，FinFET）

其他机构：

加州理工学院（米德，EDA）
麻省理工学院（雷迪克，红外激光二极管）
施乐公司（康韦，EDA）
安谋公司（威尔逊、弗伯，EDA）
东芝公司（舛冈富士雄，闪存）
日亚化学公司（中村修二，LED）
名古屋大学（赤崎勇、天野浩，LED）
超威半导体公司（桑德斯，CPU 主管）
中国台湾积体电路制造股份有限公司（张忠谋——主管，林本坚——光刻，胡正明——FinFET）

有师生关系的人物：

斯坦福大学	师：莫尔	生：施敏、张忠谋
伊利诺伊大学	师：巴丁	生：何伦亚克、萨支唐
加州大学伯克利分校	师：唐纳德·彼得森	生：所罗门、内格尔、胡正明
名古屋大学	师：赤崎勇	生：天野浩

人员流动记录

人物	原公司	离开时间	去向
肖克利	贝尔实验室	1955	创办肖克利晶体管实验室
诺伊斯等 8 人	肖克利实验室	1957	创办仙童半导体公司
摩尔和诺伊斯	仙童半导体公司	1968	创办英特尔公司
法金	英特尔公司	1974	创办齐格洛公司
弗里曼	齐格洛公司	1984	创办赛灵思公司
阿塔拉	贝尔实验室	1962	创办惠普公司半导体研究部
巴丁	贝尔实验室	1951	加入伊利诺伊大学
库尔特·彼得森	IBM 公司	1984	创立赛沛公司
巴利加	通用电气公司	1987	加入北卡罗来纳州立大学
蒂尔	贝尔实验室	1952	加入德州仪器公司
霍尼	仙童半导体公司	1961	创办 Amelco 公司
拉斯特	仙童半导体公司	1961	创办 Amelco 公司
何伦亚克	贝尔实验室	1955	加入通用电气公司
基尔比	中心实验室	1958	加入德州仪器公司
克勒默	瓦里安公司	1966	仙童半导体公司
康韦	IBM 公司	1968	施乐公司

罗勒	仙童半导体公司	1969	加州大学伯克利分校
罗勒	加州大学伯克利分校	1974	卡内基梅隆大学
莱思罗普	戴蒙德军械引信实验室	1958	德州仪器公司
林本坚	IBM 公司	1992	Linnovation 公司
林本坚	Linnovation 公司	2000	台积电公司
莫尔	贝尔实验室	1958	斯坦福大学
皮尔逊	贝尔实验室	1960	斯坦福大学
桑德斯	仙童半导体公司	1969	创办超威半导体公司
斯波克	仙童半导体公司	1967	领导美国国家半导体公司
所罗门	美国国家半导体公司	1983	所罗门设计自动化公司（楷登电子公司前身）
萨支唐	肖克利实验室	1959	仙童半导体公司
萨支唐	仙童半导体公司	1964	伊利诺伊大学
万拉斯	仙童半导体公司	1964	通用微电子公司
沃达斯	仙童半导体公司	1968	英特尔公司
维德勒	仙童半导体公司	1966	美国国家半导体公司
张忠谋	希凡尼亚半导体公司	1958	德州仪器公司
张忠谋	德州仪器公司	1985	工业技术研究院
张忠谋	工业技术研究院	1987	台积电公司

人物联系图

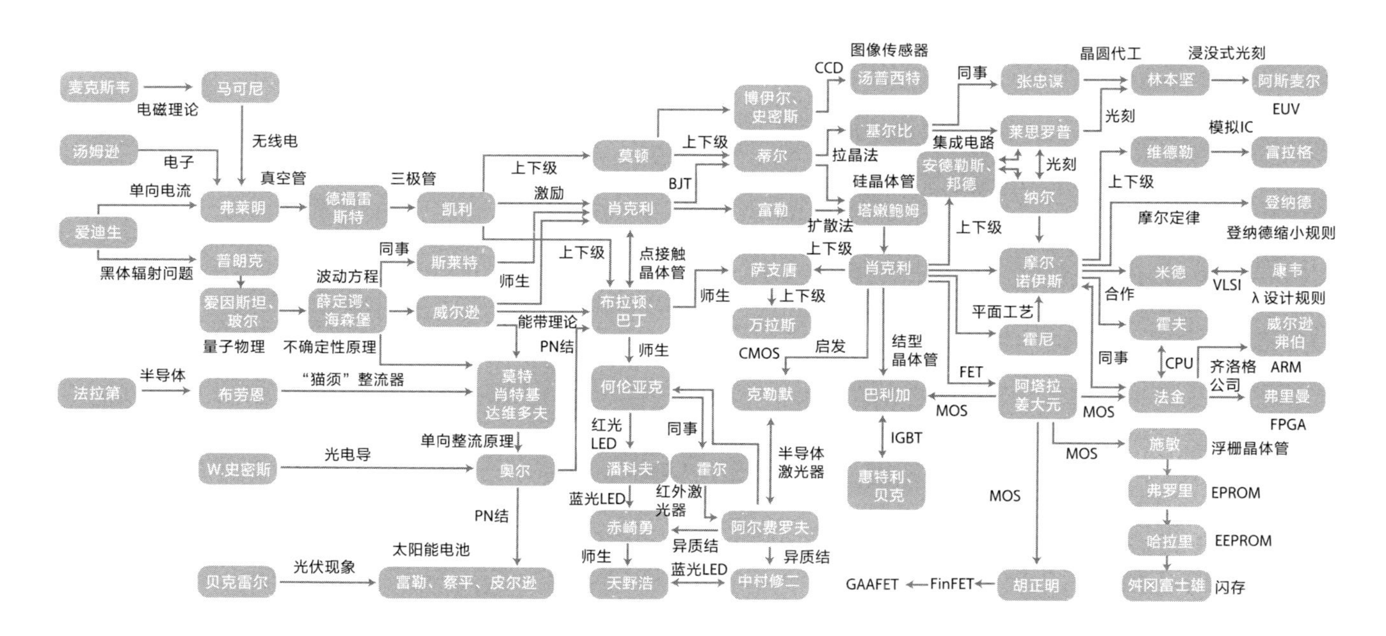

注：图中箭头代表人物关系或相关发明及影响。

研究人员流动轨迹图

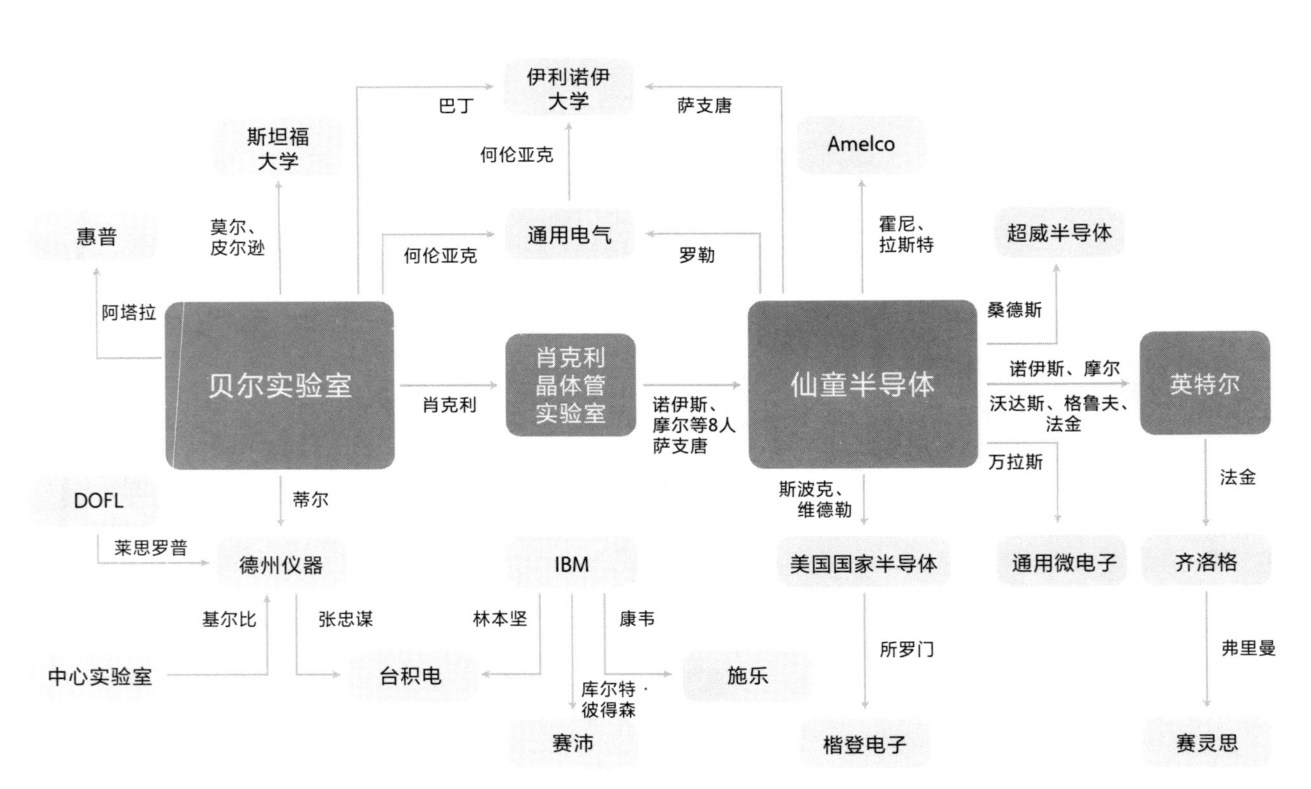
伊利诺伊大学
斯坦福大学
惠普
Amelco
超威半导体
通用电气
贝尔实验室
肖克利晶体管实验室
仙童半导体
英特尔
DOFL
德州仪器
IBM
美国国家半导体
通用微电子
齐洛格
中心实验室
台积电
施乐
赛沛
楷登电子
赛灵思
巴丁
萨支唐
何伦亚克
莫尔、皮尔逊
霍尼、拉斯特
何伦亚克
罗勒
阿塔拉
桑德斯
肖克利
诺伊斯、摩尔等8人萨支唐
诺伊斯、摩尔
沃达斯、格鲁夫、法金
万拉斯
蒂尔
斯波克、维德勒
法金
莱思罗普
基尔比
张忠谋
林本坚
康韦
库尔特·彼得森
所罗门
弗里曼

半导体技术发展线

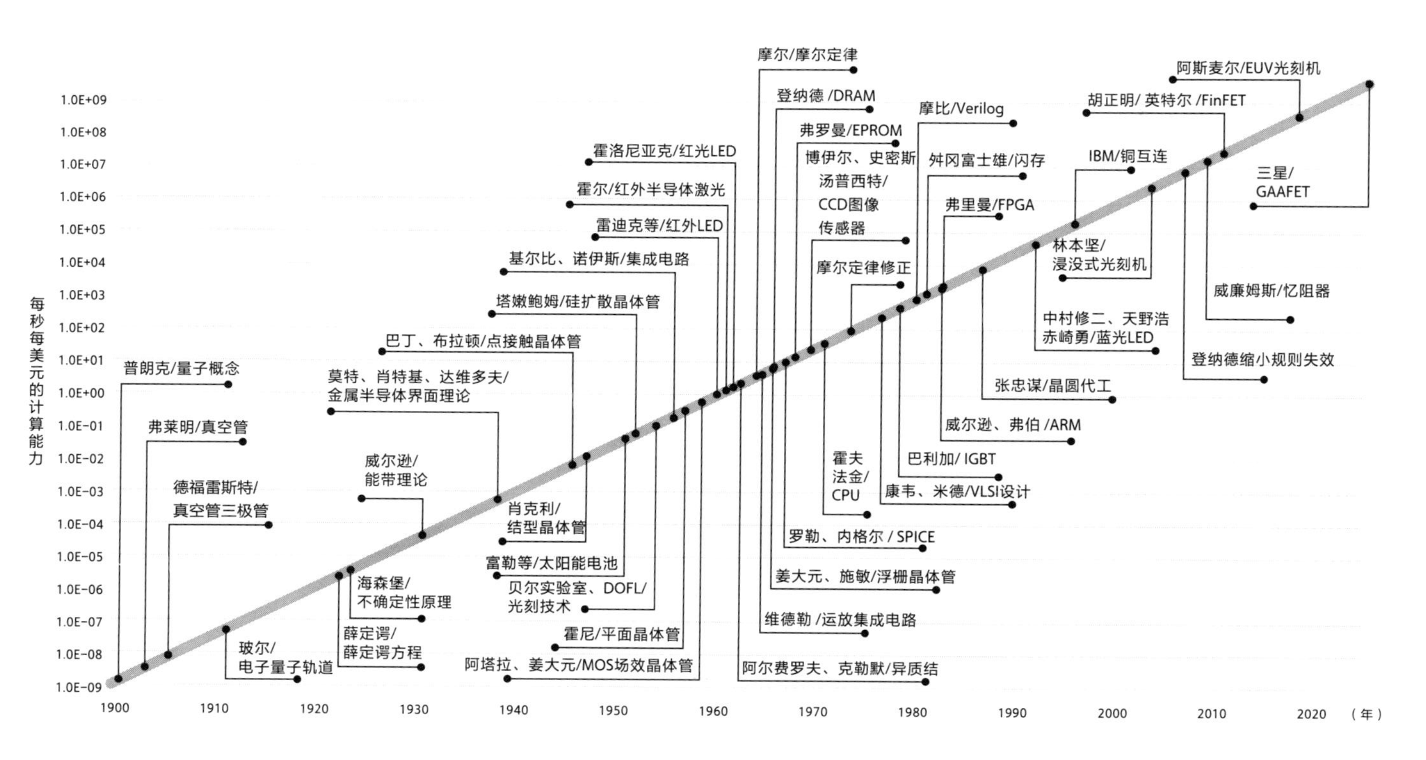

注：这张图显示了半导体技术的发展全貌，以及半导体技术与计算能力提升之间的密切关联。

缩略语

ADC	Analog to Digital Converter	模拟数字转换器
AED	Automated External Defibrillator	自动体外除颤器
ARM	Advanced RISC Machines（Acorn RISC Machine）	
ASIC	Application Specific Integrated Circuit	专用集成电路
BJT	Bipolar Junction Transistor	双极结型晶体管
CAD	Computer - Aided Design	计算机辅助设计
CCD	Coupled Charge Devices	电荷耦合器件
CIS	CMOS Image Sensor	CMOS 图像传感器
CMOS	Complementary Metal-Oxide-Semiconductor	互补金属氧化物半导体
CNTFET（或 CNFET）	Carbon NanoTube Field-Effect Transistor	碳纳米管场效晶体管
CPU	Central Processing Unit	中央处理器
DRAM	Dynamic Random Access Memory	动态随机存取存储器
EDA	Electronic Design Automation	电子设计自动化
EEPROM	Electrically Erasable Programmable Read-Only Memory	电擦除可编程只读存储器

ENIAC	Electronic Numerical Integrator And Calculator	电子数字积分式计算机
EPROM	Erasable Programmable Read-Only-Memory	可擦可编程只读存储器
EUV	Extreme Ultraviolet	极紫外光
FET	Field Effect Transistor	场效晶体管
FinFET		鳍式场效晶体管
FPGA	Field Programmable Gate Array	现场可编程门阵列
GAAFET	Gate All Around Feild-Effect Transistor	围栅场效晶体管
GaAs	Gallium arsenide	砷化镓
GaN	Gallium Nitride	氮化镓
HDL	Hardware Description Language	硬件描述语言
IC	Integrated Circuit	集成电路
IDM	Integrated Device Manufacture	集成器件制造
IEEE	Institute of Electrical and Electronic Engineers	电气与电子工程师协会
IGBT	Insulated Gate Bipolar Translator	绝缘栅双极型晶体管
IP	Intellectual Property	知识产权
IRDS	International Roadmap for Devices and Systems	国际器件与系统路线图
ITRS	International Technology Roodmap for Semiconductors	国际半导体技术路线图
LED	Light Emitting Diode	发光二极管
LSI	Large Scale Integrated circuit	大规模集成电路
MEMS	Micro-Electro-Mechanical Systems	微机电系统
MOCVD	Metal Organic Chemical Vapour Deposition	金属有机化学气相沉积

MOS	Metal Oxide Semiconductor	金属氧化物半导体
NAND		与非门
NEMS	Nano Electro-Mechanical Systems	纳机电系统
NMOS		N 型金属氧化物半导体晶体管
NOR		或非门
NVM	Non-Volatile Memory	非易失性存储器
PAL	Programmable Array Logic	可编程阵列逻辑
PCR	Polymerase Chain Reaction	聚合酶链式反应
PLA	Programmable Logic Array	可编程逻辑阵列
PMOS		P 型金属氧化物半导体晶体管
PPD	Pinned Photo Diode	钳位光电二极管
PROM	Programmable Read-Only Memory	可编程只读存储器
RISC	Reduced Instruction-Set Computer	精简指令集计算机
ROM	Read Only Memory	只读存储器
RTL	Register-Transfer Level	寄存器传输级
RTL	Resistor-Transistor Logic	电阻－晶体管逻辑
SoC	System-on-Chip	片上系统
SPICE	Simulation Program with Integrated Circuit Emphasis	集成电路仿真程序
SRAM	Static Random Access Memory	静态随机存取存储器
SSD	Solid State Drive	固态硬盘
TFET	Tunnel Field-Effect Transistor	隧穿场效晶体管
VLSI	Very Large Scale Integration	超大规模集成电路

索引

人名以姓氏中文的首字为序排列。英文缩写词以字母为序排列。其他词语以中文首字为序。

A

B

C

F

G

R

S

Z

参考文献

01 不确定的世界，从电灯泡到半导体

1. REID T R. The Chip: How Two Americans Invented the Microchip and Launched a Revolution. New York: Random House Trade Paperbacks. 2001.
2. Encyclopedia Britannica. Thomas Edison: Biography, Early Life, Inventions, & Facts. [2020-12-31].https://www.britannica.com/biography/Thomas-Edison.
3. FLEMING J A. Instrument for converting alternating electric currents into continuous currents. 1905-11-07: US803684A.
4. LAUNIAINEN P. A Brief History of Everything Wireless: How Invisible Waves Have Changed the World. New York, NY: Springer, 2018.
5. 许知远 . 青年变革者：梁启超（1873—1898）. 上海：上海人民出版社 , 2019.
6. MAGOUN A. Pushing Technology: David Sarnoff and Wireless Communications, 1911-1921. presented at the 2001 IEEE Conference on the History of Telecommunications. [2023-03-25]. https://reach.ieee.org/wp-content/uploads/2022/05/Magoun.pdf.
7. Imagining the Internet. 1870s—1940s: Telephone. [2022-02-17]. https://www.elon.edu/u/imagining/time-capsule/150-years/back-1870-1940/.
8. FOREST L D. The Audion: A new receiver for wireless telegraphy. Proceedings of the American Institute of Electrical Engineers, 1906, 25（10）: 719–747.
9. RIORDAN M. Crystal Fire: The Invention of the Transistor and the Birth of the

Information Age. New York: W. W. Norton & Company, 1998.

10. Penn Engineering. ENIAC at Penn Engineering. [2020-12-31]. https://www.seas.upenn.edu/about/history-heritage/eniac/.
11. CRESSLER J D. Silicon Earth: Introduction to the Microelectronics and Nanotechnology Revolution. Cambridge University Press, 2009.
12. CREASE R P，GOLDHABER A S. The Quantum Moment: How Planck, Bohr, Einstein, and Heisenberg Taught Us to Love Uncertainty. New York: W. W. Norton & Company, 2015.
13. GRIBBIN J. In Search of Schrodinger's Cat. London: Black Swan, 1985.
14. CREASE R P，GOLDHABER A S. The Quantum Moment: How Planck, Bohr, Einstein, and Heisenberg Taught Us to Love Uncertainty. New York: W. W. Norton & Company, 2015.
15. HOBSON A. Physics: Concepts and Connections. Boston, MA: Pearson, 2009.
16. WILSON A H, DIRAC P A M. The theory of electronic semi-conductors, Proceedings of the Royal Society of London. Series A, Containing Papers of a Mathematical and Physical Character, 1931-10, 133（822）: 458–491.

02 创造性失败，晶体管诞生

1. GLEICK J. The Information: A History, A Theory, A Flood. New York: Vintage, 2012.
2. GERTNER J. The Idea Factory: Bell Labs and the Great Age of American Innovation. New York, NY: Penguin Books, 2013.
3. SHOCKLEY W. The path to the conception of the junction transistor, IEEE Transactions on Electron Devices, 1976, 23（7）: 597–620.
4. GERTNER J. The Idea Factory: Bell Labs and the Great Age of American Innovation. New York, NY: Penguin Books, 2013.
5. RIORDAN M. Crystal Fire: The Invention of the Transistor and the Birth of the Information Age. New York: W. W. Norton & Company, 1998.
6. PEARSON G L, BRATTAIN W H. History of Semiconductor Research, Proceedings of the IRE, 1955, 3（12）: 1794–1806.
7. RIORDAN M. Crystal Fire: The Invention of the Transistor and the Birth of the

Information Age. New York: W. W. Norton & Company, 1998.

8. ORTON J W. The Story of Semiconductors. Oxford: Oxford University Press, 2009.
9. SHOCKLEY W. The path to the conception of the junction transistor. IEEE Transactions on Electron Devices, 1976, 23（7）: 597–620.
10. BARDEEN J. Surface States and Rectification at a Metal Semi-Conductor Contact. Phys. Rev, 1947, 71（10）: 717–727.
11. SMITS F M. A History of Engineering and Science in the Bell System: Electronics Technology. Indianapolis: AT&T Bell Laboratories, 1985.
12. 同上。
13. ASPATURIAN H. Interview with Seymour Benzer. California Institute of Technology Archives.（1991-09-11）[2021-01-07]. https://collections.archives.caltech.edu/repositories/2/digital_objects/229.
14. BARDEEN J. Semiconductor research leading to the point contact transistor, Lecture of the Nobel Prize in Physics 1956.（1956-12）[2021-01-01]. https://www.nobelprize.org/prizes/physics/1956/bardeen/facts/.
15. SHOCKLEY W. The path to the conception of the junction transistor. IEEE Transactions on Electron Devices, 1976, 23（7）: 597–620.
16. RIORDAN M. Crystal Fire: The Invention of the Transistor and the Birth of the Information Age. New York: W. W. Norton & Company, 1998.
17. SHOCKLEY W, SPARKS M, TEAL G K. P-N Junction Transistors, Phys. Rev., 1951, 83（1）: 151–162.
18. JOHN B, BRATTAIN W H. Semiconductor amplifier and electrode structures therefor. 1952-03-18, US2589658A.
19. SHOCKLEY W. The conception of the junction transistror. Bell Labs notebook, 1948-01-23.
20. SHOCKLEY W. Circuit element utilizing semiconductive material, 1951-09-25, US2569347A.
21. BARDEEN J, BRATTAIN W H. The Transistor, A Semi-Conductor Triode, Phys. Rev., 1948, 74（2）: 230–231.
22. ASPATURIAN H. Interview with Seymour Benzer. California Institute of Technology Archives.（1991-09-11）[2021-01-07]. https://resolver.caltech.edu/CaltechOH:OH_Benzer_S.

03 接连不断的出走，硅在扩散

1. RIORDAN M, Crystal Fire: The Invention of the Transistor and the Birth of the Information Age. New York: W. W. Norton & Company, 1998.
2. BERLIN L. The Man Behind the Microchip: Robert Noyce and the Invention of Silicon Valley. Oxford; New York: Oxford University Press, 2005.
3. THACKRAY A, BROCK D C, JONES R. Moore's Law: The Life of Gordon Moore, Silicon Valley's Quiet Revolutionary. New York: Basic Books, 2015.
4. MANCHESTER W. The Glory and the Dream: A Narrative History of America, 1932-1972. Boston: Little Brown & Co, 1974.
5. RIORDAN M. Crystal Fire: The Invention of the Transistor and the Birth of the Information Age. New York: W. W. Norton & Company, 1998.
6. 同上。
7. DAITCH V, HODDESON L. True Genius: The Life and Science of John Bardeen: The Only Winner of Two Nobel Prizes in Physics. Washington, D.C: Joseph Henry Press, 2002.
8. LOJEK B. History of Semiconductor Engineering. Berlin; New York: Springer, 2006.
9. PHIPPS C. The Early History of ICs at Texas Instruments: A Personal View, IEEE Annals of the History of Computing, 2012, 34（1）: 37–47.
10. MANCHESTER W. The Glory and the Dream: A Narrative History of America, 1932-1972. Boston: Little Brown & Co, 1974.
11. IEEE Spectrum. The lost history of the transistor. 2004, 41（5）: 44–49.
12. COLBURN R. Oral-History: Morris Tanenbaum-ETHW. IEEE History Center, 1999-09-16.
13. RIORDAN M. Crystal Fire: The Invention of the Transistor and the Birth of the Information Age. New York: W. W. Norton & Company, 1998.
14. BERLIN L. The Man Behind the Microchip: Robert Noyce and the Invention of Silicon Valley. Oxford; New York: Oxford University Press, 2005.
15. THACKRAY A, BROCK D C, JONES R. Moore's Law: The Life of Gordon Moore, Silicon Valley's Quiet Revolutionary. New York: Basic Books, 2015.
16. BERLIN L. The Man Behind the Microchip: Robert Noyce and the Invention of

Silicon Valley. Oxford; New York: Oxford University Press, 2005.

17. BERLIN L, CASEY C. Robert Noyce and the tunnel diode. IEEE Spectrum, 2005, 42（5）: 49–53.
18. BERLIN L. The Man Behind the Microchip: Robert Noyce and the Invention of Silicon Valley. Oxford; New York: Oxford University Press, 2005.
19. THACKRAY A, BROCK D C, JONES R. Moore's Law: The Life of Gordon Moore, Silicon Valley's Quiet Revolutionary. New York: Basic Books, 2015.

04 “大规模白痴”，芯片的发明

1. RIORDAN M. The Silicon Dioxide Solution. IEEE Spectrum, 2007, 44（12）: 51–56.
2. ADDISON C. Oral-History of Gordon Moore. Computer History Museum, 2008-01-25. CHM Reference number: X4427.2008.
3. THACKRAY A, BROCK D C, JONES R. Moore's Law: The Life of Gordon Moore, Silicon Valley's Quiet Revolutionary. New York: Basic Books, 2015.
4. MOORE G E. The role of Fairchild in silicon technology in the early days of “Silicon Valley”. Proceedings of the IEEE, 1998, 86（1）: 53–62.
5. LAWS D A. A Company of Legend: The Legacy of Fairchild Semiconductor. IEEE Annals of the History of Computing, 2010, 32（1）: 60–74.
6. LOJEK B. History of Semiconductor Engineering. Berlin; New York: Springer, 2006.
7. BERLIN L. The Man Behind the Microchip: Robert Noyce and the Invention of Silicon Valley. Oxford; New York: Oxford University Press, 2005.
8. THACKRAY A, BROCK D C, JONES R. Moore's Law: The Life of Gordon Moore, Silicon Valley's Quiet Revolutionary. New York: Basic Books, 2015.
9. RIORDAN M. The Silicon Dioxide Solution. IEEE Spectrum, 2007, 44（12）: 51–56.
10. HOLONYAK N. The Origins of Diffused-Silicon Technology at Bell Labs, 1954-55. Electrochem. Soc. Interface, 2007, 16（3）: 30.
11. BERLIN L. The Man Behind the Microchip: Robert Noyce and the Invention of Silicon Valley. Oxford; New York: Oxford University Press, 2005.

12. MORTON J A, PIETENPOL W J. The Technological Impact of Transistors. Proceedings of the IRE, 1958,46（6）: 955–959.
13. KILBY J S. Invention of the integrated circuit. IEEE Transactions on Electron Devices, 1976, 23（7）: 648–654.
14. GREEN M. Dummer's Vision of Solid Circuits at the UK Royal Radar Establishment. IEEE Annals of the History of Computing, 2013, 35（1）: 56–66.
15. LOJEK B. History of Semiconductor Engineering. Berlin; New York: Springer, 2006.
16. KILBY J S. Invention of the integrated circuit. IEEE Transactions on Electron Devices, 1976, 23（7）: 648–654.
17. ROSS I M. The invention of the transistor. Proceedings of the IEEE, 1998, 86（1）: 7–28.
18. WOLFF M F. Retrospective: The genesis of the integrated circuit. IEEE Spectrum, 1976, 13（8）: 45–53.
19. KILBY J S. Turning Potential into Reality: The Invention of the Integrated Circuit. Lecture of the Nobel Prize in Physics 2000,（2000-12）[2021-02-10]. https://www.nobelprize.org/prizes/physics/2000/kilby/facts/.
20. WARNER R M. Microelectronics: its unusual origin and personality. IEEE Transactions on Electron Devices, 2001, 48（11）: 2457–2467.
21. NORBERG A L. Oral history interview with Jack S. Kilby. Charles Babbage Institute,（1984-06）[2021-02-17]. http://conservancy.umn.edu/handle/11299/107410.
22. KILBY J S. Turning Potential into Reality: The Invention of the Integrated Circuit. Lecture of the Nobel Prize in Physics 2000,（2000-12）[2021-02-10]. https://www.nobelprize.org/prizes/physics/2000/kilby/facts/.
23. LOJEK B. History of Semiconductor Engineering. Berlin; New York: Springer, 2006.
24. KILBY J S. Miniaturized electronic circuits. 1964-06-23, US3138743A.
25. WOLFF M F. Oral-History: Robert N. Noyce. IEEE History Center, 1975-09-19.
26. LOJEK B. History of Semiconductor Engineering. Berlin; New York: Springer, 2006.
27. BERLIN L. The Man Behind the Microchip: Robert Noyce and the Invention of Silicon Valley. Oxford; New York: Oxford University Press, 2005.
28. RIORDAN M. Crystal Fire: The Invention of the Transistor and the Birth of the Information Age. New York: W. W. Norton & Company, 1998.

29. WOLFF M F. Retrospective: The genesis of the integrated circuit. IEEE Spectrum, 1976, 13（8）: 45–53.
30. LOJEK B. History of Semiconductor Engineering. Berlin, New York: Springer, 2006.
31. LAWS D, RIORDAN M. Making Micrologic: The Development of the Planar IC at Fairchild Semiconductor, 1957–1963. IEEE Annals of the History of Computing, 2012, 34（1）: 20–36.
32. NOYCE R N. Semiconductor device-and-lead structure. 1961-04-25, US2981877A.
33. LAWS D, RIORDAN M. Making Micrologic: The Development of the Planar IC at Fairchild Semiconductor, 1957–1963. IEEE Annals of the History of Computing, 2012, 34（1）: 20–36.
34. 同上。
35. LAWS D A. A Company of Legend: The Legacy of Fairchild Semiconductor. IEEE Annals of the History of Computing, 2010, 32（1）: 60–74.
36. LAWS D, RIORDAN M. Making Micrologic: The Development of the Planar IC at Fairchild Semiconductor, 1957–1963. IEEE Annals of the History of Computing, 2012, 34（1）: 20–36.
37. BERLIN L. The Man Behind the Microchip: Robert Noyce and the Invention of Silicon Valley. Oxford; New York: Oxford University Press, 2005.
38. REID T R. The Chip: How Two Americans Invented the Microchip and Launched a Revolution. New York: Random House Trade Paperbacks, 2001.
39. LOJEK B. History of Semiconductor Engineering. Berlin; New York: Springer, 2006.
40. WOLFF M F. Oral-History: Robert N. Noyce. IEEE History Center, 1975-09-19.
41. KILBY J S. Turning Potential into Reality: The Invention of the Integrated Circuit. Lecture of the Nobel Prize in Physics 2000,（2000-12）[2021-02-10]. https://www.nobelprize.org/prizes/physics/2000/kilby/facts/.
42. KILBY J S. The integrated circuit's early history. Proceedings of the IEEE, 2000, 88（1）: 109–111.
43. LOJEK B. History of Semiconductor Engineering. Berlin; New York: Springer, 2006.
44. MURPHY B T, HAGGAN D E, TROUTMAN W W. From circuit miniaturization to the scalable IC. Proceedings of the IEEE, 2000, 88（5）: 691–703.
45. RIORDAN M. How Bell Labs Missed the Microchip. IEEE Spectrum, 2006, 43（12）:

36–41.

46. ADDISON C. Oral-History of Gordon Moore. Computer History Museum, 2008-01-25. CHM Reference number: X4427.2008

05 创新者的窘境，MOS 场效晶体管

1. SAH C. Evolution of the MOS transistor-from conception to VLSI. Proceedings of the IEEE, 1988, 76（10）: 1280–1326.
2. XIAO H. Introduction to Semiconductor Manufacturing Technology. Bellingham, Wash: Society of Photo Optical, 2012.
3. ROSS I M. The invention of the transistor. Proceedings of the IEEE, 1998, 86（1）: 7–28.
4. Kahng D. A historical perspective on the development of MOS transistors and related devices. IEEE Transactions on Electron Devices, 1976, 23（7）: 655–657.
5. KAHNG D. Silicon-silicon dioxide surface devices. Bell Tele. Lab. Tech. Memorandum, 1961-01-16.
6. CHRISTENSEN C M. The Innovator’s Dilemma: The Revolutionary Book That Will Change the Way You Do Business, Reprint edition. New York, NY: Harper Business, 2011.
7. RIEZENMAN M J. Wanlass’s CMOS circuit. IEEE Spectrum, 1991, 28（5）: 44.
8. WANLASS F, SAH C. Nanowatt logic using field-effect metal-oxide semiconductor triodes. 1963 IEEE International Solid-State Circuits Conference. Digest of Technical Papers, 1963, 6: 32–33.
9. BAUER L O, WILDER E M. The Microchip Revolution: A brief history. 2020.
10. Wikipedia. Frank Wanlass.（2019-10-11）[2021-05-05]. https://en.wikipedia.org/w/index.php?title=Frank_Wanlass&oldid=920649688.
11. FAGGIN F. The Making of the First Microprocessor. IEEE Solid-State Circuits Magazine, 2009, 1（1）: 8–21.

06 一切过往皆可超越，摩尔定律

1. MOORE G E. Cramming more components onto integrated circuits. Electronics, 1965, 38（8）: 114.
2. MOORE G E. Progress in Digital Integrated Electronics. IEEE International Electron Devices Meeting 21, 1975:11–13.
3. COURTLAND R. Q&A: Carver Mead. IEEE Spectrum: Technology, Engineering, and Science News,（2015-04-15）[2021-05-12]. https://spectrum.ieee.org/semiconductors/devices/qa-carver-mead.
4. HOENEISEN B, MEAD C A. Fundamental limitations in microelectronics—I. MOS technology. Solid-State Electronics, 1972, 15（7）: 819–829.
5. BROCK D, Ed. Understanding Moore's Law: Four Decades of Innovation. Philadelphia, Pa: Chemical Heritage Foundation, 2006.
6. KNOWLES C H. Research and development in integrated circuits. IEEE Spectrum, 1964, 1（6）: 76–79.
7. LAWS D A. Madeleine Moment Connects Moore's Law Artifacts. Medium,（2019-01-19）[2021-02-23]. https://medium.com/chmcore/madeleine-moment-connects-moores-law-artifacts-100dc7058520.
8. MALONE M S. The Intel Trinity: How Robert Noyce, Gordon Moore, and Andy Grove Built the World's Most Important Company. New York, NY: Harper Business, 2014.
9. MOORE G E. Progress in Digital Integrated Electronics. IEEE International Electron Devices Meeting 21, 1975:11–13.
10. BROCK D, Ed. Understanding Moore's Law: Four Decades of Innovation. Philadelphia, Pa: Chemical Heritage Foundation, 2006.
11. HUTCHESON G D. Moore's law, lithography, and how optics drive the semiconductor industry, in Extreme Ultraviolet（EUV）Lithography IX, 2018, 10583: 1058303.
12. DENNARD R H, GAENSSLEN F H, YU H-N, RIDEOUT V L, BASSOUS E, LEBLANC A R. Design of ion-implanted MOSFET's with very small physical dimensions. IEEE Journal of Solid-State Circuits, 1974, 9（5）: 256–268.
13. RABAEY J, CHANDRAKASAN A, NIKOLIC B, Digital Integrated Circuits. Upper

Saddle River, N.J: Pearson, 2002.

14. MACK C A. Fifty Years of Moore's Law. IEEE Transactions on Semiconductor Manufacturing, 2011, 24（2）: 202–207.
15. LAMMERS D. Moore's Law Milestones. IEEE Spectrum,（2015-04）[2021-06-01]. https://spectrum.ieee.org/tech-history/silicon-revolution/moores-law-milestones.
16. Wikipedia. Theodore Paul Wright,（2021-12-18）[2022-05-05]. https://en.wikipedia.org/w/index.php?title=Theodore_Paul_Wright&oldid=1060904025.
17. WRIGH T P. Factors affecting the costs of airplanes. Journal of the Aeronautical Sciences, 1936, 3（4）: 122–128.

07 化繁为简，计算芯片

1. DAVIS M. Engines of Logic: Mathematicians and the Origin of the Computer. New York, NY: W. W. Norton & Company, 2001.
2. 同上。
3. HODGES A. Turing and the Test of Time. IEEE Spectrum: Technology, Engineering, and Science News. [2021-06-25].https://spectrum.ieee.org/turing-and-the-test-of-time.
4. ASPRAY W. Oral-History:Tadashi Sasaki. ETHW. Center for the History of Electrical Engineering,（1994-05-25）[2021-07-08]. https://ethw.org/Oral-History:Tadashi_Sasaki.
5. DUMITRAS A, MOSCHYTZ G. The First Microprocessor: An Interview with Marcian（Ted）Hoff, Jr. IEEE Signal Processing Magazine, 2006, 23（1）: 77–96.
6. HOFF M E. Designing the first microprossor. IEEE Solid-State Circuits Magazine, 2009, 1（1）: 22–28.
7. NOYCE R N, HOFF M E. A History of Microprocessor Development at Intel. IEEE Micro, 1981, 1（1）: 8–21.
8. ASPRAY W. The Intel 4004 microprocessor: what constituted invention?. IEEE Annals of the History of Computing, 1997, 19（3）: 4–15.
9. FAGGIN F. The Making of the First Microprocessor. IEEE Solid-State Circuits Magazine, 2009, 1（1）: 8–21.
10. HENDRIE G. Oral History of Federico Faggin. Computer History Museum,（2014-

09-22）.

11. LAWS D. Oral History Panel on the Development and Promotion of the Intel 4004 Microprocessor. Computer History Museum.（2007-04-25）[2021-04-14]. https://archive.computerhistory.org/resources/access/text/2012/04/102658187-05-01-acc.pdf.
12. FAGGIN F. Silicon: From the Invention of the Microprocessor to the New Science of Consciousness. Waterside Productions, 2021.
13. 同上。
14. SHIMA M. The 4004 CPU of my youth. IEEE Solid-State Circuits Magazine, 2009, 1（1）: 9–45.
15. FAGGIN F, HOFF M E, MAZOR S, SHIMA M. The history of the 4004. IEEE Micro, 1996, 16（6）: 10–20.
16. MAZOR S. The history of the microcomputer-invention and evolution. Proceedings of the IEEE, 1995, 83（12）: 1601–1608.
17. SHIRRIFF K. The Surprising Story of the First Microprocessors. IEEE Spectrum: Technology, Engineering, and Science News. [2021-06-25]. https://spectrum.ieee.org/the-surprising-story-of-the-first-microprocessors.
18. TRIMBERGER S. Carter, Bill oral history. Computer History Museum, 2015-07-13.
19. 同上。
20. WIRBEL L. Remembering Ross Freeman. EDN,（2009-02-27）[2021-11-18]. https://www.edn.com/remembering-ross-freeman/.
21. LEIBSON S. How the FPGA Came to Be, Part 1. EE Journal,（2021-12-06）[2022-01-05]. https://www.eejournal.com/article/how-the-fpga-came-to-be-part-1/.
22. LEIBSON S. How the FPGA Came to be, Part 2. EE Journal,（2021-12-08）[2022-01-05]. https://www.eejournal.com/article/how-the-fpga-came-to-be-part-2/.
23. LEIBSON S, How the FPGA Came To Be, Part 3. EE Journal,（2021-12-13）[2022-01-05]. https://www.eejournal.com/article/how-the-fpga-came-to-be-part-3/.
24. TRIMBERGER S M. Three Ages of FPGAs: A Retrospective on the First Thirty Years of FPGA Technology. Proceedings of the IEEE, 2015, 103（3）: 318–331.
25. 同上。
26. TRIMBERGER S. Carter, Bill oral history. Computer History Museum, 2015-07-13.
27. IEEE Spectrum. Chip Hall of Fame: Xilinx XC2064 FPGA.（2017-06-30）[2021-11-

18]. https://spectrum.ieee.org/chip-hall-of-fame-xilinx-xc2064-fpga.

28. National Inventors Hall of Fame. NIHF Inductee Ross Freeman Invented FPGA Programming. [2021-11-18]. https://www.invent.org/inductees/ross-freeman.
29. 丹尼尔·南尼，保罗·麦克莱伦，无厂模式：半导体行业的转型．王烁，译．上海：上海科技教育出版社，2020.
30. Eagle Blog. Meet Ross Freeman, Inventor of the First FPGA.（2019-05-07）[2021-11-18]. https://www.autodesk.com/products/eagle/blog/ross-freeman/.
31. TRIMBERGER S. Carter, Bill oral history. Computer History Museum, 2015-07-13.
32. 同上。
33. 丹尼尔·南尼，保罗·麦克莱伦，无厂模式：半导体行业的转型．王烁，译．上海：上海科技教育出版社，2020.
34. 同上。
35. Wikipedia. Ross Freeman,（2019-01-04）[2021-11-18]. https://en.wikipedia.org/w/index.php?title=Ross_Freeman&oldid=876740118.
36. TRIMBERGER S M. Three Ages of FPGAs: A Retrospective on the First Thirty Years of FPGA Technology. Proceedings of the IEEE, 2015, 103（3）: 318–331.
37. 丹尼尔·南尼，保罗·麦克莱伦，无厂模式：半导体行业的转型．王烁，译．上海：上海科技教育出版社，2020.

08 记忆的黏合，存储芯片

1. KANDEL E R. In Search of Memory: The Emergence of a New Science of Mind. New York: W. W. Norton & Company, 2007.
2. KLEIN D. The History of Semiconductor Memory: From Magnetic Tape to NAND Flash Memory. IEEE Solid-State Circuits Magazine, 2016, 8（2）: 16–22.
3. LAWS D. Bob（Robert）Norman oral history. Computer History Museum, 2009-05-07.
4. Markoff J. IBM's Robert H. Dennard and the Chip That Changed the World. THINK Blog,（2019-11-07）[2021-06-16]. https://www.ibm.com/blogs/think/2019/11/ibms-robert-h-dennard-and-the-chip-that-changed-the-world/.
5. NORMAN J. Robert H. Dennard of IBM Invents DRAM: History of Information.

[2021-06-16].https://www.historyofinformation.com/detail.php?id=840.

6. ADEE S. Thanks for the Memories. IEEE Spectrum,（2009-05-01）[2021-06-16]. https://spectrum.ieee.org/semiconductors/memory/thanks-for-the-memories.
7. DENNARD R H. Evolution of the MOSFET dynamic RAM—A personal view. IEEE Transactions on Electron Devices, 1984, 31（11）: 1549–1555.
8. STERN B. Inventors at Work: The Minds and Motivation Behind Modern Inventions. Berkeley, CA: Apress, 2012.
9. THACKRAY A, BROCK D C, JONES R. Moore's Law: The Life of Gordon Moore, Silicon Valley's Quiet Revolutionary. New York: Basic Books, 2015.
10. DENNARD R H. Evolution of the MOSFET dynamic RAM—A personal view. IEEE Transactions on Electron Devices, 1984, 31（11）: 1549–1555.
11. Wikipedia. Programmable ROM.（2021-03-12）[2021-07-20]. https://en.wikipedia.org/w/index.php?title=Programmable_ROM&oldid=1011658009.
12. FORTIER J. Simon Sze oral history. Computer History Museum, 2014-02-11.
13. KAHNG D, SZE S M. A floating gate and its application to memory devices. The Bell System Technical Journal, 1967, 46（6）: 1288-1295.
14. BROCK D C. Oral history of Dov Frohman EPROM, Chemical Heritage Foundation. 2006-05-10, 06-06, 06-12.
15. KATZ J. Oral History of Dov Frohman. Computer History Museum, 2009-05-02.
16. 同上。
17. BROCK D C. Oral history of Dov Frohman EPROM, Chemical Heritage Foundation. 2006-05-10, 06-06, 06-12.
18. 同上。
19. Forbes. Unsung hero.（2002-06-24）[2021-06-16]. https://www.forbes.com/global/2002/0624/030.html?sh=5be305933da3.
20. MASUOKA F. Great Encounters Leading Me to the Inventions of Flash Memories and Surrounding Gate Transistor Technology. IEEE Solid-State Circuits Magazine, 2013, 5（4）: 10–20.
21. SAKUI K. Professor Fujio Masuoka's Passion and Patience Toward Flash Memory. IEEE Solid-State Circuits Magazine, 2013, 5（4）: 30–33.
22. KATZ J. Fujio Masuoka oral history. Computer History Museum, 2012-09-21.

23. Forbes. Unsung hero.（2002-06-24）[2021-6-16]. https://www.forbes.com/global/2002/0624/030.html?sh=5be305933da3.

09 知而行之，模拟世界的芯片

1. LEE T H. Tales of the continuum: a sub sampled history of analog circuits. IEEE Solid-State Circuits Society Newsletter, 2007, 12（4）4: 38–51.
2. LOJEK B. History of Semiconductor Engineering. Berlin ; New York: Springer, 2006.
3. 同上。
4. NIHF Inductee Robert Widlar Invented Linear Integrated Circuits. [2021-06-17]. https://www.invent.org/inductees/robert-widlar.
5. LEE T H. Tales of the continuum: a sub sampled history of analog circuits. IEEE Solid-State Circuits Society Newsletter, 2007, 12（4）: 38–51.
6. LOJEK B. History of Semiconductor Engineering. Berlin; New York: Springer, 2006.
7. LEE T H. Tales of the continuum: a sub sampled history of analog circuits. IEEE Solid-State Circuits Society Newsletter, 2007, 12（4）: 38–51.
8. LOJEK B. History of Semiconductor Engineering. Berlin; New York: Springer, 2006.
9. DOYLE N. Fairchild Semiconductor Corporation panel discussion: linear integrated circuit（IC）products. Computer History Museum, 2007-10-05.
10. LEE T H. Tales of the continuum: a sub sampled history of analog circuits. IEEE Solid-State Circuits Society Newsletter, 2007, 12（4）: 38–51.
11. LOJEK B. History of Semiconductor Engineering. Berlin; New York: Springer, 2006.
12. 同上。
13. 同上。
14. 同上。
15. 同上。
16. LEE T H. Tales of the continuum: a sub sampled history of analog circuits. IEEE Solid-State Circuits Society Newsletter, 2007, 12（4）: 38–51.
17. YOUNG I. A history of the continuously innovative analog integrated circuit. IEEE Solid-State Circuits Society Newsletter, 2007, 12（4）: 52–57.
18. LAWS D. David Fullagar oral history, Computer History Museum Archive, 2014-

09-09.

19. RAZAVI B. Design of Analog CMOS Integrated Circuits, 1st edition. Boston, MA: McGraw-Hill Education, 2000.
20. LOJEK B. History of Semiconductor Engineering. Berlin; New York: Springer, 2006.
21. COOPER M. Cutting the Cord: The Cell Phone has Transformed Humanity. Rosetta Books, 2021.
22. 彼得里・劳尼艾宁 . 无线通信简史 . 蒋楠 , 译 . 北京 : 人民邮电出版社 , 2020.
23. RAZAVI B. RF Microelectronics, 2nd edition. Pearson Educacion, 2011.
24. Wikipedia. Motorola.（2022-04-18）[2022-05-02]. https://en.wikipedia.org/w/index.php?title=Motorola&oldid=1083333777.
25. COOPER M. Cutting the Cord: The Cell Phone has Transformed Humanity. Rosetta Books, 2021.
26. 同上。
27. YOUNG I. A history of the continuously innovative analog integrated circuit. IEEE Solid-State Circuits Society Newsletter, 2007, 12（4）: 52–57.
28. Lee T H. Tales of the continuum: a sub sampled history of analog circuits. IEEE Solid-State Circuits Society Newsletter, 2007, 12（4）: 38–51.
29. Wikipedia. Martin Cooper（inventor）.（2022-05-31）[2022-05-02]. https://en.wikipedia.org/w/index.php?title=Martin_Cooper_（inventor）&oldid=1080332538.
30. COOPER M. Cutting the Cord: The Cell Phone has Transformed Humanity. Rosetta Books, 2021.
31. Wikipedia. Motorola.（2022-04-18）[2022-05-02]. https://en.wikipedia.org/w/index.php?title=Motorola&oldid=1083333777.
32. COOPER M. Cutting the Cord: The Cell Phone has Transformed Humanity. Rosetta Books, 2021.
33. 王建宙 . 从 1G 到 5G: 移动通信如何改变世界 . 北京 : 中信出版集团 , 2021.
34. 同上。
35. 陆一夫 . 全球首款 5G SoC 来袭！一文读懂麒麟 990 5G. 新京报 , 2019-09-06[2022-05-02]. http://www.bjnews.com.cn/finance/2019/09/06/623966.html.
36. SCHROTENBOER B. Collision report reveals Tiger Woods'confusion, low blood pressure in Southern California crash. USA TODAY, [2021-08-24]. https://www.

usatoday.com/story/sports/golf/2021/04/08/tiger-woods-crash-report-reveals-clues-his-condition-day/7151217002/.

37. EDWARD K. Inside Tiger Woods' $50 000 SUV: The Safety Features of The Genesis GV80—Including 10 Airbags. Forbes, [2021-08-24]. https://www.forbes.com/sites/kyleedward/2021/02/24/tiger-woods-crash-genesis-gv80-suv-safety-features/?sh=7828bd312fd1.
38. PERRY T, Kurt Petersen, 2019 IEEE Medal of Honor Recipient, Is Mr. MEMS. IEEE Spectrum,（2019-04-23）[2021-06-18]. https://spectrum.ieee.org/geek-life/profiles/kurt-petersen-2019-ieee-medal-of-honor-recipient-is-mr-mems.
39. PETERSEN K E. Silicon as a mechanical material. Proceedings of the IEEE, 1982, 70（5）: 420–457.
40. PERRY T, PETERSEN K. 2019 IEEE Medal of Honor Recipient, Is Mr. MEMS. IEEE Spectrum,（2019-04-23）[2021-06-18]. https://spectrum.ieee.org/geek-life/profiles/kurt-petersen-2019-ieee-medal-of-honor-recipient-is-mr-mems.
41. MUKHERJEE S. THE GENE: An Intimate History. New York: Scribner, 2016.
42. PERRY T, Kurt Petersen, 2019 IEEE Medal of Honor Recipient, Is Mr. MEMS. IEEE Spectrum,（2019-04-23）[2021-06-18]. https://spectrum.ieee.org/geek-life/profiles/kurt-petersen-2019-ieee-medal-of-honor-recipient-is-mr-mems.
43. KHADEMOLHOSSEINI F, FITZGERALD A. MEMS in the Fight Against Covid-19. EE Times Europe,（2022-05-20）[2021-08-29]. https://www.eetimes.com/mems-in-the-fight-against-covid-19/.
44. KHAN M S, TARIQ M O, NAWAZ M, AHMED J. MEMS Sensors for Diagnostics and Treatment in the Fight Against COVID-19 and Other Pandemics. IEEE Access, 2021, 9: 61123–61149.
45. SUO T. et al. ddPCR: a more accurate tool for SARS-CoV-2 detection in low viral load specimens. Emerg Microbes Infect, 2020, 9（1）: 1259–1268.
46. CLARKE P. Microfluidic MEMS aid rapid Covid-19 sequencing. EENews Analog.（2020-05-17）.
47. 汪徐秋林 . 深圳力推 AED 背后：一个城市与“猝死”的赛跑 . 南方周末 , 2020-01-11[2021-09-15]. http://www.infzm.com/contents/174157.
48. HODNETT T. How Many Volts Are in A Defibrillator?. AED USA Knowledge,

[2021-09-02]. https://www.aedusa.com/knowledge/how-many-volts-are-in-a-defibrillator/.

49. BALIGA B J, The IGBT Device: Physics, Design and Applications of the Insulated Gate Bipolar Transistor. Waltham, MA: William Andrew, 2015.
50. 人民日报 . 从心源性猝死说起：AED 推广普及的重要性 . 2019-11-27.
51. EDWARDS J. B. Jayant Baliga: Designing The Insulated-Gate Bipolar Transistor. Electronic Design,（2010-11-22）[2021-06-18]. http://www.eletronicdesign.com/technologies/analog/article/21795611/b-jayant-baliga-designing-the-insulatedgate-bipolar-transistor.
52. BALIGA B J. Enhancement-and depletion-mode vertical-channel m.o.s. gated thyristors. Electronics Letters, 1979, 15（20）: 645–647.
53. BECKE H W, WHEATLEY C F Jr. Power MOSFET with an anode region. 1982-12-14, US4364073A. [2021-09-07]. https://patents.google.com/patent/US4364073A/en.
54. Wikipedia. Power semiconductor device.（2021-04-20）[2021-09-10]. https://en.wikipedia.org/w/index.php?title=Power_semiconductor_device&oldid=1018877321.
55. ADLER M S, OWYANG K W, BALIGA B J, KOKOSA R A. The evolution of power device technology. IEEE Transactions on Electron Devices, 1984, 31（11）: 1570–1591.
56. BALIGA J. IGBT: The GE Story [A Look Back]. IEEE Power Electronics Magazine, 2015, 2（2）: 16–23.
57. BECKE H W, WHEATLEY C F Jr. Discovering The IGBT. Electronic Design,（2010-11-22）[2021-09-07]. https://www.electronicdesign.com/technologies/analog/article/21795576/hans-w-becke-and-carl-f-wheatley-discovering-the-igbt.
58. BALIGA B J. How the super transistor works. Scientific American, 1990, 263（5）: 34–41.
59. TIHANYI J. Functional integration of power MOS and bipolar devices, International Electron Devices Meeting（1980）, 1980:75–78.
60. SCHNEIDER D. How B. Jayant Baliga Transformed Power Semiconductors. IEEE Spectrum,（2014-04-22）[2021-06-18]. https://spectrum.ieee.org/semiconductors/devices/how-b-jayant-baliga-transformed-power-semiconductors.

61. BALIGA J. IGBT: The GE Story [A Look Back]. IEEE Power Electronics Magazine, 2015, 2（2）: 16–23.
62. BALIGA B J, ADLER M S, GRAY P V, LOVE R P, Zommer N. The insulated gate rectifier（IGR）: A new power switching device, International Electron Devices Meeting（1982）, 1982: 64–267.
63. RUSSELL J P, GOODMAN A M, GOODMAN L A, NEILSON J M. The COMFET—A new high conductance MOS-gated device. IEEE Electron Device Letters, 1983, 4（3）: 63–65.
64. EDWARDS J. B. Jayant Baliga: Designing the Insulated-Gate Bipolar Transistor. Electronic Design,（2010-11-22）.
65. BALIGA B J. Power semiconductor device figure of merit for high-frequency applications. IEEE Electron Device Letters, 1989, 10（10）: 455–457.
66. BALIGA B J. The IGBT Device: Physics, Design and Applications of the Insulated Gate Bipolar Transistor. Waltham, MA: William Andrew, 2015.

10 迅电流光，光电器件（上）

1. PERLIN J. The silicon solar cell turns 50. [2021-04-15]. https://www.nrel.gov/docs/fy04osti/33947.pdf.
2. MAGOUN A. Pushing Technology: David Sarnoff and Wireless Communications, 1911-1921. 2001 IEEE Conference on the History of Telecommunications,（2015-06）[2021-10-08]. https://web.archive.org/web/20150706140132/http://ethw.org/images/1/1c/Magoun.pdf.
3. PERLIN J. The silicon solar cell turns 50. [2021-04-15]. https://www.nrel.gov/docs/fy04osti/33947.pdf.
4. LAURENCE W. Electricity Is Made from Atomic Waste; ELECTRICITY MADE BY ATOM BATTERY. The New York Times,（1954-01-27）[2021-11-02]. https://www.nytimes.com/1954/01/27/archives/electricity-is-made-from-atomic-waste-electricity-made-by-atom.html.
5. PERLIN J. The silicon solar cell turns 50. [2021-04-15]. https://www.nrel.gov/docs/fy04osti/33947.pdf.

6. 同上。
7. Chu E, TARAZANO D L. A Brief History of Solar Panels. Smithsonian Magazine,（2019-02-22）[2021-04-15]. https://www.smithsonianmag.com/sponsored/brief-history-solar-panels-180972006/.
8. KUMAR K. A History of the Solar Cell, in Patents. Intellectual Property Magazine,（2020-04-27）[2021-04-15]. https://www.finnegan.com/en/insights/articles/a-history-of-the-solar-cell-in-patents.html.
9. FULLER C S. The Making of a Scientist: A Memoir. John W. Fuller, Stephen S. Fuller, Robert W. Fuller, Ann L. Fuller, 2014.
10. Science History Institute Digital Collections. Oral history interview with Calvin S. Fuller by James J. Bohning.（1986-04-29）[2021-09-17]. https://digital.sciencehistory.org/works/tt44pn64c.
11. FULLER C S. The Making of a Scientist: A Memoir. John W. Fuller, Stephen S. Fuller, Robert W. Fuller, Ann L. Fuller, 2014.
12. PERLIN J. The Invention of The Solar Cell. Popular science,（2014-04-22）[2021-09-17]. https://www.popsci.com/article/science/invention-solar-cell/#page-2.
13. HECHT J. Gerald Pearson: trapping the vast power of the sun.（2021-07-01）[2021-09-17]. https://spie.org/news/photonics-focus/julyaugust-2021/gerald-pearson-co-inventor-of-the-silicon-solar-cell?SSO=1.
14. PERLIN J. The Invention of The Solar Cell. Popular science.（2014-04-22）[2021-09-17]. https://www.popsci.com/article/science/invention-solar-cell/#page-2.
15. HECHT J. Gerald Pearson: trapping the vast power of the sun.（2021-07-01）[2021-09-17]. https://spie.org/news/photonics-focus/julyaugust-2021/gerald-pearson-co-inventor-of-the-silicon-solar-cell?SSO=1.
16. PERLIN J. The Invention of The Solar Cell. Popular science.（2014-04-22）[2021-09-17]. https://www.popsci.com/article/science/invention-solar-cell/#page-2.
17. PINKERTON L A. Calvin Souther Fuller and the Birth Of the Solar Cell Technica Communications,（2011-10-28）[2021-09-17]. https://www.technicacommunications.com/cleantech/calvin-fuller-solar-cell/.
18. PERLIN J. The silicon solar cell turns 50. [2021-04-15]. https://www.nrel.gov/docs/fy04osti/33947.pdf.

19. New York Times. Vast Power of the Sun Is Tapped by Battery Using Sand Ingredient; NEW BATTERY TAPS SUN'S VAST POWER.（1954-04-26）.
20. PERLIN J. The silicon solar cell turns 50. [2021-04-15]. https://www.nrel.gov/docs/fy04osti/33947.pdf.
21. A Little History of Solar Cells. [2021-04-15]. https://ocw.tudelft.nl/wp-content/uploads/solar_energy_section_11.pdf.
22. CRESSLER J D. Silicon Earth: Introduction to the Microelectronics and Nanotechnology Revolution. Cambridge University Press, 2009.
23. A Little History of Solar Cells. [2021-04-15]. https://ocw.tudelft.nl/wp-content/uploads/solar_energy_section_11.pdf.
24. 约翰・奥顿 . 半导体的故事 . 姬扬 , 译 . 中国科学技术大学出版社 , 2015.
25. A Little History of Solar Cells. [2021-04-15]. https://ocw.tudelft.nl/wp-content/uploads/solar_energy_section_11.pdf.
26. JONES D. Global Electricity Review 2022. [2022-04-03]. https://ember-climate.org/insights/research/global-electricity-review-2022/.
27. 袁越 . 可再生能源的未来 . 三联生活周刊，2022（8）.
28. JACOBO J T. LONGi sets 26.81% efficiency record for heterojunction solar cells. PV Tech,（2022-11-21）[2022-11-26]. https://www.pv-tech.org/longi-sets-26-81-efficiency-record-for-heterojunction-solar-cells/.
29. MOORE S K, SAVAGE N. The Nobel Prize and its discontents. IEEE Spectrum, 2009, 46（12）: 11–12.
30. NobelPrize.org. The Nobel Prize in Physics 2009. [2021-11-02]. https://www.nobelprize.org/prizes/physics/2009/summary/.
31. Smith G E. The invention and early history of the CCD. Journal of Applied Physics, 2011, 109（10）: 102421.
32. BOYLE W S. Nobel Lecture: CCD——An extension of man's view. Rev. Mod. Phys., 2010, 82（3）: 2305–2306.
33. IEEE History Center. GEORGE E. SMITH: An Interview Conducted by David Morton.（2001-01-17）[2021-06-18]. https://ethw.org/Oral-History:George_E._Smith.
34. NobelPrize.org. The Nobel Prize in Physics 2009. [2021-11-02]. https://www.

nobelprize.org/prizes/physics/2009/summary/.

35. OLSON P. Meet the Inventors Who Turned Billions of Phones Into Cameras. Forbes, [2021-09-30]. https://www.forbes.com/sites/parmyolson/2017/02/02/inventors-camera-smartphone-prize/.

36. TOMPSETT M. F. Charge transfer imaging devices. (1978-04-18) [2022-04-07] :US4085456A. https://patents.google.com/patent/US4085456/en.

37. BOYLE W S. Nobel Lecture: CCD——An extension of man's view. Rev. Mod. Phys., 2010, 82 (3) : 2305–2306.

38. CRESSLER J D. Silicon Earth: Introduction to the Microelectronics and Nanotechnology Revolution. Cambridge University Press, 2009.

39. TURRIZIANI S. This Month in Astronomical History: 50 Years of CCDs. American Astronomical Society, (2019-10-29) [2021-09-22]. https://aas.org/posts/news/2019/10/month-astronomical-history-50-years-ccds.

40. National Inventors Hall of Fame. Steve Sasson: A Legacy of Innovation. [2021-10-11]. https://www.invent.org/blog/inventors/Legacy-Steve-Sasson.

41. TIMSON L. Kodak moment: file interview with Steven Sasson. The Sydney Morning Herald. (2012-01-23) [2021-10-11]. https://www.smh.com.au/technology/kodak-moment-file-interview-with-steven-sasson-20120123-1qdk0.html.

42. FOSSUM E R. The Invention of CMOS Image Sensors: A Camera in Every Pocket. 2020 Pan Pacific Microelectronics Symposium (Pan Pacific) , 2020:1–6.

43. LESSER M. A Summary of Charge-Coupled Devices for Astronomy. Publications of the Astronomical Society of the Pacific, 2015, 127 (957) : 1097–1104.

44. FOSSUM E R, HONDONGWA D B. A Review of the Pinned Photodiode for CCD and CMOS Image Sensors. IEEE Journal of the Electron Devices Society, 2014, 2 (3) : 33–43.

45. RENSHAW D, DENYER P. B, WANG G, Lu M. ASIC image sensors, IEEE International Symposium on Circuits and Systems, 1990, 5 (4) :3038–3041.

46. WANG G, RENSHAW D, DENYER P. B, LU M. CMOS video cameras. Euro ASIC '91, 1991, 5:100–103.

47. NIHF Inductee Eric R. Fossum Invented CMOS Image Sensors, National Inventors Hall of Fame.[2021-09-22]. https://www.invent.org/inductees/eric-r-fossum.

48. Wikipedia. Active-pixel sensor.（2021-09-05）[2021-10-01]. https://en.wikipedia.org/w/index.php?title=Active-pixel_sensor&oldid=1042433009.

49. 数据来源：[2021-11-01]. https://www.icinsights.com/news/bulletins/CMOS-Image-Sensors-Will-Regain-Strength-After-Slowing-In-2020。

50. Michael F. Tompsett-National Science and Technology Medals Foundation.[2021-11-02]. https://nationalmedals.org/laureate/michael-f-tompsett/#.

51. OLSON P. Meet The Inventors Who Turned Billions Of Phones Into Cameras. Forbes. [2021-09-30]. https://www.forbes.com/sites/parmyolson/2017/02/02/inventors-camera-smartphone-prize/.

52. National Inventors Hall of Fame. Steve Sasson: A Legacy of Innovation. [2021-10-11]. https://www.invent.org/blog/inventors/Legacy-Steve-Sasson.

53. 威廉・曼彻斯特 . 光荣与梦想：1932-1972 年美国社会实录（4）. 朱协，译 . 北京：中信出版社，2015.

54. HECHT J. The Breakthrough Birth of the Diode Laser. Optics and Photonics News, 2007, 18（7）: 38–43.

55. ZHELUDEV N. The life and times of the LED——a 100-year history. Nature Photonics, 2007, 1（4）: 189–192.

56. 威廉・曼彻斯特 . 光荣与梦想：1932-1972 年美国社会实录（4）. 朱协，译 . 北京：中信出版社，2015.

57. 同上。

58. HECHT J. Robert Hall and the Diode Laser. SPIE,（2020-01-01）[2021-10-03]. https://spie.org/news/photonics-focus/janfeb-2020/robert-hall-and-the-diode-laser.

59. HURST N. How Lasers Inspired the Inventor of the LED. Wired,（2012-09-10）[2021-06-22]. https://www.wired.com/2012/10/holonyak-laser-led-inventor/.

60. IEEE History Center. HERBERT KROEMER: An Interview Conducted by John Vardalas.（2003-02-12）[2021-10-02]. http://ethw.org/Oral-History:Herbert_Kroemer.

61. IEEE History Center. ROBERT REDIKER: A Telephone Interview Conducted by David Morton.（2000-07-27）[2021-10-03]. https://ethw.org/Oral-History:Robert_Rediker#Early_work_and_study.

62. IEEE History Center. HERBERT KROEMER: An Interview Conducted by John

Vardalas.（2003-02-12）[2021-10-02]. http://ethw.org/Oral-History:Herbert_Kroemer.

63. 同上。
64. 威廉・曼彻斯特 . 光荣与梦想：1932-1972 年美国社会实录（4）. 朱协 , 译 . 北京：中信出版社，2015.
65. IEEE History Center. HERBERT KROEMER: An Interview Conducted by John Vardalas.（2003-02-12）[2021-10-02]. http://ethw.org/Oral-History:Herbert_Kroemer.
66. NATHAN M. Invention of the injection laser at IBM. IEEE Journal of Quantum Electronics, 1987, 23（6）: 679–683.
67. Interview of Marshall Nathan by Joan Bromberg on 1984 October 17. Niels Bohr Library & Archives, American Institute of Physics, College Park, MD USA. http://www.aip.org/history-programs/niels-bohr-library/oral-histories/4792.
68. IEEE History Center. ROBERT REDIKER: A Telephone Interview Conducted by David Morton.（2000-07-27）[2021-10-03]. https://ethw.org/Oral-History:Robert_Rediker#Early_work_and_study.
69. PALUCKA T. 50 years ago: How Holonyak won the race to invent visible LEDs. MRS Bull, 2012, 37（10）: 963–966.
70. HECHT J. Robert Hall and the Diode Laser. SPIE,（2020-01-01）[2021-10-03]. https://spie.org/news/photonics-focus/janfeb-2020/robert-hall-and-the-diode-laser.
71. PALUCKA T. 50 years ago: How Holonyak won the race to invent visible LEDs. MRS Bull, 2012, 37（10）: 963–966.
72. 威廉・曼彻斯特 . 光荣与梦想：1932-1972 年美国社会实录（4）. 朱协 , 译 . 北京：中信出版社，2015.
73. ASHRAFI B. Interview of Nick Holonyak. Niels Bohr Library & Archives, American Institute of Physics, College Park, MD USA.（2005-03-23）.http://www.aip.org/history-programs/niels-bohr-library/oral-histories/30533.
74. PERRY T. Red hot [light emitting diodes]. IEEE Spectrum, 2003, 40（6）: 26–29.
75. Center for the History of Electrical Engineering. NICK HOLONYAK: An Interview Conducted by Frederik Nebeker.（1993-06-22）[2021-06-17]. https://ethw.org/Oral-History:Nick_Holonyak.

76. SCHMITT L. The Bright Stuff: The LED And Nick Holonyak's Fantastic Trail Of Innovation. Book Baby, 2012.
77. Center for the History of Electrical Engineering. NICK HOLONYAK: An Interview Conducted by Frederik Nebeker.（1993-06-22）[2021-06-17]. https://ethw.org/Oral-History:Nick_Holonyak.
78. ASHRAFI B. Interview of Nick Holonyak. Niels Bohr Library & Archives, American Institute of Physics, College Park, MD USA.（2005-03-23）.http://www.aip.org/history-programs/niels-bohr-library/oral-histories/30533.
79. HOLONYAK N. The III–V Alloy p–n Diode Laser and LED Ultimate Lamp. Proceedings of the IEEE, 2013, 101（10）: 2158–2169.
80. Center for the History of Electrical Engineering. NICK HOLONYAK: An Interview Conducted by Frederik Nebeker.（1993-06-22）[2021-06-17]. https://ethw.org/Oral-History:Nick_Holonyak.
81. 同上。
82. 威廉·曼彻斯特 . 光荣与梦想：1932-1972 年美国社会实录（4）. 朱协，译 . 北京：中信出版社，2015.
83. IEEE History Center. ROBERT REDIKER: A Telephone Interview Conducted by David Morton.（2000-07-27）[2021-10-03]. https://ethw.org/Oral-History:Robert_Rediker#Early_work_and_study.
84. NATHAN M. Invention of the injection laser at IBM. IEEE Journal of Quantum Electronics, 1987, 23（6）: 679–683.
85. IEEE History Center. ROBERT REDIKER: A Telephone Interview Conducted by David Morton.（2000-07-27）[2021-10-03]. https://ethw.org/Oral-History:Robert_Rediker#Early_work_and_study.
86. Remembering the laser diode. Nature Photonics, 2012, 6（12）: 795–795.
87. IEEE History Center. ROBERT N. HALL: An Interview Conducted by Hyungsub Choi.（2004-05-05）[2021-10-03]. https://ethw.org/Oral-History:Robert_N._Hall.
88. Center for the History of Electrical Engineering. NICK HOLONYAK: An Interview Conducted by Frederik Nebeker.（1993-06-22）[2021-06-17]. https://ethw.org/Oral-History:Nick_Holonyak.
89. 同上。

90. 威廉・曼彻斯特 . 光荣与梦想：1932-1972 年美国社会实录（4）. 朱协 , 译 . 北京：中信出版社，2015.
91. IEEE History Center. ROBERT REDIKER: A Telephone Interview Conducted by David Morton.（2000-07-27）[2021-10-03]. https://ethw.org/Oral-History:Robert_Rediker#Early_work_and_study.
92. IEEE History Center. HERBERT KROEMER: An Interview Conducted by John Vardalas.（2003-02-12）[2021-10-02]. http://ethw.org/Oral-History:Herbert_Kroemer.
93. 同上。
94. Center for the History of Electrical Engineering. NICK HOLONYAK: An Interview Conducted by Frederik Nebeker.（1993-06-22）[2021-06-17]. https://ethw.org/Oral-History:Nick_Holonyak.
95. IEEE History Center. ROBERT REDIKER: A Telephone Interview Conducted by David Morton.（2000-07-27）[2021-10-03]. https://ethw.org/Oral-History:Robert_Rediker#Early_work_and_study.
96. IEEE History Center. HERBERT KROEMER: An Interview Conducted by John Vardalas.（2003-02-12）[2021-10-02]. http://ethw.org/Oral-History:Herbert_Kroemer.
97. Interview of Marshall Nathan by Joan Bromberg on 1984 October 17. Niels Bohr Library & Archives, American Institute of Physics, College Park, MD USA, http://www.aip.org/history-programs/niels-bohr-library/oral-histories/4792.

11 点亮东西方，光电器件（下）

1. KREISLER H. Zhores I. Alferov Interview: Conversations with History, Institute of International Studies. UC Berkeley, 2005[2021-10-02]. http://globetrotter.berkeley.edu/people5/Alferov/alferov-con4.html.
2. SCHMITT L. The Bright Stuff: The LED And Nick Holonyak's Fantastic Trail Of Innovation. Book Baby, 2012.
3. KREISLER H. Zhores I. Alferov Interview: Conversations with History. Institute of International Studies, UC Berkeley, 2005[2021-10-02]. http://globetrotter.berkeley.

edu/people5/Alferov/alferov-con4.htm.

4. Computer History Museum. Oral History of Zhores I. Alferov Interviewed by Rosemary Remacle.（2012-05-16）. http://archive.computerhistory.org/resources/access/text/2013/10/102746430-05-01-acc.pdf.
5. 同上。
6. NobelPrize.org. Kroemer Nobel Prize2000 Biographical. [2021-10-02]. https://www.nobelprize.org/prizes/physics/2000/kroemer/biographical/.
7. HERBERT KROEMER: An Interview Conducted by John Vardalas, IEEE History Center,（2003-02-12）[2021-10-02] http://ethw.org/Oral-History:Herbert_Kroemer.
8. NobelPrize.org. Kroemer Nobel Prize2000 Biographical.[2021-10-02]. https://www.nobelprize.org/prizes/physics/2000/kroemer/biographical/.
9. KROEMER H. Nobel Lecture: Quasielectric fields and band offsets: teaching electrons new tricks. Rev. Mod. Phys., 2001, 73（3）: 783–793.
10. PERRY T. Not Just Blue Sky. IEEE Spectrum,（2002-06-03）[2021-10-28]. https://spectrum.ieee.org/not-just-blue-sky.
11. VARDALAS. HERBERT KROEMER: An Interview Conducted by John Vardalas. IEEE History Center.（2003-02-12）[2021-10-02]. http://ethw.org/Oral-History:Herbert_Kroemer.
12. KROEMER H. The Double-Heterostructure Concept: How It Got Started. Proceedings of the IEEE, 2013, 101（10）: 2183–2187.
13. HEBER J. The rise of the laser. Nature Mater, 2010, 9（5）: 372–373.
14. IEEE History Center. HERBERT KROEMER: An Interview Conducted by John Vardalas,（2003-02-12）[2021-10-02].http://ethw.org/Oral-History:Herbert_Kroemer.
15. FITZGERALD R. Physics Nobel Prize Honors Roots of Information Age. Physics Today, 2000, 53（12）: 17–19.
16. KREISLER H. Zhores I. Alferov Interview: Conversations with History. Institute of International Studies, UC Berkeley, 2005.
17. FITZGERALD R. Physics Nobel Prize Honors Roots of Information Age. Physics Today, 2000, 53（12）: 17–19.
18. KROEMER H. The Double-Heterostructure Concept: How It Got Started. Proceedings of the IEEE, 2013, 101（10）: 2183–2187.

19. ALFEROV Z I. Nobel Lecture: The double heterostructure concept and its applications in physics, electronics, and technology. Rev. Mod., 2001, 73（3）: 767–782.

20. American Institute of Physics. Interview of Jerry Woodall by Joe Anderson on 2010 November 8. Niels Bohr Library & Archives, American Institute of Physics, College Park, MD USA. http://www.aip.org/history-programs/niels-bohr-library/oral-histories/33760.

21. HAYASHI I. Heterostructure lasers. IEEE Transactions on Electron Devices, 1984, 31（11）: 1630–1642.

22. 同上。

23. 同上。

24. 同上。

25. 同上。

26. Wikipedia. Morton B. Panish.（2021-10-16）[2021-10-22]. https://en.wikipedia.org/w/index.php?title=Morton_B._Panish&oldid=1050251494.

27. Computer History Museum. Oral History of Zhores I. Alferov Interviewed by Rosemary Remacle.（2012-05-16）. http://archive.computerhistory.org/resources/access/text/2013/10/102746430-05-01-acc.pdf.

28. HAYASHI I. Heterostructure lasers. IEEE Transactions on Electron Devices, 1984, 31（11）: 1630–1642.

29. HEBER J. The rise of the laser. Nature Mater, 2010, 9（5）: 372–373.

30. PERRY T. Not Just Blue Sky, IEEE Spectrum,（2002-03-06）[2021-10-28]. https://spectrum.ieee.org/not-just-blue-sky.

31. NobelPrize.org. Zhores Alferov Biographical Nobel Prize in Physics 2000.[2021-10-22]. https://www.nobelprize.org/prizes/physics/2000/alferov/biographical/.

32. KROEMER H. Nobel Lecture: Quasielectric fields and band offsets: teaching electrons new tricks. Rev. Mod. Phys., 2011, 73（3）: 783–793.

33. HURST N. How Lasers Inspired the Inventor of the LED. Wired,（2012-09-10）[2021-06-22]. https://www.wired.com/2012/10/holonyak-laser-led-inventor/.

34. PERRY T. Red hot: light emitting diodes. IEEE Spectrum, 2003, 40（6）: 26–29.

35. CRAFORD M G. From Holonyak to Today. Proceedings of the IEEE, 2013, 101(10):

2170–2175.

36. COURTLAND R. No Nobel for the Father of the LED, IEEE Spectrum,（2014-10-08）[2021-06-22]. https://spectrum.ieee.org/tech-talk/semiconductors/devices/no-nobel-for-the-father-of-the-led.
37. 天野浩，福田大展 . 点亮 21 世纪——天野浩的蓝光 LED 世界 . 方祖鸿，方明生，译 . 上海：上海科技教育出版社，2018.
38. KOIDE Y. Isamu Akasaki in memoriam. Nat. Photon., 2021, 15（8）: 551–552.
39. JOHNSTONE B. Brilliant!: Shuji Nakamura And the Revolution in Lighting Technology. Prometheus Books, 2007.
40. NobelPrize.org. Nobel prize 2014 Nakamura biography. [2021-10-02]. https://www.nobelprize.org/prizes/physics/2014/nakamura/biographical/.
41. 中村修二 . 我生命里的光 . 安素，译 . 成都：四川文艺出版社，2016.
42. JOHNSTONE B. Brilliant!: Shuji Nakamura And the Revolution in Lighting Technology. Prometheus Books, 2007.
43. 同上。
44. 中村修二 . 我生命里的光 . 安素，译 . 成都：四川文艺出版社，2016.
45. 中村修二 . 我生命里的光 . 安素，译 . 成都：四川文艺出版社，2016.
46. JOHNSTONE B. Brilliant!: Shuji Nakamura And the Revolution in Lighting Technology. Prometheus Books, 2007.
47. NAKAMURA S. Nobel Lecture: Background story of the invention of efficient blue InGaN light emitting diodes. Rev. Mod. Phys., 2015, 87（4）: 1139–1151.
48. JOHNSTONE B. Brilliant!: Shuji Nakamura And the Revolution in Lighting Technology. Prometheus Books, 2007.
49. 同上。
50. 中村修二 . 我生命里的光 . 安素，译 . 成都：四川文艺出版社，2016.
51. AMANO H. Growth of GaN on Sapphire via Low-Temperature Deposited Buffer Layer and Realization of p-Type GaN by Mg Doping Followed by Low-Energy Electron Beam Irradiation. Int. J. Mod. Phys. B, 2015, 29（32）: 1530015.
52. 天野浩，福田大展 . 点亮 21 世纪——天野浩的蓝光 LED 世界 . 方祖鸿，方明生，译 . 上海：上海科技教育出版社，2018.
53. AKASAKI I. Nobel Lecture: Fascinated journeys into blue light. Rev. Mod. Phys.,

2015, 87（4）: 1119–1131.

54. AKASAKI I, AMANO H. Breakthroughs in Improving Crystal Quality of GaN and Invention of the p–n Junction Blue-Light-Emitting Diode. Jpn. J. Appl. Phys., 2006, 45（12R）: 9001.
55. 天野浩，福田大展．点亮 21 世纪——天野浩的蓝光 LED 世界．方祖鸿，方明生，译．上海：上海科技教育出版社，2018.
56. 同上。
57. 同上。
58. NAKAMURA S. Nobel Lecture: Background story of the invention of efficient blue InGaN light emitting diodes. Rev. Mod. Phys., 2015, 87（4）:1139–1151.
59. JOHNSTONE B. Brilliant!: Shuji Nakamura And the Revolution in Lighting Technology. Prometheus Books, 2007.
60. 天野浩，福田大展．点亮 21 世纪——天野浩的蓝光 LED 世界．方祖鸿，方明生，译．上海：上海科技教育出版社，2018.
61. NAKAMURA S, KRAMES M R. History of Gallium–Nitride-Based Light-Emitting Diodes for Illumination. Proceedings of the IEEE, 2013, 101（10）: 2211–2220.
62. 天野浩，福田大展．点亮 21 世纪——天野浩的蓝光 LED 世界．方祖鸿，方明生，译．上海：上海科技教育出版社，2018.
63. 同上。
64. 约翰・奥顿．半导体的故事．姬扬，译．中国科学技术大学出版社，2015.
65. JOHNSTONE B. Brilliant!: Shuji Nakamura And the Revolution in Lighting Technology. Prometheus Books, 2007.
66. NAKAMURA S. Nobel Lecture: Background story of the invention of efficient blue InGaN light emitting diodes. Rev. Mod. Phys., 2015, 87（4）:1139–1151.
67. 中村修二．我生命里的光．安素，译．成都：四川文艺出版社，2016.
68. 同上。
69. PATEL N. Nobel Shocker: RCA Had the First Blue LED in 1972. IEEE Spectrum.（2014-10-09）[2022-04-09]. https://spectrum.ieee.org/rcas-forgotten-work-on-the-blue-led.
70. 中村修二．我生命里的光．安素，译．成都：四川文艺出版社，2016.
71. 约翰・奥顿．半导体的故事．姬扬，译．中国科学技术大学出版社，2015.

72. JOHNSTONE B. Brilliant!: Shuji Nakamura And the Revolution in Lighting Technology. Prometheus Books, 2007.
73. 约翰·奥顿 . 半导体的故事 . 姬扬 , 译 . 中国科学技术大学出版社 , 2015.
74. NAKAMURA S. Nobel Lecture: Background story of the invention of efficient blue InGaN light emitting diodes. Rev. Mod. Phys., 2015, 87（4）: 1139–1151.
75. 约翰·奥顿 . 半导体的故事 . 姬扬 , 译 . 中国科学技术大学出版社 , 2015.
76. JOHNSTONE B. Brilliant!: Shuji Nakamura And the Revolution in Lighting Technology. Prometheus Books, 2007.
77. NAKAMURA S. Nobel Lecture: Background story of the invention of efficient blue InGaN light emitting diodes. Rev. Mod. Phys., 2015, 87（4）:1139–1151.
78. 中村修二 . 我生命里的光 . 安素 , 译 . 成都：四川文艺出版社 , 2016.
79. 天野浩 , 福田大展 . 点亮 21 世纪——天野浩的蓝光 LED 世界 . 方祖鸿 , 方明生 , 译 . 上海：上海科技教育出版社，2018.
80. 同上。
81. HEBER J. The rise of the laser. Nature Mater, 2010, 9（5）: 372–373.
82. 约翰·奥顿 . 半导体的故事 . 姬扬 , 译 . 中国科学技术大学出版社 , 2015.
83. 中村修二 . 我生命里的光 . 安素 , 译 . 成都：四川文艺出版社 , 2016.
84. ZAUN, TODD. Japanese Company to Pay Ex-Employee $8.1 Million for Invention. The New York Times, 2005-01-12.
85. COURTLAND R. Inventors of Blue LED Win Nobel Prize in Physics. IEEE Spectrum,（2014-10-07）[2021-11-04]. https://spectrum.ieee.org/inventors-of-blue-led-win-nobel-prize-in-physics.
86. KUO Y. A Good Principle Is Applicable to Everything: An Interview with Isamu Akasaki. Electrochem. Soc. Interface, 2017, 26（1）: 9–11.
87. 天野浩 , 福田大展 . 点亮 21 世纪——天野浩的蓝光 LED 世界 . 方祖鸿 , 方明生 , 译 . 上海：上海科技教育出版社，2018.
88. NobelPrize.org. Hiroshi Amano Interview The Nobel Prize in Physics 2014. [2021-11-06]. https://www.nobelprize.org/prizes/physics/2014/amano/interview/.
89. 中村修二 . 我生命里的光 . 安素 , 译 . 成都：四川文艺出版社 , 2016.
90. 同上。

12 破除悖论，芯片设计

1. HODGES D A, NEWTON A R. DONALD OSCAR PEDERSON-A Biographical Memoir. National Academy of Sciences, 2006.
2. DARRINGER J. EDA in IBM: past, present, and future. IEEE Transactions on Computer-Aided Design of Integrated Circuits and Systems, 2000, 19（12）: 1476-1497.
3. PERRY T. Donald O. Pederson [electronic engineering biography]. IEEE Spectrum, 1998, 35（6）: 22–27.
4. HODGES D A, NEWTON A R. DONALD OSCAR PEDERSON-A Biographical Memoir. National Academy of Sciences, 2006.
5. FAIRBAIRN D. Oral History of Ronald（Ron）Rohrer. Computer History Museum.（2016-01-27）[2021-11-24]. https://computerhistory.org/profile/ron-rohrer/.
6. NAGEL L W. The Life of SPICE.（2012-02-04）[2021-06-18]. https://web.archive.org/web/20120204190147/http://www.designers-guide.org/Perspective/life-of-spice.pdf.
7. NAGEL L W. Origins of spice. [2021-06-23]. http://www.omega-enterprises.net/The%20Origins%20of%20SPICE.html.
8. 同上。
9. 丹尼尔·南尼，保罗·麦克莱伦．无厂模式：半导体行业的转型．王烁，译．上海：上海科技教育出版社，2020.
10. 同上。
11. CONWAY L. Reminiscences of the VLSI Revolution: How a Series of Failures Triggered a Paradigm Shift in Digital Design. IEEE Solid-State Circuits Magazine, 2012, 4（4）4: 8–31.
12. A. Sangiovanni-Vincentelli, The tides of EDA. IEEE Design Test of Computers, 2003, 20（6）: 59–75.
13. 丹尼尔·南尼，保罗·麦克莱伦．无厂模式：半导体行业的转型．王烁，译．上海：上海科技教育出版社，2020.
14. Lynn Conway’s Career Retrospective. [2021-04-16]. https://ai.eecs.umich.edu/people/conway/RetrospectiveT.html.

15. Introducing Lynn Conway: A biographical sketch.[2021-04-16]. https://ai.eecs.umich.edu/people/conway/BioSketch.html.
16. CONWAY L. The Disappeared: Beyond Winning and Losing, Computer, 2018, 51（10）: 66–73.
17. CONWAY L. Reminiscences of the VLSI Revolution: How a Series of Failures Triggered a Paradigm Shift in Digital Design. IEEE Solid-State Circuits Magazine, 2012, 4（4）: 8–31.
18. FAIRBAIRN D. Mead, Carver A. oral history. Computer History Museum, 2009-05.
19. SEQUIN C H. Witnessing the Birth of VLSI Design. IEEE Solid-State Circuits Magazine, 2012, 4（4）: 36–39.
20. CONWAY L. Reminiscences of the VLSI Revolution: How a Series of Failures Triggered a Paradigm Shift in Digital Design. IEEE Solid-State Circuits Magazine, 2012, 4（4）: 8–31.
21. 同上。
22. SMITH G. Unsung innovators: Lynn Conway and Carver Mead. 2007-12-03.
23. Norman J. The "Mead & Conway Revolution" in VLSI Integrated Circuit Education : History of Information. [2021-04-16]. https://www.historyofinformation.com/detail.php?id=3890.
24. CONWAY L. Reminiscences of the VLSI Revolution: How a Series of Failures Triggered a Paradigm Shift in Digital Design. IEEE Solid-State Circuits Magazine, 2012, 4（4）: 8–31.
25. Wikipedia. Mead & Conway revolution.（2020-11-30）[2021-04-16]. https://en.wikipedia.org/w/index.php?title=Mead_%26_Conway_revolution&oldid=991535377.
26. CONWAY L. Impact of the Mead-Conway VLSI Design Methodology and of the MOSIS Service. [2021-04-16]. https://ai.eecs.umich.edu/people/conway/Impact/Impact.html.
27. CASALE-ROSSI. M. The heritage of Mead Conway: What has remained the same, what has changed, what was missed, and what lies ahead [point of view]. Proceedings of the IEEE, 2014, 102（2）: 114–119.
28. ALICANDRI J. IBM Apologizes For Firing Computer Pioneer For Being Transgender...52 Years Later. Forbes. [2021-04-16]. https://www.forbes.com/sites/

jeremyalicandri/2020/11/18/ibm-apologizes-for-firing-computer-pioneer/.

29. CHM. Philip Moorby. [2021-11-12]. https://computerhistory.org/profile/philip-moorby/.

30. GOERING R. Q&A: Phil Moorby, Verilog Inventor and Cadence Fellow, Sees a Parallel Future. [2021-11-12]. https://community.cadence.com/cadence_blogs_8/b/ii/posts/q-amp-a-phil-moorby-hdl-pioneer-and-cadence-fellow-from-verilog-to-parallel-programming.

31. Computer History Museum. Oral History of Philip Raymond “Phil” Moorby, Interviewed by Steve Golson. 2013-04-22.

32. MCLELLAN P. Phil Moorby and the History of Verilog. [2021-11-12]. https://community.cadence.com/cadence_blogs_8/b/breakfast-bytes/posts/phil-moorby.

33. Computer History Museum. Oral History of Philip Raymond “Phil” Moorby, Interviewed by Steve Golson. 2013-04-22.

34. MCLELLAN P. Guest blog: Phil Moorby. EDN,（2009-04-22）[2021-11-12]. https://www.edn.com/guest-blog-phil-moorby/.

35. Wikipedia. Electronic design automation.（2021-02-07）[2021-04-16]. https://en.wikipedia.org/w/index.php?title=Electronic_design_automation&oldid=1005477652.

36. Wikipedia. Synopsys.（2021-11-23）[2021-12-07]. https://en.wikipedia.org/w/index.php?title=Synopsys&oldid=1056738548.

37. 丹尼尔·南尼，保罗·麦克莱伦 . 无厂模式：半导体行业的转型 . 王烁，译 . 上海：上海科技教育出版社，2020.

38. 同上。

39. 同上。

40. 同上。

41. HERSCHER P. Oral History of Joseph Costello. Computer History Museum. 2008-05.

42. 同上。

43. 同上。

44. MACMILLEN D, CAMPOSANO R, HILL D, WILLIAMS T W. An industrial view of electronic design automation. IEEE Transactions on Computer-Aided Design of Integrated Circuits and Systems, 2000, 19（12）:1428–1448.

45. HERSCHER P. Oral History of Joseph Costello. Computer History Museum. 2008-05.

46. 同上。

47. SANTARINI M. Cadence, Avanti, call it quits, to sighs of relief. EE Times. [2021-04-16]. https://www.eetimes.com/cadence-avanti-call-it-quits-to-sighs-of-relief/#.

48. 同上。

49. MCLELLAN P. Phil Moorby and the History of Verilog. [2021-12-12]. https://community.cadence.com/cadence_blogs_8/b/breakfast-bytes/posts/phil-moorby.

50. PAYNE D. EDA Mergers and Acquisitions Wiki. Semiwiki. [2022-04-14]. https://semiwiki.com/wikis/industry-wikis/eda-mergers-and-acquisitions-wiki/.

51. Wikipedia. Apple silicon.（2022-01-01）[2022-01-03]. https://en.wikipedia.org/w/index.php?title=Apple_silicon&oldid=1063174390.

52. 丹尼尔·南尼，保罗·麦克莱伦．无厂模式：半导体行业的转型．王烁，译．上海：上海科技教育出版社，2020.

53. Wikipedia. Arm Ltd.（2021-12-22）[2022-01-03]. https://en.wikipedia.org/w/index.php?title=Arm_Ltd.&oldid=1061505483.

54. FAIRBAIN D. Oral History of Sophie Wilson. Computer History Museum. 2012-01-31.

55. FITZPATRICK J. An Interview with Steve Furber. [2021-04-14]. https://cacm.acm.org/magazines/2011/5/107684-an-interview-with-steve-furber/fulltext.

56. WALSHE B. A Historic look at Arm holdings from 1990—1997. ARM community. [2021-04-14]. https://community.arm.com/developer/ip-products/processors/b/processors-ip-blog/posts/a-brief-history-of-arm-part-1.

57. Arm®. The Arm ecosystem ships a record 6.7 billion Arm-based chips. [2021-07-14]. https://www.arm.com/company/news/2021/02/arm-ecosystem-ships-record-6-billion-arm-based-chips-in-a-single-quarter.

58. MACMILLEN D, CAMPOSANO R, HILL D, WILLIAMS T W. An industrial view of electronic design automation. IEEE Transactions on Computer-Aided Design of Integrated Circuits and Systems, 2000, 19（12）:1428–1448.

59. FEUER M. VLSI design automation: An introduction. Proceedings of the IEEE, 1983, 71（1）: 5–9.

13 精雕细刻，芯片制造

1. 张忠谋 . 张忠谋自传 . 上海：生活・读书・新知三联书店 , 2001.
2. 维基百科 . 张忠谋 .（2021-12-05）[2021-12-12]. https://zh.wikipedia.org/w/index.php?title=%E5%BC%B5%E5%BF%A0%E8%AC%80&oldid=68963997.
3. 王百禄 . 台积电为什么神 . 台北：时报文化出版 , 2021.
4. PERRY T. Morris Chang: Foundry Father. IEEE Spectrum.（2011-04-19）[2021-11-20]. https://spectrum.ieee.org/morris-chang-foundry-father.
5. 王百禄 . 台积电为什么神 . 台北：时报文化出版 , 2021.
6. 张忠谋 . 张忠谋自传 . 上海：生活・读书・新知三联书店 , 2001.
7. PERRY T. Morris Chang: Foundry Father. IEEE Spectrum.（2011-04-19）[2021-11-20]. https://spectrum.ieee.org/morris-chang-foundry-father.
8. SEMI. Oral History Interview: Morris Chang. [2021-11-20]. https://www.semi.org/en/Oral-History-Interview-Morris-Chang.
9. PERRY T. Morris Chang: Foundry Father. IEEE Spectrum.（2011-04-19）[2021-11-20]. https://spectrum.ieee.org/morris-chang-foundry-father.
10. 张忠谋 . 张忠谋自传 . 上海：生活・读书・新知三联书店 , 2001.
11. Wikipedia. Moore’s second law.（2021-05-31）[2021-11-16]. https://en.wikipedia.org/w/index.php?title=Moore%27s_second_law&oldid=1026049369.
12. NENNI. D. A Brief History of TSMC. Semiwiki. [2021-11-20]. https://semiwiki.com/semiconductor-manufacturers/tsmc/1539-a-brief-history-of-tsmc/.
13. PERRY T. Morris Chang: Foundry Father. IEEE Spectrum.（2011-04-19）[2021-11-20]. https://spectrum.ieee.org/morris-chang-foundry-father.
14. 同上。
15. 王百禄 . 台积电为什么神？台北：时报文化出版 , 2021.
16. NENNI D. A Brief History of TSMC. Semiwiki. [2021-11-20]. https://semiwiki.com/semiconductor-manufacturers/tsmc/1539-a-brief-history-of-tsmc/.
17. PERRY T. Morris Chang: Foundry Father. IEEE Spectrum.（2011-04-19）[2021-11-20]. https://spectrum.ieee.org/morris-chang-foundry-father.
18. 同上。
19. NENNI D. A Brief History of TSMC. Semiwiki. [2021-11-20]. https://semiwiki.com/

semiconductor-manufacturers/tsmc/1539-a-brief-history-of-tsmc/.

20. 同上。
21. Wikipedia. 5 nm process.（2021-12-22）[2022-01-02]. https://en.wikipedia.org/w/index.php?title=5_nm_process&oldid=1061561585.
22. IC Insights. Pure-Play Foundry Market on Pace For Strongest Growth Since 2014. [2021-12-13]. https://www.icinsights.com/news/bulletins/PurePlay-Foundry-Market-On-Pace-For-Strongest-Growth-Since-2014/.
23. 马特・里德利 . 创新的起源：一部科学技术进步史 . 王大鹏，张智慧，译 . 北京：机械工业出版社，2021。
24. LATHROP J W. The Diamond Ordnance Fuze Laboratory's Photolithographic Approach to Microcircuits. IEEE Annals of the History of Computing, 2013, 35（1）: 48–55.
25. 同上。
26. 同上。
27. 同上。
28. WARNER R M. Microelectronics: its unusual origin and personality. IEEE Transactions on Electron Devices, 2001, 48（11）: 2457–2467.
29. The Silicon Engine. 1955: Photolithography Techniques Are Used to Make Silicon Devices. Computer History Museum. [2021-12-14]. https://www.computerhistory.org/siliconengine/photolithography-techniques-are-used-to-make-silicon-devices/.
30. JAY W. Lathrop: An Interview Conducted by David Morton. Center for the History of Electrical Engineering,（1996-05-01）[2021-11-19]. https://ethw.org/Oral-History:Jay_Lathrop.
31. JAY W. Lathrop: The Diamond Ordnance Fuze Laboratory's Photolithographic Approach to Microcircuits. IEEE Annals of the History of Computing, 2013, 35（1）: 48–55.
32. JAY W. Lathrop: An Interview Conducted by David Morton. Center for the History of Electrical Engineering,（1996-05-01）[2021-11-19]. https://ethw.org/Oral-History:Jay_Lathrop.
33. REMACLE R. Oral History of Jay W. Lathrop. Computer History Museum.（2009-05-07）[2021-06-11]. https://www.computerhistory.org/collections/catalog/102702095.

34. 同上。

35. 同上。

36. 维基百科 . 林本坚 .（2021-05-16）[2021-06-22]. https://zh.wikipedia.org/w/index.php?title=%E6%9E%97%E6%9C%AC%E5%9D%9A&oldid=64789472.

37. 林本坚 . 把心放上去 : 林本坚的用心则乐人生学 . 台北 : 启示出版社 , 2018.

38. ZHANG L. Silicon Process and Manufacturing Technology Evolution: An overview of advancements in chip making. IEEE Consumer Electronics Magazine, 2014, 3（3）: 44–48.

39. Wikipedia. Photolithography.（2021-06-04）[2021-06-11]. https://en.wikipedia.org/w/index.php?title=Photolithography&oldid=1026796379.

40. HUTCHESON G D, HUTCHESON J D. Technology and Economics in the Semiconductor Industry. Scientific American, 1990, 263（5）: 34–41.

41. XIAO H. Introduction to Semiconductor Manufacturing Technology. Bellingham, Wash: Society of Photo Optical, 2012.

42. 林本坚 . 把心放上去 : 林本坚的用心则乐人生学 . 台北 : 启示出版社 , 2018.

43. 同上。

44. 同上。

45. 同上。

46. OWA S, NAGASAKA H. Immersion lithography: its history, current status and future prospects. Lithography Asia 2008, 2008, 7140: 714015.

47. 澎湃新闻 . 未来科学大奖得主林本坚 : 喊停一艘“航母”的芯片大师 .（2018-12-05)[2022-01-03]. https://m.thepaper.cn/wifiKey_detail.jsp?contid=2691610&from=wifiKey#.

48. 林本坚 . 把心放上去 : 林本坚的用心则乐人生学 . 台北 : 启示出版社 , 2018.

49. CLARKE P. The CTO Interview: Calvin Chenming Hu of TSMC. EETimes. [2021-12-08]. https://www.eetimes.com/the-cto-interview-calvin-chenming-hu-of-tsmc/.

50. Wikipedia. Chenming Hu.（2021-05-03）[2021-04-07]. https://en.wikipedia.org/w/index.php?title=Chenming_Hu&oldid=1010061766.

51. ETHW. First-Hand: IEEE Award Recipient Series: Chenming Hu. [2021-04-07]. https://ethw.org/First-Hand:IEEE_Award_Recipient_Series:Chenming_Hu.

52. CHANG Y. An Interview With Professor Chenming Hu, Father of 3D Transistors. IEEE Design Test, 2017, 34（5）: 90–96.

53. PERRY T. The father of FinFets: Chenming Hu took transistors into the third dimension to save Moore’s Law. IEEE Spectrum, 2020, 57（5）: 46–51.

54. 同上。

55. THIBIÉROZ H. Professor Chenming Hu shares his latest Insights on FinFET technology. [2021-04-07]. https://blogs.synopsys.com/analoginsights.

56. PERRY T. The father of FinFets: Chenming Hu took transistors into the third dimension to save Moore’s Law. IEEE Spectrum, 2020, 57（5）: 46–51.

57. CHANG Y. An Interview With Professor Chenming Hu, Father of 3D Transistors. IEEE Design Test, 2017, 34（5）: 90–96.

58. Wikipedia. FinFET.（2021-08-25）[2021-12-08]. https://en.wikipedia.org/w/index.php?title=FinFET&oldid=1040651882.

59. ZHANG L. Silicon Process and Manufacturing Technology Evolution: An overview of advancements in chip making. IEEE Consumer Electronics Magazine, 2014, 3(3): 44–48.

60. GOODRICH J. IEEE Medal of Honor Goes to Transistor Pioneer Chenming Hu. IEEE Spectrum. [2021-04-07]. https://spectrum.ieee.org/the-institute/ieee-member-news/ieee-medal-of-honor-goes-to-transistor-pioneer-chenming-hu.

61. CHANG Y. An Interview With Professor Chenming Hu, Father of 3D Transistors. IEEE Design Test, 2017, 34（5）: 90–96.

62. CLARKE P. The CTO Interview: Calvin Chenming Hu of TSMC. EETimes. [2021-12-08]. https://www.eetimes.com/the-cto-interview-calvin-chenming-hu-of-tsmc/.

63. Wikipedia. FinFET,（2021-08-25）[2021-12-08] https://en.wikipedia.org/w/index.php?title=FinFET&oldid=1040651882.

64. 同上。

65. GOODRICH J. IEEE Medal of Honor Goes to Transistor Pioneer Chenming Hu. IEEE Spectrum. [2021-04-07]. https://spectrum.ieee.org/the-institute/ieee-member-news/ieee-medal-of-honor-goes-to-transistor-pioneer-chenming-hu.

66. Wikipedia. Chenming Hu,（2021-05-03）[2021-04-07]. https://en.wikipedia.org/w/index.php?title=Chenming_Hu&oldid=1010061766.

14 全方位挑战，不只是芯片

1. WILLIAMS R S. What's Next? [The end of Moore's law]. Computing in Science Engineering, 2017, 19（2）: 7–13.
2. HOENEISEN B, MEAD C A. Fundamental limitations in microelectronics—I. MOS technology. Solid-State Electronics, 1972, 15（7）: 819–829.
3. SEABAUGH, C A, LUSCOMBE, H J, RANDALL, N J. Quantum Functional Devices: Present Status and Future Prospects. Future Electron Devices（FED）Journal, 1993, 3（Suppl. 1）: 9-20.
4. DALLY B. Life After Moore's Law. Forbes.（2010-04-29）[2022-01-16]. https://www.forbes.com/2010/04/29/moores-law-computing-processing-opinions-contributors-bill-dally.html?sh=571e76542a86.
5. CAVIN R K, LUGLI P, ZHIRNOV V V. Science and Engineering Beyond Moore's Law. Proceedings of the IEEE, 2012, 100（Special Centennial Issue）: 1720–1749.
6. IEEE IRDS™. IRDS™ 2021: Executive Summary. [2022-01-14]. https://irds.ieee.org/editions/2021/executive-summary.
7. RIEGER M L. Retrospective on VLSI value scaling and lithography. JM3.1, 2019, 18（4）: 040902.
8. IEEE IRDS™. IRDS™ 2020: Lithography. [2021-06-23]. https://irds.ieee.org/editions/2020/lithography.
9. Wikipedia. Wafer（electronics）.（2022-05-08）[2022-04-30]. https://en.wikipedia.org/w/index.php?title=Wafer_（electronics）&oldid=1076000074.
10. HRUSKA J. 450mm silicon wafers aren't happening any time soon as major consortium collapses. ExtremeTech,（2017-01-13）[2022-01-21]. https://www.extremetech.com/computing/242699-450mm-silicon-wafers-arent-happening-time-soon-major-consortium-collapses.
11. LAPEDUS M. What's After FinFETs?, Semiconductor Engineering.（2017-07-24）[2022-06-22]. https://semiengineering.com/whats-after-finfets/.
12. YE P, ERNST T, KHARE M V, The last silicon transistor: Nanosheet devices could be the final evolutionary step for Moore's Law. IEEE Spectrum, 2019, 56（8）: 30–35.
13. IBM. IBM Unveils World's First 2 Nanometer Chip Technology, Opening a New

Frontier for Semiconductors. (2021-05-06) [2021-06-24]. https://newsroom.ibm.com/2021-05-06-IBM-Unveils-Worlds-First-2-Nanometer-Chip-Technology,-Opening-a-New-Frontier-for-Semiconductors.

14. IEEE IRDS™. IRDS™ 2021: Executive Summary. [2022-06-14]. https://irds.ieee.org/editions/2021/executive-summary.
15. FERGUSON J. Assessing the true cost of process node transitions. (2017-11-24) [2022-06-22]. https://www.techdesignforums.com/practice/technique/assessing-the-true-cost-of-node-transitions/.
16. MOORE S K. EUV Lithography Finally Ready for Chip Manufacturing. IEEE Spectrum, (2018-01-05) [2021-06-24]. https://spectrum.ieee.org/semiconductors/nanotechnology/euv-lithography-finally-ready-for-chip-manufacturing.
17. COURTLAND R. Leading Chipmakers Eye EUV Lithography to Save Moore's Law. IEEE Spectrum, (2016-10-31) [2021-06-24]. https://spectrum.ieee.org/semiconductors/devices/leading-chipmakers-eye-euv-lithography-to-save-moores-law.
18. COURTLAND R. EUV Lithography's Prospects Are Brightening. IEEE Spectrum, (2016-05-02) [2021-12-14]. https://spectrum.ieee.org/euv-lithography-is-brightening-up.
19. COURTLAND R. Leading Chipmakers Eye EUV Lithography to Save Moore's Law. IEEE Spectrum, (2016-10-31) [2021-06-24]. https://spectrum.ieee.org/semiconductors/devices/leading-chipmakers-eye-euv-lithography-to-save-moores-law.
20. MCLELLAN P. The History of Lithography, Part 2: From Double-Patterning to EUV. (2020-01-03) [2021-12-14]. https://community.cadence.com/cadence_blogs_8/b/breakfast-bytes/posts/history-of-lithograpy-2.
21. MOORE S K. EUV Lithography Finally Ready for Chip Manufacturing. IEEE Spectrum, (2018-01-05) [2021-06-24]. https://spectrum.ieee.org/semiconductors/nanotechnology/euv-lithography-finally-ready-for-chip-manufacturing.
22. 同上。
23. IEEE IRDS™. IRDS™ 2021: Executive Summary. [2022-01-14]. https://irds.ieee.org/editions/2021/executive-summary.
24. YELLIN B. Saving The Future of Moore's Law. 2019[2021-06-02]. https://education.dellemc.com/content/dam/dell-emc/documents/en-us/2019KS_Yellin-Saving_The_

Future_of_Moores_Law.pdf.

25. HENNESSY J L, PATTERSON D A. Computer Architecture: A Quantitative Approach, 6th edition. Cambridge, MA: Morgan Kaufmann, 2017.
26. WILLIAMS R S. What's Next?: The end of Moore's law. Computing in Science Engineering, 2017, 19（2）: 7–13.
27. IEEE IRDS™. IRDS™ 2020: More than Moore. [2021-06-23]. https://irds.ieee.org/editions/2020/more-than-moore.
28. WIKICHIP. Chiplet. https://en.wikichip.org/wiki/chiplet（accessed Jan. 12, 2022）.
29. MANN T. Intel Follows AMD on Chiplet Journey. SDxCentral.（2021-09-02）[2022-01-12]. https://www.sdxcentral.com/articles/news/intel-follows-amd-on-chiplet-journey/2021/09/.
30. SIMONITE T. To Keep Pace With Moore's Law, Chipmakers Turn to “Chiplets”. Wired, [2022-01-12]. https://www.wired.com/story/keep-pace-moores-law-chipmakers-turn-chiplets/.
31. MIRHOSEINI A et al., A graph placement methodology for fast chip design. Nature, 2021, 594（7862）: 207–212.
32. TRIMBERGER S M. Three Ages of FPGAs: A Retrospective on the First Thirty Years of FPGA Technology. Proceedings of the IEEE, 2015, 103（3）: 318–331.
33. MANTOOTH A, ZETTERLING C-M, RUSU A. The Radio We Could Send to Hell. IEEE Spectrum,（2021-04-28）[2021-06-25]. https://spectrum.ieee.org/semiconductors/materials/the-radio-we-could-send-to-hell.
34. LABORATORY L B N. How Can Next-Generation Computer Chips Reduce Our Carbon Footprint?. SciTechDaily,（2022-01-21）[2022-01-26] https://scitechdaily.com/how-can-next-generation-computer-chips-reduce-our-carbon-footprint/.
35. 倪雨晴. 华为海思总裁：曾经打造的备胎，一夜之间全部转正. 21世纪经济报道，（2019-05-17）[2022-05-05]. https://m.21jingji.com/article/20190517/herald/3767d775a95dae33e301e674877c1667.html.
36. 周源. 台积电供货生变后，华为将如何腾挪破局？财经，（2020-07-17）[2022-05-05]. http://m.caijing.com.cn/article/184336
37. 陆一夫. 制裁危机围困，华为断供芯病何解？新京报，（2020-08-14）[2022-05-05]. https://m.bjnews.com.cn/detail/159739171015728.html.

38. 深圳新闻网．华为出售荣耀：不再持有任何股份．(2020-11-17) [2022-05-05] http://www.sznews.com/news/content/2020-11/17/content_23727590.htm.

39. Gartner. Gartner Says Worldwide Semiconductor Revenue Grew 26% in 2021. [2022-05-05]. https://www.gartner.com/en/newsroom/press-releases/2022-04-14-gartner-says-worldwide-semiconductor-revenue-grew-26-percent-in-2021.

图片来源

（注：部分引自维基百科的条目未做标注。）

04 “大规模白痴”，芯片的发明

图 4-4：J. S. Kilby, “Miniaturized electronic circuits,” US3138743A, Jun. 23, 1964

图 4-6：J. S. Kilby, “Miniaturized electronic circuits,” US3138743A, Jun. 23, 1964

图 4-8：http://images.computerhistory.org/revonline/images/500004791-03-01.jpg?w=600

05 创新者的窘境，MOS 场效晶体管

图 5-5：https://www.wikiwand.com/it/CMOS#Media/File:Cmos_impurity_profile.PNG

06 一切过往皆可超越，摩尔定律

图 6-3：G. Moore, “Cramming more components onto integrated circuits, Electronics, volume 38, number 8, April 19, 1965, pp.114

图 6-4：G. Moore, “Cramming more components onto integrated circuits, Electronics, volume 38, number 8, April 19, 1965, pp.114

图 6-5：www.computerhistory.org/collections/catalog/102783359

图 6-6：G. Moore, “Progress in Digital Integrated Electronics.” IEEE International Electron Devices Meeting 21, (1975): 11–13.

图 6-7：G. Moore, “Progress in Digital Integrated Electronics.” IEEE International Electron Devices Meeting 21, (1975): 11–13.

图 6-9：改编自 https://www.karlrupp.net/wp-content/uploads/2018/02/42-years-processor-trend-625x396.png

图 6-10：改编自 https://semiwiki.com/wp-content/uploads/2019/07/Semiconductor-Learning-Cure-Provides-Roadmap.png

08 记忆的黏合，存储芯片

图 8-4：https://computerhistory.org/wp-content/uploads/2020/05/Fig-4-Khang_Sze-1024x607.jpg

图 8-9：https://www.computerhistory.org/revolution/memory-storage/8/256/1006

图 8-10：改编自 https://www.intechopen.com/chapters/45971

09 知而行之，模拟世界的芯片

图 9-1：https://www.allaboutcircuits.com/uploads/articles/Bob_Widlar.jpg

图 9-7：https://ece.ncsu.edu/wp-content/uploads/2017/06/Jayant-copy.jpg

10 迅电流光，光电器件（上）

图 10-1：https://spie.org/images/Graphics/Photonics%20Focus/v2_iss4/Pearson-Chapin-Fuller_920.jpg

图 10-3：https://www.bell-labs.com/about/awards/2009-nobel-prize-physics/

13 精雕细刻，芯片制造

图 13-3：https://cdn.pixabay.com/photo/2012/04/12/13/36/microscope-30064_1280.png

图 13-5：https://i.guancha.cn/news/2018/09/12/20180912212805864.jpg

图 13-7：http://casad.cas.cn/sourcedb_ad_cas/zw2/ysxx/wjysmd/200906/W020170522322524396185.jpg

14 全方位挑战，不只是芯片

图 14-4：改编自 https://www.dentonvacuum.com/wp-content/uploads/2020/01/C02-Laser-and-Multilayer-Coated-Reflectors.jpg

未来，属于终身学习者

我这辈子遇到的聪明人（来自各行各业的聪明人）没有不每天阅读的——没有，一个都没有。巴菲特读书之多，我读书之多，可能会让你感到吃惊。孩子们都笑话我。他们觉得我是一本长了两条腿的书。

——查理·芒格

互联网改变了信息连接的方式；指数型技术在迅速颠覆着现有的商业世界；人工智能已经开始抢占人类的工作岗位……

未来，到底需要什么样的人才？

改变命运唯一的策略是你要变成终身学习者。未来世界将不再需要单一的技能型人才，而是需要具备完善的知识结构、极强逻辑思考力和高感知力的复合型人才。优秀的人往往通过阅读建立足够强大的抽象思维能力，获得异于众人的思考和整合能力。未来，将属于终身学习者！而阅读必定和终身学习形影不离。

很多人读书，追求的是干货，寻求的是立刻行之有效的解决方案。其实这是一种留在舒适区的阅读方法。在这个充满不确定性的年代，答案不会简单地出现在书里，因为生活根本就没有标准确切的答案，你也不能期望过去的经验能解决未来的问题。

而真正的阅读，应该在书中与智者同行思考，借他们的视角看到世界的多元性，提出比答案更重要的好问题，在不确定的时代中领先起跑。

湛庐阅读 App：与最聪明的人共同进化

有人常常把成本支出的焦点放在书价上，把读完一本书当作阅读的终结。其实不然。

时间是读者付出的最大阅读成本

怎么读是读者面临的最大阅读障碍

“读书破万卷”不仅仅在“万”，更重要的是在“破”！

现在，我们构建了全新的“湛庐阅读”App。它将成为你“破万卷”的新居所。在这里：

- 不用考虑读什么，你可以便捷找到纸书、电子书、有声书和各种声音产品；
- 你可以学会怎么读，你将发现集泛读、通读、精读于一体的阅读解决方案；
- 你会与作者、译者、专家、推荐人和阅读教练相遇，他们是优质思想的发源地；
- 你会与优秀的读者和终身学习者为伍，他们对阅读和学习有着持久的热情和源源不绝的内驱力。

下载湛庐阅读 App，
坚持亲自阅读，
有声书、电子书、阅读服务，
一站获得。

本书阅读资料包

给你便捷、高效、全面的阅读体验

本书参考资料

湛庐独家策划

- 参考文献
  为了环保、节约纸张，部分图书的参考文献以电子版方式提供
- 主题书单
  编辑精心推荐的延伸阅读书单，助你开启主题式阅读
- 图片资料
  提供部分图片的高清彩色原版大图，方便保存和分享

相关阅读服务

终身学习者必备

- 电子书
  便捷、高效，方便检索，易于携带，随时更新
- 有声书
  保护视力，随时随地，有温度、有情感地听本书
- 精读班
  2~4周，最懂这本书的人带你读完、读懂、读透这本好书
- 课　程
  课程权威专家给你开书单，带你快速浏览一个领域的知识概貌
- 讲　书
  30分钟，大咖给你讲本书，让你挑书不费劲

湛庐编辑为你独家呈现
助你更好获得书里和书外的思想和智慧，请扫码查收！

（阅读资料包的内容因书而异，最终以湛庐阅读App页面为准）

图书在版编目（CIP）数据

芯片简史 / 汪波著. -- 杭州 : 浙江教育出版社,
2023.4（2023.10重印）
ISBN 978-7-5722-5475-8

Ⅰ. ①芯… Ⅱ. ①汪… Ⅲ. ①芯片－工业史 Ⅳ.
①TN43-09

中国国家版本馆CIP数据核字(2023)第036059号

上架指导：科技趋势 / 芯片

芯片简史

XINPIAN JIANSHI

汪　波　著

责任编辑： 王晨儿
文字编辑： 傅美贤
美术编辑： 韩　波
责任校对： 高露露
责任印务： 曹雨辰
封面设计： 湛庐文化

出版发行： 浙江教育出版社（杭州市天目山路 40 号　电话：0571-85170300-80928）
印　　刷： 唐山富达印务有限公司
开　　本： 720mm ×965mm　1/16　　**插　　页：** 1
印　　张： 35.5　　**字　　数：** 555 千字
版　　次： 2023 年 4 月第 1 版　　**印　　次：** 2023 年 10 月第 4 次印刷
书　　号： ISBN 978-7-5722-5475-8　　**定　　价：** 149.90 元

如发现印装质量问题，影响阅读，请致电 010-56676359 联系调换。